"十三五"国家重点出版物出版规划项目

材料科学研究与工程技术系列

工 程 材 料 学

刘锦云　主编

哈尔滨工业大学出版社

内 容 简 介

　　本书涵盖通用结构材料、专用结构材料和新型结构材料的内容,包括钢的合金化原理以及通用结构钢、专用结构钢、工模具用钢、不锈钢、耐温用钢、铸铁、有色金属及其合金、新型无机非金属材料、高分子材料、现代复合材料的介绍。

　　本书可作为材料科学与工程专业本科生教材,也可作为冶金及机械类研究生教材,还可作为相关专业工程技术人员的参考书。

图书在版编目(CIP)数据

工程材料学/刘锦云主编. —哈尔滨:哈尔滨
工业大学出版社,2016.11(2022.1 重印)
ISBN 978 - 7 - 5603 - 5773 - 7

Ⅰ.①工… Ⅱ.①刘… Ⅲ.①工程材料 Ⅳ.①TB3

中国版本图书馆 CIP 数据核字(2015)第 289979 号

材料科学与工程
图书工作室

责任编辑	张　瑞　刘　瑶
封面设计	卞秉利
出版发行	哈尔滨工业大学出版社
社　　址	哈尔滨市南岗区复华四道街 10 号　邮编 150006
传　　真	0451-86414749
网　　址	http://hitpress.hit.edu.cn
印　　刷	黑龙江艺德印刷有限责任公司
开　　本	787mm×1092mm　1/16　印张 22　字数 514 千字
版　　次	2016 年 11 月第 1 版　2022 年 1 月第 2 次印刷
书　　号	ISBN 978 - 7 - 5603 - 5773 - 7
定　　价	48.00 元

(如因印装质量问题影响阅读,我社负责调换)

前　　言

当代文明的三大支柱是信息、能源和材料,而材料又是信息和能源及诸多领域发展的基础。可以认为,材料发展与社会进步有着密切关系,它是衡量人类社会文明程度的标志之一。

按材料的用途和性能特点,材料可以分为功能材料和结构材料两大类。功能材料是以特殊的物理、化学性能要求为主的材料,如要求具有电、光、声、磁、热等功能和效应的材料。结构材料是以力学性能要求(强度、硬度、塑性、韧性等)为主、兼有一定物理性能和化学性能要求的材料。

工程材料学是研究材料的成分、组织结构与性能之间关系的一门技术基础学科,是一门综合性较强、与工程应用联系紧密的课程。本书的编写目的是为了满足高等工科院校材料科学与工程等专业的相关教学和科技工作者的应用需要。为此,本书涵盖了通用结构材料、专用结构材料和新型结构材料的内容,包括钢的合金化原理以及通用结构钢、专用结构钢、工模具用钢、不锈钢、耐温用钢、铸铁、有色金属及其合金、无机非金属材料、高分子材料、现代复合材料的介绍。

本书在编写上力求做到内容丰富、取材新颖、理论联系实际,并注重工程应用的基本原则。书中给出的各种材料的标准力求引用最新的现行国家标准或行业标准。通过本书的学习,可以掌握材料的合金化原理及材料成分设计依据,了解各类材料成分与制备处理工艺及组织结构与性能之间的关系;能初步从零件的服役条件出发,对材料提出合理的性能要求,并正确地选用材料和合理地制订工艺;基本了解新材料发展的趋势,初步具备研究开发新材料的能力。

全书共分 11 章,其中绪论、第 1 章、第 3 章 3.1~3.5 节、第 5 章、第 6 章、第 8 章由西华大学刘锦云编写,第 2 章、第 3 章 3.6 节、第 9 章由太原理工大学马淑芳编写,第 4 章、第 7 章由西华大学查五生编写,第 10 章由清华大学郭文利编写,第 11 章由清华大学梁彤祥编写。

在本书的编写中,郑州大学、山东大学、西南石油大学等单位的多位老师提出了宝贵的建议,在此表示衷心的感谢。

由于编者水平有限,书中不当之处在所难免,敬请广大师生和读者批评指正。

编　者
2015 年 12 月

目　　录

绪　　论

0.1　本课程的地位和作用

工程材料学是材料科学与工程专业本科生的专业必修课,是研究材料的成分、组织结构与性能之间关系的一门技术基础学科。它将综合运用学生在材料科学基础、材料工程基础、材料性能学、热处理原理及工艺等课程中已经学过的基础知识和专业知识,说明材料的成分、制备及处理工艺、组织结构与性能之间的关系,以及如何根据工件的服役条件,合理地选用材料,因此,它是一门综合性较强的课程。它对材料的生产、使用和发展起着重要的指导作用。

人们选用某种材料制作某个零(部)件,是因为这种材料的性能能够满足这个零(部)件的使用要求。材料的所有性能都是其化学成分和组织结构在一定外界因素(载荷性质、应力状态、工作温度和环境介质)作用下的综合反映,它们构成了互相紧密联系的系统。

材料化学成分和组织结构是材料性能的内部依据,而材料的性能则是其具有一定化学成分和组织结构的外部表现。材料的组织包括材料的显微组织、晶体缺陷和冶金缺陷,结构是指组成相的原子结构和晶体结构。

以钢为例,钢的化学成分对其强韧性的影响有直接作用和间接作用,且以间接作用为主。一般钢的组成元素与其质量分数的改变,对钢的强韧性作用是通过组织结构的改变来实现的。

当钢的化学成分一定时,通过不同的加工制备工艺和热处理工艺,改变材料的组织结构,可导致材料在性能上出现较大的差异。

因此,材料的成分和加工工艺决定了材料的组织结构状态,材料的组织结构状态决定了材料的性能,具备了一定性能的材料,就能够满足零(部)件的服役条件要求。

实际生产中,人们是根据零(部)件的服役条件对材料性能的要求,选用某一成分的材料,施加一定的加工处理工艺,使所选择的材料获得一定的组织结构,从而得到所要求的性能,满足零(部)件的服役要求。

材料的成分、组织与性能间的关系如图 0.1 所示。

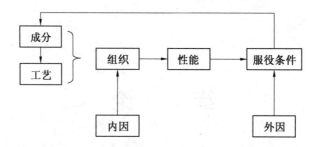

图 0.1 材料的成分、组织与性能间的关系

0.2 本课程的基本要求

（1）掌握材料的合金化原理，了解材料成分设计的依据。

（2）掌握各类材料成分、加工处理工艺的特点以及其与组织、性能之间的关系。

（3）能初步从零（部）件的服役条件出发，对材料的性能提出合理的要求，并能正确地选用材料，合理地制订加工处理工艺。

（4）了解新材料发展的趋势，初步具备研究开发新材料的能力。

0.3 材料的分类及本课程的主要学习内容

材料的种类繁多，用途广泛。凡是与工程有关的材料均称为工程材料，如机械工程材料、土建工程材料、电子工程材料等。

按材料的性能特点，可将材料分为结构材料和功能材料两大类。

（1）结构材料。以力学性能（强度、硬度、塑性、韧性等）要求为主，兼有一定物理性能和化学性能要求的材料。

（2）功能材料。以特殊的物理、化学性能要求为主的材料，如要求具有电、光、声、磁、热等功能和效应的材料。一般不在工程材料中讨论。

结构材料主要应用于机械制造、交通运输、航空航天、化工、建筑等领域。

按化学成分特点，结构材料又可分为金属材料、陶瓷材料（无机非金属材料）、（有机）高分子材料及复合材料4大类，见表0.1。

表 0.1 工程材料分类

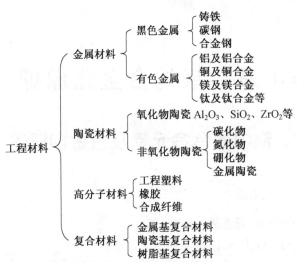

陶瓷材料由于其原子之间的结合键主要为共价键和离子键,所以陶瓷材料的主要特点是具有高的硬度、高的耐磨性、高的耐蚀性和高的抗氧化能力;其最大弱点是塑性差、太脆,所以很少在常温下作为受力的结构材料。

高分子材料是由相对分子质量很大的大分子组成,大分子链之间的结合键主要是分子键(范德华力),分子键的结合力很小,在外力作用下易产生滑动并造成很大的变形,所以高分子材料的熔点很低、硬度也很低,很少作为受力的结构材料。

金属材料包括金属和以金属为基的合金,其原子间的结合键基本上为金属键。由于金属键的特性,金属具有良好的塑性、较高的强度和硬度,即具有良好的综合力学性能,适合作为受力的结构材料,特别是可通过不同成分配制、不同工艺方法改变其内部组织结构,来满足不同结构及零件的使用性能要求,是应用面最广泛、用量最大、承载能力最高的结构材料,在机械设备中约占所用材料的90%以上,其中又以钢铁材料占绝大多数。

航空、航天、海洋等领域的发展对材料提出了许多新的要求,而单一材料无法满足这种高的综合指标要求,但把上述两种或两种以上的材料复合在一起,使之性能互补、互相协调就能满足各种需求,这就是复合材料。

本书重点介绍通用的结构材料,主要是金属材料,特别是钢铁材料,其次介绍一些专用材料,最后介绍新型的陶瓷材料、高分子材料及复合材料。

第1章 钢的合金化原理

1.1 钢中的合金元素及合金钢概述

1.1.1 钢中的合金元素

钢是铁基合金,钢中除 Fe 元素外,还有以下 4 类元素。

(1)常存元素。C、Si、Mn、P、S,即钢中的 5 大元素。

(2)偶存元素。矿石、废钢中含有的和在冶炼、工艺操作时带入的元素,如 Cu 等。

(3)隐存元素。原子半径较小的非金属元素,如 H、O、N 等。

(4)合金元素。为保证获得所要求的组织结构、物理、化学和力学性能而特别添加到钢中的化学元素。

钢中除基本元素碳以外,相对于合金元素,不是特别添加的元素,又称为杂质或残余元素。同一元素既可能是杂质,又可能是添加的合金元素,一般根据其质量分数而定。例如,P、S 一般看作杂质元素,其质量分数不大于 0.05%。易切削钢中,S 的质量分数可达 0.3% ~ 0.4%,是作为改善切削性能的合金元素。在耐蚀钢中,P 的质量分数如达到 0.06% ~ 0.15%,可看作是提高耐蚀性的合金元素。

目前,钢铁中常用的合金元素有十几种,分属于元素周期表中不同的周期。

第二周期:B、C、N;

第三周期:Al、Si、P、S;

第四周期:Ti、V、Cr、Mn、Co、Ni、Cu;

第五周期:Zr、Nb、Mo;

第六周期:W、Ta;

第七周期:稀土元素。

元素在钢中有以下 4 种存在形态:

(1)以固溶体的溶质形式存在,可以溶入铁素体、奥氏体和马氏体中。

(2)形成强化相,如形成碳化物或金属间化合物等。

(3)形成非金属夹杂物,如氧化物(Al_2O_3、SiO_2 等)、氮化物(AlN)和硫化物(MnS、FeS 等)。

(4)以游离态存在,如碳以石墨状态存在。

元素以固溶体的溶质形式和强化相的形式存在,对钢的性能将产生有利的作用。而元素以非金属夹杂物的形式存在,则对钢的性能产生有害作用,应在冶炼时尽量减少钢中的非金属夹杂物。元素以游离态存在,一般也有害,应尽量避免。

元素以哪种形式存在,主要取决于元素的种类、质量分数、冶炼方法及热处理工艺等。

1.1.2　合金钢的定义与分类

合金钢是指在化学成分上特别添加合金元素用以保证一定的生产、加工工艺以及所要求的组织与性能的铁基合金。

合金钢的分类方法有很多种,常用的有以下几种。

(1)按用途分类。

合金钢按用途分类,见表1.1。

表1.1　合金钢按用途分类

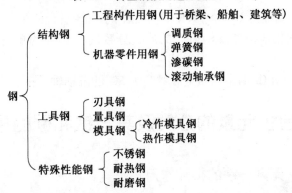

(2)按成分分类。

合金钢按成分分类,见表1.2。

表1.2　合金钢按成分分类

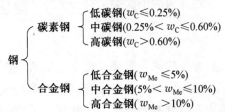

(3)按冶金质量分类。

合金钢按冶金质量分类,见表1.3。

表1.3　合金钢按冶金质量分类

$$\text{钢} \begin{cases} \text{普通钢}(w_S \leqslant 0.050\%,\ w_P \leqslant 0.045\%) \\ \text{优质钢}(w_S \leqslant 0.035\%,\ w_P \leqslant 0.035\%) \\ \text{高级优质钢}(w_S \leqslant 0.025\%,\ w_P \leqslant 0.025\%) \\ \text{特级优质钢}(w_S \leqslant 0.015\%,\ w_P \leqslant 0.025\%) \end{cases}$$

在给钢产品命名时,往往把以上分类方法结合起来。例如,优质碳素结构钢、合金工具钢等。

1.1.3　合金钢的编号原则

合金钢的编号原则在《钢铁产品牌号表示方法》(GB 221—2008)中给予了规定。

合金钢的编号原则为

$$\text{平均碳质量分数} + \text{合金元素符号} + \text{合金元素平均质量分数}$$

　　式中,平均碳质量分数以数字表示,不同种类的钢其单位不同。结构钢以万分之一(0.01%)为一个单位,工具钢以千分之一(0.1%)为一个单位;合金元素符号以汉字或化学元素符号表示;合金元素平均质量分数以1%为一个单位,质量分数不大于1.5%不标出,高级优质钢在钢号尾部加符号"A",特级优质钢在钢号尾部加符号"E"。

　　例如,12CrNi3A表示C的平均质量分数为0.12%、Cr的平均质量分数不大于1.5%、Ni的平均质量分数为3%的高级优质结构钢。

　　例如,9SiCr表示C的平均质量分数为0.9%、Si和Cr的平均质量分数均不大于1.5%的工具钢。

　　滚动轴承钢的编号为GCr××,其中G为"滚"字汉语拼音的第一个字母,表示专用钢;Cr为合金元素铬的化学符号;××为Cr的质量分数,以0.1%为单位,而碳的质量分数不标出。

　　例如,GCr15表示Cr的平均质量分数为1.5%的滚动轴承钢。

1.2　合金元素的分类及其与铁和碳的相互作用

1.2.1　合金元素与铁的相互作用

　　合金元素加入钢中后,可以改变铁的同素异晶转变温度A_3(α-Fe$\Longleftrightarrow\gamma$-Fe)和$A_4$($\gamma$-Fe$\Longleftrightarrow\delta$-Fe),从而使"Fe-Me"二元相图出现扩大$\gamma$相区和缩小$\gamma$相区两个大类型,每个大类中又可以进一步划分为两个次类。合金元素也可依此类型分为奥氏体形成元素和铁素体形成元素两大类。

1. 奥氏体形成元素

　　奥氏体形成元素,又称扩大γ相区元素或γ稳定化元素,使A_3点降低,A_4点升高,在较宽的成分范围内促使奥氏体形成,即扩大了γ相区。这类合金元素都能与γ-Fe形成固溶体,根据扩大γ相区的程度可分为无限扩大γ相区的元素和有限扩大γ相区的元素两类。

　　(1)无限扩大γ相区的元素。

　　无限扩大γ相区的元素有Mn、Ni、Co等。它们能与γ-Fe形成无限固溶体,而与α-Fe形成有限固溶体,当合金元素超过某一限量后,可在室温得到稳定的γ相,如图1.1(a)所示。

　　(2)有限扩大γ相区的元素。

　　有限扩大γ相区的元素有C、N、Cu、Zn、Au。它们与γ-Fe形成有限固溶体,与α-Fe形成更加有限的固溶体,如图1.1(b)所示。

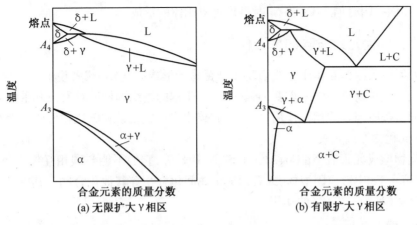

图 1.1　合金元素对 γ 相区的影响（扩大 γ 相区）

2. 铁素体形成元素

铁素体形成元素又称缩小 γ 相区元素或 α 稳定化元素，使 A_3 点升高，A_4 点降低，在较宽的成分范围内促进铁素体形成。根据缩小 γ 相区的程度又分为封闭 γ 相区、无限扩大 α 相区的元素和缩小 γ 相区的元素两类。

（1）封闭 γ 相区、无限扩大 α 相区的元素。

封闭 γ 相区、无限扩大 α 相区的元素有 Cr、V、Mo、W、Ti、Si、Al、P、Be，其中 Cr、V 能与 α-Fe 无限互溶，其余元素与 α-Fe 有限固溶，它们使 γ 相区缩小到一个很小的面积，形成由 γ+α 两相区封闭的 γ 相区，如图 1.2(a) 所示。

（2）缩小 γ 相区的元素。

缩小 γ 相区的元素有 B、Nb、Ta、Zr 等，这类元素与 γ-Fe 和 α-Fe 均形成有限固溶体，使 γ 相区缩小，但并未完全封闭，如图 1.2(b) 所示。

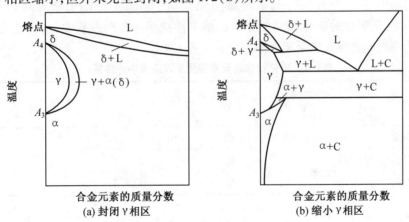

图 1.2　合金元素对 γ 相区的影响（缩小 γ 相区）

由于合金元素对 Fe-Me 二元相图的影响不同，则通过控制钢中合金元素的种类和质量分数可获得所需要的组织。例如，当发展奥氏体钢时，需向钢中加入大量的 Ni、Mn、N 等奥氏体形成元素；当发展铁素体钢时，需向钢中加入大量的 Cr、Si、Al、Ti 等铁素体形成元素。同时向钢中加入两类元素，其作用往往相互抵消。但也有例外，如 Cr 是铁素体形成元素,在钢中同时加入 Cr 和 Ni 时可促进奥氏体的形成。

1.2.2　合金元素与碳的相互作用

合金元素与碳的相互作用主要表现在是否易于形成碳化物,或者说形成碳化物倾向性的大小上。碳化物是钢中最重要的强化相,对于钢的组织和性能具有极其重要的意义。

合金元素按照与碳的相互作用,可分为非碳化物形成元素和碳化物形成元素两类。

(1)非碳化物形成元素。

非碳化物形成元素有 Ni、Co、Al、Cu、Si、N、P、S 等,它们不能与碳相互作用而形成碳化物,但可溶入 Fe 中形成固溶体,或者形成金属间化合物等其他化合物。其中 Si 能起促进碳化物分解(称为石墨化)的作用。

(2)碳化物形成元素。

碳化物形成元素有 Fe、Mn、Cr、W、Mo、V、Zr、Nb、Ti、Ta 等,它们均可与碳作用,在钢中形成碳化物。它们均属于元素周期表中的过渡族元素。

1.2.3　钢中的碳化物

碳化物是钢中的基本强化相,它们的种类、数量、形状、大小及其在基体中的分布情况对钢的力学性能和加工工艺性能有强烈的影响。

1. 形成规律

碳化物属于间隙相,具有金属性,是过渡族金属与碳作用形成的。过渡族金属元素的原子均有一个未填满的次 d 电子层,当形成碳化物时,碳原子首先将其外层电子填充入该次 d 电子层中,产生强的金属键(所以有金属性),也有可能产生部分共价键。d 层越未填满,则金属原子与碳原子的结合力越强,即形成碳化物的能力越强,所形成的碳化物越稳定。同一周期中,从左至右,原子序数增加,次 d 层电子填满程度增加,金属原子与碳原子的结合力下降,所形成的碳化物和氮化物的稳定性减小。在同一族中,这种变化不甚明显。碳化物形成元素在元素周期表中的位置见表1.4。

表1.4　碳化物形成元素在元素周期表中的位置

族 周期	IV	V	VI	VII	VIII		
第四周期	Ti	V	Cr	Mn	Fe	Co	Ni
第五周期	Zr	Nb	Mo				
第六周期	Hf	Ta	W				

按照碳化物形成元素所形成的碳化物稳定程度由强到弱的排序为

Hf、Zr、Ti、Ta、Nb、V、W、Mo、Cr、Mn、Fe

钢中常用的合金元素,按形成碳化物的强弱又可分成以下3类。

(1)强碳化物形成元素:Zr、Ti、Nb、V。

(2)中等强度碳化物形成元素:W、Mo、Cr。。

(3)弱碳化物形成元素:Mn、Fe,但 Mn 极易溶入 Fe_3C 中,无独立碳化物出现。

2. 碳化物的类型

（1）当 $r_C/r_{Me}>0.59$（r_C 为碳原子半径，r_{Me} 为合金元素的原子半径）时，碳与合金元素形成复杂点阵结构的碳化物。Cr、Mn、Fe 属此类元素，它们形成的碳化物有复杂立方的 $Cr_{23}C_6$、复杂六方的 Cr_7C_3 和正交晶系的 Fe_3C 等。

（2）当 $r_C/r_{Me}<0.59$ 时，形成简单点阵的碳化物（间隙相）。Mo、W、V、Ti、Nb、Ta、Zr 均属此类，它们形成的碳化物如下：

①MeC 型：WC、VC、TiC、NbC、TaC、ZrC（NaCl 型面心立方结构）。

②Me_2C 型：W_2C、Mo_2C、Ta_2C。

（3）当合金元素质量分数不足以形成自己特有的碳化物时，则形成复杂六方结构的 Me_6C 型合金碳化物，如 Fe_3W_3C、Fe_4W_2C、Fe_2W_4C、Fe_3Mo_3C 等。

（4）当合金元素质量分数很低时，则只能形成合金渗碳体，即合金元素置换了 Fe_3C 中的部分 Fe 形成的碳化物，如 $(FeCr)_3C$、$(FeMn)_3C$。

3. 多种碳化物形成元素共存时碳化物的形成规律

（1）当碳的质量分数较低时，强碳化物形成元素优先与碳结合，弱碳化物形成元素只能溶入固溶体中。

（2）当碳的质量分数较高时，碳化物形成元素按照从强到弱的顺序形成碳化物。如钢中同时含有 Mo、W、Cr 时，随碳的质量分数的增加，将依次形成以下碳化物：Me_6C（Fe_3Mo_3C 或 Fe_3W_3C）、$Cr_{23}C_6$、Cr_7C_3、Fe_3C。

4. 碳化物的特性

（1）硬度高。

碳化物的硬度比相应的纯金属要高出数十倍甚至上百倍。纯金属与碳化物的硬度及熔点见表1.5。

表 1.5 纯金属与碳化物的硬度及熔点

纯金属	Ti	Nb	Zr	V	Mo	W	Cr	α- Fe
硬度（HV）	230	300	300	140	350	400	220	80
碳化物	TiC	NbC	ZrC	VC	Mo_2C	WC	$Cr_{23}C_6$	Fe_3C
硬度（HV）	3 200	2 055	2 840	2 094	1 480	1 730	1 650	860
熔点/℃	3 140	3 480	3 550	2 830	2 410	2 755	1 580	1 227

（2）熔点高。

碳化物的熔点一般也较相应的纯金属高，特别是 MeC 型和 Me_2C 型碳化物的熔点，一般在 3 000 ℃左右。

碳化物硬度越高，熔点越高，则稳定性越强。碳化物的稳定性由弱到强的顺序是 Fe_3C、$(FeMe)_3C$、$Me_{23}C_6$、Me_6C、Me_2C、MeC。

5. 碳化物稳定性对钢性能的意义

（1）碳化物稳定性高，可使钢在高温下工作并保持其较高的强度和硬度，则钢的红硬性、热强性好。

（2）在相同硬度条件下，碳化物稳定性高的钢，可在更高温度下回火，使钢的塑性、韧性更好。因此,合金钢较相同硬度的碳钢综合力学性能好。

(3)碳化物的稳定性高,在高温和应力作用下不易聚集长大,也不易因原子扩散作用而发生合金元素的再分配,故钢的抗扩散蠕变性能好。

6. 碳化物在钢的热处理中的重要意义

(1)合金碳化物稳定性高,为使碳化物溶入奥氏体中,合金钢奥氏体化的温度要提高,保温时间要延长。

(2)碳化物的稳定性过高,加热时不溶于奥氏体,随后冷却时加速奥氏体的分解,降低钢的淬透性;碳化物的稳定性较低,加热时溶于奥氏体中,增大过冷奥氏体的稳定性,可提高淬透性。

(3)碳化物的稳定性高,淬火钢的回火稳定性高。

1.2.4 合金元素对奥氏体层错能的影响

1. 合金元素的分类

奥氏体的层错能对钢的组织和性能都有很大影响。按照对奥氏体层错能的影响,合金元素可分为提高奥氏体层错能的元素和降低奥氏体层错能的元素两类。

(1)提高奥氏体层错能的元素,如 Ni、Cu、C,它们使奥氏体层错能提高。

(2)降低奥氏体层错能的元素,如 Mn、Cr、Ru、Ir,它们使奥氏体层错能降低。

2. 奥氏体层错能对钢的力学性能的影响

一般认为,金属的层错能低,则在金属中形成层错的概率大,扩展位错宽度宽,难束集,增大位错滑移的阻力,使位错的滑移困难,则使金属的加工硬化趋势增大。所以,奥氏体层错能的高低将直接影响到奥氏体钢的力学行为。典型的例子是高镍钢和高锰钢在性能上的差异。高镍钢,层错能高,冷变形性能优异,易于变形加工;而高锰钢层错能低,冷变形性能很差,有很高的加工硬化率,难加工。

3. 奥氏体层错能对钢的相变行为的影响

由于奥氏体是钢中相变产物的母相,改变奥氏体层错能必然会影响到钢的相变行为。降低奥氏体层错能,能相应地提高马氏体的层错能,使马氏体中层错形成概率变小,扩展位错宽度变小,使位错易束集,不易分解,导致不均匀切变时易发生滑移变形,形成具有位错型亚结构的片状马氏体。反之,提高奥氏体的层错能,相应地降低马氏体的层错能,使马氏体相变时,易于形成孪晶亚结构的片状马氏体。奥氏体层错能的高低对 Fe-Ni-C 合金中马氏体的形态影响见表1.6。

表 1.6 奥氏体层错能对 Fe-Ni-C 合金中马氏体的形态影响

奥氏体层错能	低————————→高			
马氏体形态	板条 M	蝴蝶状 M	透镜状 M	薄片状 M

1.3 合金元素对钢相变的影响

1.3.1 合金元素对 Fe-Fe₃C 相图的影响

Fe-Fe₃C 相图是对碳素钢进行热处理时选择加热温度的依据。合金钢实质上是三元或多元合金,应建立三元或多元合金相图,作为研究合金钢中相和组织转变的基础。但是三元合金相图,尤其是多元合金相图研究得很少,在实际应用中,仍以 Fe-C 二元合金相图为基础,考虑合金元素对 Fe-Fe₃C 相图的影响。

1. 对奥氏体相区的影响

(1)奥氏体形成元素(Ni、Co、Mn)。

随着该类元素质量分数的增加,F-Fe₃C 相图中的 E 点和 S 点向左下方移动,GS 线下沉,使 γ 相区向左下方移动,如图 1.3 所示。当 Ni、Mn 的质量分数足够高时,可使 γ 相扩展到室温以下,得到奥氏体钢。

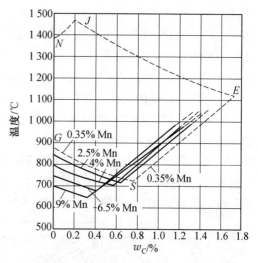

图 1.3 Mn 的质量分数对 γ 相区的影响(图中百分数表示该物质的质量分数)

(2)铁素体形成元素(Cr、W、Mo、V、Ti、Si 等)。

随着该类元素质量分数的增加,F-Fe₃C 相图中的 E 点和 S 点向左上方移动,GS 线上移,使 γ 相区向左上方缩小,如图 1.4 所示。当 Cr、Mo 等的质量分数足够高时,可使 γ 相区消失,得到铁素体钢。

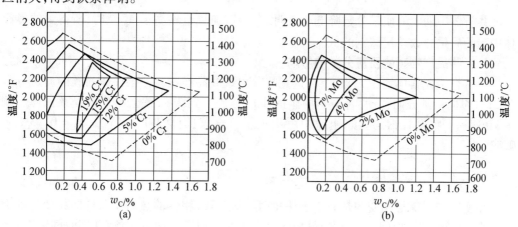

图 1.4 Cr、Mo 的质量分数对 γ 相区的影响(图中百分数表示该物质的质量分数)

2. 对共析温度的影响

奥氏体形成元素使 GS 线下沉,即降低 A_3 点,同时也使共析温度 A_1 点降低。而铁素体形成元素则使 GS 线上移,即提高 A_3 点,同时也使 A_1 点提高。

一般来说,钢的临界点是通过实验来测定的,然而合金元素对临界点的影响,已经通过大量实验数据的回归分析获得若干经验公式。例如 Andrews 公式(单位℃):

$$A_{c_3} = 910 - 203w_C - 15.2w_{Ni} + 44.7w_{Si} + 104w_V + 31.5w_{Mo} + 13.1w_W$$

$$A_{c_1} = 723 - 10.7w_{Mn} - 16.9w_{Ni} + 29w_{Si} + 16.9w_{Cr} + 209w_{As} + 6.38w_W$$

奥氏体形成元素 C、Ni、Mn 的数据符号为负,表明它们降低 A_{c_3} 和 A_{c_1} 点;铁素体形成元素 Si、V、Cr、No、W 等的数据符号为正号,表明它们提高 A_{c_3} 和 A_{c_1} 点。图 1.5 是合金元素对共析温度的影响。从图 1.5 中可见,奥氏体形成元素 Ni、Mn 降低共析温度,其余铁素体形成元素均提高共析温度。

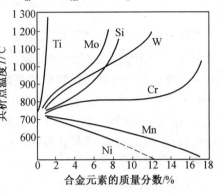

图 1.5　合金元素对共析温度的影响

3. 对共析点碳的质量分数的影响

所有合金元素均使 S 点左移,如图 1.6 所示,即合金钢中碳的质量分数不到 0.77%,就属于过共析钢了。例如 $w_C = 0.4\%$ 的 40Cr13 钢已不是亚共析钢,而是过共析钢。这意味着共析点的碳的质量分数向低碳方向移动,使共析体中的碳的质量分数降低,而有 Fe_3C_{II} 析出。

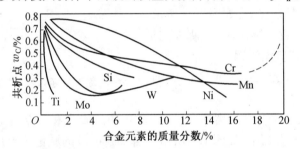

图 1.6　合金元素对共析体碳质量分数的影响

共析体中的碳的质量分数降低还表明,合金钢加热至略高于 A_{c_1} 点时,所得到的奥氏体中碳的质量分数总比碳钢的低。

4. 对共晶产物碳的质量分数的影响

所有合金元素也均使 E 点左移,这意味着出现共晶产物——莱氏体的碳的质量分数从 2.11% 向低碳方向移动,合金钢中碳的质量分数不到 2%,就会出现共晶莱氏体。例如,高速钢和铬模具钢的铸态组织中就出现了合金莱氏体,W18Cr4V 中 $w_C = 0.73\%$ ~ 0.83%。

1.3.2　合金元素对相变基本因素的影响

相变需同时满足相变的热力学条件和动力学条件,相变的热力学条件即相变驱动力的大小,相变的驱动力来自新相与母相的自由能差。相变的动力学条件(即时间因素)受扩散的影响。因此,新相与母相的自由能差、溶质原子的扩散、碳在铁中的活度等就是相变的基本因素。

1. 对 γ、α 相自由能差的影响

从热力学来看,γ、α 两相之间的自由能差(ΔF_v)越小,临界晶核越难形成,γ 相越稳定,相变驱动力越小;反之,随 ΔF_V 增加,相变驱动力增加。

合金元素对 α-Fe 和 γ-Fe 自由能的影响有 3 种情况(图 1.7)。

(1)降低 ΔF_V,如 C、Mn、Cr、Ni,均降低相变驱动力,使 γ、α 相变需更大的过冷度,阻碍相变的进行。

(2)对 ΔF_V 影响很小,ΔF_V 几乎不变,如 Mo、W,对相变驱动力影响不大。

(3)增大 ΔF_V,如 Co、Al,缩小过冷度,降低 γ 相的稳定性,增加相变驱动力。

2. 合金钢中的扩散问题

合金钢的相变过程,除了与碳在奥氏体和铁素体中的扩散有关外,还要考虑合金元素本身在奥氏体和铁素体中的扩散、合金元素对碳在奥氏体和铁素体中扩散系数的影响,以及合金元素对 Fe 的自扩散的影响。

(1)合金元素本身的扩散。

碳在 γ-Fe 及 α-Fe 中的扩散系数分别为 $D_C^A = 1.5 \times 10^{-7}$ cm$^2 \cdot$ s^{-1}, $D_C^F = 1.8 \times 10^{-5}$ cm$^2 \cdot$ s^{-1}。

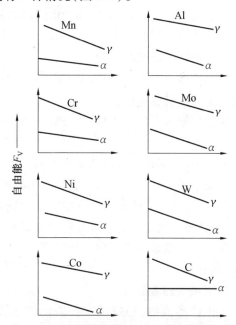

Ni 在 γ-Fe 及 α-Fe 中的扩散系数分别为 $D_{Ni}^A = 7.7 \times 10^{-13}$ cm$^2 \cdot$ s^{-1}, $D_{Ni}^F = 3.7 \times 10^{-11}$ cm$^2 \cdot$ s^{-1}。

图 1.7 合金元素对 γ-Fe 及 α-Fe 自由能的影响示意图

从这些数据可看出合金元素扩散的两个特征:

特征 1:置换原子的扩散比间隙原子慢几个数量级(约 10^5 数量级)。

其原因是置换原子的原子半径较间隙原子的原子半径大得多,其扩散就慢得多。

特征 2:在特定温度下,间隙溶质原子和置换溶质原子在铁素体中的扩散比在奥氏体中快(约 10^2 数量级)。

其原因是 γ-Fe 的晶体结构为面心立方,属密排结构;而 α-Fe 为体心立方结构,排列较松弛,同一元素原子在 α-Fe 中的扩散激活能必低于在 γ-Fe 中的扩散激活能。

(2)合金元素对碳在奥氏体中扩散的影响。

碳化物形成元素,提高了碳在奥氏体中的结合力,升高了碳在奥氏体中扩散的激活能,降低碳在奥氏体中的扩散系数 D_C^A。

而非碳化物形成元素,降低碳在奥氏体中的激活能,升高扩散系数 D_C^A。但 Si 例外,它升高激活能,降低 D_C^A。

(3)合金元素 Cr、Mo、Mn、Ti、Nb 均减慢 γ-Fe 的自扩散速度。

因为它们均降低 Fe 原子的活度,增加原子间的结合力,使 γ-Fe 的扩散激活能升高,扩散系数降低。

综上所述,合金元素(Ni、Co 除外)均降低合金钢中的几个扩散系数,增加相变进行的时间,使 $\alpha \rightarrow \gamma$ 相变的保温时间较碳素钢长。

1.3.3　合金元素对钢加热时奥氏体形成过程的影响

钢中加入合金元素,奥氏体的形成机理并未改变,但合金元素将影响钢中奥氏体的形成、碳化物的溶解、奥氏体成分均匀化、奥氏体晶粒长大这四个相变基本过程的速度。

1. 对奥氏体形成的影响

奥氏体形成元素(Ni、Mn、Cu 等)降低 A_1 点,相对增加了奥氏体形成时的过热度,也就增大了奥氏体形成速度。

铁素体形成元素(Cr、Mo、Ti、Si、Al、W、V 等)升高 A_1 点,则相对减慢了奥氏体的形成速度。

另一方面,碳化物形成元素降低碳在奥氏体中的扩散系数 D_C^A,减慢奥氏体形成速度;非碳化物形成元素 Ni、Co 增大碳在奥氏体中的扩散系数 D_C^A,加快奥氏体形成速度。

综上所述,铁素体形成元素中的碳化物形成元素 Cr、Mo、W、V 等减慢奥氏体形成速度;奥氏体形成元素中的非碳化物形成元素 Ni、Co 加快奥氏体形成速度;铁素体形成元素中的非碳化物形成元素或奥氏体形成元素中的弱碳化形成元素 Si、Al、Mn 对奥氏体形成速度影响很小。

2. 碳化物的溶解

奥氏体形成后,还残留一些碳化物,残留的碳化物溶解进奥氏体中,有如下的一些规律。

在同一温度下,稳定性越高的碳化物,溶解度越低,要使其溶解入奥氏体中,加热温度要求越高,如 Cr 为 $800 \sim 900\ ^\circ\!C$,W 为 $1\,000\ ^\circ\!C$,V 为 $1\,200\ ^\circ\!C$ 时才开始溶解。

当钢中有多种碳化物时,最早溶入奥氏体的是稳定性最差的碳化物,最后溶入的是稳定性最高的碳化物。$(Fe,Cr)_3C$、$(Cr,Fe)_{23}C_6$、$(Cr,Fe)_7C_3$ 稳定性依次递增,则依次溶解进奥氏体中。

合金元素在钢中的溶解度越大越有用。Cr、Mo、V 的碳化物在钢中有较大的溶解度,是最有用的合金碳化物。

Ti、Nb、V 的碳化物的溶解度随温度的降低而下降,当合金元素的质量分数足够时,随温度降低,合金碳化物将沉淀析出,带来析出强化效应。

Mn、Cr、Mo,降低碳的活度系数,增加碳化物的溶解。

Si、Ni、Co,增加碳的活度系数,降低碳化物的溶解。

3. 对奥氏体成分均匀化的影响

钢中的合金元素在原始组织中的分配是不均匀的,碳化物形成元素大部分处于碳化物中,非碳化物形成元素则几乎都处于铁素体中。最初形成的奥氏体,其成分并不均匀,而且由于碳化物的不断溶入,不均匀程度更加严重,因而,合金钢奥氏体形成后,除了碳的均匀化外,还进行着合金元素的均匀化,由于合金元素在奥氏体中的扩散系数比碳在奥氏体中的扩散系数小得多,所以合金钢的奥氏体均匀化过程比碳钢慢,其加热保温时间比碳钢长,才能保证奥氏体达到需要的均匀化程度。

4. 对奥氏体晶粒长大的影响

细化晶粒可以提高钢材的强度和韧性,热处理时需要控制加热温度,避免晶粒过分长大。奥氏体晶粒易长大的钢,其过热敏感性强,热处理时加热温度难以掌握。

合金元素对奥氏体晶粒长大的影响可归纳如下：

（1）强碳化物形成元素，如 Ti、V、Zr、Nb 等，显著地阻碍奥氏体晶粒长大，起细化晶粒的作用。

（2）W、Mo、Cr 也有阻止奥氏体晶粒长大的作用。

（3）Al 的质量分数较少时，仅以非金属夹杂物形式（AlN）存在，阻止奥氏体晶粒长大；当其质量分数较高，溶入固溶体时，则促使奥氏体晶粒粗化。

（4）Si、Ni、Co、Cu 轻微阻止奥氏体晶粒长大。

（5）Mn、P 则促使奥氏体晶粒长大。

（6）间隙原子 C、N、B 促使奥氏体晶粒长大，因为它们可以降低 γ-Fe 点阵结合力，增加 Fe 的自扩散系数。

1.3.4　合金元素对过冷奥氏体分解的影响

1. 对 C 曲线（TTT 图及等温转变图）的影响

非碳化物形成元素，只改变 C 曲线的位置，不改变 C 曲线的形状，Ni、Si、Cu 使 C 曲线右移，Al、Co 使 C 曲线左移（图 1.8（a））。

碳化物形成元素，既改变 C 曲线的位置，也改变 C 曲线的形状。出现两个鼻温，甚至使珠光体转变和贝氏体转变区域完全分开，使过冷奥氏体的转变曲线呈现多种类型（图 1.8（b）、（c）、（d）、（e）、（f））。

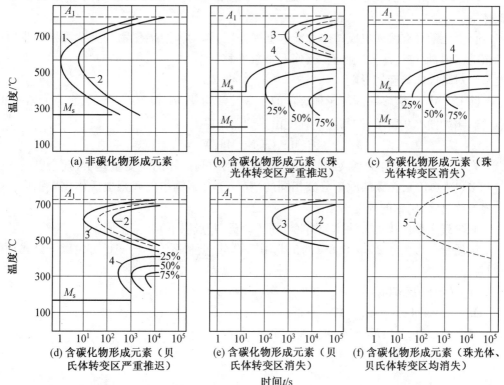

图 1.8　合金元素对 C 曲线的影响

1—转变开始；2—转变终了；3—开始形成铁素体和碳化物；4—开始形成贝氏体；5—开始析出碳化物

2. 对珠光体及贝氏体转变的影响

合金元素除 Co、Al 外均延迟珠光体和贝氏体转变。

按照单个元素对珠光体相变速度作用的方向和强度排列如下：

$$\underset{\text{强　推迟珠光体转变作用　弱}}{\underrightarrow{\text{B, Mo, Mn, W, Cr, Ni, Cu, Si, V}}} \bigg| \underset{\text{弱　加速　强}}{\underrightarrow{\text{Al, Co}}}$$

Cr、Mo、W 等在 γ- Fe 中的扩散系数很小，是推迟珠光体相变的主要因素；Mn、Ni 等减小奥氏体的自由能，增大形核功，是推迟珠光体相变的主要因素；Co 增大碳在奥氏体中的扩散系数，增大奥氏体的自由能，减小形核功，加速珠光体转变。

不论哪一种合金元素，对贝氏体转变的滞缓作用都比对珠光体的作用小。按照单个元素对贝氏体相变速度作用的方向和强度排列如下：

$$\underset{\text{强　推迟贝氏体转变作用　弱}}{\underrightarrow{\text{Mn, Cr, Ni, Si, Mo, W, V, Cu}}} \bigg| \underset{\text{弱　加速　强}}{\underrightarrow{\text{Al, Co}}}$$

Mn、Cr、Ni 因减小奥氏体与铁素体的自由能差，不仅强烈推迟贝氏体转变，还降低贝氏体转变的温度；Si 强烈阻止过饱和铁素体的脱溶而推迟贝氏体转变；Mo、W、V 推迟贝氏体转变作用微弱。

合金元素对珠光体及贝氏体转变影响的意义：推迟珠光体和贝氏体转变（使 C 曲线右移），既提高了过冷奥氏体的稳定性，又降低了钢的临界冷却速度，还提高了钢的淬透性。在钢中最常用的提高淬透性的元素是 Mn、Cr、Ni、Si、Mo、B。

B、Mo 强烈推迟珠光体转变，推迟贝氏体作用较弱，这两个元素共同作用，可获得贝氏体钢。

合金元素只有溶入奥氏体中才能起上述作用，否则未溶碳化物或夹杂物将起非均质晶核的作用，促进过冷奥氏体转变，使 C 曲线左移。

3. 对马氏体转变的影响

除 Co、Al 外，大多数固溶于奥氏体的合金元素均使 M_s 和 M_f 点降低，合金元素对 M_s 点的影响如图 1.9 所示，按其影响程度由强到弱排序为

$$\text{C、Mn、Cr、Ni、Mo、W、Si}$$

合金元素降低 M_s 的意义：M_s 点越低，淬火钢中马氏体的转变量越少，残余奥氏体数量越多（图 1.10），在碳的质量分数相同的情况下，合金钢中的残余奥氏体比碳钢多。残余奥氏体过多，则钢的硬度将下降。

减少残余奥氏体的方法主要有冷处理（冷至 M_f 点以下）和多次回火。

碳质量分数为 0.2% ~ 0.8% 的工业用钢的 M_s 点和马氏体转变量可由以下公式近似计算：

$$M_s/^\circ\text{C} = 520 - 320w_C - 50w_{Mn} - 30w_{Cr} - 20(w_{Ni} + w_{Mo}) - 5(w_W + w_{Si})$$

$$M_x = w_K - 474w_C - 33w_{Mn} - 17w_{Ni} - 17w_{Cr} - 21w_{Mo}$$

$$M_{10}: K = 551, M_{50}: K = 514, M_{90}: K = 458$$

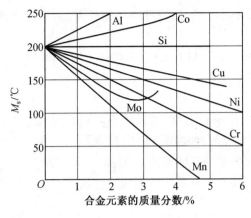 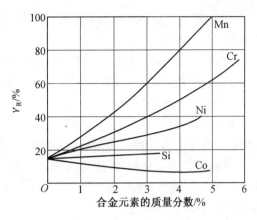

图 1.9　合金元素对 $w_C = 1.0\%$ 碳钢 M_s 点的影响　图 1.10　合金元素对 $w_C = 1.0\%$ 碳钢 1 150 ℃淬
火后残余奥氏体量的影响

1.3.5　对淬火钢回火转变的影响

回火过程是使钢获得预期性能的关键工序。淬火钢的组织主要是马氏体和残余奥氏体(过共析钢中有未溶碳化物),这两种组织在热力学上都是不稳定的。在回火加热时,随着回火温度的升高,钢中必然发生一系列逐步趋向稳定的组织状态的变化,淬火钢回火时可能发生的组织状态变化有马氏体的分解、碳化物的形成、转变及聚集长大、α 相的回复与再结晶及残余奥氏体的转变等。合金元素的存在,使进行回火转变过程的温度范围都相应地有所提高,从而使合金钢显示出较高的回火稳定性。

1. 对马氏体分解的影响

在 200 ℃以下,合金元素对马氏体的分解速度几乎没有影响。

在 200 ℃以上,碳化物形成元素强烈推迟马氏体的分解。因为它们对碳有较强的亲和力,阻碍碳从马氏体中析出,V、Nb 的作用强于 Cr、Mo、W 的作用。马氏体分解温度范围:碳钢 250~350 ℃,合金钢 400~500 ℃。

非碳化物形成元素和弱碳化物形成元素 Mn 不推迟马氏体的分解,Si 稍能推迟马氏体的分解。

2. 对碳化物的形成、转变及聚集长大的影响

马氏体开始分解时,首先形成的碳化物 ε- 碳化物(Fe_xC)与 α 相保持共格关系,随着回火温度的提高,两者的共格关系相继破坏。碳钢中的 ε- 碳化物在 260 ℃转变为 Fe_3C,合金钢中的则转变为合金渗碳体。合金元素中唯有 Si 和 Al 推迟这一转变,使转变温度升高到 350 ℃。

回火温度高于 α 相再结晶温度后,非碳化物形成元素从渗碳体向 α 相扩散,碳化物形成元素从 α 相向渗碳体扩散,并在渗碳体中扩散和富集,超过该元素在渗碳体中的饱和浓度后,便发生由渗碳体向特殊碳化物的转变过程,即

$$\varepsilon- 碳化物 \rightarrow 合金渗碳体 \rightarrow 特殊碳化物$$

特殊碳化物的形成方式主要有两种:

(1)原位形核。

在渗碳体与 α 相的界面处形核,相邻渗碳体提供碳,使特殊碳化物长大,而渗碳体自身消失,如图 1.11(a)所示。

此种方式要求渗碳体中溶解有较多的合金元素。只有 Cr 在渗碳体中有 20% 的溶解度,可以以此种方式形核,如 $(Fe,Cr)_{23}C_6$、$(Fe,Cr)_7C_3$。

(2)在铁素体中直接形核。

特殊碳化物通常在马氏体结构遗传下来的位错处形核,渗碳体不断重新溶入基体 α 相中,从而保证形成特殊碳化物所需的碳的质量分数,如图 1.11(b)所示。

此种方式的形核初期,特殊碳化物是弥散分布的。MeC 型(VC、NbC、TiC、ZrC)以及 Mo 和 W 的碳化物(MoC、Mo_2C、WC、W_2C)均可按直接形核方式形成。弥散分布的碳化物有很强的弥散强化效果。

提高回火温度,碳化物核心开始聚集长大,此温度对碳钢为 $350 \sim 400\ ℃$,合金钢为 $450 \sim 600\ ℃$。

3. 对残余奥氏体转变的影响

在淬火钢组织中,总有一定数量的残余奥氏体,绝大多数合金元素(Co、Al 除外)均降低 M_s 点,增加淬火钢中的奥氏体量。中碳结构钢中残余奥氏体的体积分数一般为 3% ~ 5%,个别可达 10% ~ 15%,低碳马氏体的板条界处也可以存在 2% ~ 3% 的残余奥氏体薄膜,高速钢中残余奥氏体的体积分数可达 20% ~ 40%。

中、低合金钢中的残余奥氏体在 $M_s \sim A_1$ 温度区间回火时,转变产物与过冷奥氏体在 $A_1 \sim M_s$ 温度区间恒温分解产物相似;在较高温度范围内,残余奥氏体转变为珠光体,在中温区,残余奥氏体转变为贝氏体。

高合金钢中的残余奥氏体能在回火冷却过程中转变为马氏体,因为在回火保温中,残余奥氏体中析出了特殊碳化物,使碳和合金元素贫化,M_s 点升高,在回火冷却中残余奥氏体转变为马氏体,使钢的硬度提高,这种现象称为二次淬火。

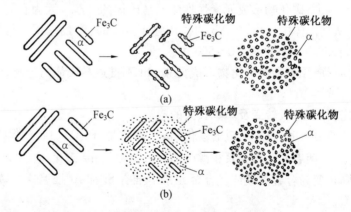

图 1.11 特殊碳化物的形成方式示意图

4. α 相的回复与再结晶

淬火钢回火时所发生的回复与再结晶过程类似于冷变形钢加热时所发生的情况(因为起始位错密度都高达 $10^8 \sim 10^{10}\ mm^{-2}$),其区别仅在于原始组织结构的不同。

马氏体中没有织构,位错分布比较均匀。马氏体晶体之间存在许多界面,回火温度提高,位错重新分布、消失,形成网格,产生多边化亚结构,并开始再结晶。

合金元素能不同程度地提高 α 相的再结晶温度,使 α 相的马氏体形态和其中碎化了的嵌镶块结构保留到更高的温度,对于保持回火组织的强度,提高钢的热强性都有重要贡献。不同合金元素的质量分数对铁素体再结晶温度的影响见表 1.7。

表 1.7　不同合金元素的质量分数对铁素体再结晶温度的影响

合金元素的质量分数	α-Fe	$w_C = 0.1\%$	$w_{Ni} = 2\%$	$w_{Si} = 2\%$	$w_{Mn} = 1\%$	$w_{Cr} = 2\%$	$w_W = 1.5\%$	$w_{Mo} = 2\%$
再结晶温度/℃	520	550	550	550	575	630	655	650

5. 弥散(沉淀)强化

淬火合金钢回火时,有两个相反的因素影响着强度,一方面由马氏体分解产生弱化作用,另一方面特殊碳化物质点的弥散析出导致钢的强化,当强化作用大于弱化作用时,在 R-$t_{回火}$ 曲线上出现一个峰值,称为二次硬化峰(图 1.12)。

二次硬化为淬火钢在回火时出现的硬度回升现象,其主要原因是特殊碳化物的弥散硬化,也与二次淬火有关。

直接形核方式析出的特殊碳化物就是弥散析出的,因此 V、Nb、Ti、Mo、W 和高 Cr 钢中均显示二次硬化效应。

弥散质点的数量越多,二次硬化效应越大,即合金元素的质量分数越高,二次硬化效应越显著。合金元素的质量分数对二次硬化的影响如图 1.13 所示。

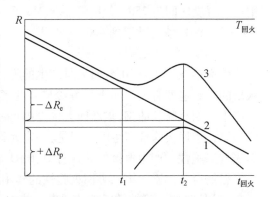

图 1.12　淬火钢回火时,由于马氏体分解 1 和弥散碳化物质点析出 2 引起的强度变化及其总效果 3

$-\Delta R_e$——回火温度从 t_1 提高到 t_2 马氏体强度的弱化;

$+\Delta R_p$——回火温度从 t_1 提高到 t_2 弥散碳化物质点导致的强度提高

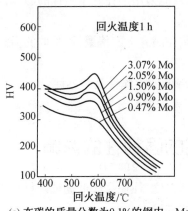

(a) 在碳的质量分数为0.1%的钢中,Mo的质量分数对二次硬化峰的影响

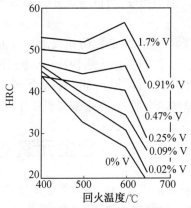

(b) 在碳的质量分数为0.4%的钢中,V的质量分数对二次硬化峰的影响

图 1.13　合金元素的质量分数对二次硬化的影响(图中百分数表示质量分数)

二次硬化峰也与回火时残余奥氏体转变为马氏体(二次淬火)相联系,如高速钢的回火。

6. 合金钢的回火脆性

淬火钢在一定温度范围内回火时,表现出明显的脆化现象,即回火脆性。合金钢中有两类回火脆性。

(1)第一类回火脆性。

在较低回火温度250~350 ℃范围内发生,又称低温回火脆性,不可逆,与回火后冷却速度无关,在产生回火脆性温度保温,不论快冷、慢冷,钢都具有低的冲击韧性,不可能用热处理和合金化的方法消除。但 Mo、W、V、Al 可稍减弱此脆性,并将此温度推向高温,碳钢这一温度区间为 250~350 ℃,Cr、Mo、W 可将其延迟至 300~400 ℃,Si 最显著($w_{Si}=$ 1%~1.5%),使之延迟到 400~450 ℃。

(2)第二类回火脆性。

淬火钢在450~650 ℃回火时产生的脆化现象,又称高温回火脆性,它是可逆的,与回火后的冷却速度有关。回火后慢冷则产生脆性,回火后快冷则不产生或大大减轻脆性。已产生了回火脆性的钢,重新回火快冷则可消除已产生的脆性。

第二类回火脆性产生的原因是:一定元素偏聚于晶界,从而降低了晶界的结合力,使钢表现出脆性。产生偏聚的元素有 H、N、O、Si、P、S 等。

根据合金元素对第二类回火脆性的作用,可将其分为以下 3 大类。

(1)增加回火脆性敏感性的元素。此类元素有 Mn、Cr、Ni(与其他元素一起加入时)、P、V 等,它们或与偏聚元素一起偏聚或促进其他元素偏聚。

(2)对回火脆性敏感性无明显影响的元素。此类元素有 Ti、Zr、Si、Ni(单一元素作用时)。

(3)降低回火脆性敏感性的元素。此类元素有 Mo、W,它们有抑制有害元素偏聚的作用。

回火脆性是一种使钢材韧性明显降低而易脆断的不良现象,因此工业上必须防止或避免回火脆性的产生。

第一类回火脆性,与钢的成分的关系不大,只能采用不在发生脆性的温度范围内回火来避免。

第二类回火脆性,必须防止或消除有害杂质在晶界上的偏聚,可采取的措施如下:

(1)小尺寸工件,回火后快冷(水冷或油冷)。

(2)大尺寸工件,加入 Mo、W 等合金元素,降低回火脆性及敏感性。

(3)提高冶金质量,尽可能降低钢中有害元素的质量分数。

1.4　合金元素对钢的强韧性的影响

结构材料的强度和韧性常常是矛盾的,提高强度,往往会降低韧性。材料工作者的任务之一,就是找到提高强度而尽量不降低韧性的方法。

1.4.1　钢的强化机制

1. 晶体强化的基本途径

从晶体强度与位错密度的关系曲线(图 1.14)可以看出提高晶体强度有两条基本

途径。

(1)尽可能地减少晶体中的可动位错,抑制位错源的开动,从而使金属材料接近金属晶体的理论强度,如晶须。

(2)增大晶体缺陷的密度,在金属中造成尽可能多的阻碍位错运动的障碍。钢的合金化、冷热变形、热处理及其综合作用等就属于这种途径。

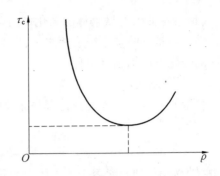

图 1.14 晶体强度 τ_c 与位错密度 ρ 的关系

2. 金属材料的基本强化机制

金属材料的基本强化机制有以下 4 种。

(1)固溶强化。

合金元素以置换或间隙溶质原子的形式溶入基体金属的晶格中,由于溶质原子与基体金属原子大小不同,而使基体晶格发生畸变,造成一个弹性应力场,此应力场与位错本身的弹性应力场交互作用,增大了位错运动的阻力,从而导致强化。其强化效应随溶质原子的质量分数的增加而增大。

(2)界面强化。

界面是位错运动的障碍之一。晶界、相界、亚晶界都是界面,其中最重要的界面是晶界,晶粒越细化,晶界越多,其强化效果越好。

(3)析出强化(沉淀强化)。

细小弥散的第二相质点可以有效地阻碍位错运动,而使材料强化。细小弥散的第二相质点一般都是在特定成分、特定热处理过程中析出的,称为析出强化。

(4)位错强化(加工硬化、形变强化)。

当金属中位错密度高时,位错运动时易于发生相互交割,形成割阶,引起位错缠结,阻碍位错运动,给继续塑性变形造成困难,从而提高了金属的强度。这种用增加位错密度提高金属强度的方法称为位错强化。能大幅度提高位错密度的方法主要是塑性变形和淬火。

在实际强化金属时,常常同时采用多种强化机制。

3. 合金强化

金属强化机制的作用,通常是通过添加合金元素来实现的,因此也称为合金强化。下面给出一组数据来看合金强化的效果。

Fe 单晶体:$R_e = 28$ MPa;

Fe 多晶体:$R_e = 140$ MPa;

低碳钢:$R_e = 180 \sim 340$ MPa, $R_m = 320 \sim 600$ MPa;

普通低合金钢:$R_m = 1\ 600$ MPa;

高合金结构钢:$R_m = 2\ 500 \sim 3\ 000$ MPa。

从以上数据可以看出,合金强化的效果是非常显著的。

合金化提高强度的机制,对于金属基体(钢主要为铁素体)有固溶强化、界面强化(细化晶粒)机制;对于第二相来说,其形态不同,则所起作用的机制不同,主要有析出强化(弥散质点)和界面强化(如两相合金珠光体等)机制。

（1）合金元素对铁素体的强化作用。

铁素体是钢的基本组成相之一，在结构钢中其所占比例可高达 95%，合金元素对铁素体的强化作用机制有两种。

① 固溶强化。

合金元素对铁素体的强化有叠加效应，多种合金元素溶于铁素体中，其对强度的贡献可定性表示为

$$\Delta R_e = \sum K_i^F C_i^F$$

式中，C_i^F 为第 i 种元素溶于铁素体中的质量分数；K_i^F 是质量分数为 1% 的第 i 种元素固溶后引起的 R_e 增量的铁素体强化系数，具体值见表 1.8。

表 1.8 不同合金元素溶于铁素体的 K_i^F 值

元素	C+N	P	Si	Ti	Al	Cu	Mn	Cr	Ni	Mo	V
K_i^F/100 MPa	4 670	690	85	80	60	40	35	30	30	10	3

图 1.15 示出了合金元素的质量分数对低碳铁素体钢屈服强度的影响。

从表 1.8 及图 1.15 可见，C、N 是钢中重要的强化元素。间隙溶质原子（C、N）的强化效应远比置换溶质原子强烈，其强化作用相差 10~100 倍。但在室温下，它们在铁素体中的溶解度十分有限，固溶强化作用受到限制。

Si、Mn、Cr、Ni、Mo 等的固溶强化作用不可忽视。多种元素同时存在时，强化作用可叠加，使总强化效果增大，尤其是 Si、Mn。

合金元素在强化铁素体的同时，将降低其塑性和韧性，固溶强化效果越大，塑性和韧性下降越多，所以应控制溶质的质量分数。图 1.16 给出了合金元素对铁素体韧脆转变温度（断口形貌转折温度 T_{50}）的影响。多数合金元素处于低质量分数范围时，稍稍降低 T_{50}，当其质量分数增大时，将逐步升高 T_{50}。只有 Ni 不论质量分数高低，均降低 T_{50}。能降低 T_{50} 的合金质量分数界限：V、Cr、Si 均小于 1%，Mn 小于 2%。

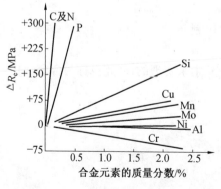
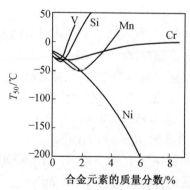

图 1.15 合金元素对低碳铁素体钢屈服强度的影响 图 1.16 合金元素对铁素体 T_{50} 转折温度的影响

所以合金化的一般原则是"少量多元"。

② 界面强化。

铁素体的屈服强度 R_e 随晶粒度的减小按 Hall-patch 公式增加，即

$$R_e = R_0 + K_s d^{-1/2}$$

式中　R_0——派纳力(内摩擦阻力);

　　　　K_s——晶格障碍强度系数,是晶界对强度影响的常数,与晶界结构有关;

　　　　d——平均晶粒直径。

　　表面活性元素如 C、N、Ni 和 Si 可在 α-Fe 晶界上偏聚,提高晶界阻碍位错运动的能力,即提高 K_s,从而使屈服强度 R_e 提高。

　　Al、Nb、V、Ti、Zr 等元素形成细小难溶的第二相质点,阻碍奥氏体晶界移动,可细化铁素体晶粒。

　　正火、反复快速奥氏体化及控制轧制等方法也可细化晶粒。

　　(2)合金元素对钢中第二相强化作用的影响。

　　合金元素对钢中第二相的大小、形态及分布都有影响。

　　① 析出强化。

　　析出强化包括时效强化和弥散强化两种,其特点是通过合金化在基体中产生弥散的第二相质点以使合金强化。前者是通过固溶 – 时效处理来产生一定弥散分布的第二相质点。例如,马氏体时效钢 18Ni 加入 Ti 和 Mo 等元素,在时效时析出 Fe_2Mo、Ni_3Ti、Ni_3Mo 等金属间化合物强化相,可以获得良好的析出强化效果。钢中加入 V、Ti、W、Mo、Nb 等元素,在淬火回火时可析出弥散分布的特殊碳化物质点,也可使钢强化(产生二次硬化)。

　　② 两相合金的界面强化。

　　合金由两相组成,但第二相不像析出强化的第二相那样细小和弥散,其相界面也有强化作用。细化两个相,使相界面增多,则合金的强度提高,如珠光体。

　　α 相的 $R_m = 230$ MPa,而珠光体的 $R_m = 750$ MPa,提高了 3 倍多。

　　加入合金元素 Cr、Mn、Mo、W、V 等增加过冷奥氏体的稳定性,使 C 曲线右移,在同样冷却条件下,可得到细片状珠光体,相界面增加,可达到强化目的。

1.4.2　韧化途径

　　钢材的韧化意味着不发生脆化。按上述强化方式进行强化,除细晶强化以外,一般均会发生脆化,即脆性转变温度上升的同时,韧性破断的冲击值和断裂韧性值下降。因此寻求高强度而同时有高韧性的材料,是材料工作者重要的研究任务。提高韧性的途径如下:

　　(1)细化奥氏体晶粒,从而细化铁素体晶粒。

　　细化晶粒是既强化又韧化钢材的唯一方法。V、Ti、Nb 等是钢中常用的细化晶粒的元素。

　　(2)调整合金元素,降低有害元素质量分数,获得具有细微夹杂物的镇静钢并降低钢中碳的质量分数。

　　合金元素通过改善基体本身的韧性和改变钢的显微组织来抑制钢的脆性断裂倾向。Ni 和 Mn 是改善钢的韧性的两个主要元素。Ni 使基体本身在低温下易于交叉滑移,从而提高韧性,对任何组织均可提高其韧性。Mn 是通过显著降低 A_1 点,细化钢的组织,并能使缓冷后晶界所出现的渗碳体变小,从而提高钢的韧性,对纯铁和淬火组织没有多大作用,而对热轧和正火钢材有较好的效果。

　　减少钢中 P、S、N、H、O 以及其他有害元素的质量分数,则可减少它们在晶界的偏聚,既有利于抑制回火脆性倾向,也使延迟破坏和环境脆化的敏感性大大下降,从而改善钢的韧性。

钢中的非金属夹杂物是断裂的裂纹源,它的数量、大小、形态等取决于冶炼过程。真空脱气、电渣重熔以及各种炉外精炼技术可以改善钢的纯洁性,从而提高钢的韧性。

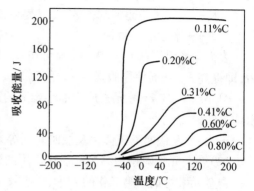

碳强化作用很高,却显著降低韧性(图1.17)。钢中碳的质量分数极低,通过析出金属间化合物强化的马氏体时效钢,具有高的韧性。

图 1.17 碳的质量分数对钢的韧脆转变温度的影响(图中百分数表示质量分数)

(3)获得不存在粗大碳化物质点和晶界薄膜的钢材。

淬火钢回火时,Fe_3C 既可能形成晶界薄膜,又可能形成大质点,使钢的脆性增大。在给定的热处理条件下,添加合金元素 V、T、Nb、Mo 等形成特殊碳化物来代替渗碳体,可降低碳化物的质点大小,也可消除形成晶界薄膜的倾向。

(4)防止预先存在的显微裂纹。

一是在锻造和热处理时,要采取措施防止产生显微裂纹;二是在需要和可能的条件下采用低碳马氏体钢,因为低碳马氏体形成裂纹的倾向小于中、高碳马氏体。

(5)形变热处理。

形变与相变结合在一起,提高了钢中的位错密度,细化了晶粒,使钢的强度提高,塑性和韧性也得到提高。

(6)利用稳定的残余奥氏体来提高韧性。

钢中有稳定的残余奥氏体,钢的屈服点下降,回火脆性减轻。在低碳马氏体钢中,残余奥氏体在马氏体板条相界呈薄膜状,可提高钢的韧性。

1.5 合金元素对钢的工艺性能的影响

1. 对铸造性能的影响

铸造性能是指钢在铸造时的流动性、收缩特点、偏析等方面的综合性能,它主要与钢的固相线和液相线温度高低以及结晶温区的大小有关。

合金元素对铸造性能的影响主要取决于它们对 $F-Fe_3C$ 相图的影响,固、液相线的温度越低,结晶温区越窄,则铸造性能越好。

Cr、Mo、V、Ti、Al 等元素在钢中形成高熔点碳化物或氧化物质点,增大钢的黏度,降低流动性,使铸造性能恶化。

2. 对塑性加工性能的影响

塑性加工分为热加工和冷加工。

热加工工艺性能通常由热加工时钢的塑性和变形抗力、可加工温度范围、抗氧化能力、对热加工后冷却的要求等来评价。

合金元素溶入固溶体中或在钢中形成碳化物(如 Cr、W、Mo 的碳化物),都使钢的热变形抗力提高,热塑性明显下降,从而使热加工性能降低。若碳化物弥散分布,则对塑性影响不大(如 Nb、Ti、V 的碳化物)。

合金元素一般会降低钢的导热性,提高钢的淬透性,增加钢热加工时的开裂倾向。

总体来说,合金钢的热加工工艺性能比碳钢要差得多,热加工时加热和冷却都必须缓慢进行。

冷加工工艺性能主要包括钢的冷变形能力和钢件的表面质量两方面。合金元素溶入固溶体中或在钢中形成碳化物都可提高钢的冷加工硬化率,使钢变硬、变脆,易开裂或难于继续变形。

碳含量的增高,使钢的延伸性能变坏,所以冷冲压钢都是低碳钢。

Si、Cr、V、Cu 等降低钢的深冲性能,Nb、Ti、Zr 和 Re 因能改善碳化物的形态,故可提高钢的冲压性能。

3. 对焊接性能的影响

焊接性能是指钢的可焊性和焊接区的使用性能,主要由焊后开裂的敏感性和焊接区的硬度来评判。焊缝区在焊后冷却时,易形成马氏体,则焊后开裂的敏感性越高,焊接区的硬度越高,焊接性能越差。

碳不但显著增加钢的淬透性,而且使马氏体的质量体积增加,故碳的质量分数对钢的焊接性能影响最大。焊接性能好的钢都是低碳钢。合金元素可提高钢的淬透性,促进脆性组织(马氏体)的形成,使焊接性能变坏。合金元素的质量分数越高,焊接性能越差。合金元素对钢的焊接性能的影响可与碳的作用相比较,以 $w_{C_{eq}}$ 表示。

常采用的计算公式有

$$w_{C_{eq}} = w_C + \frac{w_{Mn}}{4} + \frac{w_{Si}}{4} (适用于其他元素可忽略的情况)$$

$$w_{C_{eq}} = w_C + \frac{w_{Mn}}{6} + \frac{w_{Cr} + w_{Mo} + w_V}{5} + \frac{w_{Ni} + w_{Cu}}{15} (适用于碳的质量分数较高的钢种)$$

$$w_{C_{eq}} = w_C + \frac{w_{Mn}}{20} + \frac{w_{Si}}{30} + \frac{w_{Ni}}{60} + \frac{w_{Cr}}{20} + \frac{w_{Mo}}{15} + \frac{w_V}{10} + \frac{w_{Cu}}{20} + 5w_B$$

(适用于碳的质量分数较低(0.07% ~ 0.22%)的钢种)

通常认为,$w_{C_{eq}} < 0.35\%$,焊接性能良好;$w_{C_{eq}} > 0.4\%$,焊接有困难,焊接前应于 100 ~ 200 ℃进行预热;$w_{C_{eq}} > 0.6\%$ 的钢必须预热,同时在整个焊接过程中工件应保持在 200 ~ 400 ℃,焊后立即回火。

但钢中含有少量 Nb、Ti、Zr 和 V,易形成稳定的碳化物,使晶粒细化并降低淬透性,可改善钢的焊接性能。

4. 对切削性能的影响

切削性能主要表示钢被切削加工的难易程度和加工表面的质量好坏,通常由切削抗力大小、刀具寿命、表面光洁度和断屑性等来进行衡量。

切削性能与钢的硬度密切相关,钢最适合于切削加工的硬度范围为 170 ~ 230HB。硬度过低,切削时易粘刀,易形成刀瘤,加工表面光洁度差;硬度过高,切削抗力大,刀具易磨损。

一般合金钢的切削性能比碳钢差,但适当加入 S、P、Pb 等元素,可以大大改善钢的切削性能。

5.对热处理工艺性能的影响

热处理工艺性能反映热处理的难易程度和热处理产生缺陷的倾向,主要包括淬透性、过热敏感性、回火脆化倾向和氧化脱碳倾向等。

合金钢的淬透性高,淬火时可以采用比较缓慢的冷却方法,不但操作比较容易,而且可以减少工件的变形和开裂倾向。

氧化脱碳倾向含 Si 钢最明显,其次是含 Ni 钢和含 Mo 钢。加入 Mn、Si 会增大钢的过热敏感性。

第2章 通用结构钢

通用结构钢包括工程用结构钢和机器零件用结构钢两大类。工程用结构钢主要用于各种工程结构件,大多是用不含合金元素或合金元素质量分数较低的钢来制造的。这类钢冶炼简单、成本低、用量大,使用时一般不进行热处理。而机器零件用结构钢一般都经过热处理后使用,主要用于制造各类机器零件,它们大多是用合金元素质量分数较高而杂质元素质量分数低的钢来制造。

2.1 工程用结构钢

2.1.1 构件用钢的工作特点及性能要求

工程用结构钢是指用于制作各种大型金属结构所用的钢材,简称构件用钢。一般构件的工作条件特点是:构件之间不做相对运动,如桥梁;承受长期的静载荷,如支座;有一定的使用温度要求,如锅炉的使用温度达 250 ℃ 以上;在野外或海水中使用,如海中钻探石油用的钢架,有腐蚀的环境,要求耐蚀。因此,构件用钢应满足以下使用性能要求:

(1)良好的工艺性能。

通常构件的主要生产过程有冷变形和焊接两种,所以构件用钢必须相应地具有良好的冷变形性和可焊性。在构件用钢的设计与选材上首先需要满足这两方面的要求。

(2)力学性能要求。

为使构件在长期静载荷下结构稳定,不易产生弹性变形,更不允许产生塑性变形与断裂,要求构件用钢有:大的弹性模量,以保证刚度;足够的强度和塑性,以免发生破坏和塑性变形;低的缺口敏感性和冷脆倾向性。

(3)耐大气腐蚀和海水腐蚀性要求。

为使构件在大气或海水中能长期稳定工作,要求构件用钢具有一定的耐大气腐蚀性和海水腐蚀性。

但总体来说,构件用钢以工艺性能为主,力学性能为辅。这一点与其他钢种的情况不同。根据以上性能要求,大多数构件用钢都采用低碳钢,通常在热轧空冷(正火)状态下供货,或者在正火回火状态下使用。

2.1.2 普通碳素结构钢

普通碳素结构钢大量用于建筑和工程用构件,少量用于制造普通机器零件,占钢总产量的 70% ~ 80%。由于普通碳素结构钢冶炼简单,价格低廉,焊接性和冷成型性优良,能满足一般构件的要求,所以工程上用量很大。

普通碳素结构钢主要保证力学性能,故其牌号应体现其力学性能。牌号表示按顺序分别为:Q 是屈服强度"屈"的汉语拼音首字母,屈服强度数值(MPa),质量等级(A、B、C、D、E),脱氧方法(沸腾钢 F、镇静钢 Z、特殊镇静钢 TZ)。例如,Q275AF 表示屈服点最小值是 275 MPa、质量为 A 级的沸腾碳素结构钢。其中质量等级 A、B、C、D 表示 S、P 质量分数依次降低。

根据国家标准《碳素结构钢》(GB/T 700—2006),将普通碳素结构钢分为 Q195、Q215、Q235 及 Q275 四类。碳素结构钢的牌号、等级和化学成分见表 2.1,碳素结构钢的力学性能、牌号、等级指标见表 2.2。其中,Q195 不分等级,化学成分和力学性能均须保证。Q215 分为 A、B 两个等级,Q235、Q275 分为 A、B、C、D 共 4 个等级。等级越高,C、P、S 等的质量分数的上限越低。另外,标准中还规定了各种钢号的脱氧方法。普通碳素结构钢中碳的质量分数小于 0.24%,塑性较好,有一定强度;含有较多杂质,如 S、P,但能满足性能要求。

表 2.1　碳素结构钢的牌号、等级和化学成分(GB/T 700—2006)

牌号	统一数字代号	等级	脱氧方法	厚度(或直径)/mm	化学成分(质量分数)/%,不大于				
					C	Si	Mn	P	S
Q195	U11952	—	F、Z	—	0.12	0.30	0.50	0.035	0.040
Q215	U12152	A	F、Z	—	0.15	0.35	1.20	0.045	0.050
	U12155	B							0.045
Q235	U12352	A	F、Z		0.22	0.35	1.40	0.045	0.050
	U12355	B			0.20				0.045
	U12358	C	Z		0.17			0.040	0.040
	U12359	D	Z					0.035	0.035
Q275	U12752	A	F、Z	—	0.24	0.35	1.50	0.045	0.050
	U12755	B	Z	≤40	0.21			0.045	0.045
	U12758	C	Z	>40	0.22			0.040	0.040
	U12759	D	TZ	—	0.20			0.035	0.035

通常所用的钢材品种有热轧钢板、钢带、钢管、槽钢、角钢、扁钢、圆钢、钢轨、钢筋、钢丝等,可用于桥梁、建筑物等构件,也可用于受力较小的机械零件。其中 Q195 和 Q215 就具有优良的塑性和焊接性能,通常加工成型材用作桥梁、钢结构或者铁丝、冷冲压件等。Q235 等级的钢有一定强度和良好的塑性、韧性,可用作垫圈、圆销、拉杆等。Q275 钢强度高,可用作轧辊、刹车带、铁路钢轨高强度接头螺栓、螺母等。

普通碳素结构钢常以热轧状态供货,一般不经热处理强化。但对某些重要零件也可以进行正火、调质、渗碳等处理,以提高其使用性能。

根据一些专业的特殊要求,对碳素结构钢的成分和工艺做些微小的调整,使其分别适合于各专业的使用,从而派生出一系列的专业用钢。对这些钢种,除严格要求所规定的化学成分和力学性能以外,还规定某些特殊的性能和质量检验项目,如低温冲击韧度、时效敏感性、夹杂物等级或断口形式等。

表 2.2　碳素结构钢的力学性能、牌号、等级指标（GB/T 700—2006）

牌号	等级	屈服强度 R_{eH}/(N·mm^{-2})，不小于						抗拉强度 R_m/(N·mm^{-2})	断后伸长率 A/%，不小于					冲击试验（V形缺口）	
		厚度（或直径）/mm							厚度（或直径）/mm					温度/℃	冲击吸收功（纵向）KV_2/J，不小于
		≤16	>16~40	>40~60	>60~100	>100~150	>150		≤40	>40~60	>60~100	>100~150	>150		
Q195	—	195	185	—	—	—	—	315~430	33	—	—	—	—	—	—
Q215	A	215	205	195	185	175	165	335~450	31	30	29	27	26	—	—
	B													+20	27
Q235	A	235	225	215	215	195	185	370~500	25	24	23	22	21	—	—
	B													+20	27
	C													0	
	D													−20	
Q275	A	275	265	255	245	225	215	410~540	22	21	20	18	17	—	—
	B													+20	27
	C													0	
	D													−20	

2.1.3　低合金高强度结构钢

低合金高强度结构钢是指在优质碳素钢（S、P 的质量分数较少）的基础上，加入少量的合金元素，是以提高钢的屈服强度（提高 50%~100%）并改善综合性能（塑性、韧性、冷加工成型及焊接性能）为目的的一类钢种，也就是我国原来的普通低合金结构钢。其特点为低碳、低合金及高强度。它是为了适应大型工程结构件减轻结构自重，提高使用的可靠性及节约钢材的需要而发展起来的。这类钢的强度，尤其是屈服强度大大高于碳质量分数相同的普通碳素结构钢。例如，最常用的普通碳素钢 Q235 与低合金高强度结构钢 Q345 相比，其碳的质量分数相同，但 Q235 钢的 $R_e \geqslant 235$ MPa，R_m 为 375~460 MPa，而 Q345 钢的 $R_e \geqslant 345$ MPa，R_m 为 510~660 MPa。正因为低合金高强度结构钢具有承载大、自重轻、综合性能好的优点，目前已广泛用于制造桥梁、车辆、船舶、石油化工容器、建筑钢筋等。

1. 低合金高强度结构钢的性能要求

（1）高强度。

构件用钢一般是在热轧状态或正火状态供应用户使用，故为减轻结构自重要求提高热轧状态下的屈服强度。如将 R_e 由 250 MPa 提高到 350 MPa，即可使构件自重减轻 20%~30%，节省钢材，降低成本。而现在使用的低合金高强度钢的屈服强度大多在

350~500 MPa,还有更高的强度级别。

通常构件是按 R_e 设计的,但 R_m 在本质上反映了钢材塑性失稳时的极限承载能力,一旦构件出现超载($R > R_e$)并达到 R_m 时,会塑性失稳(出现缩颈)。因此,在提高 R_e 的同时还应提高 R_m,以免出现超载现象。通常希望屈强比 R_e/R_m 的比值为 0.65~0.75。这一比值实际上是为超载提供了一个安全系数,作为一种塑性储备。

(2)良好的塑性与韧性。

为了避免发生脆断,同时使冷弯、焊接工艺容易进行,通常要求延伸率 $A > 18\%$,断面收缩率 $Z > 50\%$;室温冲击吸收能量 KV_2 大于 34 J,在 -40 ℃或经时效处理后,KV_2 值下降不得低于室温 KV_2 值的 50%。

(3)良好的工艺性能和耐大气腐蚀性。

为了满足工艺上的要求,低合金高强度结构钢应具有良好的冷变形性能(如冷弯、拉深等)以及焊接性能。增加碳及合金元素质量分数,提高淬透性,使热影响区容易形成马氏体,增加淬裂倾向。一般应保证 $w_{C_{eq}}$ 小于 0.35%。对可焊性要求高时,还应对钢中 H、P、S 和 Se 等元素的质量分数加以控制。另外,还需耐大气腐蚀,否则须涂漆保护。

(4)低的时效敏感性和韧脆转变温度。

应变时效与淬火时效常常导致钢力学性能发生不利的变化,是使用中出现开裂的主要原因。一般认为 C、N、Si、Cu 等元素使时效敏感性增大,而 Al、V、Ti、Wb 等可使时效敏感性减小。许多构件是在低温下工作,为避免低温脆断,低合金高强度结构钢应具有较低的韧脆转变温度,以保证构件在较低的使用温度下仍具有良好的韧性。实验测试结果表明,钢中每增加 1% 的珠光体量,脆性转化温度升高 2.2 ℃,所以碳的质量分数宜低不宜高。

(5)经济性要求。

低合金高强度结构钢用量很大,在加入合金元素时应充分考虑国内资源条件。一般认为其合金化特点应是多组元微量合金化,合金元素总质量分数不超过 3%。

2. 低合金高强度结构钢的化学成分

(1)低碳。

由于韧性、焊接性和冷成型性方面的要求较高,故低合金高强度结构钢中碳的质量分数不应超过 0.2%。实验证明,随着碳的质量分数的增加,钢的强度得以提高,但脆性增大,焊接性和冷变形性都变坏。如碳的质量分数由 0.1% 增至 0.2%,抗拉强度提高 60 MPa,韧脆转变温度升高 33 ℃。

(2)主加合金元素锰。

Mn 属于复杂立方点阵,其点阵类型及原子尺寸与 α-Fe 相差较大,因而 Mn 的固溶强化效果较强。Mn 是奥氏体形成元素,能降低奥氏体向珠光体转变的温度范围并减缓其转变速度,因而可细化珠光体,提高钢的强度和硬度。另一方面,Mn 的加入可使 Fe-C 状态图中"S"点左移,使基体中珠光体数量增多,因而可使钢在相同碳的质量分数下,珠光体量增多,致使强度不断提高。Mn 还能降低钢的韧脆转变温度。但应注意,Mn 的质量分数要控制在 2% 以内,若过高将会有贝氏体出现,且使焊接性能变坏,容易产生裂纹。另外,提高 Si 的质量分数对钢有显著的固溶强化作用,但质量分数不能超过 0.4%。

(3)辅加合金元素铝、钒、钛、铌、铜、稀土元素等。

在低合金高强度结构钢中加入少量的 Al 形成 AlN 细小质点以细化晶粒,这样既可提高强度,又可降低韧脆性转变温度 T_k。例如,在 C 的质量分数为 0.15% 和 Mn 的质量分数为 1.8% 的钢中,用 Al 脱氧正火后可使 R_e 达到 425~475 MPa,而 T_k 下降到 -70 ℃。加入微量的 V、Ti、Nb 等元素既可在钢中形成细碳化物和碳氮化合物,产生沉淀强化作用,还可细化晶粒,从而使强韧性得以改善。需要注意的是,此类元素所形成的碳化物在高温轧制时可以溶解,此时细化晶粒效果消失,T_k 反而上升。所以在轧制时必须控制轧制温度,发挥 V、Ti、Nb 的沉淀强化作用和细化晶粒作用。另外,为改善钢的耐大气腐蚀性能,应加入 Cu 和 P,否则有时就要用涂料等来保护构件。Mo 能显著提高强度、提高高温抗蠕变及抗氢腐蚀能力,在提高热强性上效果最佳,但单独添加会引起石墨化倾向,需加铬等元素来防止。加入微量稀土元素可以脱硫去气,净化钢材,并改善夹杂物的形态与分布,从而改善钢的力学性能和工艺性能。我国稀土元素资源丰富,常加元素有 Ce、La 和其他镧系元素。

综上所述,低合金高强度结构钢合金化的原则是:低 C,合金化时以 Mn 为基础,适当加入 Al、V、Ti、Nb、Cu、P 及稀土元素等,其发展方向是多组元微量合金化。

3. 常用钢种

《低合金高强度结构钢》(GB/T 1591—2008)规定钢的牌号由代表屈服点的汉语拼音字母(Q)、屈服强度数值、质量等级符号(A、B、C、D、E)3 个部分按顺序排列来表示,如 Q345D。低合金高强度结构钢的牌号、化学成分及冲击吸收功见表 2.3,拉伸性能见表 2.4。由表 2.3 可见,Q345、Q390、Q420 有 5 个质量等级,Q460、Q500、Q550、Q620、Q690 有 3 个质量等级。质量等级越高,S、P 的质量分数要求越严格,钢材的冶金质量要求越高。牌号越高,即钢材的强度等级越高,Si、Mn、Cr、Mo 等元素的上限越高。较低强度级别的低合金高强度结构钢中,以 Q345 最具代表性。该钢使用状态的组织为细晶粒的铁素体-珠光体,强度比普通碳素结构钢 Q235 高 20%~80%,耐大气腐蚀性能高 20%~38%。用它来制造工程结构时,质量可减轻 20%~30%,低温性能较好。但比碳钢的缺口敏感性大,疲劳强度低,焊接时易产生裂纹。

钢中 S、P 的质量分数对韧性影响显著,钢的质量等级越高,对其质量分数的要求越严,高洁净钢的生产工艺即可满足此方面的要求。

Q420 是中等级别强度钢中使用最多的钢种,钢中加入 V 之后,生成 V 的氮化物,可细化晶粒,又有析出强化的作用,使强度有较大提高,尤其是高温强度,而且韧性、焊接性以及低温韧性也较好,被广泛用于制造桥梁、锅炉、船舶等大型结构。

Q460、Q500、Q550、Q620、Q690 中可以加入 Mo、B,以使钢材在热轧或正火后能获得部分贝氏体组织,以提高钢的强度,属于低碳贝氏体钢。

钢的屈服强度主要取决于其显微组织,低合金高强度钢所能达到的强度与组织的关系大致如下:

铁素体-珠光体组织,R_e 为 300~350 MPa;低碳贝氏体组织,R_e 为 450~650 MPa,低碳索氏体组织,这类钢经调质处理,R_e 为 650~800 MPa 或更高。

表 2.3　低合金高强度结构钢的牌号、化学成分及冲击吸收功（摘自 GB/T 1591—2008）

牌号	质量等级	化学成分(质量分数)/%															试验温度/℃	冲击吸收功(KV₂)/J (公称厚度(直径、边长)为 12～150 mm)
		C	Si	Mn	P	S	Nb	V	Ti	Cr	Ni	Cu	N	Mo	B	Als		
		不大于														不小于		
Q345	A	≤0.20	≤0.50	≤1.70	0.035	0.035										—	—	
	B				0.035	0.035											20	
	C				0.030	0.030	0.07	0.15	0.20	0.30	0.50	0.30	0.012	0.10	—		0	≥34
	D	≤0.18			0.030	0.025										0.015	−20	
	E				0.025	0.020											−40	
Q390	A	≤0.20	≤0.50	≤1.70	0.035	0.035										—	—	
	B				0.035	0.035											20	
	C				0.030	0.030	0.07	0.20	0.20	0.30	0.50	0.30	0.015	0.10	—		0	≥34
	D				0.030	0.025										0.015	−20	
	E				0.025	0.020											−40	
Q420	A	≤0.20	≤0.50	≤1.70	0.035	0.035										—	—	
	B				0.035	0.035											20	
	C				0.030	0.030	0.07	0.20	0.20	0.30	0.80	0.30	0.015	0.20	—		0	≥34
	D				0.030	0.025										0.015	−20	
	E				0.025	0.020											−40	

续表 2.3

注：化学成分中 C～B 为"不大于"，Als 为"不小于"。冲击吸收功 KV_2 对应公称厚度（直径，边长）12～150 mm。

牌号	质量等级	C	Si	Mn	P	S	Nb	V	Ti	Cr	Ni	Cu	N	Mo	B	Als	试验温度/℃	冲击吸收功（KV_2）/J
Q460	C	≤0.20	≤0.60	≤1.80	0.030	0.030	0.11	0.20	0.20	0.30	0.80	0.55	0.015	0.20	0.004	0.015	0	≥34
	D				0.030	0.025											−20	
	E				0.025	0.020											−40	
Q500	C	≤0.18	≤0.60	≤1.80	0.030	0.030	0.11	0.12	0.20	0.60	0.80	0.55	0.015	0.20	0.004	0.015	0	≥55
	D				0.030	0.025											−20	≥47
	E				0.025	0.020											−40	≥31
Q550	C	≤0.18	≤0.60	≤2.00	0.030	0.030	0.11	0.12	0.20	0.80	0.80	0.80	0.015	0.30	0.004	0.015	0	≥55
	D				0.030	0.025											−20	≥47
	E				0.025	0.020											−40	≥31
Q620	C	≤0.18	≤0.60	≤2.00	0.030	0.030	0.11	0.12	0.20	1.00	0.80	0.80	0.015	0.30	0.004	0.015	0	≥55
	D				0.030	0.025											−20	≥47
	E				0.025	0.020											−40	≥31
Q690	C	≤0.18	≤0.60	≤2.00	0.030	0.030	0.11	0.12	0.20	0.60	0.80	0.55	0.015	0.20	0.004	0.015	0	≥55
	D				0.030	0.025											−20	≥47
	E				0.025	0.020											−40	≥31

表 2.4　常用低合金高强度结构钢的拉伸性能（摘自 GB/T 1591—2008）

牌号	质量等级	拉伸试验																					
		不同公称厚度（直径，边长，mm）下的屈服强度（R_{eL}）/MPa									不同公称厚度（直径，边长，mm）下的抗拉强度（R_m）/MPa							不同的断后伸长率（A）/%（公称厚度，直径，边长，mm）					
		≤16	>16~40	>40~63	>63~80	>80~100	>100~150	>150~200	>200~250	>250~400	≤40	>40~63	>63~80	>80~100	>100~150	>150~250	>250~400	≤40	>40~63	>63~100	>100~150	>150~250	>250~400
Q345	A	≥345	≥335	≥325	≥315	≥305	≥285	≥275	≥265	≥265	470~630	470~630	470~630	470~630	450~600	450~600	450~600	≥20	≥19	≥19	≥18	≥17	≥17
	B																						
	C																	≥21	≥20	≥20	≥19	≥18	—
	D																						
	E																						
Q390	A,B,	≥390	≥370	≥350	≥330	≥330	≥310	—	—	—	490~650	490~650	490~650	490~650	470~620	—	—	≥20	≥19	≥19	≥18	—	—
	C,D,																						
	E																						
Q420	A,B,	≥420	≥400	≥380	≥360	≥360	≥340	—	—	—	520~680	520~680	520~680	520~680	500~650	—	—	≥19	≥18	≥18	≥18	—	—
	C,D,																						
	E																						
Q460	C,D,	≥460	≥440	≥420	≥400	≥400	≥380	—	—	—	550~720	550~720	550~720	550~720	530~700	—	—	≥17	≥16	≥16	≥16	—	—
	E																						
Q500	C,D,	≥500	≥480	≥470	≥450	≥440	—	—	—	—	610~770	600~760	590~750	540~730	—	—	—	≥17	≥17	≥17	—	—	—
	E																						

续表 2.4

牌号	质量等级	拉伸试验																					
		不同公称厚度（直径、边长，mm）下的屈服强度（R_{eL}）/MPa									不同公称厚度（直径、边长，mm）下的抗拉强度（R_m）/MPa							不同的断后伸长率（A）/%（公称厚度、直径、边长，mm）					
		≤16	>16~40	>40~63	>63~80	>80~100	>100~150	>150~200	>200~250	>250~400	≤40	>40~63	>63~80	>80~100	>100~150	>150~250	>250~400	≤40	>40~63	>63~100	>100~150	>150~250	>250~400
Q550	C、D、E	≥550	≥530	≥520	≥500	≥490	—	—	—	—	670~830	620~810	600~790	590~780	—	—	—	≥16	≥16	≥16	—	—	—
Q620	C、D、E	≥620	≥600	≥590	≥570	—	—	—	—	—	710~880	690~880	670~860	—	—	—	—	≥15	≥15	≥15	—	—	—
Q690	C、D、E	≥690	≥670	≥660	≥640	—	—	—	—	—	770~940	750~920	730~900	—	—	—	—	≥14	≥14	≥14	—	—	—

注：当屈服不明显时，可测量 $R_{p0.2}$ 代替下屈服强度

　　低碳贝氏体钢是在普通低碳钢的基础上，利用合金化原理，通过加入合金元素，使钢等温转变 C 曲线中的珠光体型转变区上移、贝氏体型转变区下移，分离成两个 C 曲线，并推迟珠光体型转变，将钢的等温转变 C 曲线珠光体转变区右移，但不影响贝氏体型转变。这就有利于在空冷条件下得到贝氏体组织，而不必通过等温淬火获得贝氏体组织，因此称其为贝氏体钢。目前，低碳贝氏体钢在我国主要用于石化工业和锅炉制造等行业的高压锅炉、高压容器等。

　　低碳贝氏体钢的力学性能特点为高的强韧性配合，具有高的屈服强度和抗拉强度，良好的韧性，同时有良好的冷变形成型性和焊接性能。最重要的是能在空冷条件下得到贝氏体组织。

4. 热处理的特点

　　这类钢一般在热轧空冷状态下使用，用户一般不需要再进行专门的热处理，也不再进行机械加工就直接使用。在有特殊需要时，如为了改善焊接性能，可进行一次正火处理。使用状态下的显微组织一般为铁素体加索氏体。屈服强度高的钢材还采用轧后控冷的方法。有些钢种还用于冲压用钢以及耐海水腐蚀的结构、化工设备及管线用钢等，因而发展成为各种专业钢。

　　低碳贝氏体钢通常是将钢加热到 900 ℃以上奥氏体相区热轧或保温后空冷，获得贝氏体组织，再根据性能要求进行 500～670 ℃的回火，最终组织为回火贝氏体。

2.2　机器零件用结构钢概述

2.2.1　典型机器零件的工作特点及性能要求

　　机器零件用钢是用来制造各种机器零件的钢种，常用的机器零件包括应用在各类机器上使用的轴、齿轮、弹簧、轴承及紧固件等。机器零件在工作时有的承受拉伸载荷，有的承受冲击载荷，有的承受复合载荷；在加载方式上有的零件是逐渐加载的，有的是突然加载的；其工作环境也是复杂的，有的在高温条件下工作，有的在低温条件下工作，有的还要受到腐蚀介质的作用；失效方式也不相同，有的是断裂失效，有的是过量变形失效。由于特有的工作条件和失效形式，因此不同零件对材料性能的要求也不相同。

1. 轴类零件

　　轴类零件在机器中的作用是支持回转件并传递运动。轴类零件受力复杂，都是在对称交变应力下工作。转轴工作时受扭转和弯曲应力的复合作用，而传动轴只承受扭转应力，心轴只承受弯曲应力。轴上的键槽、花键、轴颈等部位承受局部载荷，有较大的应力集中，轴颈部位还有摩擦磨损。另外，轴还会受到冲击载荷的作用，有时还可能过载。轴的失效形式最常见的是疲劳断裂，裂纹萌生于应力集中部位，也有过量磨损、塑性变形和腐蚀失效等形式。

　　轴类零件对材料性能的要求是：①高强度、足够的刚度和良好的韧性，以防断裂和过量变形；②高的疲劳极限，防止疲劳断裂；③有相对运动和摩擦的部位，如轴颈、花键等，应具有较高的硬度和耐磨性；④一定的淬透性，保证轴有一定的淬硬深度。

2. 齿轮类零件

齿轮的作用是传递动力,改变运动速度和方向。运转中的齿轮根部受弯曲应力;齿面因啮合运动受摩擦力和较大的交变接触压应力;换挡或启动时,齿轮受到冲击载荷的作用。另外,齿轮还受润滑油腐蚀、外部硬质颗粒的磨损。齿轮的失效形式最常见的是磨损,最严重的是断裂,包括疲劳断裂和脆性断裂。此外,还有齿面疲劳损伤和齿体过量变形等失效形式。

齿轮类零件对材料性能的要求是:①高的接触疲劳强度,高的表面硬度和耐磨性,防止齿面受损;②高的抗弯强度,适当的心部强度和韧性,防止疲劳、过载及冲击断裂;③良好的切削性能以及小的淬火变形。

3. 弹簧类零件

弹簧的作用是储存能量和减轻震动。对于螺旋弹簧,其所受的应力主要为交变的扭转应力;对于板弹簧,其所受的应力主要为交变的弯曲应力。弹簧的主要失效形式是疲劳破坏和过量的变形。

弹簧类零件对材料性能的要求是:①高的弹性极限,以保证弹簧有足够高的弹性变形能力,为此应有高的屈强比 R_e/R_m,以便得到较大的承载能力;②高的疲劳强度,以防止在振动和交变应力作用下产生疲劳断裂,另外,零件的表面质量对其影响很大,合金弹簧钢表面不应有脱碳、裂纹、折叠、斑疤和夹杂等缺陷;③足够的塑性和韧性,以免受冲击时脆断。

此外,弹簧钢还要求有较好的淬透性,不易脱碳和过热,容易绕卷成型等。一些合金弹簧钢还要求有良好的耐热性、耐蚀性等。

4. 轴承类零件

轴承钢用于制造滚动轴承的滚动体,如滚珠、滚柱、滚针和内外套圈等,属专用结构钢。工作时,内套和滚动体发生转动和滚动,内套的任何一部分及每个滚珠会周期性地承受载荷,因此,滚动轴承的内、外套圈及滚动体都是在交变应力下工作的,接触处为点或线接触,瞬时接触应力可高达 1 500~5 000 MPa。轴承内的滚动体与套圈之间不但有滚动摩擦,还有滑动摩擦。轴承的失效形式主要为接触疲劳破坏,产生麻点或剥落,滚动体与套圈之间也常因过度磨损而失效。

所以滚动轴承对材料性能的要求是:①高的强度,尤其是高的疲劳强度,用以抵抗高应力和高的疲劳带来的破坏;②高且均匀的整体硬度和耐磨性,可以减低摩擦损耗;③足够的韧性和淬透性;④在大气和润滑介质中有一定的抗腐蚀能力;⑤良好的尺寸稳定性。

5. 紧固件类零件

机械结构中紧固件的主要作用是传递载荷,把分散的零件连接成一个整体来共同受力。一般情况下,紧固件受被连接零件分开倾向所产生的拉应力和切应力作用。紧固件主要的失效形式是断裂,这是由于紧固件的圆角或过渡部分易产生应力集中而引起的。在有腐蚀介质的工作环境中,可能引起腐蚀失效。

紧固件对材料性能的要求是:①强度高,塑性及韧性好;②缺口敏感性和脆断倾向小;③抗松弛稳定性高;④良好的化学稳定性。

2.2.2 机器零件用结构钢的分类

机器零件用钢根据化学成分可分为优质碳素结构钢和合金结构钢,大多须经热处理才能使用。根据钢热处理工艺特点和用途,一般可将其分为渗碳钢、调质钢、弹簧钢和滚动轴承钢4个主要类别。其他还有低碳马氏体型钢、超高强度钢、低温用钢、耐磨钢等。

2.2.3 机器零件用钢的成分及热处理对性能的保证

1.合金化的特点

机器零件用钢中主加的合金元素是 Si、Mn、Cr、Ni、B,它们分别加入或复合加入钢中,对增大钢的淬透性和提高钢的综合力学性能起主导作用。辅加的合金元素是 Mo、W、V、Ti 等,它们加入到含有主加元素的钢中,起着降低过热敏感性与回火脆性,进一步提高淬透性,改善钢材性能的作用。

在区分主加元素和辅加元素的同时,不可忽视后者对前者的促进作用,只有通过元素之间的相互影响和相互配合,才能得到性能优良的高质量钢。

2.碳的质量分数的选择和回火温度的确定

图 2.1 是低碳(合金)钢和中碳(合金)钢淬火后,其力学性能随回火温度的变化曲线。由图可见,随着回火温度的升高,其一般规律是强度下降,而塑性、韧性上升。

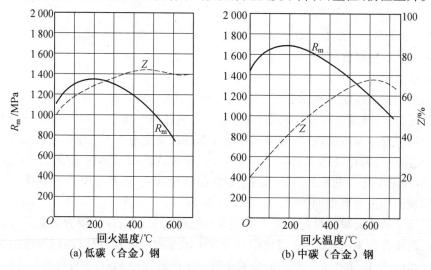

图 2.1 回火温度对低碳(合金)钢和中碳(合金)钢力学性能的影响

低碳(合金)钢的淬火组织是位错型的板条马氏体+板条相界残余奥氏体薄膜+自回火析出的碳化物,这种组织脆性较低,而塑性及韧性足够高,在低于 250 ℃回火,部分消除了内应力,弥散析出的碳化物增多,板条相界的残余奥氏体不变,使塑性及韧性明显提高,可得到高的综合力学性能。如 18Cr2Ni4WA 钢经淬火+低温回火后,$R_m = 1\ 200 \sim 1\ 300$ MPa,$Z = 50\% \sim 60\%$。这类钢可作为低碳马氏体型结构钢,用于轴类和紧固件零件;或表面渗碳后作为渗碳结构钢,用于齿轮类零件。

中碳(合金)钢的淬火组织是位错和孪晶马氏体的混合组织,在低温回火时,尽管强度很高,但塑性及韧性明显不足。这类钢需在 500 ～ 600 ℃进行高温回火,得到回火索氏体组织,其力学性能与低碳马氏体的相近。这类钢即为调质钢,主要用于轴类零件。采用高频加热表面淬火或氮化处理可提高这类钢的表面耐磨性。如果希望获得高强度,而宁肯降低塑性及韧性,则对碳的质量分数较低的合金调质钢采用低温回火,便可得到强度高于1 400 MPa的"超高强度钢"。

高碳(合金)钢或碳的质量分数介于中碳与高碳之间的钢种如 60、70 钢,其力学性能与回火温度的关系如图 2.2 所示。300 ℃以下回火脆性很大,而在 350 ℃附近回火,显示出最大的规定塑性延伸强度 R_p 和屈服强度 R_e,其显微组织为回火屈氏体。

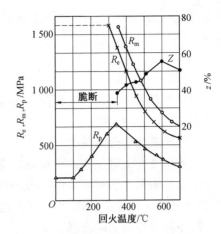

图 2.2 回火温度对高碳低合金钢(w_C = 0.82%,w_{Mn} = 0.84%)力学性能的影响

2.3 调 质 钢

调质钢就是经过调质处理后,能获得良好的综合力学性能的钢种。其广泛用于制造内燃机、电力机车、船舶、汽车、机床和其他机器上的各种重要的承受循环载荷的零件,如齿轮、连杆、传动轴和蜗杆等。

调质件在使用过程中,大多数承受多种工作载荷,受力情况比较复杂,要求该结构钢具有高的综合力学性能,即强度与塑性、韧性有最佳配合。

2.3.1 成分特点

钢的成分要保证良好综合力学性能,从钢种来说,只要选择中碳范围并能保证足够的淬透性即可。

1. 中碳

碳的质量分数一般在 0.25% ~ 0.50%,以 0.4% 居多。碳的质量分数过低,不易淬硬,回火后强度不够,或者强度虽可满足,但需加入大量合金元素造成钢材成本较高;而选用高碳合金钢只会使材料的塑性及韧性变差。

2. 主加提高淬透性的元素

主加提高淬透性的元素 Cr、Mn、Ni、Si、B(Cr、Mn、B 可单独加入,Ni、Si 在我国不单独加入,而是复合加入)等。调质件的性能与钢的淬透性密切相关,尺寸较小时,碳素调质钢与合金调质钢的性能相差不多,但当零件截面尺寸较大而不能淬透时,其性能与合金钢相比差别就大了。45 钢与 40Cr 钢调质处理后的性能相比,40Cr 钢的性能水平比 45 钢高许多。合金元素 Cr、Mn、Ni、Si 除了提高淬透性外,还能形成合金铁素体,提高钢的强度。

3. 加入防止第二类回火脆性的元素

含 Ni、Cr、Mn 的合金调质钢,高温回火慢冷时易产生第二类回火脆性。合金调质钢一般用于制造大截面零件,用快冷来抑制这类回火脆性往往有困难。在钢中加入 Mo、W

可以防止第二类回火脆性和提高回火抗力,其合适的质量分数为 $w_{Mo}=0.15\%\sim0.30\%$ 或 $w_W=0.8\%\sim1.2\%$。

2.3.2 常用钢种

调质钢分为碳素调质钢和合金调质钢,碳素调质钢有 45 钢、40 钢等。合金调质钢的种类很多,常用钢种的牌号见表 2.5。按淬透性大小,大致可将此种钢分为 3 类。

1. 低淬透性合金调质钢

低淬透性合金调质钢的油淬临界直径为 30~40 mm,最典型的钢种是 40Cr 钢,广泛用于制造一般尺寸的重要零件。40MnB、40MnVB、45Mn2 钢是为了节约铬而发展的代用钢,其淬透性不太稳定,切削加工性能也差一些。

2. 中淬透性合金调质钢

中淬透性合金调质钢的油淬临界直径为 40~60 mm,含有较多的合金元素,典型钢种有 35CrMo、40CrNi、30CrMnSi 等,用于制造截面较大的零件,如曲轴、连杆等。加 Mo 不仅可提高淬透性,而且可以防止第二类回火脆性。

3. 高淬透性合金调质钢

高淬透性合金调质钢的油淬临界直径为 60~100 mm,多半是铬镍钢。Cr、Ni 的适当配合,可大大提高淬透性,并获得优良的力学性能,如 37CrNi3,但对回火脆性十分敏感,因此不宜于制造大截面零件。铬镍钢中加入适当的 Mo,如 40CrNiMo 钢,不但具有好的淬透性,还可消除第二类回火脆性,用于制造大截面、重载荷的重要零件,如汽轮机主轴、叶轮、航空发动机轴等。

2.3.3 热处理特点

1. 预备热处理

调质钢在调质前的预备热处理的目的是消除带状组织,细化晶粒,调整硬度,便于切削加工,并为淬火做好组织准备。

对于低合金钢可进行正火或退火处理。对于高合金钢则在正火后还要进行高温回火处理,以使正火得到的马氏体组织转变为回火索氏体组织。

2. 最终热处理

调质件一般在粗加工后、精加工之前进行淬火加高温回火热处理。淬火加热温度一般是:碳钢加热到 A_{c_3} 以上 30~50 ℃,合金钢加热到 850 ℃左右。碳钢一般用水淬,合金调质钢淬透性较高,一般都用油淬,淬透性特别大时甚至可以空冷,这样可以减少热处理缺陷。调质件的回火温度为 500~650 ℃,调质后钢的组织是回火索氏体。

调质后的零件还可以进行表面淬火和化学热处理,如软氮化,以提高其疲劳强度和耐磨性。

图 2.3 所示的拖拉机连杆螺栓通常采用 40Cr 钢制作,其制造工艺路线如下:

下料→锻造→退火→粗加工→调质→精加工→装配

表2.5 常用合金调质钢的牌号、成分、热处理、性能及用途(摘自 GB/T 699—1999,GB/T 3077—1999)

类别	钢号	主要化学成分(质量分数)/%								热处理/℃		毛坯尺寸/mm	力学性能(不小于)					退火状态 HB	应用举例
		C	Mn	Si	Cr	Ni	Mo	V	其他	淬火/℃	回火/℃		R_m/MPa ≥	R_e/MPa ≥	A/% ≥	Z/% ≥	KV_2/J ≥		
低淬透性钢	45	0.42~0.50	0.50~0.8	0.17~0.37	≤0.25	≤0.30	—	—	—	830~840 水	580~640 空	<100	600	355	16	40	39	197	主轴、曲轴、齿轮、柱塞等
	40MnB	0.37~0.44	1.10~1.40	0.17~0.37	—	—	—	—	B0.0005~0.0035	850 油	500 水、油	25	980	785	10	45	47	207	同上
	40MnVB	0.37~0.44	1.10~1.40	0.17~0.37	—	—	—	0.05~0.10	B0.0005~0.0035	850 油	520 水、油	25	980	785	10	45	47	207	可代替40Cr及部分代替40CrNi作重要零件,也可代替38CrSi作重要销钉
	40Cr	0.37~0.44	0.50~0.80	0.17~0.37	0.80~1.10	—	—	—	—	850 油	520 水、油	25	980	785	9	45	47	207	作重要调质件如轴类件、连杆螺栓、进气阀和重要齿轮等
中淬透性钢	38CrSi	0.35~0.43	0.30~0.60	1.00~1.30	1.30~1.60	—	—	—	—	900 油	600 水、油	25	980	835	12	50	55	255	作载荷较大的轴类件及车辆上的重要调质件
	30CrMnSi	0.27~0.34	0.80~1.10	0.90~1.20	0.80~1.10	—	—	—	—	880 油	520 水、油	25	1080	885	10	45	39	229	高强度钢,作高速载荷砂轮轴、车轮上内外摩擦片等
	35CrMo	0.32~0.42	0.40~0.70	0.17~0.37	0.80~1.10	—	0.15~0.25	—	—	850 油	550 水、油	25	980	835	12	45	63	229	重要调质件,如曲轴及代40CrNi作大截面轴类件

续表 2.5

类别	钢号	主要化学成分（质量分数）/%								热处理/℃			力学性能（不小于）					退火状态 HB	应用举例
---	---	C	Mn	Si	Cr	Ni	Mo	V	其他	淬火/℃	回火/℃	毛坯尺寸/mm	R_m/MPa	R_e/MPa	A/%	Z/%	KV_2/J		
高淬透性钢	38CrMoAl	0.35~0.42	0.30~0.60	0.20~0.45	1.35~1.65	—	0.15~0.25	—	A10.70~1.10	940 水、油	640 水、油	30	980	835	14	50	71	229	做氮化零件，如高压阀门、缸套等
	37CrNi3	0.34~0.41	0.30~0.60	0.17~0.37	1.20~1.60	3.00~3.50	—	—	—	820 油	500 水、油	25	1130	980	10	50	47	269	做大截面并要求高强度、高韧性的零件
	40CrMnMo	0.37~0.45	0.90~1.20	0.17~0.37	0.90~1.20	—	0.20~0.30	—	—	850 油	600 水、油	25	980	785	10	45	63	217	相当于 40CrNiMo 的高级调质钢
	40CrNiMoA	0.37~0.44	0.50~0.80	0.17~0.37	0.60~0.90	1.25~1.65	0.15~0.25	—	—	850 油	600 水、油	25	980	835	12	55	78	269	做高强度零件，如航空发动机轴，在低于 500℃工作的喷气发动机承载零件

该螺栓的技术要求为:调质处理后组织为回火索氏体,硬度30~38HRC。采用的热处理工艺曲线如图2.4所示。

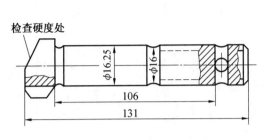

图2.3 连杆螺栓

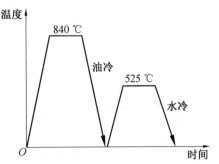

图2.4 连杆螺栓的热处理工艺曲线

2.4 弹 簧 钢

弹簧钢是一种专用结构钢,主要用于制造各种弹簧和弹性元件。弹簧是利用弹性变形吸收能量以减缓机械振动和冲击的作用,或依靠弹性储存能来起驱动作用,在工作中既要传递或吸收载荷,又不能产生永久变形,如气门弹簧、高压液压泵上的柱塞弹簧、喷嘴弹簧等。

2.4.1 成分特点

1. 中、高碳

碳素弹簧钢中碳的质量分数在0.6%~0.9%,合金弹簧钢中碳的质量分数一般在0.45%~0.70%,这是为了保证高的弹性极限、屈服强度和疲劳强度。

2. 加入提高淬透性的元素

合金弹簧钢中主要加入的元素是Si、Mn,其目的是提高淬透性,强化铁素体基体,提高回火稳定性,同时也提高屈强比。Mn对提高钢的弹性极限有明显的效果,但高硅量的钢有石墨化倾向,并在加热时易于脱碳。锰在钢中易使钢产生过热敏感性。所以在弹簧钢中同时还加入少量的碳化物形成元素Cr、Mo、W、V等,进一步提高淬透性,防止钢在加热时晶粒长大和脱碳,增加回火稳定性及耐热性。

2.4.2 常用钢种

我国常用弹簧钢的化学成分、热处理、力学性能和用途列于表2.6中。在实际应用中,可根据使用条件和弹簧的尺寸选择合适的钢种。

表 2.6　常用弹簧钢的牌号、成分、热处理、性能及用途（摘自 GB/T 1222—2007）

钢号	主要成分（质量分数）/%					热处理		力学性能					应用范围
	C	Mn	Si	Cr	其他	淬火 /℃	回火 /℃	抗拉强度 R_m/ $(N·mm^{-2})$	屈服强度 R_{eL}/ $(N·mm^{-2})$	断后伸长率 A/%	$A_{11.3}$/%	断面收缩率 Z/%	
65	0.62~0.70	0.50~0.80	0.17~0.37	≤0.25		840（油）	500	980	785		9	35	截面<15 mm 的小弹簧
70	0.62~0.75	0.50~0.80	0.17~0.37	≤0.25		830（油）	480	1030	835		8	30	
85	0.82~0.90	0.50~0.80	0.17~0.37	≤0.25		820（油）	480	1130	980		6	30	
65Mn	0.62~0.70	0.90~1.20	0.17~0.37	≤0.25		830（油）	540	980	785		8	30	截面≤25 mm 的弹簧，例如车厢缓冲卷簧
55SiMnVB	0.52~0.60	1.00~1.30	0.70~1.00	≤0.25	V0.08~0.16; B0.0005~0.004	860（油）	460	1375	1225		5	30	
60Si2Mn	0.56~0.64	0.70~1.00	0.50~2.00	≤0.35		870（油）	480	1275	1180		5	25	
60Si2MnA	0.56~0.64	0.60~0.90	1.60~2.00	≤0.35		870（油）	440	1570	1375		5	20	
60Si2CrA	0.56~0.64	0.40~0.70	1.40~1.80	0.70~1.00		870（油）	420	1765	1570	6		20	截面≤30 mm 的重要弹簧，小型汽车重要弹簧如车、载重车板簧，扭杆簧，低于350℃的耐热弹簧
60Si2CrVA	0.56~0.64	0.40~0.70	1.40~1.80	0.90~1.20	V0.1~0.2	850（油）	410	1860	1665	6		20	
55SiCrA	0.51~0.59	0.50~0.80	1.20~1.60	0.50~0.80		850（油）	410	1450~1750	$R_{p0.2}$1 300	6		25	
55CrMnA	0.52~0.60	0.65~0.95	0.17~0.37	0.65~0.95		830~860（油）	460~510	1225	$R_{p0.2}$1 080	9		20	
60CrMnA	0.56~0.64	0.70~1.00	0.17~0.37	0.70~1.00		830~860（油）	460~520	1225	$R_{p0.2}$1 080	9		20	
50CrVA	0.46~0.54	0.50~0.80	0.17~0.37	0.80~1.10	V0.1~0.2	850（油）	500	1130	1275	10		40	
60CrMnBA	0.56~0.64	0.70~1.00	0.17~0.37	0.70~1.00		830~860（油）	460~520	1225	$R_{p0.2}$1 080	9		20	
30W4Cr2VA	0.26~0.34	≤0.40	0.17~0.37	2.00~2.50	W4.0~4.5	1050~1100（油）	500	1470	1325	7		40	

1. 碳素弹簧钢

碳素弹簧钢的淬透性差，当直径大于 12 mm 时，在油中不能淬透。因此，碳素弹簧钢只用于制造小截面弹簧，多用冷成型法制造。典型牌号有 65 钢、65Mn 钢，65Mn 钢是常用的锰弹簧钢，与 65 钢相比，具有较高的强度、硬度和淬透性，并且价格低廉，可制造尺寸稍大的弹簧，如厚度 5～15 mm 承受中等负荷的板弹簧和直径 7～20 mm 的螺旋弹簧及弹簧垫圈、弹簧环等零件，热处理后有一定强度和韧性，价格便宜。

2. 合金弹簧钢

合金弹簧钢按所加合金元素可分为以下几种：

（1）以 Si、Mn 为主要合金元素的合金弹簧钢。

代表性钢种有 60Si2Mn 等。这类钢的价格便宜，淬透性明显优于碳素弹簧钢，主要用于汽车、拖拉机上的板簧和螺旋弹簧。硅锰弹簧钢是应用很广的弹簧钢，这是因为 Si 显著提高钢的弹性极限和屈强比，提高回火稳定性，并能与 Mn 相配合提高淬透性。60Si2Mn 是一常用于制造铁道车辆、汽车拖拉机上承受较大负荷的扁形弹簧和直径为 20～25 mm 的螺旋弹簧，油淬即可淬透。60Si2Mn 的使用温度不能超过 250 ℃。

（2）含 Cr、V、W 等元素的合金弹簧钢。

典型钢种为 50CrVA，复合金化，不仅大大提高钢的淬透性，而且还提高钢的高温强度、韧性和热处理工艺性能。这类钢可制作在 350～400 ℃ 温度下承受重载的较大弹簧，如阀门弹簧、高速柴油机的气门弹簧等。50CrVA 是一种较高级的弹簧钢，因 V 的作用，这种钢在热处理加热时不易过热，无石墨化现象，回火稳定性很好，适于制作截面在 30 mm 以下的高负荷重要弹簧及在 300 ℃ 以下工作的各种弹簧。

2.4.3 热处理特点

由于弹簧钢对疲劳强度要求很高，热处理时的表面脱碳会大大降低疲劳强度，因此弹簧钢的加热温度和保温时间必须严格控制。弹簧按加工和热处理可分为以下两类。

1. 热成型弹簧

用热轧钢丝或钢板制成，然后淬火和中温（450～550 ℃）回火，获得回火屈氏体组织，具有很高的屈服强度，特别是弹性极限，并有一定的塑性和韧性，一般用来制作较大型的弹簧。

热成型制造板簧的工艺路线如下：

扁钢剪断→加热压弯成形→余热淬火+中温回火→喷丸→装配

2. 冷成型弹簧

小尺寸弹簧用冷拔弹簧钢丝或钢片卷成。其制造方法有以下几种：

（1）铅淬冷拔钢丝或钢片。冷拔前进行“淬铅”处理，即加热到 A_{c_3} 以上，然后在 450～550 ℃ 的熔融铅浴中等温淬火，获得适于冷拔的索氏体组织。经多次冷拔至所需尺寸时，弹簧钢丝的屈服强度可达到 1 600 MPa 以上。弹簧卷成后不再淬火，只进行消除应力的低温退火（200～300 ℃），使弹簧定型。

（2）油淬回火钢丝。钢丝冷拔至要求尺寸后，利用淬火加中温回火来进行强化，再冷绕成型，并进行去应力回火，之后不再进行热处理。最终组织为回火屈氏体。

（3）退火钢丝。钢丝经过退火后，冷绕成弹簧，再进行淬火后中温回火强化处理。

弹簧的寿命对表面缺陷很敏感,任何表面脱碳层、氧化皮、折叠、斑痕和裂纹都会显著降低弹簧的疲劳强度。为了提高弹簧的寿命,常在热处理后附加喷丸处理,使弹簧表面产生残余压应力,即可抑制表面疲劳裂纹的萌生与扩展。例如,60Si2Mn 制作的汽车板簧经喷丸处理后,使用寿命可提高 5~6 倍。

2.5　滚动轴承钢

在汽车、机床等高速旋转的机械中,滚动轴承是它们实现旋转的关键部件。用于制造滚动轴承套圈和滚动体的钢种称为滚动轴承钢。此钢种也用来制造量具、模具等耐磨件。这类钢在工作时承受峰值很高的交变接触压应力,同时滚动体与内、外套圈之间还产生强烈的摩擦,并受到冲击载荷作用、大气和润滑油介质的腐蚀作用。所以要求这类钢具有高而均匀的硬度和耐磨性,高的接触疲劳强度,足够的韧性、淬透性,以及对大气、润滑剂的耐蚀能力。

2.5.1　成分特点

1. 高碳

滚动轴承钢中碳的质量分数为 0.95%~1.05%,高的碳的质量分数一部分保证了钢的淬透性,即淬火后马氏体内有足够的碳含量,使钢获得高的接触疲劳强度;其余碳还可以与碳化物形成元素形成一定量的碳化物,使钢获得高硬度和高耐磨性。

2. 主加合金元素 Cr

Cr 元素的作用是:部分 Cr 溶入固溶体中,提高钢的淬透性;部分 Cr 溶入渗碳体中形成合金渗碳体(Fe,Cr)$_3$C,提高钢的回火稳定性和钢的硬度,使钢具有高的接触疲劳强度和耐磨性。Cr 还可提高钢的耐腐蚀性能。传统轴承钢中 Cr 的质量分数为 0.40%~1.65%,若超过此范围会增加淬火组织中残余奥氏体的量,降低钢的硬度和疲劳强度。

3. 辅加 Si、Mn、Mo、V 等

对于大型轴承用钢,加入 Si、Mn、Mo、V 等进一步提高强度和淬透性。V 能提高耐磨性并防止过热,无铬轴承钢中都有钒。Mo 能提高高温强度。

4. 严格限制 S、P 的质量分数

轴承钢中一般要求 S、P 的质量分数小于 0.025%,同时尽量减少 O、N、H 等有害气体质量分数和非金属夹杂物的数量,改善夹杂物的类型、形态、大小和分布,以保证接触疲劳强度。故轴承钢一般要采用电炉冶炼和真空去气等炉外精炼处理。

2.5.2　常用钢种

轴承钢分为无铬轴承钢和有铬轴承钢两类。其中有铬轴承钢分为高碳铬轴承钢、渗碳轴承钢、高碳铬不锈轴承钢及高温轴承钢等 4 大类。

常用轴承钢的牌号、性能及用途见表 2.7。

表 2.7 常用轴承钢的牌号、性能及用途

类别	钢号	化学成分(质量分数)/%						用途举例
		C	Si	Mn	Cr	Mo	Ni	
高碳铬轴承钢	GCr4	0.95 ~ 1.05	0.15 ~ 0.30	0.15 ~ 0.30	0.35 ~ 0.50	≤0.08	≤0.25	一般工作条件下小尺寸的各类滚动体
	GCr15	0.95 ~ 1.05	0.15 ~ 0.35	0.25 ~ 0.45	1.40 ~ 1.65	≤0.10	≤0.25	一般工作条件下中等尺寸的各类滚动体和套圈
	GCr15SiMn	0.95 ~ 1.05	0.45 ~ 0.75	0.95 ~ 1.25	1.40 ~ 1.65	≤0.10	≤0.25	
	GCr15SiMo	0.95 ~ 1.05	0.65 ~ 0.85	0.20 ~ 0.40	1.40 ~ 1.70	0.30 ~ 0.40	≤0.25	一般工作条件下大型或特大型轴承套圈和滚动体
	GCr18Mo	0.95 ~ 1.05	0.20 ~ 0.40	0.25 ~ 0.40	1.65 ~ 1.95	0.15 ~ 0.25	≤0.25	
渗碳轴承钢	G20CrMo	0.17 ~ 0.23	0.20 ~ 0.35	0.65 ~ 0.95	0.35 ~ 0.65	0.08 ~ 0.15	—	承受冲击载荷的中小型滚子轴承,如发动机主轴承
	G20CrNiMo	0.17 ~ 0.23	0.15 ~ 0.40	0.60 ~ 0.90	0.35 ~ 0.65	0.15 ~ 0.30	0.40 ~ 0.70	
	G20CrNi2Mo	0.17 ~ 0.23	0.15 ~ 0.40	0.40 ~ 0.70	0.35 ~ 0.65	0.20 ~ 0.30	1.60 ~ 2.00	承受高冲击载荷和高温下的轴承,如发动机高温轴承
	G20Cr2Ni4	0.17 ~ 0.23	0.15 ~ 0.40	0.30 ~ 0.60	1.25 ~ 1.75	—	3.25 ~ 3.75	承受大冲击的特大型轴承及承受大冲击、安全性高的中小轴承
	G10CrNi3Mo	0.08 ~ 0.13	0.15 ~ 0.40	0.40 ~ 0.70	1.00 ~ 1.40	0.08 ~ 0.15	3.00 ~ 3.50	
	G20Cr2Mn2Mo	0.17 ~ 0.23	0.15 ~ 0.40	1.30 ~ 1.60	1.70 ~ 2.00	0.20 ~ 0.30	≤0.30	
高碳铬不锈轴承钢	G95Cr18	0.90 ~ 1.00	≤0.80	≤0.80	17.0 ~ 19.0	—	—	制造耐水、水蒸气和硝酸腐蚀的轴承及微型轴承
	G102Cr17Mo	0.95 ~ 1.10	≤0.80	≤0.80	16.0 ~ 18.0	0.40 ~ 0.70	—	
高温轴承钢	W18Cr4V	0.73 ~ 0.83	0.20 ~ 0.40	0.10 ~ 0.40	3.80 ~ 4.50	W17.20 ~ 18.70	V1.00 ~ 1.20	制造高温轴承,如航空发动机主轴轴承
	8Cr4Mo4V	0.75 ~ 0.85	≤0.35	≤0.35	3.75 ~ 4.25	4.0 ~ 4.50	V0.90 ~ 1.10	

1. 高碳铬轴承钢

《高碳铬轴承钢》(GB/T 18254—2002)规定了高碳铬轴承钢的牌号、化学成分、低倍组织、显微组织、非金属夹杂物、碳化物不均匀性等技术要求和试验方法等。典型钢种为GCr15 钢,它是用量最大的轴承钢,其工作温度低于 180 ℃,多用于制造中小型轴承,也常用来制作冷冲模、量具、丝锥等。

2. 渗碳轴承钢

渗碳轴承钢主要用于制作大型轧机、发电机及矿山机械上的大型(外径大于250 mm)或特大型(外径大于 450 mm)轴承。这些轴承的尺寸很大,在极高的接触应力下工作,频繁地经受冲击和磨损,因此对大型轴承除应有对一般轴承的要求外,还要求心部有足够的韧性和高的抗压强度及硬度,所以选用低碳的合金渗碳钢来制造。经渗碳淬火和低温回火后,表层坚硬耐磨,心部保持高的强韧性,同时表面处于压应力状态,对提高疲劳寿命有利。

《渗碳轴承钢》(GB 3203—82)规定了渗碳轴承钢的牌号及化学成分等。这类轴承钢采用合金结构钢的牌号表示方法,仅在牌号头部加符号"G"。

3. 高碳铬不锈轴承钢

高碳铬不锈轴承钢是适应现代化学、石油、造船等工业发展而研制的,如 9Cr18Mo。在各种腐蚀环境中工作的轴承必须有高的耐蚀性能,一般含铬量的轴承钢已不能胜任,因此发展了高碳高铬不锈轴承钢。

《高碳铬不锈轴承钢》(GB/T 3086—2008)规定了高碳铬不锈轴承钢的牌号及化学成分等。Cr 是此类钢的主要合金元素,其平均 Cr 的质量分数约为 18%,属于高合金钢,采用不锈钢的牌号表示方法,牌号头部加符号"G"。

4. 高温轴承钢

航空发动机、航天飞行器、燃气轮机等装置中的轴承是在高温高速和高负荷条件下工作的,其工作温度在 300 ℃以上。含 Si、Mo、V 的低合金轴承钢的工作温度也只能在 250 ℃以下,如果温度再升高,则会导致硬度急剧下降而失效。因此,在较高温度下工作的轴承,应采用具有足够高的高温硬度、高温耐磨性、高温接触疲劳强度及高抗氧化性等性能的轴承钢。采用耐热钢的牌号表示方法。

目前高温轴承钢有如下两类:

(1)高速钢类轴承钢。

用高速钢 W18Cr4V 和 W6Mo5CrV2 制作的轴承可以在 430 ℃下长期工作,此时的高温硬度大于 57HRC。8Cr4Mo4V 是性能较好的高温轴承钢,其热处理工艺与性能具有高速钢的特点。因含合金元素较少,其高温硬度不如高速钢,但加工性能优于高速钢。8Cr4Mo4V 主要用于航空发动机,可以在 315 ℃下长期工作(此时高温硬度大于 57HRC),短时可用到 430 ℃(高温硬度大于 54HRC)。

(2)高铬马氏体不锈钢。

Cr14Mo4V 是在 102Cr17Mo 的基础上升钼降铬并加入少量钒而形成的,提高了钢的高温性能,钢的高温硬度较高,耐蚀性良好,因钒量较少($w_V \approx 0.15\%$),其耐磨性比8Cr4Mo4V 稍差,但加工性能更好。Cr14Mo4V 适于制作承受中、低负荷,在 300 ℃下长期工作的轴承。

此外,还有无铬轴承钢,此钢种是为了节约铬而发展的多元轴承钢,其中往往含有 Si、Mn、Mo、V 等合金元素,如 GSiMnV、GMnMoV、GSiMnMoV 等。因合金元素的共同作用,此类钢的淬透性均较高,零件淬火后能得到较均匀的高硬度,耐磨性、接触疲劳抗力和韧性都较好,而且淬火变形倾向小,回火稳定性好,但也存在脱碳敏感性。钢中加入稀土元素后耐蚀性稍有提高。无铬轴承钢可代替 GCr15 等铬轴承钢制造各类轴承。

2.5.3 高碳铬轴承钢的热处理工艺

1. 锻轧前的高温扩散退火

高碳铬轴承钢的碳的质量分数高,由于钢锭结晶时的树枝状偏析,会引起碳化物分布不均匀的缺陷。偏析较轻时出现碳化物带状组织,偏析严重时则出现碳化物带状组织和碳化物液析。碳化物带状组织是由后结晶的枝晶间富碳富铬区析出较多碳化物在热变形后被拉长引起,会成为淬火裂纹的根源。碳化物液析是一次碳化物,是偏析严重时出现的共晶碳化物,表现为个别粗大的碳化物沿热变形方向排列。高温扩散退火可消除这两种碳化物不均匀缺陷,扩散退火温度一般在 1 150 ~ 1 200 ℃,时间 10 ~ 20 h。

2. 锻轧后消除网状碳化物的正火

GCr15 钢的 A_{cm} 约为 900 ℃,开轧温度为 1 050 ~ 1 100 ℃,终轧温度为 830 ~ 850 ℃,网状碳化物在 900 ℃开始析出,在 750 ~ 700 ℃内急剧形成,若轧后在 850 ~ 750 ℃冷却速度不够,就会形成网状碳化物。网状碳化物在后面的退火、淬火时不能完全消除,会急剧降低零件的强度和韧性。钢材网状碳化物组织级别不合格,只能先进行正火处理。

3. 预先热处理

轴承钢正常锻轧后的组织为细片状的珠光体+二次碳化物,硬度较高,需进行球化退火以降低钢的硬度,以利于切削加工,更重要的是获得细小的球状珠光体和均匀分布的细粒状碳化物,为零件的最终热处理做组织准备。

常用的球化退火工艺有缓冷球化法和等温球化法。缓冷球化的加热温度为 770 ~ 810 ℃,而 790 ℃被认为是最适宜的温度,保温 2 ~ 4 h,以每小时 20 ℃冷至 650 ℃出炉空冷;等温球化则是在(790±10)℃保温 2 ~ 4 h,快冷至(720±10)℃保温 3 ~ 4 h。

4. 最终热处理

滚动轴承钢的最终热处理为淬火+低温回火。GCr15 钢的淬火温度为 830 ~ 860 ℃,淬火后要求硬度为 64 ~ 66HRC,奥氏体晶粒度 5 ~ 8 级,显微组织为隐晶马氏体基体+均匀细小的碳化物+残余奥氏体,基体碳的质量分数为 0.5% ~ 0.6%,铬的质量分数约为 0.8%,有 7% ~ 9% 的未溶碳化物。

如果淬火温度过高,碳化物溶解过多,会导致过热和晶粒长大,使韧性和疲劳强度下降,且容易淬裂和变形;淬火温度过低则奥氏体中溶解铬和碳的量少,钢淬火后硬度不足。

低温回火温度范围为(160±50)℃,保温 2 ~ 4 h,回火组织为回火马氏体+细粒状碳化物+残余奥氏体。

5. 精密轴承和量具的尺寸稳定化处理

GCr15 钢生产的精密轴承,由于低温回火不能彻底消除内应力和残余奥氏体,工件在长期保存或使用过程中会发生变形。为避免这种情况发生,应进行较为复杂的热处理,即淬火后立即进行冷处理(-60 ~ -80 ℃),并在回火和磨削后,进行低温时效处理(120 ~

130 ℃保温 5～10 h）。

2.6 渗碳钢及氮化用钢

渗碳钢是指渗碳处理后使用的钢种,主要用于制造汽车、拖拉机中的变速齿轮,矿山机器中的轴承,内燃机上的凸轮轴、活塞销等机器零件。这类零件在工作中遭受强烈的摩擦磨损,同时又承受较大的交变载荷,特别是冲击载荷。如汽车齿轮在啮合过程中,齿面相互呈线接触并有滑动,其间存在接触疲劳和磨损作用;行车中离合器突然接合或刹车时,齿牙还受到较大的冲击。因此,要求齿轮用钢应有高的弯曲疲劳强度和接触疲劳强度,高的耐磨性,还应有较高的强韧性以防止齿轮断裂。所以渗碳零件的寿命取决于表层和心部性能的良好配合。

根据使用特点,渗碳钢应具有以下性能要求:①表面渗碳层硬度高,以保证优异的耐磨性和接触疲劳抗力,同时具有适当的塑性和韧性;②心部具有高的韧性和足够高的强度,当心部韧性不足时,在冲击载荷或过载作用下容易断裂,当强度不足时,则较脆的渗碳层因缺乏足够的支承而易碎裂、剥落;③有良好的热处理工艺性能,在 900～950 ℃渗碳温度下,奥氏体晶粒不易长大,并有良好的淬透性。

2.6.1 渗碳钢的化学成分

常用的渗碳钢有低碳钢和合金渗碳钢。化学成分特点如下。

1. 低碳

渗碳钢中碳的质量分数一般在 0.10%～0.25%,也就是渗碳零件心部的碳的质量分数用来保证零件心部有足够的塑性和韧性。如果碳的质量分数过低,不但导致心部强度不足,而且使表层至心部的碳浓度梯度过陡,表面的渗碳层就易于剥落;如果碳的质量分数过高,则心部的塑性、韧性会下降,还会减小表层对提高疲劳强度有利的残余压应力,降低钢的弯曲疲劳强度。

2. 主加提高淬透性的合金元素

主加提高淬透性的合金元素有 Cr、Ni、Mn 等。对于心部性能要求高的零件,低碳钢由于淬透性不够,心部组织不能满足要求。若加入提高淬透性的合金元素,使钢的淬透性足够,经热处理后心部得到低碳马氏体,则能提高心部的强度和韧性。Cr 还能细化碳化物,提高渗碳层的耐磨性,Ni 则对渗碳层和心部的韧性非常有利。另外,微量 B 也能显著提高淬透性,据统计,质量分数为 0.001% 的 B 可以代替质量分数为 2% 的 Ni、质量分数为 0.5% 的 Cr 或质量分数为 0.35% 的 Mo,以提高淬透性的作用。B 的这种作用随着钢中碳的质量分数降低而增加,这一点对于低碳的渗碳钢非常有利。实践证明,多元少量的加入优于加入较多量的单个元素。渗碳钢的发展经历了由简单碳素钢到单元合金钢直至多元合金钢的历程。

3. 加入阻碍奥氏体晶粒长大的元素

渗碳工艺一般是在 900～950 ℃高温下进行,此时钢处于奥氏体状态,由渗碳介质分解出来的活性炭原子被钢表面所吸收,然后向内层扩散,形成一定的碳浓度梯度,但渗碳温度高、时间长,容易导致奥氏体晶粒长大。当钢加入少量强碳化物形成元素 Ti、V 等时,形成稳定的长条状或网状分布的合金碳化物,除了能阻止渗碳时奥氏体晶粒长大外,还能增加渗碳层硬度,提高耐磨性。

中等强度碳化物形成元素 Cr、Mo、W 等增大钢表面吸收 C 原子的能力,降低碳原子在奥氏体中的扩散系数,对渗碳的影响表现在增大表层 C 质量分数,使渗碳层中 C 的质量分数分布变陡,Cr 还易使碳化物呈粒状分布,韧性不明显下降,并能改善钢的耐磨性和接触疲劳抗力。非碳化物形成元素 Ni、Si 的作用则相反,加速 C 原子的扩散,降低表层 C 质量分数,有利于形成由表及里较平缓的碳浓度梯度,但硅使表层碳化物形态也呈长条状或网状分布,增大了表层的脆性。在渗碳钢中合理搭配地加入碳化物形成元素和非碳化物形成元素,有利于改善钢的渗碳性能,达到既能加快渗碳速度,较快地获得需要的表面 C 质量分数及渗碳层厚度,又能避免表层碳的质量分数过高而形成过陡的碳浓度梯度或形成有害的块状碳化物。

渗碳钢中合金元素的总 C 质量分数通常小于 7.5%,若过多,则会对 C 原子的扩散不利。

2.6.2 常用钢种

我国常用的渗碳钢牌号及化学成分等列于表 2.8 中,通常按照钢的淬透性高低将渗碳钢分级。

1. 低淬透性渗碳钢

以 20Cr 为代表,常用的钢种有 20Mn2、20MnV、15Cr、20CrV 等,水淬临界淬透直径不大于 35 mm。适用于制造受冲击载荷不大、对心部强度要求不高的小型渗碳零件,如小轴、活塞销、小型齿轮、柴油机凸轮轴等。

2. 中淬透性渗碳钢

以 20CrMnTi 为代表,常用的钢种有 20MnVB、20Mn2B、20CrMn 等,油淬临界淬透直径不大于 60 mm。适用于高速、中等动载荷、截面较大的抗冲击和耐磨零件,如汽车变速箱齿轮、爪形离合器、蜗杆、花键轴等。这类钢有良好的机械性能和工艺性能,淬透性较高,过热敏感性较小,渗碳过渡层比较均匀。

3. 高淬透性渗碳钢

以 18Cr2Ni4WA 为代表,常用的钢种有 12Cr2Ni4、20Cr2Ni4 等,油淬临界淬透直径大于 100 mm,属于空冷也能淬成马氏体的钢。这类钢的心部强度较前两类渗碳钢高,含有较多的 Cr、Ni 等元素,不但淬透性很高,而且具有很好的韧性,特别是低温冲击韧性。可用于制作大截面、重载荷、高耐磨及良好强韧性的重要零件,如航空发动机齿轮、坦克曲轴、内燃机车主动牵引齿轮等。

2.6.3 热处理工艺

渗碳钢只有在渗碳、淬火之后才能使其表面具有高硬度和良好的耐磨性。渗碳钢的热处理工艺一般在渗碳前都要进行预备热处理,即正火,得到铁素体和细片状珠光体组织。一些合金元素含量较高的钢种,正火后硬度偏高,应在正火后再进行一次高温回火,降低硬度,改善被切削加工性能。如 18Cr2NiWA 钢经过 920~980 ℃正火后,硬度不大于 415HBS,再经 640~670 ℃高温回火,硬度不大于 269HBS。

表 2.8　常用渗碳钢的牌号、成分、热处理、性能及用途(摘自 GB/T 699—1999、GB/T GB 3077—1999)

类别	钢号	主要化学成分/%					热处理/℃			机械性能(不小于)			用　途
		C	Mn	Si	Cr	其他	渗碳	淬火	回火	抗拉强度 R_m/MPa	屈服点 R_e/MPa	断后伸长率 A/%	
低淬透性	15	0.12~0.19	0.35~0.65	0.17~0.37			930	770~800 水	200	500	300	15	活塞销等
	20Mn2	0.17~0.24	1.40~1.80	0.17~0.37			930	850 水、油	200	785	590	10	小齿轮、小轴、活塞销等
	20Cr	0.18~0.24	0.50~0.80	0.17~0.37	0.70~1.00		930	800 水、油	200	835	540	10	齿轮、小轴、活塞销等
	20MnV	0.17~0.24	1.30~1.60	0.17~0.37			930	880 水、油	200	785	590	10	同上,也用作钢炉、高压容器管道等

续表 2.8

类别	钢号	主要化学成分/%					热处理/℃			机械性能（不小于）			用途
		C	Mn	Si	Cr	其他	渗碳	淬火	回火	抗拉强度 R_m/MPa	屈服点 R_e/MPa	断后伸长率 A/%	
中淬透性	20CrMn	0.17~0.23	0.90~1.20	0.17~0.37	0.90~1.20			850油	200	930	735	10	齿轮、轴、蜗杆、活塞销、摩擦轮
	20CrMnTi	0.17~0.23	0.80~1.10	0.17~0.37	1.00~1.30	Ti0.04~0.10	930	860油	200	1080	850	10	汽车、拖拉机上的变速箱齿轮
	20Mn2TiB	0.17~0.24	1.30~1.60	0.17~0.37	Ti0.04~0.10	B0.0005~0.0035	930	860油	200	1130	930	10	代20CrMnTi
	20MnVB	0.17~0.23	1.20~1.60	0.17~0.37	V0.04~0.10	B0.0005~0.0035	930	860油	200	1080	885	10	代20CrMnTi
高淬透性	18Cr2Ni4WA	0.13~0.19	0.30~0.60	0.17~0.37	1.35~1.65	Ni4.00~4.50；W0.8~1.20	930	850空	200	1180	835	10	大型渗碳齿轮和轴类件
	20Cr2Ni4	0.17~0.23	0.30~0.60	0.17~0.37	1.25~1.55	Ni3.25~3.65	930	780油	200	1180	1100	10	同上
	18CrNiMnMoA	0.15~0.21	1.10~1.40	0.17~0.37	1.00~1.30	Ni1.00~1.30 Mo0.20~0.30	930	830油	200	1180	835	10	大型渗碳齿轮、飞机齿轮

渗碳处理的温度一般在 930 ℃左右,时间根据渗碳方法而定。对渗碳时容易过热的钢种如 20Cr、20Mn2 等,渗碳之后需先正火,以消除过热组织,然后再进行淬火。对于高淬透性渗碳钢(20r2Ni4、18Cr2Ni4WA),渗碳后表层有大量的残余奥氏体,在淬火前应进行高温回火,以减少残余奥氏体,析出碳化物,从而提高表面硬度和疲劳强度。

淬火方法因钢种而异。对于过热敏感性不高的低合金渗碳钢(如 20CrV、20CrMnTi 等),可采用降温预冷直接淬火,这样能减小淬火变形,提高钢件表层的硬度和疲劳强度,预冷的温度应高于钢的 A_{r_3},以防止心部析出铁素体。

对于碳素渗碳钢(15、20)或易于过热的合金渗碳钢(如 20Mn2、20Mn2B、20Cr 等),适宜采用一次淬火法,即在渗碳后缓冷至室温再重新加热至略高于心部 A_{c_3} 温度淬火,其目的在于细化心部晶粒并消除表层网状组织。

对于性能要求很高的工件,可采用二次淬火,即将零件渗碳后缓冷至室温,再重新加热至不同的温度进行两次淬火。第一次加热至心部 A_{c_3} 以上进行完全淬火,细化心部组织,消除表层网状碳化物,第二次则加热至表层的 A_{c_1} 以上进行不完全淬火,使表层得到高硬度、高耐磨的组织。此种方法工艺复杂,成本较高,目前已不多用。

淬火以后直接在 150～230 ℃进行 1～2 h 的低温回火。

热处理后可获得高硬度的表层及强韧的心部组织,从零件表面至心部具有由高碳(碳的质量分数为 0.8%～1.1%)至低碳(碳的质量分数为 0.1%～0.25%)连续过渡的化学成分,表面渗碳层的组织由合金渗碳体与回火马氏体及少量残余奥氏体组成,硬度为 60～62HRC。心部组织与钢的淬透性及零件截面尺寸有关,完全淬透时为低碳回火马氏体,硬度为 40～48HRC;多数情况下是屈氏体、回火马氏体和少量铁素体,硬度为 25～40HRC。心部冲击吸收能量一般都高于 56 J。

20CrMnTi 制作汽车变速齿轮工艺流程如下:锻造→正火→加工齿形→非渗碳部位镀铜保护→渗碳→预冷直接淬火+低温回火→喷丸→磨齿(精磨)。技术要求:渗碳层厚 1.2～1.6 mm,表面碳的质量分数 1.0%;齿顶硬度 58～60HRC,心部硬度 30～45HRC。

根据热处理技术要求,制订热处理工艺曲线如图 2.5(b)所示。

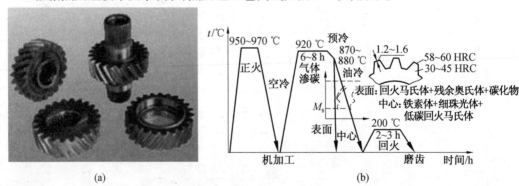

图 2.5　汽车变速齿轮及其热处理工艺曲线

2.6.4　氮化用钢

氮化用钢是使氮原子渗入钢的表面,钢件表面形成富氮层的钢种。氮化的目的是提高钢件表面的硬度、耐磨性、疲劳强度和抗蚀性。

氮化用钢通常是合金钢,氮溶入铁素体和奥氏体中,与铁形成 Fe_4N 和 Fe_3N。氮化后钢表面硬度高达 1 000 ~ 1 200HV,并在 600 ℃ 左右保持不下降,故具有很高的耐磨性和热硬性;氮化后钢表面形成压应力,提高抗疲劳性;氮化表面的 Fe_3N 相具有耐蚀性,能在水、蒸汽和碱中长期保持光亮。

目前广泛应用的是气体氮化,氮化温度一般为 500 ~ 600 ℃,因此零件在氮化前必须进行调质处理,改善机械加工性能和获得均匀的回火索氏体组织,保证强韧性。氮化温度若超过调质处理的回火温度,则调质无效。对于形状复杂、精度要求高的零件,精加工后还要进行去应力退火。通常氮化时间长达几十小时。若要缩短时间,可采用二段氮化法。氮化后一般不再进行热处理。

碳钢氮化时形成的氮化物不稳定,加热时容易分解并聚集粗化,致使硬度下降。为了克服这个缺点,常加入 Al、Cr、Mo、W、V 等合金元素,它们的氮化物都很稳定,并在钢中均匀分布,使钢的硬度在 600 ~ 650 ℃ 也不降低。常用氮化钢有 38CrMoAlA、38CrWVAlA 等,由于氮化工艺复杂、时间长、成本高,所以只用于耐磨性和精度都要求较高的零件,或要求抗热、抗蚀的耐磨件,如发动机的汽缸、排气阀、精密机床丝杠、镗床主轴、汽轮机阀门、阀杆等。随着新工艺的发展,其他氮化方法如软氮化、离子氮化越来越得到广泛应用。

2.7 低碳马氏体型结构钢

一般中碳(合金)结构钢经通常的热处理后,其强度与塑性、韧性是一对互为消长的矛盾,采用淬火、高温回火(调质处理),势必牺牲强度;若欲保持高强度水平,采用淬火、低温回火,又显得塑性、韧性不足。我国西安交通大学的周惠久教授通过对低碳马氏体强韧化机理、方法的研究,丰富和发展了金属材料科学与工程的理论,使低碳马氏体钢的强度提高了 1.5 ~ 2.0 倍,产生了巨大的社会效益和经济效益。

低碳结构钢(或低合金结构钢)碳的质量分数低,经过淬火后低碳马氏体型结构钢具有良好的强度、塑性、韧性配合,以及低的疲劳倾向,同时还有较低的缺口敏感性、过热敏感性、优良的冷加工性、良好的可焊性且热处理变形小等一系列优点。在实际生产应用中,通常用于代替中碳钢(或中碳合金结构钢)。如将常用的渗碳钢和低合金高强度钢(如 20Cr、20Mn2、20MnV、Q345 等)经适当介质淬火和低温回火得到低碳马氏体后,可以获得比常用中碳合金钢调质后更优越的综合力学性能。低碳马氏体中温回火后代替中碳(合金)结构钢的调质件,其综合力学性能和硬度完全可达到要求,而且不论形状如何复杂,淬火后均不易变形、开裂,这样不仅可给后面工序少留加工量,而且给机加工也带来好处。低碳马氏体钢由于碳的质量分数较低,钢的 M_s 点较高,在淬火过程中就伴随着自回火现象,因而完全可以省去回火工序,从而节约能源,降低成本,缩短加工周期。目前,我国低碳马氏体强化的应用大致有 3 个方面:①低碳马氏体钢代替调质钢;②低碳马氏体钢代替某些渗碳钢;③低碳马氏体钢代替某些合金耐磨钢。

2.7.1 低碳马氏体型结构钢的性能特点

低碳马氏体型结构钢经过淬火后,可获得脆性较低而塑韧性足够高的位错板条马氏体+板条相界残余奥氏体薄膜,而板条内部自回火析出的细小分散的碳化物则可实现强度、塑性及韧性的最佳配合。这是因为固溶强化效应、位错强化效应、晶界强化效应等共同作用的结果。

（1）良好的韧性。

低碳马氏体型结构钢的韧性主要来自于：低碳钢碳的质量分数毕竟很少，固溶强化后铁素体晶格畸变小，脆性低，韧性好；位错亚结构有良好的韧性；马氏体领域内相互排列的马氏体条在冲击力的作用下，不仅没有相互撞击，还可以吸收一部分冲击能量；低碳马氏体较高的 M_s 温度，不仅产生有较好韧性的位错亚结构，而且还出现自回火现象，消除了淬火中所产生的一部分残余应力。

（2）高的抗拉强度和低的脆性转化温度。

低碳马氏体型结构钢的抗拉强度可达 1 200 ~ 1 300 MPa，其脆性转化温度低于 −60 ℃，具有良好的低温冲击性能。低碳马氏体型结构钢与中碳调质钢相比，其冷脆性倾向较小，低碳马氏体型结构钢的冷脆转化温度低于 −60 ℃，而 40Cr 钢调质态冷脆转化温度为 −50 ℃，因此，对在严寒地带室外工作的机件及低温下要求高强度和韧性的机件，采用低碳马氏体强化是很合适的。

（3）缺口敏感性和疲劳缺口敏感度低。

低碳马氏体型结构钢不但在静载荷下具有低的缺口敏感性，而且还具有低的疲劳缺口敏感度。

低碳马氏体型结构钢除了具有良好的力学性能外，还具有良好的冷加工性、可焊性、较低的热处理脱碳倾向和变形倾向小的优点，因此在工业上得到越来越多的应用。

2.7.2　成分特点

低碳马氏体型结构钢的碳的质量分数一般在 0.25% 以下，以利于得到板条状马氏体，并保持高的马氏体转变开始温度，使其发生自回火过程。低碳马氏体型结构钢合金化的方向是：保证低碳马氏体型结构钢的淬透性，有利于提高低温回火抗力，能改善低碳马氏体型结构钢的力学性能。结合我国资源条件一般是加入 Mn、Si、Mo、B 等元素。

2.7.3　低碳马氏体型结构钢的热处理

低碳钢在截面很小并在剧烈冷却介质（如 10% NaOH 或 NaCl 水溶液）中淬火，可以获得完全的低碳马氏体组织。试样截面尺寸加大，心部硬度急剧下降，加入合金元素以后，可以显著改善低碳钢的淬透性，很多低碳合金钢在油中淬火可以获得很大的临界直径。低碳马氏体钢的淬火加热温度通常可按 A_{c3} +50 ℃ 左右选用，加热入炉温度一定要高，炉内停留时间不宜过长，保温时间可按 35 ~ 40 s/mm 计算，从提高淬火强化效果考虑，适当提高加热温度（A_{c3} +100 ℃）有利于奥氏体的均匀化。加热到两相区（铁素体+奥氏体区）淬火，由于未熔铁素体的存在，不仅强化效果差，而且低碳马氏体+铁素体两相组织的塑性、韧性也不好，因此低碳马氏体强化应避免在两相区低温加热淬火。为获得最佳效果，低碳马氏体强化时，应尽可能采用冷却能力强的淬火介质，以提高零件心部马氏体的百分率。常用的淬火介质质量分数为 10% ~ 15% NaCl 水溶液（液温低于 35 ℃），这样低碳钢零件整个截面就能淬透。淬火后若有非马氏体产物出现，性能就会有所下降。

2.7.4 常用钢种

15MnVB 作为低碳马氏体钢在热处理后,不仅具有高强度与良好的塑性和韧性相结合的特点,而且还具有低的韧脆转变温度,可以代替 40Cr 钢、ML38Cr 钢制造一些较重要的零件,如汽车连杆螺栓、汽缸盖螺栓、半轴螺栓等汽车用高强度螺栓。15MnVB 退火后硬度低,塑性好,冷镦高强度螺栓尺寸精度高,辊压螺纹不困难,表面质量好,经淬火低温回火后,硬度、抗拉强度和抗剪强度均有提高,工艺性良好,不易产生表面裂纹和脱碳,而且其塑性好,易于冷镦成型,搓丝性能好,可延长模具寿命,大大提高了生产效率和产品质量,而且材料价格低,降低了成本。

20SiMn2MoVA 是一种高强度、高韧性的低碳马氏体钢,它具有高的淬透性,油中完全淬透直径达 60 ~ 80 mm(马氏体>95%(体积分数)),ϕ100 mm 中心处可获得 85%(体积分数)马氏体。此钢热处理淬火变形与开裂倾向小,脱碳倾向也低,缺点是被切削加工性较差。20SiMn2MoVA 钢一般在淬火低温回火后使用,与 35CrMo 钢调质相比,其塑性和韧性相当,但强度显著提高;与 40CrNiMo 淬火低温回火相比,虽然强度稍低,但塑性和韧性则大幅度提高,尤其冲击韧度值高很多;与 40Cr 调质相比,−60 ℃时低温冲击韧度值提高5 倍;与等强度的其他钢种相比,其断裂韧度相当高。此钢种可用于制作截面较大、负荷较重、应力状态复杂或在低温下长期运转的机器零件。20SiMn2MoVA 钢已正式用于我国石油机械产品,如石油钻机提升系统的吊环、吊卡等,代替了过去常用的铬镍调质钢(如40CrNi 等),大幅度减轻了工件质量,改善工人劳动强度并保证机件安全可靠。

这些年来开发了一些低碳马氏体钢新钢种:① 节约合金的低碳马氏体钢08Cr2Mn2VNb、12Cr3MnVNb 等,不含贵重的 Ni 和 Mo 合金元素,轧制、加热、空冷+低温回火后性能水平接近 07Cr3MnNiMo 钢。②经过处理后氮化且具有回火稳定性的低碳马氏体钢,如 12Cr2Mn2NiMoVTi 和 10Cr3MnNiMoAlV 等钢号。回火稳定的低碳马氏体钢在氮化过程中,低碳马氏体组织的存在和保留,使它的氮化强化效果比 38CrMoAl 钢提高0.5 ~ 1倍,另外,低碳马氏体钢氮化时,能在保持高强度心部($R_{P0.2} \geqslant 1\,000$ MPa)的同时,可以获得高硬度的氮化层。这就可以将二类钢用于高接触载荷下的耐磨件。③弥散强化型低碳马氏体钢 10Ni3Mo3Nb 等,这类钢长时间回火 R_m 能从 900 ~ 1 000 MPa 提高到1 300 ~ 1 400 MPa,而塑性、韧性和抗裂性仍保持原淬火或热轧状态水平。

低碳马氏体强化工艺并不十分复杂,它可以取代调质、渗碳、淬火、回火等复杂工艺,使构件质量成倍减轻,但却提高了强度水平和使用寿命。低碳马氏体型结构钢还具有很高的耐磨性能,可用来制造某些要求耐磨性好的零件(如拖拉机履带板等)。据估算,我国的低碳钢和低碳合金钢约占钢产量的 60%,如果将其中 15% 用来淬火强化,每年就可节省数百万吨钢材和大量的合金资源,价值数百亿元。因此,普及推广低碳马氏体钢在石油、煤炭、铁道、汽车、拖拉机等部门的广泛应用具有重大的现实意义。然而,在我国低碳马氏体型结构钢的应用才开始,有很多问题有待解决。如果其理论不断完善,并在生产实践中得到验证,低碳马氏体强化技术就一定能越来越多地得到推广和应用。

2.8　超高强度结构钢

超高强度结构钢一般是指 $R_m > 1\,500$ MPa 或 $R_e > 1\,380$ MPa 的特殊质量合金结构钢。这类钢主要为满足飞机结构上的高比强度(强度/密度)材料的需要而研制。目前主要用于航空、航天工业,如飞机的起落架、机身骨架和蒙皮、火箭壳体、高压容器和常规武器等,铁道运输行业的机车车辆的零部件制造也选用超高强度钢。

2.8.1　超高强度结构钢的设计依据

超高强度结构钢的设计依据是断裂韧性 K_{1C},而不是一般结构钢采用的许用应力 $[R] = R_e / k$,其中 k 为安全系数。断裂韧性 K_{1C} 的计算式为

$$K_{1C} = YR_c a^{\frac{1}{2}}$$

式中　Y——裂纹的几何形状因子;

　　　R_c——实际断裂强度;

　　　a——裂纹半长。

断裂韧性 K_{1C} 是材料抵抗裂纹突然扩张的抗力,属材料特性,其大小取决于材料的成分、热处理及加工工艺。它对合金成分和组织状态非常敏感。

钢中的杂质元素 P、S 都会降低 K_{1C};随碳的质量分数的增加,K_{1C} 降低;而提高回火温度有利于提高 K_{1C}。

2.8.2　超高强度结构钢的分类

超高强度钢通常按化学成分和强韧化机制可分为低合金中碳马氏体型超高强度钢、中合金中碳二次硬化型超高强度钢和马氏体时效钢等类型。

1. 低合金中碳马氏体型超高强度钢

低合金中碳马氏体型超高强度钢是在合金调质钢基础上加入一定量的某些合金元素的钢。其碳的质量分数小于 0.45%,以保证足够的塑性和冲击韧度。合金元素总质量分数为 5% 左右,其主要作用是提高淬透性、耐回火性、固溶强化及韧性。常经淬火(或等温淬火)、低温回火处理后,在回火马氏体(或下贝氏体+回火马氏体)组织状态使用。

目前广泛使用的 30CrMnSiNi₂A 低合金高强度钢,在 30CrMnSi 基础上加入 1.4% ~ 1.8% 的 Ni,以提高强度和韧性,经 900 ℃ 淬火,油冷,200 ~ 300 ℃ 回火,$R_m = 1\,700$ ~ 1 800 MPa,$K_{V_2} = 60$ ~ 70 J;900 ℃ 加热,硝盐或碱浴中等温淬火,200 ~ 300 ℃ 回火,$R_m = 1\,600$ ~ 1 700 MPa,$K_{V_2} = 80$ ~ 96 J。

除此之外,40CrNi2MoA 也常用,40CrMn2SiMoVA 可代替 30CrMnSiNi2A 节约 Ni。35Si2Mn2MoV 是无 Cr、Ni 的钢种。

此类钢的生产成本低、用途广泛,可制作飞机结构件、固体火箭发动机壳体、炮筒、高压气瓶等。

2. 中合金中碳二次硬化型超高强度钢

中合金中碳二次硬化型超高强度钢是含有强碳化物形成元素(其总质量分数为

5% ~10%），经淬火和三次高温回火（580 ~600 ℃），析出特殊合金碳化物而达到弥散强化，最终获得高强度、抗氧化性和热疲劳性的特殊质量合金结构钢。

典型钢种有 4Cr5MoSiV、4Cr5MoSiV1 等，它们是在热作模具钢基础上发展的。其淬透性高，可以空淬，500 ~600 ℃回火后，在马氏体中析出弥散的 M_2C、MC 型碳化物，产生二次硬化；经 1 000 ℃淬火，580 ℃二次回火后，$R_m = 1\ 745$ MPa，$A = 13.5\%$，$K_{V_2} = 44$ J，51HRC。Cr 还可提高抗氧化性和耐蚀性。

3. 马氏体时效钢

马氏体时效钢是碳的质量分数极低（C 的质量分数小于 0.03%），含镍量高（Ni 的质量分数为 18% ~25%），并含有 Cu、Ti、Nb、Al 等时效元素的具有极佳强韧性的合金结构钢。超低碳易于获得碳的质量分数极低的板条马氏体基体；高 Ni 和 Ti、Mo 形成金属间化合物 Ni_3Mo、Ni_3Ti、Fe_2Mo、Fe_2Ti 等。Co 与 Mo 协同作用，Co 降低 Mo 在马氏体基体中的溶解度，有利于含 Mo 沉淀物的析出。Al、Nb 的作用主要是细化晶粒。

这类钢淬火后经时效（450 ~500 ℃）处理，其金相组织为超低碳单相板条马氏体，基体上弥散分布极细微的金属化合物 Ni_2Mo、Fe_2Mo 等粒子。因此，马氏体时效钢具有高的强度、良好的塑性和韧性以及较高的断裂韧度，这类钢不仅力学性能优异，而且工艺性能良好，可以冷、热压力加工和焊接。

典型的马氏体时效钢有 Ni18Co9Mo5TiAl、Ni20Ti2AlNb、Ni25Ti2AlNb 等，经 815 ℃固溶 1 h 后空冷，$R_m = 1\ 550$ MPa，$A = 15\%$，再经 480 ℃时效 3 h 空冷后，$R_m = 1\ 800$ MPa，$A = 11\%$，$K_{1C} = 88 \sim 176$ MPa · $m^{1/2}$。

马氏体时效钢的价格昂贵，主要用于固体火箭发动机壳体、高压气瓶等。

第3章 专用结构钢

3.1 铁道用结构钢

3.1.1 概述

铁路是我国国民经济的大动脉,我国现有铁路总长约 12 万 km,每天有数万对车轮在轨道上奔驰,将旅客及各种货物运送到全国各地。车轮是列车运行的重要部件,钢轨则起着承载及导向作用。车轮的主要功能是:支撑车辆质量、引导车辆通过各种形状的轨道等。车辆的质量通过车轮传递到钢轨上,车轮在钢轨上运行时,轮轨之间存在着很大的交变接触应力,同时还有滚动摩擦和少量的滑动摩擦,因此在轮轨服役过程中,轮/轨构成一对摩擦副。它们的主要失效形式是磨损和接触疲劳,接触疲劳破坏的表现形式主要是剥离,所以要求车轮用钢和钢轨用钢应有以下性能。

(1)高的屈服强度和抗拉强度,以能承受车辆的质量,在高的接触应力作用下,不会变形和断裂。

(2)较高的硬度,以能抵抗轮轨间的摩擦磨损,因更换钢轨较更换车轮困难,钢轨的硬度要高于车轮的硬度。

(3)高的接触疲劳强度,以抵抗接触疲劳破坏。

(4)足够的塑性及韧性,以保证车辆安全。

(5)车轮本身起制动盘的作用,因制动时有摩擦热产生,车轮表面还承受着热疲劳的作用,因此车轮要有较高的热疲劳强度。

(6)好的经济性,车轮和钢轨的用量极大,要求尽可能使用价格较廉、资源较丰富的合金元素。

3.1.2 车轮用钢

车轮用钢的牌号及化学成分见表3.1。

表 3.1 车轮用钢的牌号及化学成分(摘自 GB 8601—88、GB 8602—88)

牌号	化学成分(质量分数)/%						应用
	C	Si	Mn	P	S	V	
CL60A 级	0.55 ~ 0.65	0.17 ~ 0.37	0.50 ~ 0.80	≤0.035	≤0.040	—	客、货车车轮
CL60B 级	0.55 ~ 0.65	0.17 ~ 0.37	0.50 ~ 0.80	≤0.040	≤0.040	—	
CL45MnSiV	0.44 ~ 0.52	0.50 ~ 0.80	0.80 ~ 1.20	≤0.035	≤0.040	0.08 ~ 0.15	

续表 3.1

牌号	化学成分(质量分数)/%						应用
	C	Si	Mn	P	S	V	
LG65	0.60~0.70	0.17~0.37	0.50~0.80	≤0.035	≤0.040	—	机车轮
LG60	0.55~0.65	0.17~0.37	0.50~0.80	≤0.035	≤0.040	—	箍或车轮

从表 3.1 可见,车轮用钢主要为中高碳的碳素钢,但它们的冶金质量(如非金属夹杂物和酸浸低倍组织的合格级别)要求比一般的优质碳素结构钢的高。

CL45MnSiV 降低了碳的质量分数,增加了 Si、Mn 的质量分数,添加少量钒主要是为了提高车轮的抗热疲劳性能。

车轮的尺寸较大,在热轧成型后冷至 640 ℃ 就需等温处理 4~6 h,以防白点。车轮的轮辋还需进行喷水淬火、高温回火处理。车轮热处理后的力学性能见表 3.2。

表 3.2　车轮用钢的力学性能(摘自 GB 8601—88、GB 8602—88)

标准号	牌号	等级	力学性能				
			R_m/MPa	A/%	Z/%	HBS	A_{ku_2}/J
GB 8601—88	CL60	A 级	910~1 155	≥8	≥14	≥255	≥16
		B 级客车轮	880~1 105	≥10	≥14	≥251	≥16
		B 级货车轮	860~1 090	≥10	≥14	≥248	≥16
GB 8601—88	CL45MnSiV	—	880~1 125	≥12	≥21	≥251	≥23
GB 8602—88	LG60	—	860~1 110	≥12	≥18	≥248	—
GB 8602—88	LG65	—	930~1 155	≥10	≥14	≥269	—

3.1.3　钢轨用钢

钢轨用钢的牌号及化学成分见表 3.3,钢轨用钢的力学性能见表 3.4。

表 3.3　钢轨用钢的牌号及化学成分(摘自 GB 2585—2007)

牌号	化学成分(质量分数)/%							RE (加入量)
	C	Si	Mn	P	S	V	Nb	
U74	0.68~0.79	0.13~0.28	0.70~1.00	≤0.030	≤0.030			—
U71Mn	0.65~0.76	0.15~0.35	1.10~1.40	≤0.030	≤0.030	≤0.030		—
U70MnSi	0.66~0.74	0.85~1.15	0.85~1.15	≤0.030	≤0.030		≤0.010	—
U71MnSiCu	0.64~0.76	0.70~1.10	0.80~1.20	≤0.030	≤0.030			Cu0.10 ~0.40
U75V	0.71~0.80	0.50~0.80	0.70~1.05	≤0.030	≤0.030	0.04~0.12		—

续表 3.3

牌号	化学成分(质量分数)/%							
	C	Si	Mn	P	S	V	Nb	*RE*(加入量)
U76NbRe	0.72 ~ 0.80	0.60 ~ 0.90	1.00 ~ 1.30	≤0.030	≤0.030	≤0.030	0.02 ~ 0.05	0.02 ~ 0.05
U70Mn	0.61 ~ 0.79	0.10 ~ 0.50	0.85 ~ 1.25	≤0.030	≤0.030		≤0.010	—

由表 3.3 可见,钢轨用钢主要也是中高碳的碳素钢,但它们的碳的质量分数较车轮用钢高,接近共析成分。添加少量 Cu 的目的是为了提高钢轨的耐大气腐蚀的能力,添加 V 和 Nb 的目的是为了细化晶粒,少量碳化钒、碳化铌的弥散析出能提高强度。

表 3.4　钢轨用钢的力学性能(摘自 GB 2585—2007)

牌号	抗拉强度 R_m/(N·mm^{-2})	断后伸长率 A/%
	不小于	
U74	780	10
U71Mn	880	9
U70MnSi		
U71MnSiCu		
U75V	980	9
U76NbRe		
U70Mn	880	

3.2　汽车车身用结构钢

一辆汽车由上万个零部件组装而成,而上万个零部件又是由各种不同材料制成的。以我国中型载货汽车用材为例,钢材约占 64%,铸铁约占 21%,有色金属约占 1%,塑料、橡胶、陶瓷等非金属约占 14%。可见汽车用材以金属材料为主。

汽车主要结构可分为 4 个部分,即发动机、底盘、车身、电气设备。这 4 部分中,前 3 部分的用材都在本书讨论的范围内。发动机和底盘零件中,缸体、缸盖、飞轮、正时齿轮、变速器壳及离合器壳一般采用灰口铸铁制造,缸套、排气门阀座采用合金铸铁制造,曲轴、后桥壳等采用球墨铸铁制作,活塞销、变速箱齿轮、后桥齿轮等采用渗碳钢制造,连杆、连杆螺栓、前桥转向节臂、半轴等采用调质钢制造,气门弹簧、钢板弹簧等采用弹簧钢制造,各种轴承采用轴承钢制造,发动机活塞、分泵活塞、油管等采用有色金属铝合金、铜等制造。这些零件的用材一般都属通用结构材料,通用结构钢在第 2 章中已介绍过,有色金属将在第 8 章介绍。本节主要介绍车身等零件所用的专用结构材料——深冲压变形复杂零件所用的优质冷轧钢板及钢带。

深冲压用钢的牌号及化学成分见表 3.5。汉语拼音字母"SC"代表深冲,"1、2、3"代表冲压级别的顺序号。SC1 为深冲压用钢板及钢带的牌号,SC2、SC3 为超深冲用钢板及钢带的牌号。

表 3.5 深冲压用钢的牌号及化学成分(摘自 GB/T 5213—2001)

牌号	化学成分(质量分数)/%						
	C	Si	Mn	P	S	Als(酸溶铝)	Ti
SC1	≤0.08	≤0.03	≤0.40	≤0.020	≤0.025	0.02~0.07	—
SC2	≤0.01	≤0.03	≤0.30	≤0.020	≤0.020	—	≤0.20
SC3	≤0.008	≤0.03	≤0.30	≤0.020	≤0.020	—	≤0.20

注:根据需要,牌号 SC1 可适当添加 Ti、Nb 等合金元素,此时对 Als 不作要求;牌号 SC2、SC3 可适当添加 Nb 等合金元素

由表 3.5 可见,深冲压用钢的成分特点是:超低碳、低硅,以保证钢板的深冷冲压能力,Al、Ti、Nb 等微合金化,以细化晶粒,保证钢板的强度、塑性和韧性,S、P 含量要求很严,均属于高级优质钢。

钢板和钢带需经退火处理,其热处理后的力学性能要求见表 3.6。

表 3.6 深冲压用钢的力学性能(摘自 GB/T 5213—2001)

牌号	公称厚度/mm	屈服点 RE /MPa	抗拉强度 R_m /MPa	断后伸长率 A /% ($b_0=20$ mm, $l_0=80$ mm)	n ($b_0=20$ mm,	r $l_0=80$ mm)
SC1	≤0.50	≤240	270~350	≥34	$n_{90}≥0.18$	$r_{90}≥1.6$
	>0.50 或 ≤0.70	≤230		≥36		
	>0.70	≤210		≥38		
SC2	0.70~1.50	≤180	270~330	≥40	$n_{90}≥0.20$	$r_{90}≥1.9$
SC3	0.70~1.50	≤180	270~350	≥38	$n≥0.22$	$r≥1.8$

注:1. n_{90}、r_{90} 值仅适用于厚度不小于 0.5 mm 的情况;当厚度大于 2 mm 时,r_{90} 值允许降低 0.2。

2. $n_{90}=(n_0+2n_{45}+n_{90})/4$,$r_{90}=(r_0+r_{45}+r_{90})/4$。

由表 3.6 可见,深冲压用钢的力学性能不仅对强度和塑性指标有要求,还对拉伸应变硬化指数(n 值)和塑性应变比(r 值)有要求。

此外对牌号 SC1 还要求其铁素体晶粒度级别不小于 6 级,游离渗碳体不大于 2 级。

3.3 船体及海洋工程用结构钢

船舶在江、河、海洋中航行,船体服役时经受的环境复杂多变,因而对船体用结构材料的要求,也较一般用途的结构材料复杂。庞大的船体必须依靠焊接工艺制造,在恶劣的天气条件下,要经得起大风大浪的冲击,在一年四季的航行中,要经得起环境温度的变化对材料性能带来的不利影响。

因此,船体及海洋工程用结构材料一般采用低碳钢制造,对 $w_{C_{eq}}$ 有严格要求。同时对冲击韧性,特别是对低温冲击韧性,更是较一般结构材料的要求高得多。船体及海洋工程用结构钢多采用铝脱氧,以获得细晶粒钢,或加入微量合金元素 Nb、V、Ti 等以控制轧制状态交货,甚至是温度-形变控制轧制状态交货或正火状态交货。

3.3.1 分类及牌号

船体及海洋工程用结构钢按屈服强度及质量分级,分类牌号见表3.7。

表3.7 船体用结构钢的等级及牌号(摘自 GB 712—2011)

强度级别/MPa（质量等级）		A	B	D	E	F
一般强度钢	235	A	B	D	E	—
高强度钢	320	AH32	—	DH32	EH32	FH32
	360	AH36	—	DH36	EH36	FH36
	400	AH40	—	DH40	EH40	FH40
超高强度	420	AH420	—	DH420	EH420	FH420
	460	AH460	—	DH460	EH460	FH460
	500	AH500	—	DH500	EH500	FH500
	550	AH550	—	DH550	EH550	FH550
	620	AH620	—	DH620	EH620	FH620
	690	AH690	—	DH690	EH690	FH690

3.3.2 化学成分

一般强度级和高强度级钢材的牌号及化学成分见表3.8,超高强度级钢材的牌号和化学成分见表3.9。

表3.8 一般强度级和高强度级钢材的牌号及化学成分(摘自 GB 712—2011)

牌号	化学成分(质量分数)/%													
	C	Si	Mn	S	P	Cu	Cr	Ni	Nb	V	Ti	Mo	N	Al(酸溶铝)
A	≤0.21	≤0.50	≥0.50	≤0.035	≤0.035	≤0.35	≤0.30	≤0.30	—	—	—	—	—	—
B			≥0.80											
D		≤0.35	≥0.60	≤0.030	≤0.030									≥0.015
E	≤0.18		≥0.70	≤0.025	≤0.025									
AH32	≤0.18	≤0.50	0.90~1.60	≤0.030	≤0.030	≤0.35	≤0.20	≤0.40	0.02~0.05	0.05~0.10	≤0.02	≤0.08	—	≥0.015
AH36														
AH40														
DH32														
DH36														
DH40				≤0.025	≤0.025									
EH32														
EH36														
EH40														
FH32	≤0.16			≤0.020	≤0.020			≤0.80					≤0.009	
FH36														
FH40														

表 3.9 超高强度级钢材的牌号和化学成分(摘自 GB 712—2011)

牌号	化学成分(质量分数)/%					
	C	Si	Mn	P	S	N
AH420	≤0.21	≤0.55	≤1.70	≤0.030	≤0.030	≤0.020
AH460						
AH500						
AH550						
AH620						
AH690						
DH420	≤0.20	≤0.55	≤1.70	≤0.025	≤0.025	
DH460						
DH500						
DH550						
DH620						
DH690						
EH420	≤0.20	≤0.55	≤1.70	≤0.025	≤0.025	
EH460						
EH500						
EH550						
EH620						
EH690						
FH420	≤0.18	≤0.55	≤1.60	≤0.020	≤0.020	
FH460						
FH500						
FH550						
FH620						
FH690						

由表 3.8 及表 3.9 可见,船体用结构钢的化学成分特点是低碳,碳的质量分数不大于 0.21%,以 Mn 为主加合金元素,以提高材料的强度和韧性。高强度级超高强度级钢,还可采用微量 Nb、V、Ti、Mo 等合金元素细化晶粒;F 级钢要加入 Ni 以提高钢的低温冲击韧性。但合金元素的总量要受碳当量的限制。一般强度钢所有等级钢的碳当量均不大于 0.40%,计算公式为

$$w_{C_{eq}} = w_C + \frac{1}{6} w_{Mn}$$

高强度钢碳当量的计算公式为

$$w_{C_{eq}} = w_C + \frac{1}{6}w_{Mn} + \frac{1}{15}(w_{Cr} + w_{Mo} + w_V) + \frac{1}{15}(w_{Ni} + w_{Cu})$$

高强度钢碳当量一般不大于 0.40%,若采用温度-形变控制轧制状态交货的钢,碳当量应符合表 3.10 的规定。

超高强度钢应用裂纹敏感系数 P_{cm} 代替碳当量,其值应符合船级社认可的标准。裂纹敏感系数计算公式为

$$P_{cm} = w_C + \frac{1}{30}w_{Si} + \frac{1}{20}w_{Mn} + \frac{1}{20}w_{Cu} + \frac{1}{60}w_{Ni} + \frac{1}{20}w_{Cr} + \frac{1}{15}w_{Mo} + \frac{1}{10}w_V + 5w_B$$

高等级钢均可采用铝脱氧,以获得细晶粒钢,因而要求酸溶铝(Als)的质量分数不小于 0.015%。

表 3.10　温度-形变控制轧制状态交货高强度钢的碳当量(摘自 GB 712—2011)

钢的等级	碳当量 / %		
	钢材厚度≤50 mm	50 mm<钢材厚度≤100 mm	50 mm<钢材厚度≤100 mm
AH32、DH32、EH32、FH32	≤0.36	≤0.38	≤0.40
AH36、DH36、EH36、FH36	≤0.38	≤0.40	≤0.42
AH40、DH40、EH40、FH40	≤0.40	≤0.42	≤0.45

3.3.3　力学性能

一般强度级和高强度级船体及海洋工程用结构钢的力学性能见表 3.11,超高强度级船体及海洋工程用结构钢的力学性能见表 3.12。

表 3.11　一般强度级和高强度级船体及海洋工程用结构钢的力学性能(摘自 GB 712—2011)

牌号	拉伸试验			V 型冲击试验						
	上屈服强度 R_{Eh}/MPa	抗拉强度 R_m/MPa	断后伸长率 A/%	试验温度 /℃	以下厚度(mm)冲击吸收功 KV_2/J					
					≤50		>50～70		>70～150	
					纵向	横向	纵向	横向	纵向	横向
					不小于					
A	≥235	400～520	≥22	20	—	—	34	24	41	27
B				0	27	20				
D				−20						
E				−40						
AH32	≥315	440～570		0	31	22	38	26	46	31
DH32				−20						
EH32				−40						
FH32				−60						

续表 3.11

牌号	拉伸试验			V 型冲击试验							
	上屈服强度 R_{Eh}/MPa	抗拉强度 R_m/MPa	断后伸长率 A/%	试验温度/℃	以下厚度(mm)冲击吸收功 KV_2/J						
					≤50		50~70		70~150		
					纵向	横向	纵向	横向	纵向	横向	
					不小于						
AH36	≥355	490~630	≥21	0	34	24	41	27	50	34	
DH36				−20							
EH36				−40							
FH36				−60							
AH40	≥390	510~660	≥20	0	41	27	46	31	55	37	
DH40				−20							
EH40				−40							
FH40				−60							

表 3.12　超高强度级船体及海洋工程用结构钢的力学性能(摘自 GB 712–2011)

牌号	拉伸试验			V 型冲击试验		
	上屈服强度 R_{Eh}/ MPa	抗拉强度 R_m/ MPa	断后伸长率 A/%	试验温度/℃	冲击吸收功 KV_2/ J	
					纵向	横向
					不小于	
AH420	≥420	530~680	≥18	0	42	28
DH420				−20		
EH420				−40		
FH420				−60		
AH460	≥460	570~720	≥17	0	46	31
DH460				−20		
EH460				−40		
FH460				−60		
AH500	≥500	610~770	≥16	0	50	33
DH500				−20		
EH500				−40		
FH500				−60		

续表 3.12

牌号	拉伸试验			V 型冲击试验		
	上屈服强度 R_{Eh}/ MPa	抗拉强度 R_m/ MPa	断后伸长率 A/%	试验温度 /℃	冲击吸收功 KV_2/ J	
					纵向	横向
					不小于	
AH550	≥550	670 ~ 830	≥16	0	55	37
DH550				−20		
EH550				−40		
FH550				−60		
AH620	≥620	720 ~ 890	≥15	0	62	41
DH620				−20		
EH620				−40		
FH620				−60		
AH690	≥690	770 ~ 940	≥14	0	69	46
DH690				−20		
DH690				−40		
FH690				−60		

从表 3.11 及表 3.12 可见,一般强度船体用结构钢只要求−40 ℃时的冲击功,而高强度和超高强度钢则要求−60 ℃时的冲击吸收功。在一般用途结构钢中没有如此高的要求。

3.4　石油套管用结构钢

石油工业用量较大的结构材料是油井管和输油管。油井管中,固井用套管的使用是一次性的,不能重复利用,其消耗量占整个油井管用量的 70% 以上;钻探油气井用的钻探管可重复利用,其消耗量占整个油井管用量的 3% 左右;采油用的油管的消耗量占整个油井管用量的 20% 左右。可见石油套管的使用量最大,本节主要介绍石油套管的服役条件、分类、化学成分及力学性能等。

3.4.1　石油套管的服役条件

石油套管在服役中径向和周向承受着很大的挤压应力,而轴向则承受着较大的拉伸应力,油井深度越深,套管承受的挤压应力及拉伸应力越大;油井开采力度加大,频繁使用酸化、压裂、注水等提高石油产量的技术,使得油井套管承受的服役条件更为复杂;再加上井下地质条件的变化,如地层的错动、岩石的崩塌等,可挤毁套管,使套管缩径、破裂,造成油井损坏、报废。因此,对套管的主要性能的要求是:要有足够高的强度,以抗挤压、抗拉伸;良好的抗腐蚀能力,以抗水气及硫化氢等的腐蚀;此外,套管接箍还要求有良好的横向抗冲击能力。

3.4.2　石油套管的分类

在我国石油套管的生产过程中,虽制定有石油行业标准和各生产企业的企业标准,但套管要下井使用都必须满足美国石油学会标准规范和国际标准 API Spec 5CT/ISO 11960。

在 2004 年修订的 API Spec 5CT/ISO 11960 标准中,按使用条件,将套管分为 4 组:第一组为普通强度套管;第二组为限制屈服强度套管,适用于酸性环境;第三组为高强度套管;第四组为限制硬度波动的高强度套管。在第一、第二组中,再按屈服强度分为不同的钢级,第一组中有 4 个钢级,即 H40、J55、K55、N80,使用状态可以是轧态、调质态或正火态;第二组中有 5 个钢级,即 M65、L80、C90、C95、T95,除 M65 的使用态可以是正火、正火+回火态外,其余钢级的使用态都为调质态;第三、第四组各只有一个钢级,分别为 P110 和 Q125,它们都需在调质态下使用。有些钢级还按化学成分中合金元素的质量分数及杂质元素 P、S 的质量分数分为不同的类型。

3.4.3　石油套管的化学成分

石油套管的化学成分见表 3.13。

由表 3.13 中可见,API Spec 5CT/ISO 11960 标准中对第一组各钢级、第二组 M65 钢级和第三组套管的化学成分没有具体规定,只限定了磷、硫质量分数的最大值。其余各钢级及各类型的套管的化学成分的范围,标准中均有规定,第二组 L80 钢级的 9Cr 和 13Cr 两个类型为低碳、高 Cr 钢外,其余均为中碳、低合金结构钢,以 Mn 为主加合金元素,以提高钢的强度。C90、T95、Q125 钢级还加入了 Cr、Ni 等合金元素,以进一步提高钢的强度和淬透性;加入 Mo 来提高钢的回火稳定性。同一钢级中,1 类钢对 P、S 质量分数的要求最高。

表 3.13　石油套管钢的化学成分(质量分数)(摘自 API Spec 5CT/ISO 11960)

组别	钢级	类型	C		Mn		Mo		Cr		Ni	Cu	P	S	Si
			min	max	min	max	min	max	min	max	max	max	max	max	max
1	H40	—	—	—	—	—	—	—	—	—	—	—	0.030	0.030	—
	J55	—	—	—	—	—	—	—	—	—	—	—	0.030	0.030	—
	K55	—	—	—	—	—	—	—	—	—	—	—	0.030	0.030	—
	N80	1	—	—	—	—	—	—	—	—	—	—	0.030	0.030	—
	N80	Q	—	—	—	—	—	—	—	—	—	—	0.030	0.030	—

续表 3.13

组别	钢级	类型	C		Mn		Mo		Cr		Ni	Cu	P	S	Si
			min	max	min	max	min	max	min	max	max	max	max	max	max
2	M65	—	—	—	—	—	—	—	—	—	—	—	0.030	0.030	—
	L80	1	—	0.43	—	1.90	—	—	—	—	0.25	0.35	0.030	0.030	0.45
	L80	9Cr	—	0.15	0.30	0.60	0.90	1.10	8.00	10.0	0.50	0.25	0.020	0.010	1.00
	L80	13Cr	0.15	0.22	0.25	1.00	—	—	12.0	14.0	0.50	0.25	0.020	0.010	1.00
	C90	1	—	0.35	—	1.20	0.25	0.85	—	1.50	0.99	—	0.020	0.010	—
	C90	2	—	0.50	—	1.90	—	NL	—	NL	0.99	—	0.030	0.010	—
	C95	—	—	0.45	—	1.90	—	—	—	—	—	—	0.030	0.030	0.45
	T95	1	—	0.35	—	1.20	0.25	0.85	0.40	1.50	0.99	—	0.020	0.010	—
	T95	2	—	0.50	—	1.90	—	—	—	—	0.99	—	0.030	0.010	—
3	P110	—	—	—	—	—	—	—	—	—	—	—	0.030	0.030	—
4	Q125	1	—	0.35	—	1.35	—	0.85	—	1.50	0.99	—	0.020	0.010	—
	Q125	2	—	0.35	—	1.00	—	NL	—	NL	0.99	—	0.020	0.020	—
	Q125	3	—	0.50	—	1.90	—	NL	—	NL	0.99	—	0.030	0.010	—
	Q125	4	—	0.50	—	1.90	—	NL	—	NL	0.99	—	0.030	0.020	—

注:NL 为不限制,但所示元素的质量分数在产品分析时应报告

3.4.4　石油套管的力学性能

石油套管用结构钢的力学性能见表 3.14。

由表 3.14 可见,第 1、3、4 钢组及第三钢组的 C95 钢级,只对材料屈服强度和抗拉强度规定了范围而对硬度极限没有规定。其余各钢级都限定了硬度的范围,C90、T95、Q125 钢级还限制了硬度的变化值。

此外,API Spec 5CT/ISO 11960 标准还规定了钢管要做静水压试验、压扁试验、硫化物应力腐蚀开裂试验,并要测定晶粒度。

表 3.14　石油套管用结构钢的力学性能(摘自 API Spec 5CT/ISO 11960)

组别	钢级	类型	加载下的总伸长率/%	屈服强度/MPa		抗拉强度(min)/MPa	硬度(max)		规定壁厚/mm	允许硬度变化(HRC)
				min	max		HRC	HBW		
1	H40	—	0.5	276	552	414	—	—	—	—
	J55	—	0.5	379	552	517	—	—	—	—
	K55	—	0.5	375	552	655	—	—	—	—
	N80	1	0.5	552	758	689	—	—	—	—
	N80	Q	0.5	552	758	689	—	—	—	—

续表 3.14

组别	钢级	类型	加载下的总伸长率/%	屈服强度/MPa		抗拉强度(min)/MPa	硬度(max)		规定壁厚/mm	允许硬度变化(HRC)
				min	max		HRC	HBW		
	M65		0.5	448	586	586	22	235	—	—
	L80	1	0.5	552	655	655	23	241	—	—
	L80	9Cr	0.5	552	655	655	23	241	—	—
	L80	13Cr	0.5	552	655	655	23	241	—	—
	C90	1、2	0.5	621	724	689	25.4	255	≤12.70	3.0
	C90	1、2	0.5	621	724	689	25.4	255	12.71~9.04	4.0
2	C90	1、2	0.5	621	724	689	25.4	255	19.05~25.39	5.0
	C90	1、2	0.5	621	724	689	25.4	255	≥25.40	6.0
	C95	—	0.5	655	758	724	—	—	—	—
	T95	1、2	0.5	655	758	724	25.4	255	≤12.70	3.0
	T95	1、2	0.5	655	758	724	25.4	255	12.71~9.04	4.0
	T95	1、2	0.5	655	758	724	25.4	255	19.05~25.39	5.0
	T95	1、2	0.5	655	758	724	25.4	255	≥25.40	6.0
3	P110		0.6	758	965	862	—	—	—	—
	Q125	全部	0.65	862	1034	931	—	—	≤12.70	3.0
4	Q125	全部	0.65	862	1034	931	—	—	12.71~9.04	4.0
	Q125	全部	0.65	862	1034	931	—	—	≥19.05	5.0

3.5 火炮身管用结构钢

3.5.1 概述

在各个历史时期及任何一个国家中,新兴材料都是首先应用于军事装备上的,而战争对先进军事装备的需要,又推进了材料科学上的突破和材料工程上的革命。兵器结构件的服役条件极端恶劣和苛刻,它们需在高温、高压、高速、高应变速率、高腐蚀、高烧蚀、疲劳、低温等工作环境下工作,对材料的性能要求也就较民用结构材料高得多。

射击时,火炮身管在高温、高压和受高速火药气体的冲击下工作。一般在极短的时间(千分之几秒)内,火药气体的温度可达到 3 000 ℃ 以上,压力可达 294 MPa 左右,火药气体的生成物对身管内表面还有化学作用。因此,对火炮身管材料的性能要求如下:

(1)足够的弹性,以保证在火药气体压力有某些变化时不会产生残余变形。

(2)比例极限与强度极限间差值要大。

(3)足够的硬度,以防止装填时和弹丸在膛内运动时产生磨损。

（4）足够的韧性，以保证火药气体压力升高时不会破裂。

（5）良好的耐蚀性，不易受火药气体生成物的化学作用。

（6）良好的工艺性和经济性。

因此，身管材料要有极好的综合力学性能，一般采用优质合金结构钢制作，且对钢的冶金质量要求很高，应采用电弧炉、电弧炉加炉外精炼或电弧炉加电渣重熔冶炼。

3.5.2 身管用钢的分类代号、牌号及化学成分

身管用钢按冶金质量分为优质钢、高级优质钢（牌号后加"A"）及特级优质钢（牌号后加"E"）。

身管用钢按规定比例极限分为 9 个强度等级，见表 3.15。身管用钢强度等级对应的牌号见表 3.16。身管用钢的化学成分见表 3.17。

由表 3.17 可见，身管用钢的成分特点是：中碳的铬镍钼钒（Cr-Ni-Mo-V）钢。碳的质量分数在 0.27% ~ 0.42% 范围内，是为了保证钢有好的综合力学性能；以 Cr、Ni 为主加合金元素，以提高钢的淬透性，保证毛坯经过热处理后在全长和整个壁厚中具有均匀的组织和力学性能，Ni 还是显著提高冲击韧性的元素；Mo、V 提高钢的回火稳定性及高温强度。铬镍钼钒钢在合金结构钢中具有最为优良的综合力学性能。

表 3.15 身管用钢的强度等级

强度等级	P-540	P-590	P-635	P-685	P-735	P-785	P-835	P-885	P-930
规定比例极限 R_p/MPa	540	590	635	685	735	785	835	885	930

表 3.16 身管用钢的强度等级对应的牌号

强度等级	锻件截面尺寸/mm		
	<80	80 ~ 120	120 ~ 150
P-540 P-590	PCrMo PCrMoV PCrNiMoV	PCrNiMoV PCrNi1Mo	PCrNiMoV
P-635 P-685	PCrMoV PCrNi1Mo PCrNiMoV	PCrNiMo PCrNi3Mo PCrNi3MoVA	PCrNi3Mo PCrNi3MoVA
P-735 P-785	PCrNi1Mo PCrNiMoV PCrNi3MoVA 30CrNi2MoVE	PCrNi1Mo PCrNi3Mo PCrNi3MoVA 30CrNi2MoVE	PCrNi3Mo PCrNi3MoVA
P-835	PCrNi3Mo PCrNi3MoVA 32Cr2Mo1VE 30CrNi2MoVE	PCrNi3Mo PCrNi3MoVA 32Cr2Mo1VE 30CrNi2MoVE	PCrNi3Mo PCrNi3MoVA

续表 3.16

强度等级	锻件截面尺寸/mm		
	<80	80～120	120～150
P-885	PCrNi3Mo PCrNi3MoVA 32Cr2Mo1VE 30CrNi2MoVE	PCrNi3Mo PCrNi3MoVA 32Cr2Mo1VE 30CrNi2MoVE	PCrNi3Mo PCrNi3MoVA
P-930	PCrNi3Mo PCrNi3MoVA		

表 3.17　身管用钢的化学成分

牌号	化学成分(质量分数)/%						
	C	Si	Mn	Cr	Ni	Mo	V
PCrMo	0.32～0.42	0.17～0.37	0.25～0.50	0.90～1.30	≤0.50	0.20～0.30	—
PCrMoV	0.32～0.42	0.17～0.37	0.25～0.50	1.00～1.30	≤0.50	0.20～0.30	0.10～0.25
PCrNiMoV	0.32～0.42	0.17～0.37	0.25～0.50	1.30～1.70	0.60～0.90	0.20～0.30	0.10～0.25
PCrNi1Mo	0.32～0.42	0.17～0.37	0.25～0.50	1.30～1.70	1.30～1.70	0.20～0.30	—
PCrNi2Mo	0.32～0.42	0.17～0.37	0.25～0.50	0.80～1.20	1.75～2.25	0.20～0.30	—
PCrNi3Mo	0.32～0.42	0.17～0.37	0.25～0.50	0.80～1.20	2.75～3.25	0.20～0.30	—
PCrNi3MoVA	0.34～0.41	0.17～0.37	0.25～0.50	1.20～1.50	3.00～3.50	0.35～0.45	0.10～0.25
32Cr2Mo1VE	0.28～0.35	0.17～0.37	0.25～0.50	2.00～2.40	—	1.25～1.45	0.20～0.30
30CrNi2MoVE	0.27～0.34	0.17～0.37	0.30～0.60	0.60～0.90	2.00～2.40	0.20～0.30	0.15～0.30

3.5.3　身管用钢的力学性能

身管用钢的主要力学性能指标是比例极限、断面收缩率及冲击吸收功,且在热处理后,钢棒或锻件的横向力学性能应满足表 3.18 的规定。其比例极限和冲击吸收功的测定方法与一般结构材料的要求不同。身管材料规定比例极限的测定要求是:在拉伸曲线上,通过负荷点的切线与负荷轴夹角的正切值,较在弹性直线部分之值增加 50% 时对应的应力为规定比例极限,与一般 $R_{p0.01}$ 及 $R_{p0.2}$ 的测定要求不同。测定冲击吸收功用的冲击试样的缺口为钥匙孔型缺口,与一般要求的 V 型缺口也不同。

表 3.18　身管用钢的力学性能

规定比例极限 R_p/MPa	断面收缩率 Z/%	冲击吸收功 KV_2/J		
		优质钢	高级优质钢	特级优质钢
540	35	17	20	—
590	35	17	20	—
635	30	17	20	—
685	30	17	20	—
735	30	17	17	—
785	30	15	17	—
835	25	15	17	20
885	25	15	15	17
930	25	15	15	17

3.5.4　身管用钢的热处理

身管用钢要经正火或调质处理后,再后续加工。推荐的热处理制度见表 3.19。

表 3.19　身管用钢推荐的热处理制度

牌　号	试样毛坯尺寸/mm	推荐热处理制度					
		正火		淬火		回火	
		温度/℃	冷却介质	温度/℃	冷却介质	温度/℃	冷却介质
PCrMo	25	860	空气	850	油	560~650	空气
PCrMoV	25	880		870			
PCrNiMoV	25						
PCrNi1Mo	25	860		850			
PCrNi2Mo	25						
PCrNi3Mo	25	880		870			
PCrNi3MoVA	25	940		930			
32Cr2Mo1VE	25	880		870		600~650	
30CrNi2MoVE	25					560~640	

3.5.5　提高火炮身管耐烧蚀性的措施

由于发射弹丸引起的热、力、化学等多因素同时作用于身管内膛面,会使身管内膛面产生烧蚀。火炮身管的烧蚀使得火炮初速降低,射程减小,精度丧失,最终使火炮的威力下降。要提高火炮身管的耐烧蚀性,应采用熔点高于钢的耐热材料,制造身管镀层或内衬。目前使用的身管镀层材料是 Cr,今后潜在的内衬材料是 Mo、Ta、W 及陶瓷材料。

镀软 Cr 层的硬度虽较镀硬 Cr 层的硬度低一些,但由于残余拉应力极低,抗拉强度和剪切强度略高,而抗热/力疲劳性能及抗烧蚀性却较好。

采用经熔盐电镀 127 μm Ta 层的钢衬管的航炮身管,在射击 1 100 发后,Ta 层仍呈抛光状,表面无裂纹,也无热影响区;身管内溅射的 Ta-W 镀层在 1 000 ℃时仍有良好的热硬性。Mo 是一种较好的抗烧蚀材料,正在研究采用 Mo 合金粉末经热等静压制造枪炮管内衬。

3.6 耐 磨 钢

铁路道岔、坦克履带、挖掘机铲齿、球磨机的衬板、粉碎机的鄂板等构件的共同特点是工作时其表面受到剧烈冲击,产生强摩擦、高压力。因此,这类零件制造用钢必须具有表面硬度高而耐磨、心部韧性好和强度高的特点。

通常用高锰钢制造这类零件,常用高锰钢的牌号和化学成分见表 3.20。由表 3.20可见,高锰钢的成分特点是高锰、高碳。碳的质量分数达 0.9% ~1.3%,碳在高锰钢中有两个作用:一是促使形成单相奥氏体组织;二是固溶强化,以保证高的力学性能,但不能过高,容易引起韧性下降。锰是稳定奥氏体的元素,保证完全获得奥氏体组织,在高锰钢中锰的质量分数高达 11% ~14.5%,其作用主要是提高强度、塑性和冲击韧性,但不利于加工硬化,减低耐磨性。硅可改善钢水的流动性,并起固溶强化的作用,其质量分数为0.3% ~0.8%。

高锰钢铸态组织是奥氏体为基体,晶内和晶界有大量块状、条状和针状的碳化物,晶界上还有网状碳化物存在,基体上有大量珠光体。其性能是强度低、塑性韧性差,一般不能直接使用。经热处理后可获得单相奥氏体组织。单相奥氏体组织韧性及塑性很好。图3.1 示出高锰钢水韧前后的金相图。开始投入使用时硬度很低、耐磨性差,当工作中受到强烈的挤压、撞击、摩擦时,钢件表面迅速产生强烈的加工硬化,同时伴随奥氏体向马氏体的转变以及碳化物沿滑移面析出,钢件表面硬度提高到 50HRC 以上,获得耐磨层,而心部仍保持原来的组织和高韧性状态。所以高锰钢必须伴随外来压力和冲击作用才能耐磨。

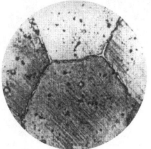

(a) 水韧前（铸态）　　　　　　(b) 水韧后

图 3.1　高锰钢水韧前后的金相图

高锰钢不易切削加工,而铸造性能较好,故生产零件一般用铸造方法,而且必须经水韧处理后才能使用。水韧处理是为了改善某些奥氏体的组织以提高韧性,将钢件加热到

A_{cm} 以上保温一段时间,使铸态组织全部消除,得到化学成分均匀的单相奥氏体组织,然后在水中快速冷却得到奥氏体固溶体组织。例如,高锰钢 ZGMn13 的水韧工艺为:加热温度 1 050 ~ 1 100 ℃,保温时间 1 ~ 2 h,在温度低于 30 ℃的水中淬火。水韧处理后可根据铸件要求和复杂程度进行回火,但回火温度不得高于 250 ℃。

高锰钢广泛应用于制造既耐磨损又耐冲击的零件,如铁道上的辙岔、辙尖和挖掘机、拖拉机的履带板、主动轮等。由于高锰钢是非磁性的,也用于既耐磨又抗磁化的零件,如吸料器的电磁铁罩。另外,高锰钢在寒冷的条件下仍有良好的力学性能,不会冷脆。

表 3.20 常用高锰钢的牌号和化学成分

牌号	化学成分(质量分数)/%				
	C	Mn	Si	S	P
ZGMn13-1	1.10 ~ 1.50		0.30 ~ 1.00		≤0.090
ZGMn13-1	1.00 ~ 1.40	11.00 ~ 14.00		≤0.050	
ZGMn13-1	0.90 ~ 1.30		0.30 ~ 0.80		≤0.080
ZGMn13-1	0.90 ~ 1.20				≤0.070

第4章 工模具用钢

4.1 概 述

4.1.1 分 类

工模具用钢是用以制造各种加工工模具的钢种。按用途可分为刃具钢、模具钢、量具钢3大类;按成分分类可分为碳素工具钢、合金工具钢及高速钢3大类。

4.1.2 性能要求

工模具的工作条件与机器零件及结构件的工作条件不同,因而其性能要求也不同。对结构钢来说,常用力学性能指标来判断该钢在工作条件下能否胜任的重要依据。而对工模具钢,这些力学性能指标的意义就不如结构钢明显了。因为大多数的工模具是在受很大局部压力和磨损条件下工作的。

工模具用钢的共同的性能要求是:高硬度、高耐磨性和一定的韧性及强度。高硬度保证工模具在应力作用下形状和尺寸的稳定,高耐磨性是保证工模具使用寿命的必要条件,一定的韧性则是保证工模具在受到冲击、振动作用时,不因崩裂或折断而提前失效。

正确地使用工具钢,意味着需要在韧性-耐磨性之间进行优化处理。既韧又耐磨,这是两个互相矛盾的基本性能,取决于马氏体的成分、硬度以及碳化物的性质、数量、形态及分布。

除上述共同点以外,不同用途的工具钢也有各自的特殊性能要求。例如,刃具钢的特殊性能要求是红硬性及一定的强度和韧性;冷模具钢还要求较高的强度和韧性;热模具钢则要求抗热疲劳性能高;量具钢则要求尺寸稳定性高。

4.1.3 成分特点

1. 碳的质量分数高

工具钢通常碳的质量分数为 0.6% ~ 1.3%。碳有两个作用:①获得高碳马氏体。因为马氏体的硬度和切断抗力随碳的质量分数的增加而升高。此钢种碳的质量分数高,可以保证淬火后获得高碳马氏体,从而得到高的硬度和切断抗力,对减少和防止工具损坏是有利的。②形成足够数量的碳化物,以保证高的耐磨性。

2. 主加合金元素 Cr、W、Mo、V

它们的主要作用是形成碳化物,以保证对工模具高硬度和高耐磨性的要求。

3. 辅加合金元素 Si、Mn

它们的主要作用是提高淬透性,减少热处理时的变形,提高回火稳定性。

4. S、P 的质量分数均限制在 0.02% ~ 0.03% 以下

工具钢属优质钢和高级优质钢,必须严格限制杂质元素的质量分数,以改善工具钢的塑性变形能力,减轻热处理时淬裂的可能性。

4.1.4 热处理特点

1. 预先热处理为球化退火

退火后的组织为是铁素体+细小均匀的粒状碳化物(称为粒状珠光体);获得粒状珠光体的目的是降低钢的硬度,便于切削加工,同时为淬火做组织准备。

若有网状碳化物,则先要进行正火处理,消除网状碳化物后,再进行球化退火。

2. 最终热处理为淬火和回火

工模具钢的淬火温度一般为 A_{c_1} +30 ~ 50 ℃,以保证残留一部分未溶碳化物,防止奥氏体晶粒长大,保持细小晶粒,使钢具有一定的韧性,较高的耐磨性。钢的硬度相同时,具有细小碳化物的组织,其耐磨性较高。所以工具钢淬火后的组织为马氏体+残余奥氏体+未溶碳化物。

工模具钢的回火,一般采用低温回火,目的是在消除有害应力的前提下,尽量保持高硬度。工具钢回火后的组织为回火马氏体+残余奥氏体+碳化物。

4.2 刃具用钢

刃具钢是用来制造各种切削加工工具的钢种。刃具的种类繁多,如车刀、铣刀、钻头、丝锥等。

4.2.1 工作条件及性能要求

刃具工作时,主要承受压应力、弯曲应力及扭转应力,还会受到冲击、振动等作用,同时受工件及切屑的强烈摩擦作用。摩擦产生的大量热量使刃具温度升高。切削速度越快,刃具温度越高。有时刀刃温度可达 600 ℃。

刃具较普遍的失效形式是磨损;有时会出现崩刃和折断的现象。

刃具用钢的性能要求是:高硬度,足够的耐磨性;足够的塑性、韧性和强度;高的红硬性。

红硬性是指钢在受热条件下仍能保持足够高的硬度和切削能力的性能。评定标准是:将正常淬火和回火的高速钢加热至 600 ℃ 、625 ℃ 、650 ℃(必要时至 700 ℃),重复加热 4 次,每次 1 h,以能保持 60HRC 时的温度为评定标准。

刃具钢按成分特点可以分为碳素工具钢、合金工具钢和高速工具钢。下面分别介绍它们的牌号、成分、性能、热加工及热处理的特点。

4.2.2 碳素工具钢

碳素工具钢简称碳工钢,基本上都是优质钢或高级优质钢。各牌号碳工钢淬火加热温度大体相同,因而淬火后的硬度基本相同,均为 62HRC 左右。随着牌号的增大,钢中碳的质量分数增多,钢的耐磨性增加,而塑性、韧性则有所降低。

1. 牌号、化学成分及用途

碳工钢的牌号、化学成分、退火态硬度见表4.1,牌号后加"A"者为高级优质钢。碳工钢的特性及应用见表4.2。

表 4.1 碳工钢的牌号及化学成分、退火态硬度(摘自 GB/T 1298—2008)

牌号	化学成分(质量分数)/%					退火钢硬度(HBW)
	C	Mn	Si	S	P	不大于
T7	0.65 ~ 0.74	≤0.40		≤0.030	≤0.035	187
T7A				≤0.020	≤0.030	
T8	0.75 ~ 0.84			≤0.030	≤0.035	
T8A				≤0.020	≤0.030	
T8Mn	0.80 ~ 0.90	0.40 ~ 0.60		≤0.030	≤0.035	
T8MnA				≤0.020	≤0.030	
T9	0.85 ~ 0.94		≤0.35	≤0.030	≤0.035	192
T9A				≤0.020	≤0.030	
T10	0.95 ~ 1.04			≤0.030	≤0.035	197
T10A				≤0.020	≤0.030	
T11	1.05 ~ 1.14	≤0.40		≤0.030	≤0.035	207
T11A				≤0.020	≤0.030	
T12	1.15 ~ 1.24			≤0.030	≤0.035	
T12A				≤0.020	≤0.030	
T13	1.25 ~ 1.35			≤0.030	≤0.035	217
T13A				≤0.020	≤0.030	

表 4.2 碳素工具钢的特性及应用

牌号	主要特性	应用举例
T7 T7A	经热处理(淬火、回火)之后,可得到较高的韧性以及相当的硬度,但淬透性低,淬火变形,而且热硬性低	用于制作承受撞击、震动载荷、韧性较好、硬度中等且切削能力不高的工具,如小尺寸风动工具(冲头、凿子),木工用的凿和锯,压模、锻模、钳工工具、铆钉冲模,车床顶针、钻头,钻软岩石的钻头、镰刀,剪铁皮的剪子,还可用于制作弹簧、销轴、杆、垫片等耐磨、承受冲击、韧性不高的零件,以及手用大锤、钳工锤子、瓦工用抹子
T8 T8A	经淬火回火处理后,可得到较高的硬度和良好的耐磨性,但强度和塑性不高,淬透性低,加热时易过热,易变形,热硬性低,承受冲击载荷的能力低	用于制造切削刀口在工作中不变热的、硬度和耐磨性较高的工具,如木材加工用的铣刀、埋头钻、斧、凿、纵向手锯、圆锯片、碪子、铅锡合金压铸板和型芯、简单形状的模子和冲头、软金属切削刀具、打眼工具、钳工装配工具、铆钉冲模、虎钳口以及弹性垫圈、弹簧片、卡子、销子、夹子、止动圈等

续表 4.2

牌号	主要特性	应用举例
T8Mn T8MnA	性能和 T8、T8A 相近,由于合金元素锰的作用,淬透性比 T8、T8A 为好,能获得较深的淬硬层,可以制作截面较大的工具	用途和 T8、T8A 相似
T9 T9A	性能和 T8、T8A 相近	用于制作硬度、韧性较高,但不受强烈冲击震动的工具,如冲头、冲模、中心铣、木工工具、切草机刀片、收割机中的切割零件
T10 T10A	钢的韧性较好,强度较高,耐磨性比 T8、T8A、T9、T9A 均高,但热硬性低,淬透性不高,淬火变形较高	用于制造切削条件较差、耐磨性较高且不受强烈震动、要求韧性及锋刃的工具,如钻头、丝锥、车刀、刨刀、扩孔刀具、螺丝板牙、铣刀、切烟和切纸机的刀刃、锯条、机用细木工具、拉丝模、断面均匀的冷切边模及冲孔模、卡板量具以及用于制作冲击不大的耐磨零件,如小轴、低速传动轴承、滑轮轴、销子等
T11 T11A	具有较好的韧性和耐磨性,较高的强度和硬度、对晶粒长大和形成碳化物网的敏感性小,但淬透性低、热硬性差,淬火变形大	用于制造钻头、丝锥、手用锯金属的锯条、形状简单的冲头凹模、剪边模和剪冲模
T12 T12A	具有高硬度和高耐磨性,但韧性较低,热硬性差,淬透性不好,淬火变形大	用于制造冲击小、切削速度不高、高硬度的各种工具,如铣刀、车刀、钻头。绞刀扩孔钻、丝锥、板牙、刮刀、切烟丝刀、锉刀、锯片、切黄铜用工具、羊毛剪刀、小尺寸的冷切边模及冲孔模以及高硬度但冲击小的机械零件
T13 T13A	在碳素工具钢中,是硬度和耐磨性都是最好的工具钢,韧性较差,不能承受冲击	用于制造要求极高硬度但不受冲击的工具,如刮刀、剃刀、拉丝工具、刻锉刀纹的工具、钻头、硬石加工用的工具、锉刀、雕刻用工具、剪羊毛刀片等

T7、T8 钢属亚共析成分,韧性、塑性较好,用于中较高硬度、韧性的工具,如凿子、石钻等;T9、T10、T11 用于要求中韧性、高硬度的工具,如钻头、丝锥、车刀等;T12、T13 有极高的硬度与耐磨性,但韧性低,用于量具、锉刀、精车刀等。

2.性能特点

优点:容易锻造及切削加工,价格便宜。

缺点:红硬性差,当工作温度大于等于 250 ℃时,硬度和耐磨性迅速下降;淬透性低,淬火临界直径小于 10 mm,不能用作大尺寸的刃具;淬火时,变形及开裂倾向大。

3.热加工特点

碳工钢一般锻造性较好,锻压比一般要大于 4,终锻温度 A_{cm} 以下,800 ℃较适宜。热加工后应快速冷至 600 ~ 700 ℃后再缓冷,以避免析出粗大或网状碳化物。

4.热处理工艺

(1)球化退火。

T7 ~ T9:加热至 750 ~ 770 ℃,保温 2 ~ 4 h,冷至 650 ~ 680 ℃,等温 4 ~ 6 h。

T10 ~ T13:加热至 740 ~ 750 ℃,保温 2 ~ 4 h,冷至 680 ~ 700 ℃,等温 4 ~ 6 h。球化退火后的组织为粒状珠光体。

(2)淬火。

正常淬火温度为 A_{c_1}+30 ~ 50 ℃,属于不完全淬火。各牌号碳工钢的淬火加热温度及淬火后的硬度见表 4.3。对于工具钢,淬火时过热会使晶粒长大,奥氏体中溶入过多的碳化物,在冷却过程中极易沿晶界析出,将引起强度及塑性剧烈下降,是非常有害的。淬火后的组织为马氏体+残余奥氏体+未溶碳化物。

表 4.3　碳素工具钢的淬火加热温度、回火温度及硬度

钢号	淬火温度/℃		硬度(HRC)		回火温度/℃	硬度(HRC)
	水冷	油冷	水冷	油冷		
T7	780 ~ 800	800 ~ 820	62 ~ 64	59 ~ 61	200 ~ 250	55 ~ 60
T8、T9	760 ~ 770	780 ~ 790	63 ~ 65	60 ~ 62	150 ~ 240	55 ~ 60
T10 ~ T12	770 ~ 790	790 ~ 810	63 ~ 65	61 ~ 62	200 ~ 250	62 ~ 64
T13	770 ~ 790	790 ~ 810	63 ~ 65	62 ~ 64	150 ~ 270	60 ~ 64

(3)回火。

碳素工具钢淬火以后内应力很大,容易开裂。为此,碳工钢在淬火后应立即进行回火。碳素工具钢的回火温度范围见表 4.3。具体回火温度视硬度要求而定,硬度高,回火温度用下限,硬度低,回火温度用上限。回火时间一般为 1 ~ 2 h,若回火时间过短,淬火应力消除不足,往往在随后磨削时产生裂纹。回火后的组织为回火马氏体+残余奥氏体+碳化物。

4.2.3　合金工具钢

1.牌号、化学成分及用途

合金工具钢的牌号、化学成分及退火态硬度表 4.4,其特性及应用见表 4.5。

由表 4.4 可见,合金工具钢的成分特点为:碳的质量分数 0.75% ~ 1.5%;合金元素的质量分数小于 5%,在低合金范围,又称低合金工具钢;主要加入的合金元素有 Cr、Si、Mn、W 等,它们的主要作用是提高钢的淬透性,同时强化马氏体基体,提高回火稳定性;Cr、Mn 等可溶入渗碳体,形成合金渗碳体,有利于提高钢的耐磨性;钨还有细化晶粒的作用。

表 4.4　合金工具钢的牌号、化学成分及退火态硬度（摘自 GB/T 1299—2014）

序号	钢组	牌号	化学成分（质量分数）/%							退火态硬度（HBW）
			C	Si	Mn	Cr	W	P	S	
1	量具刃具用钢	9SiCr	0.85～0.95	1.20～1.60	0.30～0.60	0.95～1.25	—	≤0.03	≤0.03	241～197
2		8MnSi	0.75～0.85	0.30～0.60	0.80～1.10	—	—	≤0.03	≤0.03	≤229
3		Cr06	1.30～1.45	≤0.40	≤0.40	0.50～0.70	—	≤0.03	≤0.03	241～187
4		Cr2	0.95～1.10	≤0.40	≤0.40	1.30～1.65	—	≤0.03	≤0.03	229～179
5		9Cr2	0.80～0.95	≤0.40	≤0.40	1.30～1.70	—	≤0.03	≤0.03	217～179
6		W	1.05～1.25	≤0.40	≤0.40	0.10～0.30	0.80～1.20	≤0.03	≤0.03	229～187

表 4.5　合金工具钢的特性及应用

牌号	主要特性	应用举例
9SiCr	淬透性比铬钢好，ϕ45～50 mm 的工件在油中可以淬透，耐磨性高，具有较好的回火稳定性，可加工性差，热处理时变形小，但脱碳倾向较大	适用于耐磨性高、切削不剧烈且变形小的刃具，如板牙、丝锥、钻头、绞刀、齿轮铣刀、拉刀等，还可用作冷冲模具及冷轧辊
8MnSi	韧性、淬透性与耐磨性均优于碳素工具钢	多用作木工凿、锯条及其他工具，制造穿孔器与扩孔器以及小尺寸热锻模和冲头、拔丝模、冷冲模及切削工具
Cr06	淬火后的硬度和耐磨性都很高，淬透性不好，较脆	多经冷轧成薄钢带后，用于制作剃刀、刀片及外科医疗刀具，也可用作刮刀、刻刀、锉刀
Cr2	淬火后的硬度、耐磨性都很高，淬火变形不大，但高温塑性差	多用于低速、进给量小、加工材料不很硬的切削刀具，如车刀、插刀、铣刀、绞刀等，还可用作量具、样板、量规、偏心轮、冷轧辊、钻套和拉丝模，还可用作大尺寸的冷冲模
9Cr2	性能与 Cr2 基本相似	主要用作冷轧辊、钢印冲孔凿、冷冲模及冲头、木工工具等
W	淬火后的硬度和耐磨性较碳工钢好，热处理变形小，水淬不易开裂	多用于工作温度不高、切削速度不大的刀具、如小型麻花钻、丝锥、板牙、绞刀、锯条、辊式刀具等

2. 性能特点

与碳素工具钢相比，淬透性较好，热处理变形和开裂倾向小；耐磨性和红硬性也较高。但淬火温度较高些，脱碳倾向较大。

3. 热加工特点

合金工具钢的热加工原则与碳素工具钢相同，锻压比一般要大于 4，终锻温度在 A_{cm}

以下,以 800 ℃ 较适宜。热加工后应快速冷至 600 ~ 700 ℃ 后再缓冷,以避免析出粗大或网状碳化物。

4. 热处理工艺

合金工具钢的热处理原则也与碳工钢相同,只是淬火温度比碳钢高,范围较宽,时间稍长,一般采用油冷或熔盐冷却,回火温度也偏高一点。合金工具钢的热处理参数见表 4.6。

表 4.6 合金工具钢的热处理参数

牌号	退火		淬火			回火	
	加热温度 /℃	等温温度 /℃	温度 /℃	淬火介质	硬度 (HRC)	温度范围 /℃	硬度值 (HRC)
9SiCr	790 ~ 810	700 ~ 720	860 ~ 880	油	62 ~ 65	180 ~ 200	60 ~ 62
						200 ~ 220	58 ~ 60
8MnSi	—	—	800 ~ 820	油	>60	100 ~ 200	60 ~ 64
						200 ~ 300	60 ~ 63
Cr06	750 ~ 790	680 ~ 700	780 ~ 800	油	62 ~ 65	150 ~ 200	60 ~ 62
			800 ~ 820	水			
Cr2	770 ~ 790	680 ~ 700	830 ~ 850	油	62 ~ 65	150 ~ 170	60 ~ 62
						180 ~ 220	56 ~ 60
9Cr2	800 ~ 820	670 ~ 680	820 ~ 850	油	61 ~ 63	160 ~ 180	59 ~ 61
W	780 ~ 800	650 ~ 680	800 ~ 820	水	62 ~ 64	150 ~ 180	59 ~ 61

合金工具钢中最常用的钢种是 9SiCr。9SiCr 的 A_{c_1} = 770 ~ 780 ℃,A_{cm} = 910 ~ 930 ℃,A_{r_1} = 730 ℃,M_s = 170 ℃。适宜做形状复杂,变形小的刃具,特别是薄刃刀具,如板牙、丝锥(图 4.1)、钻头等。

图 4.1 丝锥

9SiCr 圆板牙刀刃的硬度要求为 60 ~ 63HRC。其球化退火工艺曲线如图 4.2 所示,淬火、回火工艺曲线如图 4.3 所示。

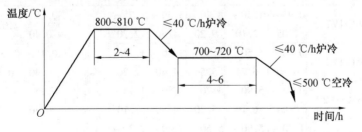

图 4.2 9SiCr 钢的等温球化退火工艺曲线

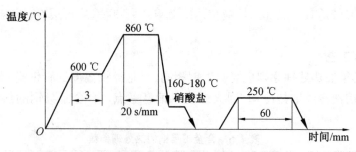

图 4.3　9SiCr 钢的淬火、回火工艺曲线

4.2.4　高速工具钢

1. 牌号、化学成分及用途

在高速切削过程中,刃具的刃部温度可达 600 ℃以上,合金工具钢刃具已不能满足这种要求。较好的 9SiCr 在工作温度高于 300 ℃时,硬度便降到 60HRC 以下。必须选用合金元素质量分数高的高速工具钢,其在 600 ℃时,仍能使硬度保持 60HRC 以上,从而保证其切削性能和耐磨性。高速工具钢刀具的切削速度比碳工钢和合工钢刀具增加 1～3 倍,而耐磨性增加 7～14 倍,因此,高速工具钢在机械制造工业中被广泛采用。

高速工具钢的牌号及化学成分见表 4.7,特性及应用见表 4.8。

表 4.7　高速工具钢的牌号和化学成分(摘自 GB/T 9943—2008)

分类	牌号	化学成分(质量分数)/%									
		C	W	Mo	Cr	V	Co	Mn	Si	S	P
										不大于	
低合金高速钢	W3Mo3Cr4V2	0.95～1.03	2.70～3.00	2.50～2.90	3.80～4.50	2.20～2.50	—	≤0.40	≤0.45	0.030	0.030
	W4Mo3Cr4VSi	0.83～0.93	3.50～4.50	2.50～3.50	3.80～4.40	1.20～1.80		0.20～0.40	0.70～1.00	0.030	0.030
普通高速钢	W18Cr4V	0.73～0.83	17.5～19.0	—	3.80～4.50	1.00～1.20	—	0.10～0.40	0.20～0.40	0.030	0.030
	W2Mo8Cr4V	0.77～0.87	1.40～2.00	8.00～9.00	3.8～4.50	1.00～1.40	—	≤0.40	≤0.70	0.030	0.030
	W2Mo9Cr4V2	0.95～1.05	1.50～2.10	8.20～9.20	3.50～4.50	1.75～2.20	—	0.15～0.40	≤0.70	0.030	0.030
	W6Mo5Cr4V2	0.80～0.90	5.50～6.75	4.50～5.50	3.80～4.40	1.75～2.20	—	0.15～0.40	0.20～0.45	0.030	0.030
	CW6Mo5Cr4V2	0.86～0.94	5.90～6.70	4.70～5.20	3.80～4.50	1.75～2.20	—	0.15～0.40	0.20～0.45	0.030	0.030
	W6Mo6Cr4V2	1.00～1.10	5.90～6.70	5.50～6.50	3.80～4.50	2.30～2.60	—	≤0.40	≤0.45	0.030	0.030
	W9Mo3Cr4V	0.77～0.87	8.50～9.50	2.70～3.30	3.8～4.40	1.30～1.70	—	0.20～0.40	0.20～0.40	0.030	0.030

续表 4.7

| 分类 | 牌号 | 化学成分(质量分数)/% | | | | | | | | S | P |
		C	W	Mo	Cr	V	Co	Mn	Si	不大于	
高性能高速钢	W6Mo5Cr4V3	1.15 ~ 1.1	5.90 ~ 6.70	4.70 ~ 5.20	3.80 ~ 4.50	2.70 ~ 3.20	—	0.20 ~ 0.40	0.20 ~ 0.45	0.030	0.030
	CW6Mo5Cr4V3	1.25 ~ 1.32	5.90 ~ 6.70	4.70 ~ 5.20	3.75 ~ 4.50	2.70 ~ 3.20	—	0.15 ~ 0.40	≤0.70	0.030	0.030
	W6Mo5Cr4V4	1.25 ~ 1.40	5.20 ~ 6.00	4.20 ~ 5.00	3.80 ~ 4.50	3.70 ~ 4.20	—	≤0.40	≤0.45	0.030	0.030
	W6Mo5Cr4V2Al	1.05 ~ 1.15	5.50 ~ 6.75	4.50 ~ 5.50	3.80 ~ 4.40	1.75 ~ 2.20	Al0.80 ~ 1.20	0.15 ~ 0.40	0.20 ~ 0.60	0.030	0.030
	W12Cr4V5Co5	1.50 ~ 1.60	11.75 ~ 13.0	—	3.75 ~ 5.00	4.50 ~ 5.25	4.75 ~ 5.25	0.15 ~ 0.40	0.15 ~ 0.40	0.030	0.030
	W6Mo5Cr4V2Co5	0.87 ~ 0.95	5.90 ~ 6.70	4.70 ~ 5.20	3.80 ~ 4.50	1.70 ~ 2.10	4.50 ~ 5.00	0.15 ~ 0.40	0.20 ~ 0.45	0.030	0.030
	W6Mo5Cr4V3Co8	1.23 ~ 1.33	5.90 ~ 6.70	4.70 ~ 5.20	3.80 ~ 4.50	2.70 ~ 3.20	8.00 ~ 8.80	≤0.40	≤0.70	0.030	0.030
	W7Mo4Cr4V2Co5	1.05 ~ 1.15	6.25 ~ 7.00	3.25 ~ 4.25	3.75 ~ 4.50	1.75 ~ 2.25	4.75 ~ 5.75	0.20 ~ 0.60	0.15 ~ 0.50	0.030	0.030
	W2Mo9Cr4VCo8	1.05 ~ 1.15	1.15 ~ 1.85	9.0 ~ 10.0	3.50 ~ 4.25	0.95 ~ 1.35	7.75 ~ 8.75	0.15 ~ 0.40	0.15 ~ 0.65	0.030	0.030
	W10Mo4Cr4V3Co10	1.20 ~ 1.35	9.00 ~ 10.00	3.20 ~ 3.90	3.80 ~ 4.50	3.00 ~ 3.50	9.50 ~ 10.50	≤0.40	≤0.45	0.030	0.030

　　由表 4.7 可见,高速工具钢按化学成分可分为钨系高速工具钢和钨钼系高速工具钢。钨系高速工具钢只有 W18Cr4V 和 W12Cr4V5Co5 两个牌号,其余均为钨钼系高速工具钢。按高速工具钢的性能,可分为低合金高速工具钢、普通高速工具钢和高性能高速工具钢。

　　低合金高速工具钢的合金元素的质量分数其实并不低,只是相对普通高速工具钢和高性能高速工具钢较低些。低合金高速工具钢的合金元素的总质量分数也大于 10%,仍然是高合金钢。只是其淬火回火后的硬度要求不小于 61HRC,普通高速工具钢淬火回火后的硬度要求不小于 63HRC,而高性能高速工具钢淬火回火后的硬度要求不小于 64HRC。

　　由表 4.7 可见,高速钢均为高碳高合金钢。

表 4.8　典型高速工具钢的特征和应用

牌号	主要特性	应用举例
W18Cr4V	具有良好的热硬性,在 600 ℃时,仍具有较高的硬度和较好的切削性,被磨削加工性能好,淬火过热敏感性小。碳化物较粗大,强度和韧性随材料尺寸增大而下降,仅适于制造一般刀具,不适于制造薄刃或较大的刀具	适于加工中等硬度或软材料的各种刀具,如车刀、铣刀、拉刀、齿轮刀具、丝锥等;还可用于制造高温下工作的轴承、弹簧等耐磨及耐高温的零件
W12Cr4V5Co5	高碳高钒含钴高速钢,具有很好的耐磨性,硬度高,抗回火稳定性良好,高温硬度和热硬性均较高,因此,工作温度高,工作寿命较其他的高速钢成倍提高	适于加工难加工材料,如高强度钢、铸造合金钢等,制作车刀、铣刀、齿轮刀具、成型刀具、螺纹加工刀具及冷作模具
W6Mo5Cr4V2	有良好的热硬性和韧性,淬火后表面硬度可达 64~66HRC,成本较低,是仅次于 W18Cr4V 而获得广泛应用的高速工具钢	适于制造钻头、丝锥、板牙、铣刀、齿轮工具、冷作模具等
CW6Mo5Cr4V2	淬火后,其表面硬度、高温硬度、耐热性、耐磨性均比 W6Mo5Cr4V2 有所提高,但其强度和冲击韧性比 W6Mo5Cr4V2 有所降低	适于制造切削性能较高的冲击不大的刀具,如拉刀、铰刀、滚刀、扩孔刀等
W6Mo5Cr4V3	具有碳化物细小均匀、韧性高、塑性好等优点,且耐磨性优于 W6Mo5Cr4V2,但可磨削性差,易于氧化脱碳	适于加工中高强度钢、高温合金等难加工材料的刀具,如车刀、丝锥、成型铣刀、拉刀、滚刀、螺纹梳刀等。不宜制作高精度复杂刀具
CW6Mo5Cr4V3	在 W6Mo5Cr4V3 的基础上把碳的平均质量分数由 1.05% 提高到 1.20%,并相应提高了含钒的质量分数而形成的钢种,耐磨性更好	用途同 W6Mo5Cr4V3
W2Mo9Cr4V2	有较高的热硬性、韧性及耐磨性,密度较小,可磨削性优良	用于制作铣刀、成型刀具、丝锥、钢条、车刀、拉刀、冷冲模具等
W6Mo5Cr4V2Co5	含钴高速钢,具有良好的高温硬度和热硬性,切削性及耐磨性较好,强度和冲击韧性不高	用于制造加工硬质材料的各种刀具,如齿轮刀具、铣刀、冲头等
W7Mo4Cr4V2Co5	红硬性及高温硬度较 W6Mo5Cr4V2 高,耐磨性提高。切削性能较好,强度及冲击韧性较低	切削硬质材料的刀具,如齿轮刀具、铣刀以及冲头、刀头等

续表 4.8

牌号	主要特性	应用举例
W2Mo9Cr4VCo8	高碳高钴超硬型高速钢,具有高的室温及高温硬度,热硬性高,可磨削性好,刀刃锋利	适于制造高精度复杂刀具,如成型铣刀、精拉刀、专用钻头、车刀、刀头及刀片,用于加工铸造高温合金、钛合金、超高强度钢等难加工材料
W9Mo3Cr4V	钨钼系通用性高速钢,通用性强,综合性能超 W6Mo5Cr4V2,且成本较低	适于制造各种高速切削刀具和冷、热模具
W6Mo5Cr4V2Al	含铝超硬型高速钢,具有高热硬性,高耐磨性,热塑性好,且高温硬度高,工作寿命长	适于加工各种难加工材料的刀具,如高温合金、超高强度钢、不锈钢等

高碳的作用是保证马氏体中 C 的质量分数,以形成足够数量的碳化物。淬火加热时,一部分碳化物溶入奥氏体,保证马氏体中 C 的质量分数。正常淬火时基体中碳的质量分数要达到 0.5%,既提高钢的淬透性,又可获得高碳马氏体组织。获得高碳马氏体组织,可提高硬度组织,还可在回火时析出足够数量细小弥散的碳化物,以产生二次硬化效应,提高钢的红硬性。另一部分未溶碳化物,可防止奥氏体晶粒长大,细化晶粒。

高速钢中碳的质量分数与合金元素的质量分数相匹配时,性能最有利。

定比碳规律:合金元素及碳的质量分数满足合金碳化物分子式中定比关系时,二次硬化效应最好。

按此规律,高速钢中碳的质量分数应满足:

$$w_C = 0.033w_W + 0.063w_{Mo} + 0.060w_{Cr} + 0.20w_V$$

对现在使用量最广的 W6Mo5Cr4V2 来说,应共需碳的质量分数为 1.153%,比该牌号碳的质量分数高,故发展了高碳的 CW6Mo5Cr4V2。但提高碳的质量分数也存在一些问题,如残余奥氏体量增加,需要多次回火才能消除;钢的熔点降低,淬火温度上限必须下降;钢在加热时晶粒易粗化,韧性较低。所以 CW6Mo5Cr4V2 中碳的质量分数还是较1.153%低。

合金元素的作用具体如下:

W 是使高速钢具有高的红硬性的主要元素之一,W 在钢中能生成大量 M_6C 型 $[(Fe,W)_6C]$ 碳化物,淬火加热时,质量分数为 7% ~8% 的 W 溶入奥氏体,强化马氏体基体,提高回火时马氏体的稳定性,质量分数为11% ~12% 的 W 留在碳化物中,防止奥氏体晶粒长大;高温回火时,大量析出 W_2C 引起硬化,W_2C 不易聚集长大而使高速钢具有高的红硬性。

V 的作用与 W 相同,但 V 与 C 的亲和力比 W 大,V 溶于 M_6C 型碳化物中,淬火加热时随碳化物熔入奥氏体中。在高温回火时,析出细小的 V_4C_3 质点,其弥散度比 W_2C 还高,且不易聚集长大,对马氏体产生弥散硬化作用,提高红硬性。V 还有细化晶粒的作用。

Cr 在淬火加热时,全部溶入奥氏体,提高钢的淬透性和基体中碳的质量分数,提高淬硬性,Cr 的质量分数为 4% 时最好,若大于此值,则会使残余奥氏体量增多,稳定性增加,需增加回火次数来消除残余奥氏体。

质量分数为 1.0% 的 Mo 代替质量分数为 1.6% ~ 2.0% 的 W 时,钢的组织与性能很相似,但有其特点。含 Mo 碳化物比含 W 碳化物细小,分布较均匀;Mo 在奥氏体中的溶解量较多,提高马氏体的合金化程度;含 Mo 高速钢的塑性良好,韧性也较高;适宜的淬火温度低 60 ~ 70 ℃,劳动条件改善,设备寿命长;密度轻,价格便宜。

2. 铸态组织

高速钢中碳的质量分数不算太高,但合金元素的质量分数很高,使 E 点严重左移。铸造后,钢中出现鱼骨状的莱氏体组织,属莱氏体钢。

铸锭缓慢冷却后的平衡组织应为莱氏体+珠光体+碳化物。

实际铸锭条件下,合金元素来不及扩散,形成的铸态组织为:鱼骨状莱氏体、中心黑色 δ-共析体以及白亮的马氏体及残余奥氏体(图 4.4)。

图 4.4 高速钢的铸态组织

3. 热加工

高速钢的铸态组织中,碳化物的质量分数多达 18% ~ 27%,且分布极不均匀,必须经过热加工,把莱氏体打碎,使其均匀分布在基体内。钢厂供应的高速钢钢材,虽经开坯轧制破碎了粗大的莱氏体,但其碳化物分布仍然不佳,往往呈严重带状、网状、大颗粒、大块堆集等,仍然需要经过反复锻粗和拔长,以改善碳化物分布的均匀性。总锻造比一般为 10。

钨系高速钢的始锻温度为 1 140 ~ 1 180 ℃,终锻温度 900 ~ 950 ℃;钼系及钨钼系高速钢的始锻温度要低一些,为了减少氧化与脱碳,可以降至 1 000 ℃ 左右,终锻温度为 850 ~ 870 ℃。

4. 热处理

(1)球化退火。

高速钢锻后须进行球化退火,返修工件二次淬火前也须球化退火。

W18Cr4V 的 A_{c1} = 820 ~ 840 ℃,退火温度通常为 860 ~ 880 ℃,保温时间 2 ~ 3 h。常用工艺有普通的缓冷球化法及等温球化法。缓冷球化法是在保温后以 15 ~ 20 ℃/h 的速度,冷至 500 ~ 550 ℃ 后,出炉空冷;等温球化法是在保温后打开炉门冷至 740 ~ 750 ℃,保温 4 ~ 6 h,再炉冷至 600 ~ 650 ℃,出炉空冷。等温球化法可缩短退火时间。球化退火后的组织为索氏体+粒状碳化物,如图 4.5 所示,硬度 207 ~ 255HB。此时的碳化物类型有

图 4.5 高速钢退火后的组织

M_6C 型 $[(Fe,W)_6C]$、$M_{23}C_6$ 型 $(Cr_{23}C_6)$、MC 型 (VC) 及 M_7C_3 型 (Cr_7C_3)。

（2）淬火。

图 4.6 是 W18Cr4V 钢的热处理工艺曲线。从图 4.6 可以看出，高速钢淬火加热的特点，即淬火温度相当高，且要预热。

高速钢淬火加热的温度相当高，W18Cr4V 钢加热温度范围 1 260 ~ 1 300 ℃，最适宜温度为 1 280 ℃；W6Mo5Cr4V2 钢加热温度范围为 1 200 ~ 1 240 ℃，最适宜温度为 1 220 ℃。采用如此高的淬火加热温度，主要是为了使碳及合金元素充分溶入奥氏体，淬火后得到碳的质量分数及合金度很高的马氏体，在随后的回火中才能析出足够的特殊碳化物，使高速钢具有良好的红硬性和耐磨性。

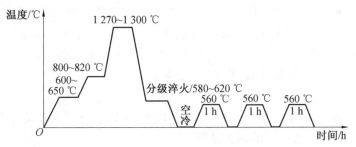

图 4.6　W18Cr4V 钢的热处理工艺曲线

W18Cr4V 钢淬火温度对奥氏体中碳的质量分数的影响如图 4.7 所示。高速钢退火组织中的碳化物 $Cr_{23}C_6$ 于 900 ~ 1 100 ℃ 范围可完全溶解，而 M_6C 型 $[(Fe,W)_6C]$ 则在高于 1 160 ℃ 时才有较大的溶解度，VC 在 1 050 ℃ 以上才开始溶解，1 150 ℃ 以上才开始加快溶解。正常淬火后剩余碳化物只有 M_6C 型和 VC 型。

高速钢加热到相当高的温度时，晶粒还可以保持细小，这是因为此时还有大量难以溶解的碳化物，能阻碍晶粒的长大。

高速钢淬火在一定温度下加热，有一最合适的时间。加热时间过长或过短，红硬性都会降低。普通高速钢在盐浴中加热的加热系数为 8 ~ 15 s/mm。

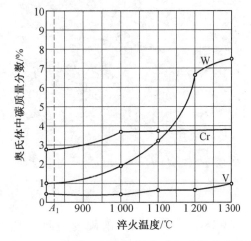

图 4.7　W18Cr4V 钢淬火温度对奥氏体中碳质量分数的影响

高速钢系高合金钢，导热性差，并且淬火温度相当高，淬火加热时容易脱碳，因此要预热，以减小热应力和减少高温加热时间。形状简单尺寸较小的工件，于 800 ~ 850 ℃ 预热一次即可，预热时间为高温加热时间的两倍；凡直径大于 30 mm 的和形状复杂的工具采用两次预热，第一次预热温度为 600 ~ 650 ℃，第二次预热温度为 800 ~ 850 ℃。

高速钢淬透性极好，空冷即可得到马氏体，因此高速钢的淬火冷却方式有多种，常用的有以下几种。

①空冷。适用于尺寸为 3 ~ 5 mm 的小工件。

②油控冷。为避免开裂,直径小于 30 mm 的工件可采用油冷,但不能在油中直接冷至室温,而是要冷到工件出油时,附在工件表面的油能冒烟着火为宜,此时工件温度在 200 ℃以上。

③分级淬火。形状较复杂的工件可采用 580～620 ℃的中性盐浴冷却,此种冷却方式应用较广。

④二次分级。直径大于 40 mm 或形状更复杂些的工件,580～620 ℃的中性盐浴保温一段时间后,再转入 350～400 ℃硝盐中冷却,缓冷至 150 ℃应及时回火。

⑤等温淬火。有内孔的工件或尺寸在 60 mm 以上的工件等,可于 260～280 ℃等温处理,得到下贝氏体,以提高钢的强度和韧性。

⑥冷处理。在-70～80 ℃进行冷处理,可减少残余奥氏体量,减少回火次数。冷处理应在淬火后立即进行,淬火后的停留时间不能超过 60 min。

高速钢的淬火组织为 60%～65%(质量分数)的马氏体+25%～30%(质量分数)的残余奥氏体+10%(质量分数)的碳化物,如图 4.8 所示。

(3)回火。

为了消除淬火应力,稳定组织,减少残余奥氏体的数量,达到所需要的性能,高速钢一般要进行 3 次 560 ℃保温 1 h 的回火处理。

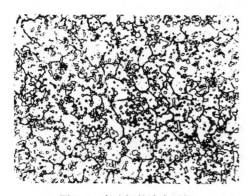

图 4.8　高速钢的淬火组织

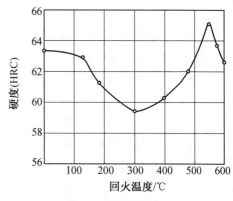

图 4.9　W18Cr4V 的硬度与回火温度的关系

W18Cr4V 钢回火后的硬度与回火温度的关系如图 4.9 所示。550～570 ℃回火时,淬火马氏体和残余奥氏体中将弥散析出 W_2C、Mo_2C、VC 等碳化物,使钢的硬度达到最大值,即出现二次硬化现象。残余奥氏体中析出部分碳化物后,合金元素及碳含量减少,M_s 点回升,在回火冷却中将转变为马氏体,即出现二次淬火现象,但此时仍有 10% 左右的残余奥氏体未转变,需经两次回火后,才能使其质量分数低于 5%。再需进行第三

图 4.10　高速钢的回火组织

次回火,以消除第二次回火冷却时产生的淬火应力。高速钢的回火组织为 60%～65%

（质量分数）的回火马氏体+5%（质量分数）的残余奥氏体+20%～25%（质量分数）的碳化物,如图4.10所示。

高速钢的热处理参数见表4.9。

表4.9 高速钢的热处理参数(摘自 GB/T 9943—2008)

牌号	交货硬度（退火态）（HBW），不大于	预热温度/℃	淬火温度/℃		淬火介质	回火温度/℃	硬度（HRC），不小于
			盐浴炉	箱式炉			
W3Mo3Cr4V2	255		1 180～1 200	1 180～1 200		540～560	61
W4Mo3Cr4VSi	255		1 170～1 190	1 170～1 190		540～560	61
W18Cr4V	255		1 250～1 270	1 260～1 280		550～570	63
W2Mo8Cr4V	255		1 180～1 120	1 180～1 120		550～570	63
W2Mo9Cr4V2	255		1 190～1 210	1 200～1 220		540～560	63
W6Mo5Cr4V2	255		1 200～1 220	1 210～1 230		540～560	63
CW6Mo5Cr4V2	255		1 190～1 210	1 200～1 220		540～560	64
W6Mo6Cr4V2	262		1 190～1 210	1 190～1 210		550～570	64
W9Mo3Cr4V	255	800～900	1 200～1 220	1 220～1 240	油或盐浴	540～560	64
W6Mo5Cr4V3	262		1 190～1 210	1 200～1 220		540～560	64
CW6Mo5Cr4V3	262		1 180～1 200	1 190～1 210		540～560	64
W6Mo5Cr4V4	269		1 200～1 220	1 200～1 220		550～570	65
W6Mo5Cr4V2Al	269		1 200～1 220	1 230～1 240		550～570	65
W12Cr4V5Co5	277		1 220～1 240	1 230～1 250		540～560	65
W6Mo5Cr4V2Co5	269		1 190～1 210	1 200～1 220		540～560	64
W6Mo5Cr4V3Co8	285		1 170～1 190	1 170～1 190		550～570	65
W7Mo4Cr4V2Co5	269		1 180～1 200	1 190～1 210		540～560	66
W2Mo9Cr4VCo8	269		1 170～1 190	1 180～1 200		540～560	66
W10Mo4Cr4V3Co10	285		1 220～1 240	1 220～1 240		550～570	66

（4）高速钢的热处理缺陷。

①欠热。淬火温度过低,奥氏体晶粒很细小,碳化物溶解量少,奥氏体中碳的质量分数及合金元素的质量分数低,淬火及回火后得不到高的红硬性和耐磨性。

②过热。由于淬火温度过高等原因,造成奥氏体晶粒过大,剩余碳化物数量减少,碳化物出现粘连、拖尾、角状或沿晶界成网状分布,将使钢的强度、韧性下降。

③过烧。晶界首先熔化,出现共晶莱氏体和黑色共析体组织,是不可挽救的缺陷。

生产中以淬火态奥氏体晶粒度判断淬火温度是否合适。以获得9.5～10.5级晶粒度的温度合适,若晶粒度级别高,则淬火温度偏低,若晶粒度级别低,则淬火温度偏高。

5. 系列演变

最早使用钨系高速钢(如 W18Cr4V),该系高速钢红硬性很高,但脆性较大,易崩刃。因而开发了高钼低钨系高速钢(如 W2Mo9Cr4V2),但该系高速钢脱碳及晶粒长大倾向较大。综合钨系及高钼低钨系高速钢的优点发展的钨均衡的钨-钼系高速钢,如 W6Mo5Cr4V2,是现在使用最广泛的高速钢。

特殊用途的高速钢有以下几种:

(1)高钒高速钢:为提高耐磨性需要而开发,如 W6Mo5Cr4V3。

(2)高钴高速钢:为进一步提高红硬性而开发,如 W18Cr4V2Co。

(3)高碳高速钢:为进一步提高红硬性而开发,如 CW6Mo5Cr4V2、CW6Mo5Cr4V3。

(4)加铝超硬高速钢:为了适应加工难切削材料而发展,如 W6Mo5Cr4V2Al。

为了进一步提高高速钢的切削能力,在淬火后还可进行表面处理,如蒸汽处理、软氮化、氮碳共渗、氧氮共渗及多种复合处理等。

6. 应用范围

高速钢的应用范围已经从刀具扩展到了模具。近年来轧辊、高温弹簧、高温轴承和以高温强度、耐磨性能为主要要求的零件,都是高速钢可以发挥作用的领域。

4.3 模具用钢

模具是机械制造、冶金、电机电器制造及无线电、电工仪表等行业中,制造零件的主要加工工具。模具钢就是用来制造这类加工工具的钢种。根据模具的使用性质,可将模具钢分为以下两大类。

(1)冷模具钢。

冷模具钢是指使金属在冷状态下变形的模具用钢,其工作温度一般小于 250 ℃。

(2)热模具钢。

热模具钢是指使金属在加热状态或液态下成型的模具用钢,其模腔表面工作温度高于 600 ℃。

4.3.1 冷模具钢

1. 工作条件及性能要求

冷变形模具包括拉延模、拔丝模、压弯模、冲裁模(落料、冲孔、修边模、冲头、剪刀模等)、冷镦模和冷挤压模等。

冷模具钢在工作时,由于被加工材料的变形抗力较大,模具工作部分,特别是刃口受到强烈的摩擦和挤压,工作过程中还受到冲击力的作用,正常失效形式是磨损,也有断裂、崩刃及变形超差等失效形式。

所以模具钢的性能要求是高的硬度、强度及耐磨性,较好的淬透性和韧性。

与刀具钢相比,冷模具钢在淬透性、耐磨性及韧性等方面的要求较高,而在红硬性方面的要求较低或基本没有要求。

模具的工作寿命还与模具设计和操作等因素有关。忽视这一点,即使选用优质的钢材制作模具,钢材的性能也得不到充分发挥。

表 4.10 冷模具钢的牌号和化学成分(摘自 GB/T 1299—2014)

序号	钢组	牌号	化学成分(质量分数)/%									
			C	Si	Mn	Cr	W	Mo	V	其他	P	S
1	冷作模具钢	Cr12	2.00 ~ 2.30	≤0.40	≤0.40	11.50 ~ 13.00	—	—	—	—	≤0.030	≤0.020
2		Cr12Mo1V1	1.40 ~ 1.60	≤0.60	≤0.60	11.00 ~ 13.00	Co: ≤1.10	0.70 ~ 1.20	0.50 ~ 1.10	—	≤0.030	≤0.020
3		Cr12MoV	1.45 ~ 1.70	≤0.40	≤0.40	11.00 ~ 12.50	—	0.40 ~ 0.60	0.15 ~ 0.30	—	≤0.030	≤0.020
4		Cr5Mo1V	0.95 ~ 1.05	≤0.50	≤1.00	4.75 ~ 5.50	—	0.90 ~ 1.40	0.15 ~ 0.50	—	≤0.030	≤0.020
5		9Mn2V	0.85 ~ 0.95	≤0.40	1.70 ~ 2.00				0.10 ~ 0.25	—	≤0.030	≤0.020
6		CrWMn	0.90 ~ 1.05	≤0.40	0.80 ~ 1.10	0.90 ~ 1.20	1.20 ~ 1.60			—	≤0.030	≤0.020
7		9CrWMn	0.85 ~ 0.95	≤0.40	0.90 ~ 1.20	0.50 ~ 0.80	0.50 ~ 0.80			—	≤0.030	≤0.020
8		Cr4W2MoV	1.12 ~ 1.25	0.40 ~ 0.70	≤0.40	3.50 ~ 4.00	1.90 ~ 2.60	0.80 ~ 1.20	0.80 ~ 1.10	—	≤0.030	≤0.020
9		6Cr4W3Mo2VNb	0.60 ~ 0.70	≤0.40	≤0.40	3.80 ~ 4.40	2.50 ~ 3.50	1.80 ~ 2.50	0.80 ~ 1.20	Nb:0.20 ~ 0.35	≤0.030	≤0.020
10		6W6Mo5Cr4V	0.55 ~ 0.65	≤0.40	≤0.60	3.70 ~ 4.30	6.00 ~ 7.00	4.50 ~ 5.50	0.70 ~ 1.10	—	≤0.030	≤0.020
11		7CrSiMnMoV	0.65 ~ 0.75	0.85 ~ 1.15	0.65 ~ 1.05	0.90 ~ 1.20		0.20 ~ 0.50	0.15 ~ 0.30	—	≤0.030	≤0.020

2. 常用钢种

(1)碳素工具钢。

例如 T8、T10、T12,用于制作小尺寸、形状简单、载荷较轻的模具。其特点是加工性好,价格便宜,但淬透性低,耐磨性差,淬火变形大。

(2)低合金工具钢。

例如 9Mn2V、CrWMn、9CrWMn 等,用于制作尺寸较大、形状复杂、载荷轻的模具。其特点是淬透性较好,淬火变形小,较好的耐磨性。

(3)Cr12 型模具钢。

例如 Cr12、Cr12MoV、Cr12Mo1V1,用于制作尺寸大、形状复杂、重载的模具。其特点是淬火变形小,淬透性好,耐磨性高。

(4)耐冲击工具钢。

　　例如,4CrW2Si、5CrW2Si、6CrW2Si,用于制作刃口单薄,受冲击负荷的切边模、冲裁模等。其特点是冲击韧性高。

　　碳素工具钢的成分、热加工、热处理及应用举例在前面已做介绍。我国现行的国家标准 GB/T 1299—2000 对冷模具用低合金工具钢、Cr12 型模具钢及其他类型冷模具钢的牌号及化学成分都做了规定,见表 4.10,这些钢的特性及应用见表 4.11,热处理工艺参数见表 4.12。

表 4.11　冷模具钢的特性及应用

牌　号	主要特性	应用举例
Cr12	高碳高铬钢,具有高的强度、耐磨性和淬透性,淬火变形小,较脆,导热性差,高温塑性差	制造耐磨性能高,不承受冲击的模具冷冲模、冲头及量规、样板、量具、凸轮销、偏心轮、冷轧辊、钻套和拉丝模
Cr12MoV	淬透性、淬火回火后的硬度、强度、韧性比 Cr12 高,截面为 300~400 mm 以下的工件完全淬透,耐磨性和塑性也较好,变形小,但高温塑性差	适用于各种铸、锻、模具,如各种冲孔凹模、切边模、封口模、拉丝模、钢板拉伸模、螺纹搓丝板、标准工具和量具
Cr5Mo1V	具有良好的空淬性能,空淬尺寸变形小,韧性比 9Mn2V、Cr12 均好,碳化物均匀细小,耐磨性好	适于制造韧性好,耐磨的冷作模具、成型模、下料模、冲头、冷冲裁模等
9Mn2V	淬透性和耐磨性比碳工钢高,淬火后变形小	适用于各种变形小,耐磨性高的精密丝杠、磨床主轴、样板、凸轮、量块、量具及丝锥、板牙、铰刀以及压铸轻金属和合金的推入装置
CrWMn	淬透性和耐磨性及淬火后的硬度比铬钢及铬硅钢高,且韧性较好,淬火后的变形比 CrMn 钢更小,碳化物网状程度严重	多用于制造变形小、长而形状复杂的切削刀具,如拉刀、长丝锥、长铰刀、专用铣刀、量规及形状复杂、高精度的冷冲模
9CrWMn	特性与 CrWMn 相似,但由于碳的质量分数稍低,在碳化物偏析上比 CrWMn 好些,因而力学性能更好,但热处理后硬度较低	同 CrWMn
Cr4W2MoV	新型中合金冷作模具钢,共晶化合物颗粒细小,分布均匀,有较高的淬透性且有较好的力学性能、耐磨性和尺寸稳定性	用于制造冷冲模、冷挤压模、搓丝板等,也可冲裁 1.5~6.0 mm 弹簧钢板
6Cr4W3Mo2VNb	高韧性冷作模具钢,具有高强度、高硬度,且韧性好,又有较高的疲劳强度	用于制造冲击载荷及形状复杂的冷作模具、冷挤压模、冷镦模具、螺钉冲头等

续表 4.11

牌 号	主要特性	应用举例
6W6Mo5Cr4V	具有高强度、高硬度、耐磨性及抗回火稳定性,有良好的综合性能	适用于黑色金属的冷挤压模具、冷作模具、温挤压模具、热剪切模等
7CrSiMnMoV	系我国新研制的冷作模具钢,碳化物偏析小,热处理后的硬度均匀,磨裂倾向小;有高的综合强韧性,不易崩刃,变形小,使用寿命长	适于制造韧性好,耐磨的冷作模具、成型模、下料模、冲头、冷冲裁模等

表 4.12　冷模具钢的热处理参数

牌号	退火			淬火			回火	
	加热温度/℃	等温温度/℃	硬度值(HRC)	温度/℃	淬火介质	硬度值(HRC)	温度范围/℃	硬度值(HRC)
Cr12	830~850	720~740	≤269	950~980	油	61~64	180~200	60~62
							320~350	57~58
Cr12Mo1V1	870~900	—	217~255	980~1 020	油或空气	>62	200~530	—
Cr12MoV	850~870	730±10	207~255	1 020~1 040	油	62~63	200~275	57~59
							400~425	55~57
Cr5Mo1V	840~870	760	202~229	920~980	油或空气	>62	175~530	—
9Mn2V	760~780	680~700	≤229	780~820	油	≥62	150~200	60~62
CrWMn	790±10	720±10	207~255	820~840	油	63~65	160~200	61~62
9CrWMn	780~800	670~720	197~241	820~840	油	64~66	170~230	60~62
Cr4W2MoV	860±10	760±10	≤269	960~980	油或空气	≥62	280~300	60~62
6Cr4W3Mo2VNb	860±10	740±10	≤241	1 080~1 180	油	≥61	540~580	≥56
6W6Mo5Cr4V	850~860	740~750	197~229	1 180~1 200	硝盐或油	60~63	500~580	58~63
7CrSiMnMoV	790~800	680~700	217~255	870~900	油或空气	≥63	150±10	62~63

　　冷模具用低合金工具钢的成分、热加工及热处理特点与刃具量具用合金工具钢相似,不再详述。下面重点介绍 Cr12 型模具钢的成分及热处理特点等。

3. Cr12 型模具钢的成分、热加工及热处理特点

（1）成分及组织特点。

①成分特点。

高碳高铬,其目的是为了获得高碳马氏体和足够数量的碳化物,并能在淬火及高温后

产生二次硬化作用,以使钢具有高的硬度和高的耐磨性。Cr12 中 C 的质量分数为 2.00% ~ 2.30%,是 C 的质量分数最高的钢,Cr12MoV 和 Cr12Mo1V1 中 C 的质量分数都在 1.40% 以上,是 C 的质量分数仅次于 Cr12 的钢。它们 Cr 的平均质量分数都在 12% 左右,属于高合金钢。加入 Mo 和 V,可进一步提高钢的回火稳定性,增加淬透性,还能细化组织,改善韧性。

②组织特点。

与高速钢相似,也属于莱氏体钢,铸态组织中有网状共晶莱氏体组织,存在大量的共晶碳化物,主要为$(Cr,Fe)_7C_3$型,且分布不均匀。

(2)热加工。

Cr12 型冷模具钢在机加工成型前,坯料须合理锻造,一般要经过 2 次或 3 次以上的镦粗和拔长,以破碎共晶碳化物,使碳化物尽量分布均匀。

Cr12 钢的锻坯加热温度为 1 050 ~ 1 100 ℃,始锻温度为 1 050 ~ 1 080 ℃,终锻温度为 860 ~ 880 ℃;Cr12MoV 钢的锻坯加热温度为 1 100 ~ 1 150 ℃,始锻温度为 1 080 ~ 1 100 ℃,终锻温度为 860 ~ 880 ℃。

最后形成的锻坯,要求碳化物排列方向垂直于工件的工作面,锻后应缓冷。

(3)热处理。

①球化退火。

坯料在锻造后应及时进行球化退火,退火后的组织为索氏体+粒状碳化物,硬度为 207 ~ 269HB。

由于钢中存在大量的铬,使 A_1 温度升高到 800 ~ 820 ℃,因此球化退火工艺,加热温度 850 ~ 870 ℃,保温 3 ~ 4 h,炉冷至 720 ~ 740 ℃,等温 6 ~ 8 h 后,炉冷至 500 ℃ 出炉空冷。

②淬火及回火。

Cr12 型钢具有很高的淬透性,空冷即可淬硬,但生产中一般采用油控冷淬火,即在油中冷至 180 ~ 200 ℃后出油空冷。淬火后的组织为马氏体+碳化物+残余奥氏体。

Cr12 型钢在淬火后于不同的温度回火,所得到的硬度不同。图 4.11 是回火温度对油淬 Cr12MoV 钢硬度的影响。淬火温度高于 1 010 ℃,可看出明显的二次硬化效应,而且淬火温度越高,这种效应越显著。

因此 Cr12 型钢的淬火及回火工艺有一次硬化和二次硬化两种方法。

①一次硬化法。

这种方法采用较低的温度淬火进行低温回火。选用较低的淬火温度,晶粒较细,钢的强度和韧性较好,热处理变形较小。Cr12 钢淬火加热温度选用 950 ~ 980 ℃,Cr12MoV 淬火加热温度选用 980 ~ 1 030 ℃,260 ℃硝盐分级淬火或采用油控冷淬火。这样处理后,钢中的残余奥氏体量在 20% 左右。回火温度一般在 200 ℃左右。

②二次硬化法。

这种方法采用高的温度淬火,然后进行多次高温回火,以达到二次硬化的目的。此工艺方法使钢有较高的红硬性和耐磨性,但强度和韧性下降,工艺上也较复杂,适用于工作温度较高(400 ~ 500 ℃),且受荷不大或淬火后表面需要氮化的模具。Cr12 钢淬火加热温度选用 1 080 ~ 1 100 ℃,Cr12MoV 淬火加热温度选用 1 080 ~ 1 120 ℃,500 ~ 520 ℃回火 2～3 次后,硬度为 60～61HRC。

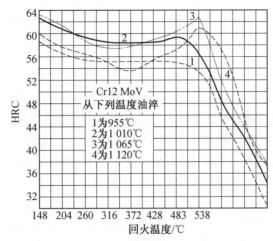

图 4.11 回火温度对油淬 Cr12MoV 钢硬度的影响

综上所述,Cr12 型冷变形模具钢具有以下特点:

①高的耐磨性。主要由于存在大量的碳化物。

②高的淬透性。经 900～1 000 ℃淬火加热后,固溶体中含有质量分数为 4%～5% 的 Cr,过冷奥氏体稳定性很高,直径为 200～300 mm 的工模具可以完全淬透。

③淬火时可得到最小的体积变形。随着淬火温度升高,体积变化减小,至某一淬火温度后,尺寸变化可以接近于零,其原因是残余奥氏体量增多。最终残余奥氏体的量可以通过适当的回火处理来调整,以获得微变形。

④经二次硬化处理有较高的红硬性和耐磨性。

⑤碳化物不均匀性比较严重,尤其是碳的质量分数最高的 Cr12 钢更甚,通常需要通过改锻来降低碳化物不均匀性的级别。

Cr12Mo1V1 是该类型模具钢中的新牌号钢,因其 Mo 和 V 的质量分数较高,碳的质量分数较低,是该类型钢中强韧性最好的钢。

4. 其他冷模具钢

(1)高碳中铬钢。

典型钢号为 Cr5Mo1V 和 Cr4W2MoV,成分特点是 Cr 及 C 的质量分数都较 Cr12 型模具钢低,碳化物不均匀性级别较低,韧性较好,综合力学性能好,代替 Cr12 型钢作冷冲、冷挤模具等有较好效果。Cr4W2MoV 中加入 W,进一步提高了回火稳定性。

Cr4W2MoV 的 A_{c_1} =795 ℃,A_{r_1} =760 ℃,因此其锻造加热温度为 1 100 ℃,始锻温度为 1 050 ℃,终锻温度要高于 880 ℃,锻后应缓冷;球化退火加热温度为 860～900 ℃,保温 3 h,炉冷至 760 ℃等温 4～6 h,炉冷至 500 ℃出炉空冷。其一次硬化法的淬火加热温度为 960～980 ℃,回火温度为 260～320 ℃,回火 2 次,每次 1～2 h。其二次硬化法的淬火加热温度为 1 020～1 040 ℃,回火温度为 500～540 ℃,回火 3 次,每次 1～2 h。

(2)低碳高速钢。

高速钢做冷模具,不再利用其红硬性,而是要利用它的高淬透性和高耐磨性,但其韧性较低。降低了碳的质量分数的低碳高速钢,如 6W6Mo5Cr4V,既提高了钢的韧性,又保持了高速钢的高硬度和高耐磨性,常用作黑色金属的冷挤压模。

6W6Mo5Cr4V 的始锻温度为 1 050 ~ 1 100 ℃,终锻温度为 850 ~ 900 ℃;球化退火工艺与高速钢相同,退火后硬度不大于 229HB;淬火加热温度为 1 180 ~ 1 200 ℃,回火温度为 560 ~ 580 ℃,回火 3 次,每次 1 ~ 1.5 h。

(3)基体钢。

基体钢是指成分与高速钢淬火组织中基体的化学成分相同的钢种。该钢种既具有高速钢的高强度、高硬度,又因不含大量碳化物而使韧性和疲劳强度优于高速钢。

基体钢的典型钢号是 6Cr4W3Mo2VNb。该钢是在 W6Mo5Cr4V2 高速钢淬火基体的成分基础上适当提高碳量,并用少量 Nb 合金化的钢种,Nb 的作用是细化晶粒,提高钢的韧性和工艺性能。该钢种易锻造,锻造加热温度为 1 120 ~ 1 150 ℃,始锻温度为 1 100 ℃,终锻温度为 850 ~ 900 ℃,锻后缓冷;球化退火加热温度为(860±10)℃,保温 2 ~ 3 h,(740±10)℃ 等温 5 ~ 6 h。适宜的淬火加热温度为 1 080 ~ 1 180 ℃,适宜回火温度为 520 ~ 580 ℃,回火 2 次。这种钢有较高的回火稳定性,可以进行气体软氮化等以提高表面的耐磨性。

Cr12MoV 钢制造冲孔落料模工艺路线如下:

锻造→退火→机加工→淬火+回火→精磨或电火花加工→成品。

Cr12MoV 钢制造的冲孔落料模及热处理工艺曲线如图 4.12 所示。

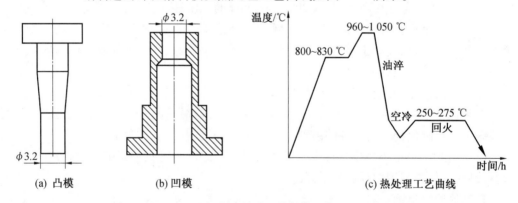

(a) 凸模　　　　　　　(b) 凹模　　　　　　　(c) 热处理工艺曲线

图 4.12　Cr12MoV 钢制造的冲孔落料模及热处理工艺曲线

5. 耐冲击工具钢

冷模具常用的钢种如 Cr12 型模具钢、高碳中铬钢、低碳高速钢及基体钢,使用性能要求均以高耐磨性为主,均采用了过共析钢乃至莱氏体钢。而对冷冲裁模、切边模等,其刃口单薄,使用时又受冲击负荷作用,则应以要求有高的冲击韧性。因此采用了中碳成分的铬钨硅钢,如 4CrW2Si、5CrW2Si 及 6CrW2Si 钢。GB/T 1299—2000 增加了不含钢,而以钼、钒代钨的两个新钢种 6CrMnSi2Mo1V、5Cr3Mn1SiMo1V,这两个新钢种的韧性较铬钨硅钢更高。耐冲击工具钢的牌号和化学成分见表 4.13,特性及应用见表 4.14,热处理工艺参数见表 4.15。

表 4.13　耐冲击工具钢的牌号和化学成分(摘自 GB/T 1299—2014)

序号	钢组	牌号	化学成分(质量分数)/%								
			C	Si	Mn	Cr	W	Mo	V	P	S
1	耐冲击工具钢	4CrW2Si	0.35 ~ 0.45	0.80 ~ 1.10	≤0.40	1.00 ~ 1.30	2.00 ~ 2.50	—	—	≤0.030	≤0.030
2		5CrW2Si	0.45 ~ 0.55	0.50 ~ 0.80	≤0.40	1.00 ~ 1.30	2.00 ~ 2.50	—	—	≤0.030	≤0.030
3		6CrW2Si	0.55 ~ 0.65	0.50 ~ 0.80	≤0.40	1.10 ~ 1.30	2.20 ~ 2.70	—	—	≤0.030	≤0.030
4		6CrMnSi2Mo1V	0.50 ~ 0.65	1.75 ~ 2.25	0.60 ~ 1.00	0.10 ~ 0.50	—	0.20 ~ 1.35	0.15 ~ 0.35	≤0.030	≤0.030
5		5Cr3Mn1SiMo1V	0.45 ~ 0.55	0.20 ~ 1.00	0.20 ~ 0.90	3.00 ~ 3.50	—	1.30 ~ 1.80	≤0.35	≤0.030	≤0.030

表 4.14　耐冲击工具钢的特性及应用

牌号	主要特性	应用举例
4CrW2Si	高温时有较好的强度和硬度,且韧性较高	适用于剪切机刀片、冲击震动较大的风动工具、中应力热锻模、受低热的压铸模
5CrW2Si	特性同 4CrW2Si,但在 650 ℃ 时的硬度稍高,可达 41 ~ 45HRC,热处理时对脱碳、变形和开裂的敏感性不大	用于手动和风动凿子、空气锤工具、铆钉工具、冷冲模、重震动的切割器,作为热加工用钢时,可用于冲空、穿孔工具、剪切模、热锻模、易熔合金的压铸模
6CrW2Si	特性同 5CrW2Si,但在 650 ℃ 时硬度可达 43 ~ 45HRC	可用于重载荷下工作的冲模、压模、铸造精整工具、风动凿子等,作为热加工用钢,可生产螺钉和热铆的冲头、高温压铸轻合金的顶头、热锻模等

表 4.15　耐冲击工具钢的热处理参数

牌号	退火		淬火			回火	
	加热温度 /℃	硬度值 (HRC)	温度 /℃	淬火介质	硬度值 (HRC)	温度范围 /℃	硬度值 (HRC)
4CrW2Si	800 ~ 810	197 ~ 217	860 ~ 900	油	53 ~ 56	200 ~ 250	53 ~ 58
						430 ~ 470	45 ~ 50
5CrW2Si	800 ~ 820	207 ~ 255	860 ~ 900	油	≥55	200 ~ 250	53 ~ 58
						430 ~ 470	45 ~ 50

续表 4.15

牌号	退火		淬火			回火	
	加热温度/℃	硬度值（HRC）	温度/℃	淬火介质	硬度值（HRC）	温度范围/℃	硬度值（HRC）
6CrW2Si	800～820	229～285	860～900	油	≥57	200～250	53～58
						430～470	45～50
6CrMnSi2Mo1V	—	≤229	(677±15)℃预热,885℃(盐浴)或900℃(炉控气氛)±6℃加热,保温5～15 min 油冷		≥58	—	—
5Cr3Mn1SiMo1V	—	≤235	(677±15)℃预热,941℃(盐浴)或955℃(炉控气氛)±6℃加热,保温5～15 min 油冷		≥56	—	—

4.3.2　热作模具钢

1. 工作条件及性能要求

热模具钢共同的工作条件是模腔表层金属受热,且有热疲劳。锤锻模工作时的温度为 400～450 ℃,热挤压模模腔表面温度为 500～800 ℃,压铸模模腔表面温度约为 1 000 ℃。

热模具钢共同的性能要求是:高温硬度、高温强度较高;高的热塑性变形抗力,即回火稳定性高;高的热疲劳抗力。因此要求钢的导热性高,临界点(A_{c1} 等)高,热疲劳倾向小。热模具钢中碳的质量分数在 0.3%～0.6%。

2. 各种热加工模具的常用钢种

(1)锤锻模用钢。

锤锻模在工作过程中受到比较高的单位压力和冲击负荷,以及热金属对锻模型腔的摩擦作用。锤锻模用钢对塑性变形抗力及韧性要求高;锤锻模截面尺寸大,钢的淬透性要高。锤锻模用钢的成分和性能要求都与调质钢很接近,但强度、硬度要求更高些。

锤锻模常用钢种有 5CrNiMo、5CrMnMo、4CrMnSiMoV 等。

(2)热挤压模用钢。

热挤压模在工作过程中加载速度较慢,模腔受热温度较高,热挤压模用钢以高温强度、高热疲劳性能为主,对冲击韧性及淬透性的要求可适当降低。

热挤压模常用钢种有 3Cr2W8V、4Cr5MoSiV、4Cr5MoSiV1、4Cr5W2SiV 等。

(3)压铸模用钢。

压铸模的工作条件及性能要求与热挤压模相近,主要要求高的回火稳定性与高的热疲劳抗力。

压铸锌合金(熔点 400～450 ℃):采用 40Cr、30CrMnSi、40CrMo 即可。

压铸铝合金(熔点 580～740 ℃)、镁合金(熔点 630～680 ℃):采用 4Cr5MoSiV。

压铸铜合金(熔点 850～920 ℃):采用 3Cr2W8V。

压铸黑色金属(熔点 1 345 ~ 1 520 ℃):采用钼基合金和镍基合金。

常用热作模具钢的牌号及化学成分见表 4.16,特性及应用见表 4.17,热处理参数见表 4.18。

表 4.16 热模具钢的牌号及化学成分(摘自 GB/T 1299—2014)

序号	钢组	牌号	化学成分(质量分数)/%									
			C	Si	Mn	Cr	W	Mo	V	其他	P	S
1		5CrMnMo	0.50 ~ 0.60	0.25 ~ 0.60	1.20 ~ 1.60	0.60 ~ 0.90	—	0.15 ~ 0.30	—	—	≤0.03	≤0.03
2		5CrNiMo	0.50 ~ 0.60	≤0.40	0.50 ~ 0.80	0.50 ~ 0.80	—	0.15 ~ 0.30	—	Ni1.40 ~ 1.80	≤0.03	≤0.03
3		3Cr2W8V	0.30 ~ 0.40	≤0.40	≤0.40	2.20 ~ 2.70	7.50 ~ 9.00	—	0.20 ~ 0.50	—	≤0.03	≤0.03
4		5Cr4Mo3SiMnVAl	0.47 ~ 0.57	0.80 ~ 1.10	0.80 ~ 1.10	3.80 ~ 4.30	—	2.80 ~ 3.40	0.80 ~ 1.20	Al0.30 ~ 0.70	≤0.03	≤0.03
5		3Cr3Mo3W2V	0.32 ~ 0.42	0.60 ~ 0.90	≤0.65	2.80 ~ 3.30	1.20 ~ 1.80	2.50 ~ 3.00	0.80 ~ 1.20	—	≤0.03	≤0.03
6	热模具钢	5Cr4W5Mo2V	0.40 ~ 0.50	≤0.40	≤0.40	3.40 ~ 4.40	4.50 ~ 5.30	1.50 ~ 2.10	0.70 ~ 1.10	—	≤0.03	≤0.03
7		8Cr3	0.75 ~ 0.85	≤0.40	≤0.40	3.20 ~ 3.80					≤0.03	≤0.03
8		4CrMnSiMoV	0.35 ~ 0.45	0.80 ~ 1.10	0.80 ~ 1.10	1.30 ~ 1.50		0.40 ~ 0.60	0.20 ~ 0.40		≤0.03	≤0.03
9		4Cr3Mo3SiV	0.35 ~ 0.45	0.80 ~ 1.20	0.25 ~ 0.70	3.00 ~ 3.75		2.00 ~ 3.00	0.25 ~ 0.75		≤0.03	≤0.03
10		4Cr5MoSiV	0.33 ~ 0.43	0.80 ~ 1.20	0.20 ~ 0.50	4.75 ~ 5.50		1.10 ~ 1.60	0.30 ~ 0.60		≤0.03	≤0.03
11		4Cr5MoSiV1	0.32 ~ 0.45	0.80 ~ 1.20	0.20 ~ 0.50	4.75 ~ 5.50		1.10 ~ 1.75	0.80 ~ 1.20		≤0.03	≤0.03
12		4Cr5W2VSi	0.32 ~ 0.42	0.80 ~ 1.20	≤0.40	4.50 ~ 5.50	1.60 ~ 2.40	—	0.60 ~ 1.00		≤0.03	≤0.03

表 4.17 热模具钢的特性和应用

牌号	主要特性	应用举例
5CrMnMo	具有良好的韧性、强度和高耐磨性,对回火脆性不敏感,淬透性好	适用于中、小型热锻模,且边长不大于 300 mm
5CrNiMo	特性与 5CrMnMo 相近,高温下强度、韧性及耐热疲劳高于 5CrMnMo	适用于形状复杂、冲击载荷重的各种中大型锤锻模
3Cr2W8V	高温下有高硬度、强度、相变温度较高,耐热疲劳性良好,淬透性也较好,断面厚度不大于 100 mm,可淬透,但其韧性和塑性较差	适于制作高温、高应力但不受冲击的压铸膜,如平锻机上的凸凹模、镶块、铜合金挤压模等
5Cr4Mo3SiMnVAl	具有较高的强韧性,良好的耐热性和冷热疲劳性,淬透性和淬硬性均较好,是一种热作模具钢,又可作为冷作模具钢使用	适用于冷镦模、冲孔凹模、槽用螺栓热锻模、热挤压冲头等,可以代替 3Cr2W8V、Cr12MoV 使用
3Cr3Mo3W2V	具有良好的冷热加工性能,较高的热强性,良好的抗冷热疲劳性,耐磨性能好,淬硬性好,有一定的耐冲击耐力	可制作热作模具,如镦锻模、精锻模、滚锻模具、压力机用模具等
5Cr4W5Mo2V	具有高热硬性、高耐磨性、高温强度、抗回火稳定性及一定的冲击韧性,可进行一般热处理或等温热处理和化学热处理	多用于制造热挤压模具,精密锻造模具,时常代替 3Cr2W8V
8Cr3	具有良好的淬透性,室温强度和高温强度均可,碳化物细小且均匀,耐磨性能较好	常用于冲击、振动较小,工作温度低于 500 ℃,耐磨损的模具,如热切边模、成型冲模、螺栓热顶锻模等
4CrMnSiMoV	具有较高的高温力学性能,耐热疲劳性能好,可代替 5CrNiMo 使用	用于锤锻模、压力机锻模、校正模、弯曲模等
4Cr3Mo3SiV	具有高的淬透性,高的高温硬度,优良的韧性,可代替 3Cr2W8V 使用	可制热滚锻模、塑压模、热锻模、热冲模等
4Cr5MoSiV	具有高的淬透性,中温以下综合性能好,热处理变形小,耐冷热疲劳性能良好	适于制造热挤压模、螺栓模、热切边模、锤锻模、铝合金压铸模等
4Cr5MoSiV1	在中温(约 600 ℃)下的综合性能好,淬透性高(在空气中即能淬硬),热处理变形率较低,其性能及使用寿命高于 3Cr2W8V	可用于模锻锤锻模、铝合金压铸模、热挤压模具、高速精锻模具及锻造压力机模具等
4Cr5W2VSi	在中温下具有较高的硬度和热强度,韧性和耐磨性良好,耐冷热疲劳性能较好	可用于热锻模具、冲头、热挤压模具、有色金属压铸模等

表 4.18 热模具钢的热处理参数

牌号	退火			淬火			回火	
	加热温度 /℃	等温温度 /℃	硬度值 (HRC)	温度 /℃	淬火介质	硬度值 (HRC)	温度范围 /℃	硬度值 (HRC)
5CrMnMo	850~870	680	197~241	830~860	油	53~58	490~510	41~47
							520~540	38~41
5CrNiMo	760~780	680	197~241	830~860	油	53~59	490~510	44~57
							520~540	38~42
							560~580	34~37
3Cr2W8V	830~850	710~740	≤255	1 050~1 100	油或硝盐	49~52	600~620	40~48
5Cr4Mo3SiMnVAl	—	—	≤255	1 090~1 120	油	>60	580~620	50~54
3Cr3Mo3W2V	870	730	≤255	1 060~1 130	油	52~56	680	39~41
							640	52~54
5Cr4W5Mo2V	850~870	720~740	≤255	1 100~1 150	油	57~62	450~670	50~62
8Cr3	790~810	—	207~255	850~880	油	≥55	480~520	41~46
4CrMnSiMoV	870~890	640~660	≤255	870±10	油	56~58	520~660	37~49
4Cr3Mo3SiV	870~900	—	≤229	1 010~1 040	空气或油	52~59	540~650	—
4Cr5MoSiV	860~890	—	≤229	1 000~1 030	空气或油	53~55	530~560	47~49
4Cr5MoSiV1	860~890	—	≤229	1 020~1 060	空气或油	56~58	560~580	47~49
4Cr5W2VSi	870±10	—	≤229	1 060~1 080	空气或油	56~58	580~620	48~53

3. 常用钢种的成分、热加工及热处理工艺特点

(1)5CrNiMo 和 5CrMnMo。

①成分特点。

碳的质量分数为 0.50%~60%,属中碳范围,既保证一定硬度又有较高韧性;Cr 主要提高淬透性,质量分数为 1.5% 的 Ni 显著提高强度和韧性,当用 Mn 代替 Ni 时,钢的强度不降,但塑性、韧性有所降低。Mo 主要是提高回火稳定性,减轻回火脆性,细化晶粒。

②热加工。

要经过各向锻造,并交替进行镦粗和拔长 2~3 次,使组织、性能均匀。锻造加热温度为 1 150~1 180 ℃,终锻温度为 850~880 ℃,锻后应缓冷,大件应进行防白点的等温处理(600 ℃ 炉内等温,再冷至 150~200 ℃ 后空冷)。

③热处理。

退火加热温度为 780~820 ℃,保温时间 4~6 h,炉冷至 500 ℃ 后空冷。组织为细片状珠光体+铁素体。

淬火加热温度为 820~860 ℃,淬火加热时为了保护模面和模尾,可在专用铁盘上铺一层旧渗碳剂等保护剂,锻模以模面向下放入,再用耐火泥密封。淬火冷却介质为锭子油或机油,冷却过程中须使油循环冷却,油温不得超过 70 ℃,油中冷却至 150~200 ℃ 取出,立即回火,不允许冷至室温。淬火后的组织为马氏体。

锻模类型不同,锻模模面和尾部硬度要求不同,回火温度不同,见表 4.19。

表 4.19 热锻模的回火温度

牌号	锻模类型	模体		模尾	
		回火温度/℃	硬度(HRC)	回火温度/℃	硬度(HRC)
5CrNiMo	小型	490~510	44~47	620~640	34~37
	中型	520~540	38~42	620~640	34~37
	大型	560~580	34~37	640~660	30~35
5CrMnMo	小型	490~510	44~47	620~640	34~37
	大型	520~540	38~42	600~620	35~39

回火后应油冷,以避免回火脆性。回火后组织为回火索氏体。

(2)3Cr2W8V。

①成分特点。

碳的质量分数虽低,但合金元素的质量分数高,使共析点严重左移,已属过共析钢。Cr 增加钢的淬透性,使模具具有较好的抗氧化性和抗蚀性;钨提高热稳定性及耐磨性;钒细化晶粒,改善耐磨性。该钢的高温硬度和硬度较其他热模具钢高。

②热加工。

始锻温度为 1 080~112 ℃,终锻温度为 850~900 ℃,锻后空冷至 700 ℃ 后缓冷(砂或炉冷)。

③热处理。

球化退火工艺为 830~850 ℃ 保温 3~4 h,以不大于 40 ℃/h 的速度炉冷至不大于 400 ℃,出炉空冷。硬度为 207~255HB。退火态组织为铁素体基体+粒状的碳化物(M_2C、$M_{23}C_6$ 型)。

淬火加热时应在 800~850 ℃ 预热,加热温度范围为 1 080~1 150 ℃,压铸模用上限,锤锻模用下限,淬火介质用油或用硝盐分级淬火。淬火后组织为马氏体+碳化物+残余奥氏体。

3Cr2W8V 的回火与高速钢相似,应在 560 ℃ 左右回火两次,回火后用油冷,再于

160~200 ℃补充回火一次。回火后组织为回火马氏体+碳化物。

（3）4Cr5MoSiV、4Cr5MoSiV1、4Cr5W2SiV。

这类钢中 Cr 的质量分数大约为 5%，并加入 Mo、W、V、Si。由于含铬的质量分数较高，因此有较高的淬透性，加入质量分数为 1% 的时，淬透性更高，尺寸很大的模具淬火时可以空冷。因含 Cr、Si，这类钢的抗氧化性较好，Si、Cr 还提高了钢的临界点，有利于提高其抗热疲劳性能。V 可加强钢的二次硬化效果，增加热稳定性。

表 4.20 为这类钢热处理后的力学性能。从表 4.20 中可见，淬火和高温回火后，这类钢具有很高的强度和韧性，可作为超高强度结构钢使用，牌号相应表示为 40Cr5MoSiV、40Cr5MoSiV1、40Cr5W2SiV。

表 4.20 部分热模具钢的力学性能

钢号	热处理	硬度（HRC）	R_m/MPa	R_e/MPa	A/%	Z/%	KV_2/J
4Cr5MoSiV	1 000 ℃淬火 580 ℃二次回火	51	1745	—	13.5	45	55
4Cr5MoSiV1	1 010 ℃淬火 566 ℃二次回火	51	1 830	1 670	9	28	15
4Cr5W2SiV	1 050 ℃淬火 580 ℃二次回火	49	1 870	1 660	9.5	42.5	27

用 5CrMnMo 制造扳手热锻模（图 4.13（a））的生产工艺路线如下：

锻造→退火→粗加工→成型加工→淬火+高温回火→精加工（修型、抛光）

技术要求：要求硬度 351~387HBS，R_m 为 1 200~1 400 MPa，KV_2 为 32~35 J。根据技术要求，制订的热处理工艺曲线如图 4.13（b）所示。

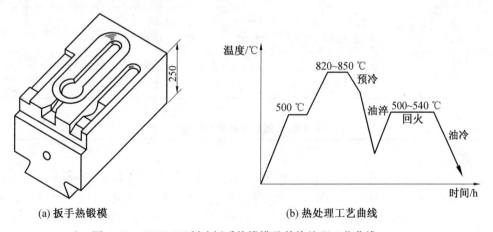

(a) 扳手热锻模   (b) 热处理工艺曲线

图 4.13 5CrMnMo 制造扳手热锻模及其热处理工艺曲线

4.3.3 塑料模具用钢

1. 工作条件及性能要求

塑料模具在工作时承受的温度为 150 ~ 200 ℃,并周期性地承受压力,在压制部分含氯、氟的塑料时,将受到有害气体的侵蚀作用。

塑料模具的表面光洁度要求很高,要呈镜面,因此模具用钢的冶金质量要求高;模具表面要耐磨抗蚀,有一定的表面硬化层;模具钢有足够的强度和韧性,承受负荷时不变形或破损;热处理时变形要小,以保证互换性和配合精度。

2. 常用钢种

(1)对于中小型且不很复杂的模具,可采用碳工钢、低合金工具钢制造,如 T7、T10、9Mn2V、CrWMn 等。

(2)对于大型塑料模具,可以采用 4Cr5MoSiV 钢制造。在要求高耐磨性时可以采用 Cr12MoV 钢。

(3)复杂、精密的模具使用 18CrMnTi、12CrNi3A 和 12Cr2Ni4A 等渗碳钢制作。

(4)压制会析出有害气体并与钢起强烈反应的材料时,可采用马氏体不锈钢 20Cr13 或 30Cr13 制造模具。

(5)预硬化型塑料模具专用钢,3Cr2Mo、3Cr2MnNiMo 是 GB/T 1299—2000 列入的两个塑料模具专用钢,它们的化学成分见表 4.21。这种钢经预硬化处理后,直接加工成型使用,避免加工后再热处理造成的变形、开裂、脱碳等缺陷,可大大提高制模的精度,并缩短制模周期。塑料模具钢的特性及应用见表 4.22。3Cr2Mo 钢的热处理参数为退火温度 760 ~ 790 ℃炉冷,淬火温度为 810 ~ 870 ℃油冷,回火温度为 150 ~ 260 ℃。

表 4.21 塑料模具钢的化学成分（摘自 GB/T 1299—2014）

序号	钢组	牌号	化学成分(质量分数)/%							
			C	Si	Mn	Cr	Mo	Ni	P	S
1	塑料模具钢	3Cr2Mo	0.28 ~ 0.40	0.20 ~ 0.80	0.60 ~ 1.00	1.40 ~ 2.00	0.30 ~ 0.55	—	≤0.030	≤0.030
2		3Cr2MnNiMo	0.32 ~ 0.40	0.20 ~ 0.40	1.10 ~ 1.50	1.70 ~ 2.00	0.25 ~ 0.40	0.85 ~ 1.15	≤0.030	≤0.030

表 4.22 塑料模具钢的特性和应用

牌号	主要特性	应用举例
3Cr2Mo	具有良好的切削性能、镜面研磨性能,机械加工成形后,型腔变形及尺寸变化小,经热处理后可提高表面硬度,提高使用寿命	可用于多种塑料的注塑、压缩和吹塑成形的模具适于制造大、中型和精密的塑料模具,一般模具厚度不大于 400 mm
3Cr2MnNiMo	是 3Cr2Mo 的改进型钢种,加入 Ni 后进一步提高了钢的淬透性、强韧性和抗腐蚀性,预硬化后大模块的整个截面硬度更为均匀	适于制造特大型、大型和精密塑料模具,模具厚度可大于 400 mm

4.4 量具用钢

4.4.1 工作条件及性能要求

量具是用来计量工件尺寸的工具,如卡尺、千分尺、块规、塞规、样板等,因而要求量具具有精确而稳定的尺寸。量具在使用过程中经常受到工件的摩擦与碰撞,因此量具用钢须具备如下性能要求:

(1)高硬度和高耐磨性,使用时不能因磨损而发生尺寸的改变,量具表面硬度一般为58~64HRC。

(2)尺寸要稳定,热处理后因自然时效而发生的尺寸变化要小。

(3)高的表面光洁度,钢的冶金质量要高。

此外,还要求量具用钢的热膨胀系数要适当,具有一定的淬透性,淬火时变形要小,有时还要求有耐腐蚀性。

4.4.2 常用钢种

量具用钢可以分为以下几类:

(1)碳素工具钢:适用于制作尺寸小、形状简单、精度较低的卡尺、样板等量具。

(2)低合金工具钢及轴承钢:适用于制作精度要求高、尺寸要求稳定的量具,如块规、螺纹塞头、千分尺螺杆等。

(3)氮化用钢:38CrMoAl 调质之后进行精加工,氮化后只需进行研磨,可用于制造尺寸稳定性很好、耐磨性高、在潮湿空气中可以防腐蚀的形状复杂的量具。

(4)不锈钢:为了使量具具有抗腐蚀能力,可使用不锈钢95Cr18。

(5)Cr12 型工具钢:适用于制作形状复杂、尺寸大、使用频繁的量具或块规等基准量具。

(6)低碳钢(15、20、20Cr)渗碳和中碳钢(55、65)高频表面淬火,多用于易受冲击的量具。

4.4.3 量具钢的热处理

工具钢制作量具时,淬火时加热温度宜取下限,以减少时效因素。淬火冷却一般采用油冷,淬火后要进行冷处理,以尽量减少残余奥氏体量。冷处理在淬火后的 15~20 min 内就应进行,温度-70~-80 ℃即可满足要求。

对精度要求特别高的量具,在淬火、回火后,还应在 120~130 ℃温度下进行时效处理,时效时间根据量具的精度要求而定,可在几小时至几十小时之间选择。

CrWMn 块规的技术条件为:硬度 62~65HRC,淬火不直度小于 0.05 mm,长期使用时应保持高稳定性。其生产工艺路线如下:

锻造→球化退火→机加工→淬火→冷处理→回火→粗磨→低温人工时效→精磨→低温去应力回火→研磨

块规的热处理工艺曲线如图 4.14 所示。球化退火于 780~800 ℃加热,690~710 ℃

等温。冷处理可最大限度地减少残余奥氏体量。低温回火可消除淬火、冷处理应力,使硬度降到规定值。时效处理的目的是松弛残余应力,防止马氏体分解引起的尺寸收缩效应。

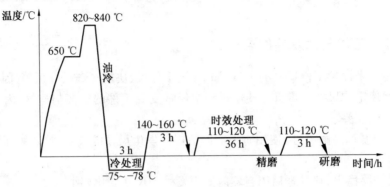

图 4.14 　CrWMn 钢块规的热处理工艺曲线

第5章 不 锈 钢

5.1 概 述

不锈耐酸钢(简称不锈钢)是指一类在空气、水、盐的水溶液、酸及其他腐蚀介质中具有高度化学稳定性的钢。有时仅把能够抵抗大气和弱腐蚀介质腐蚀的钢叫作不锈钢,而把能抵抗强腐蚀介质腐蚀的钢叫作耐酸钢。因此,不锈钢不一定耐酸,而耐酸钢同时又是不锈钢。不锈钢是化肥、石油、化工、国防等工业部门中广泛使用的材料。

不锈钢是在腐蚀介质中承受或传递载荷的。因此不锈钢的性能要求如下:

(1)高的耐蚀性。

耐蚀的含义是针对具体介质而言的,在氧化性介质中耐蚀,在非氧化性中介质不一定耐蚀。耐蚀也是相对的,没有完全不腐蚀的钢,而是根据腐蚀的速度进行分级。在大气及弱腐蚀介质中,腐蚀速度小于 0.01 mm/a 者为"完全耐蚀",腐蚀速度小于 0.1 mm/a 者为"耐蚀";在强腐蚀介质中,腐蚀速度小于 0.1 mm/a 者为"完全耐蚀",腐蚀速度<1 mm/a 者为"耐蚀"。

(2)良好的力学性能。

要承受或传递载荷,就需要较好的力学性能。钢的屈服强度越高,越有利于抗应力腐蚀。

(3)良好的工艺性。

不锈钢材料有板、管、型材等类型,需要有很好的热加工成型性以及冲压、弯曲、拔丝、拔管等冷成型性。此外,还需良好的切削加工性能和焊接性能。

(4)好的经济性。

要求尽可能使用价格较廉、资源较丰富的元素,以适应不锈钢用量增加的要求。

不锈钢按组织特征分为:奥氏体(A)型不锈钢、铁素体(F)型不锈钢、奥氏体-铁素体(A-F)型不锈钢、马氏体(M)型不锈钢以及沉淀硬化型不锈钢 5 种类型。

本章将由金属腐蚀的基本知识来理解不锈钢的合金化原理,重点介绍各类不锈钢的化学成分、性能及热处理特点等内容。

5.1.1 金属腐蚀的基本知识

1. 金属腐蚀的机理与提高抗蚀能力的途径

按腐蚀过程进行的机理,金属腐蚀分为化学腐蚀和电化学腐蚀两类。

(1)化学腐蚀。

化学腐蚀是指金属与化学介质直接发生纯化学反应而造成的腐蚀。例如 Fe 在高温下的氧化腐蚀。

（2）电化学腐蚀。

电化学腐蚀是由于不同金属或金属的不同相之间，电极电位不同，构成了原电池而产生的腐蚀，如 Fe 在室温下的腐蚀。电化学腐蚀是金属腐蚀更重要、更普遍的形式。

产生电化学腐蚀的条件如下：有两个不同电极电位的金属或同一金属中有不同电极电位的区域，以形成正、负电极；有电传导（电极之间有导线相接或电极之间相接触发生了短路）；电极之间存在电解液。

化学腐蚀与电化学腐蚀的区别是：在电化学腐蚀中，有电流产生；而在化学腐蚀中，无电流产生。

在原电池中，电极电位相对较低者，作为负极（阳极），本身要发生电化学反应（阳极反应），失去电子，被腐蚀；而电极电位较高者，获得电子将产生氢气（阴极析氢）。

表 5.1 是在 NaCl 水溶液中某些金属的电极电位值。

表 5.1　在 NaCl 水溶液中某些金属的电极电位值（用甘汞作参比电极测得）

金属	Mg	Zn	Al	Fe	Pb	Sn	Ni	Cu	Ag	Cr
电极电位/V	−1.6	−0.83	−0.6	−0.56	−0.26	−0.25	−0.02	+0.05	+0.2	+0.23

从表 5.1 可见，在 Mg 与 Fe 组成的原电池中，Mg 将被腐蚀，而在 Cu 与 Fe 组成的原电池中，Fe 将被腐蚀。

不同金属组成的原电池，称为宏电池。例如，保温瓶的铁壳与铝壳底，海船的不锈钢尾轴与青铜螺旋桨等都组成了宏电池，铝壳底和不锈钢尾轴将分别被腐蚀。

同一金属内不同电极电位的两个相组成的原电池，称为微电池。在合金中，化合物（如第二相、夹杂物等）都较固溶体的电极电位高，因而固溶体将被腐蚀。例如，用硝酸酒精腐蚀珠光体组织，其中的铁素体被腐蚀，而渗碳体不被腐蚀，结果铁素体的条带凹陷，渗碳体的条带凸起，在光学显微镜的照明下，可以看到清晰的珠光体条纹。

从金属腐蚀的机理中，可找出提高抗蚀能力的途径：

①提高合金基体（一般都是固溶体）的电极电位。

②使合金得到单一的固溶体，尽量减少微电池的数量。

③使合金的表面形成稳定的表面保护膜，阻止合金与水溶液等电解质接触。

2. 金属腐蚀的类型

工程上常见的金属腐蚀类型有如下几种：

（1）均匀腐蚀（也称一般腐蚀、连续腐蚀）。

均匀腐蚀是指金属裸露表面发生大面积较为均匀的腐蚀。危害性不大，进行适当的保护，即可减轻这类腐蚀。

（2）晶间腐蚀。

晶间腐蚀是沿晶粒边缘进行的腐蚀。它通常不引起金属外形的任何变化，但使晶粒的连接遭到破坏，使零件的力学性能急剧降低，致使设备突然破坏，危害性最大。其主要原因是，晶界与晶内成分或应力有差别，晶界的活性大，电极电位低，形成微电池时将成为阳极，被腐蚀。

（3）点腐蚀（也称点蚀、孔蚀）。

点腐蚀是指发生在金属表面局部区域的腐蚀,可迅速向深处发展,穿透金属,危害大。其原因是在介质的作用下,金属表面钝化膜局部损坏所造成的,在含有氯离子的介质中易发生点蚀。金属的表面缺陷、疏松、非金属夹杂物等,也是引起点腐蚀的重要原因。

(4)应力腐蚀。

应力腐蚀是指在腐蚀介质及拉应力作用下,金属发生的破裂现象。这是一种在低应力下产生的脆性断裂,很危险。断裂方式主要是沿晶断裂,也有穿晶断裂。金属的应力腐蚀断裂是具有选择性的,一定的金属在一定的介质中才会产生。例如,低碳钢在高浓度的碱液中腐蚀断裂(称为碱脆),奥氏体不锈钢在热浓氯化物溶液中的腐蚀断裂(称为氯脆)等。消除应力腐蚀敏感性的主要手段是去应力处理。

(5)腐蚀疲劳。

腐蚀疲劳指在腐蚀介质及交变应力作用下发生的腐蚀破坏。腐蚀疲劳破坏的过程是,先在零件表面形成腐蚀坑,在介质与交变应力作用下发展成疲劳裂纹,逐渐扩张直至零件疲劳断裂。腐蚀疲劳不同于机械疲劳,它没有一定的疲劳极限,因为在腐蚀与疲劳破坏共同影响下,随着循环次数的增加,疲劳强度一直是降低的。

(6)磨损腐蚀。

磨损腐蚀是指同时存在腐蚀与机械磨损时,两者相互加速的腐蚀。机械磨损除机械运动引起外,腐蚀流体和金属表面间的相对运动也能引起这种作用。例如,冷凝器管壁受液流冲击的磨损腐蚀。空泡腐蚀也是磨损腐蚀的一种特殊形式。

5.1.2 不锈钢的合金化原理

从金属腐蚀的机理中可找出提高抗蚀能力的途径。实现提高耐蚀性几条途径的主要方法是在钢中加入合金元素,加入不同的元素,可在一条或几条途径上产生作用,使钢耐蚀。

1. 加入 Cr,提高基体的电极电位

一般来说,金属(固溶体)的电极电位总是比其他化合物的电极电位低,所以在腐蚀过程中,金属(固溶体)总是作为阳极而被腐蚀。提高 Fe 的电极电位,即可提高其耐蚀性。研究表明,当 Cr 加入钢中,可提高基体的电极电位,但 Fe 基固溶体的电极电位不是均匀地增加,而是突变的,即遵循固溶体的 $n/8$ 定律。

固溶体的 $n/8$ 规律:Cr 加入钢中时,当 Cr 达到 1/8、2/8、3/8 等原子个数分数时,Fe 的电极电位就跳跃式地增高,腐蚀性跳跃式地显著减弱。

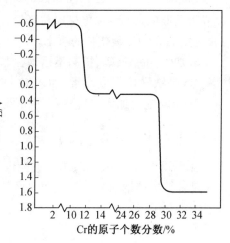

图 5.1 Cr 对 Fe-Cr 合金电极电位的影响

图 5.1 示出了 Cr 对 Fe-Cr 合金电极电位的影响。从图 5.1 中可见,当 Cr 量达 12.5% 原子个数分数(即 1/8)时,电极电位由 -0.56 V 提高到了 +0.2 V,此时,钢已能耐大气、水溶液和稀硝酸的腐蚀。当 Cr 量达 25% 原子个数分数(即 2/8)时,电极电位由 +0.2V 提高到了 +1.6V,可耐更强烈腐蚀介质的腐蚀。

12.5%原子个数分数换算成质量分数为11.7%,但钢中的 C 与 Cr 形成碳化物,而消耗一部分 Cr,故不锈钢的 Cr 质量分数至少需13%。

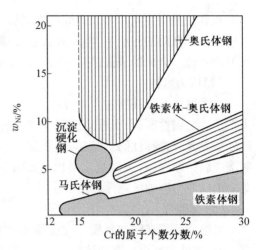

图5.2　Ni 和 Cr 的质量分数对不锈钢组织类型的影响

2. 加入 Cr、Si、Al 形成致密的氧化膜

在钢中加入 Cr、Si、Al 等合金元素,能在钢的表面形成致密的 Cr_2O_3、SiO_2、Al_2O_3 等氧化膜,能阻止腐蚀介质与基体金属的进一步接触,从而可以提高钢的耐蚀性。

3. 加入 Cr、Ni、Mn、N 等形成单相奥氏体组织等

图5.2 给出了 Ni 和 Cr 的质量分数对不锈钢组织类型的影响。单独使用镍的钢,只有当 Ni 的质量分数达到24%才能获得单相奥氏体;只有当 Ni 的质量分数不小于27%,才能有效提高耐蚀性。但 Ni 和 Cr 配合使用时,当 $w_{Cr}>18\%$,$w_{Ni}>8\%$ 时,就能获得单相奥氏体;$w_{Ni}>3\%$,$w_{Cr}>18\%$,得到奥氏体-铁素体双相不锈钢。

Mn、N 可代替 Ni 形成奥氏体,可提高不锈钢在有机酸中的耐蚀性。质量分数为2%的 Mn 可代质量分数为1%的 Ni,质量分数为0.025%N 可代质量分数为1%的 Ni。

获得单相铁素体钢,需高质量分数 Cr,低质量分数 Ni。$w_{Cr}>13\%$,$w_C<0.1\%$ 才能获得单相铁素体钢,若 C 的质量分数较高,则可能获得马氏体钢。

4. 加入 Ti、Nb 等元素,形成碳化物,防止晶间腐蚀

因为不锈钢中产生晶间腐蚀的原因是 $Cr_{23}C_6$ 碳化物沿晶界析出,成为微阴极,而使晶界附近形成贫 Cr 区,电极电位降低,成为微阳极,被腐蚀。Ti、Nb 等优先与碳形成碳化物,避免了 $Cr_{23}C_6$ 碳化物的析出。

5. 加入 Mo、Cu 等,提高不锈钢在非氧化性酸中抗点蚀的能力

Mo 是铁素体形成元素,加入 18-8 型不锈钢后,要获得单相奥氏体组织,需增加 Ni量。Mo-Cu 配合加入,可提高不锈钢耐硫酸、盐酸的能力。

5.1.3　不锈钢的力学性能

不锈钢的种类不同,其力学性能也不同。图5.3 是各类不锈钢的应力-应变曲线,图5.4 是各类不锈钢的冲击强度随温度的变化曲线。从这两个图中,可以看出各类不锈钢的力学性能特点。

(1)奥氏体不锈钢。

奥氏体不锈钢在各类不锈钢中塑性最好,有一定强度,冲击韧性很高($KV_2>200$ J),韧-脆转变温度很低(为$-100 \sim -150$ ℃),所以奥氏体不锈钢同时也是很好的低温用钢。

(2)铁素体不锈钢。

强度与奥氏体不锈钢相近,但塑性较奥氏体不锈钢低,特别是它的冲击韧性较低,而韧-脆转变温度高。

（3）铁素体+奥氏体双相不锈钢。

这类不锈钢的强度较以上两类单相不锈钢高,但塑性较低一些。

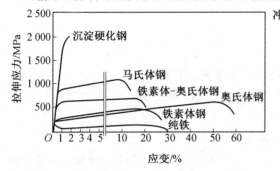 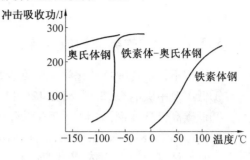

图 5.3 各类不锈钢的应力-应变曲线 　图 5.4 各类不锈钢的冲击强度随温度的变化

（4）马氏体不锈钢。

马氏体不锈钢具有较高的强度和一定的塑性,综合力学性能较好。

（5）沉淀硬化型不锈钢。

这类钢的强度很高,已进入超高强度钢的强度范围,塑性则较低。所以这类钢一般用作超高强度钢。

5.1.4 不锈钢牌号的表示方法

不锈钢的技术条件 GB/T 1220—1992 中,不锈钢牌号中碳的质量分数的表示方法与合金工具钢中碳的质量分数表示方法类似,即碳的质量分数不小于 0.08%,在牌号的开头以 1 位数字表示碳的质量分数,单位为千分之一;碳的质量分数≤0.08%,以 0 表示;碳的质量分数不大于 0.03%,则以 00 表示。

而在 GB/T 1220—2007 中,不锈钢牌号中碳的质量分数的表示方法则与合金结构钢的碳的质量分数表示方法类似。在对碳的质量分数规定上、下限时,碳的质量分数及合金元素的表示方法与合金结构钢相同;在只规定碳的质量分数上限时,当碳的质量分数上限不大于 0.10%,以其上限的 3/4 表示碳的质量分数;当碳的质量分数上限大于 0.10%,以其上限的 4/5 表示碳的质量分数;碳的质量分数上限为 0.20%,碳的质量分数以 16 表示;碳的质量分数上限为 0.15%,碳的质量分数以 12 表示;对超低碳不锈钢(即碳的质量分数不大于 0.030%),用 3 位阿拉伯数字表示碳的质量分数最佳控制值(以十万分之几计),碳的质量分数上限为 0.020%,碳的质量分数以 015 表示。合金元素的表示方法仍与合金结构钢相同,钢中有意加入的铌、钛、锆、氮等合金元素,虽然含量很低,也应在牌号中标出。

例如:碳的质量分数为 0.15% ～0.25%,铬的质量分数为 14.00%～16.00%,锰的质量分数为 14.00%～16.00%,镍的质量分数为 1.50%～3.00%,氮的质量分数为 0.15%～0.30% 的不锈钢,牌号为 20Cr15Mn15Ni2N。碳的质量分数不大于 0.08%,铬的质量分数为 18.00%～20.00%,镍的质量分数为 8.00%～11.00% 的不锈钢,牌号为 06Cr19Ni10。碳的质量分数不大于 0.030%,铬的质量分数为 16.00%～19.00%,钛的质量分数为 0.10%～1.00% 的不锈钢钢,牌号为 022Cr18Ti。

5.2 马氏体不锈钢

5.2.1 钢种的类型和成分特点

马氏体不锈钢的牌号及化学成分见表5.2。主要的钢种类型如下：
①低碳及中碳的 Cr13 型钢,如 12Cr13、20Cr13、30Cr13、40Cr13 等。
②低碳高铬低镍钢,如 14Cr17Ni2 钢。
③高碳的 Cr18 型钢,如 95Cr18、90Cr18MoV。

在马氏体不锈钢中,随碳的质量分数的提高,强度提高,而耐蚀性将降低。随着铬的质量分数的增加,耐蚀性提高。加入 Ni 的目的是提高耐蚀性和强度及韧性,加入 Mo、V 则是为了提高硬度。

表5.2 马氏体不锈钢的牌号及化学成分(摘自 GB/T 1220-2007)

新牌号	旧牌号	化学成分(质量分数)/%								
		C	Si	Mn	P	S	Ni	Cr	Mo	其他
12Cr12	1Cr12	0.15	0.50	1.00	0.040	0.030	(0.60)	11.50~13.00	—	—
06Cr13	0Cr13	0.08	1.00	1.00	0.040	0.030	(0.60)	11.50~13.50	—	—
12Cr13	1Cr13	0.08~0.15	1.00	1.00	0.040	0.030	(0.60)	11.50~13.50	—	—
Y12Cr13	Y1Cr13	0.15	1.00	1.25	0.060	≥0.15	(0.60)	12.00~14.00	(0.60)	—
20Cr13	2Cr13	0.16~0.25	1.00	1.00	0.040	0.030	(0.60)	12.00~14.00	—	—
30Cr13	3Cr13	0.26~0.35	1.00	1.00	0.040	0.030	(0.60)	12.00~14.00	—	—
Y30Cr13	Y3Cr13	0.26~0.40	1.00	1.25	0.060	≥0.15	(0.60)	12.00~14.00	(0.60)	—
40Cr13	4Cr13	0.36~0.45	0.60	0.80	0.040	0.030	(0.60)	12.00~14.00	—	—
14Cr17Ni2	1Cr17Ni2	0.11~0.17	0.80	0.80	0.040	0.030	1.50~2.50	16.00~18.00	—	—
17Cr16Ni2	—	0.12~0.22	1.00	1.50	0.040	0.030	1.50~2.50	15.00~17.00	—	—

续表 5.2

新牌号	旧牌号	化学成分（质量分数）/%								
		C	Si	Mn	P	S	Ni	Cr	Mo	其他
68Cr17	7Cr17	0.60 ~ 0.75	1.00	1.00	0.040	0.030	(0.60)	16.00 ~ 18.00	(0.75)	—
85Cr17	8Cr17	0.75 ~ 0.95	1.00	1.00	0.040	0.030	(0.60)	16.00 ~ 18.00	(0.75)	—
108Cr17	11Cr17	0.95 ~ 1.20	1.00	1.00	0.040	0.030	(0.60)	16.00 ~ 18.00	(0.75)	—
Y108Cr17	Y11Cr17	0.95 ~ 1.20	1.00	1.25	0.060	≥0.15	(0.60)	16.00 ~ 18.00	(0.75)	—
95Cr18	9Cr18	0.90 ~ 1.00	0.80	0.80	0.040	0.030	(0.60)	17.00 ~ 19.00	—	—
13Cr13Mo	1Cr13Mo	0.08 ~ 0.18	0.60	1.00	0.040	0.030	(0.60)	11.50 ~ 14.00	0.30 ~ 0.60	—
32Cr13Mo	3Cr13Mo	0.28 ~ 0.35	0.80	1.00	0.040	0.030	(0.60)	12.00 ~ 14.00	0.50 ~ 1.00	—
102Cr18Mo	9Cr18Mo	0.95 ~ 1.10	0.80	0.80	0.040	0.030	(0.60)	16.00 ~ 18.00	0.40 ~ 0.70	—
90Cr18MoV	9Cr18MoV	0.85 ~ 0.95	0.80	0.80	0.040	0.030	(0.60)	17.00 ~ 19.00	1.00 ~ 1.30	V0.07 ~ 0.12

注：表中所列成分除标明范围或最小值外，其余均为最大值。括号内数值为可加入或允许含有的最大值

5.2.2 性能特点及用途

马氏体不锈钢的特性及应用见表 5.3。

表 5.3 马氏体不锈钢的特性及应用（摘自 GB/T 1220—2007）

牌号	特性和应用
12Cr12	制作为汽轮机叶片及高应力部件的良好的不锈耐热钢
06Cr13	制作较高韧性及受冲击负荷的零件，如汽轮机叶片、结构件、衬里、螺栓、螺母等
12Cr13	经淬火回火处理后具有较高的强度、韧性，良好的耐蚀性和机加工性能。主要用于韧性要求较高且具有不锈性的受冲击载荷的部件，如刃具、叶片、紧固件、水压机阀门等
Y12Cr13	不锈钢中切削性能最好的钢种，自动车床用
20Cr13	主要性能类似于 12Cr13，但强度、硬度较高，而韧性和耐蚀性略低。主要用于制造承受高应力负荷的零件，如汽轮机叶片、热油泵、轴和轴套、叶轮、水压机阀片等，也可用于造纸工艺、医疗器械以及日用领域的刀具、餐具

续表 5.3

牌号	特性和应用
30Cr13	比 20Cr13 钢具有更高的强度、硬度和更好的淬透性,主要用于高强度部件,以及在承受高应力载荷并在一定腐蚀介质条件下的磨损件,如 300 ℃以下工作的刃具、弹簧,400 ℃以下工作的轴承、阀门等
Y30Cr13	改善 30Cr13 切削性能的钢,用途与 30Cr13 相似
40Cr13	特性与用途类似于 30Cr13,其强度、硬度较高,而韧性和耐蚀性略低。主要用于制造外科医疗用具、阀门、轴承、弹簧等
14Cr17Ni2	热处理后具有较高的力学性能,耐蚀性优于 12Cr13 和 10Cr17。一般用于既要求高力学性能的,又要求耐硝酸、有机酸腐蚀的轴类、活塞杆、泵、阀等零部件、容器及设备
17Cr16Ni2	加工性能比 14Cr17Ni2 明显改善,适用于制作要求较高强度、韧性、塑性和良好耐蚀性的零部件及在潮湿介质中工作的承力件
68Cr17	高碳马氏体不锈钢,比 20Cr13 有较高的淬火硬度。一般用于制造要求耐稀氧化性酸、有机酸和盐类腐蚀的刀具、量具、轴承、阀门等零部件
85Cr17	性能与用途类似于 68Cr17,但在硬化状态下比 68Cr17 硬,而比 108Cr17 韧性高。可制作刃具、阀座等
108Cr17	在不锈钢中硬度最高。性能与用途类似于 68Cr17,主要用于制作喷嘴、轴承等
Y108Cr17	108W17 改进的切削性钢种,自动车床用
95Cr18	较 Cr17 型钢耐蚀性有所改善,其他性能与 Cr17 钢相似。主要用于制造耐蚀高强度耐磨损部件,如轴、泵、阀件、弹簧等
13Cr13Mo	比 12Cr13 耐蚀性高的高强度钢种,用于制作汽轮机叶片、高温部件等
32Cr13Mo	在 30Cr13 钢基础上加入钼,改善了钢的强度和硬度,并增强了二次硬化效应,且耐蚀性优于 30Cr13,主要用途同 30Cr13 钢
102Cr18Mo 90Cr18MoV	性能与用途类似于 95Cr18 钢。加入钼和钒,热强性和抗回火能力均优于 95Cr18 钢。主要用于制造承受摩擦并在腐蚀介质中工作的零件,如量具、刃具等

马氏体不锈钢在氧化性介质(如大气、水蒸气、氧化性酸)中耐蚀,在非氧化性介质(如盐酸、碱、硫酸)中不耐蚀。

马氏体不锈钢因碳的质量分数较高,而且有较高的强度和耐磨性,而其耐蚀性、塑性、焊接性能等则较奥氏体、铁素体不锈钢差。在马氏体不锈钢中碳的质量分数较低的钢,如 12Cr13、20Cr13、14Cr17Ni2 等,类似于调质钢,主要用作耐蚀机械零件,如汽轮机叶片、水压机阀等。而碳的质量分数较高的钢,如 30Cr13、40Cr13、95Cr18 等,类似于工具钢,主要用于医用手术工具、不锈钢弹簧、轴承等。

5.2.3 Cr13 型马氏体钢的热处理

Cr13 型不锈钢是价格最低廉的不锈钢。由于 Cr13 型马氏体类钢能淬火产生马氏体转变,可以获得优越的热处理强化,所以这类钢可进行多种热处理,以控制和调节这种相变,满足不同的力学性能要求。马氏体不锈钢的典型热处理工艺制度见表5.4,热处理后的力学性能见表5.5。

表 5.4 马氏体不锈钢的典型热处理制度(摘自 GB/T 1220—2007)

牌号	热处理/ ℃		
	退火	淬火	回火
12Cr12	800~900 缓冷或约 750 快冷	950~1 000 油冷	700~750 快冷
06Cr13	800~900 缓冷或约 750 快冷	950~1 000 油冷	700~750 快冷
12Cr13	800~900 缓冷或约 750 快冷	950~1 000 油冷	700~750 快冷
Y12Cr13	800~900 缓冷或约 750 快冷	950~1 000 油冷	700~750 快冷
20Cr13	800~900 缓冷或约 750 快冷	920~980 油冷	600~750 快冷
30Cr13	800~900 缓冷或约 750 快冷	920~980 油冷	600~750 快冷
Y30Cr13	800~900 缓冷或约 750 快冷	920~980 油冷	600~750 快冷
40Cr13	800~900 缓冷或约 750 快冷	1 050~1 100 油冷	200~300 空冷
14Cr17Ni2	680~700 高温回火,空冷	950~1 050 油冷	275~350 空冷
17Cr16Ni2	1	680~800,炉冷或空冷	950~1050 油冷或空冷	600~650,空冷
	2			750~800+650~700,空冷
68Cr17	800~920 缓冷	1 010~1 070 油冷	100~180 快冷
85Cr17	800~920 缓冷	1 010~1 070 油冷	100~180 快冷
108Cr17	800~920 缓冷	1 010~1 070 油冷	100~180 快冷
Y108Cr17	800~920 缓冷	1 010~1 070 油冷	100~180 快冷
95Cr18	800~920 缓冷	1 000~1 050 油冷	200~300 油、空冷
13Cr13Mo	800~900 缓冷或约 750 快冷	970~1 020 油冷	650~750 快冷
32Cr13Mo	800~900 缓冷或约 750 快冷	1 025~1 075 油冷	200~300 油、水、空冷
102Cr18Mo	800~900 缓冷	1 000~1 050 油冷	200~300 空冷
90Cr18MoV	800~920 缓冷	1 050~1 075 油冷	100~200 空冷

表 5.5 马氏体不锈钢热处理后的力学性能(摘自 GB/T 1220—2007)

牌号	退火后硬度	组别	经淬火回火后的力学性能						
	HBW		规定非比例延伸强度 $R_{p0.2}$ /(N·mm^{-2})	抗拉强度 R_m /(N·mm^{-2})	断后伸长率 A /%	断面收缩率 Z /%	冲击吸收功 KV_2 / J	硬度	
								HBW	HRC
	不大于		不小于						
12Cr12	200		390	590	25	55	118	170	—
06Cr13	183		345	490	24	60	—	—	—
12Cr13	200		345	540	22	55	78	159	—
Y12Cr13	200		345	540	17	45	55	159	—

续表5.5

牌号	退火后硬度	经淬火回火后的力学性能							
	HBW	组别	规定非比例延伸强度 $R_{p0.2}$ /(N·mm^{-2})	抗拉强度 R_m/(N·mm^{-2})	断后伸长率 A /%	断面收缩率 Z /%	冲击吸收功 KV_2 /J	硬度 HBW	硬度 HRC
	不大于		不小于						
20Cr13	223		440	640	20	50	63	192	—
30Cr13	235		540	735	12	40	24	217	—
Y30Cr13	235		540	735	8	35	24	217	—
40Cr13	235		—	—	—	—	—	—	50
14Cr17Ni2	285		—	1 080	10	—	39	—	—
17Cr16Ni2	295	1	700	980~1 050	12	45	25(KV_2)	—	—
		2	600	800~950	14				
68Cr17	255		—	—	—	—	—	—	54
85Cr17	255		—	—	—	—	—	—	56
108Cr17	269		—	—	—	—	—	—	58
Y108Cr17	269		—	—	—	—	—	—	58
95Cr18	255		—	—	—	—	—	—	55
13Cr13Mo	200		490	690	20	60	78	192	—
32Cr13Mo	207		—	—	—	—	—	—	50
102Cr18Mo	269		—	—	—	—	—	—	55
90Cr18MoV	269		—	—	—	—	—	—	55

这类钢由于铬的质量分数较高,过冷奥氏体很稳定,钢的淬透性很高,空冷即可获得马氏体组织。这类钢通常采用的热处理,有软化处理、球化退火、淬火和高温回火(调质)、淬火和低温回火等。

1.软化处理

钢经锻轧后,由于空冷即会产生马氏体转变,使锻件变硬,促使表面产生裂纹,同时也不易切削加工。因此这类钢锻后应缓冷,并及时进行软化处理,以利于切削加工。软化处理有以下两种方法:

(1)高温回火。

加热温度700~800 ℃,保温2~6 h后空冷,使马氏体转变为回火索氏体,使硬度降低。

(2)完全退火。

加热温度840~900 ℃(常用860 ℃),保温2~4 h,以不大于25 ℃/h的速度炉冷至600 ℃后再空冷。退火后的组织为铁素体基体上分布着碳化物,晶界上网状分布着碳化物颗粒。

2. 调质处理

12Cr13、20Cr13 一般用于耐蚀结构件,使用调质态,以获得高的综合力学性能。

12Cr13 的淬火温度最好为 980 ~ 1 050 ℃,油冷,淬火后的组织为少量铁素体+低碳板条马氏体,硬度约 43HRC。淬火后及时于 700 ~ 750 ℃ 回火,回火后应快冷,组织为回火索氏体。

20Cr13 的淬火温度最好为 1 000 ~ 1 050 ℃,油冷,淬火后的组织为板条马氏体+少量残余奥氏体,硬度约 50HRC。淬火后及时于 700 ~ 750 ℃ 回火,回火后应油冷,组织为保留马氏体位向的回火索氏体。

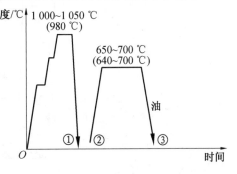

图 5.5 12Cr13、20Cr13 钢的热处理工艺曲线

为了消除回火快冷后的内应力,可再进行一次 400 ℃ 左右的去应力处理。

图 5.5 是 12Cr13、20Cr13 钢的热处理工艺曲线。

图 5.6 是 12Cr13 钢的淬火组织(铁素体+马氏体+少量残余奥氏体);图 5.7 是 20Cr13 钢调质组织(回火索氏体)。

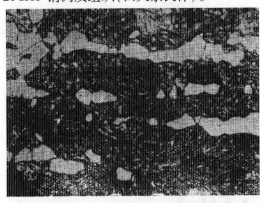

图 5.6 12Cr13 钢的淬火组织(铁素体+马氏体+少量残余奥氏体)

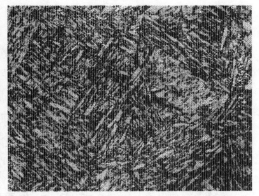

图 5.7 20Cr13 钢的调质组织(回火索氏体)

12Cr13、20Cr13 钢要采用 650 ~ 700 ℃ 的高温回火,是因为若在一般调质钢的回火温度 500 ~ 650 ℃ 回火时,耐蚀性将降低。回火温度在 400 ℃ 以下,碳化物开始析出,500 ℃ 后 $(Fe,Cr)_3C$ 将向富铬的 $(Cr,Fe)_7C_3$、$(Cr,Fe)_{23}C_6$ 转化,而这时碳的扩散速度大,而 Cr 的扩散速度小,导致碳化物周围产生贫 Cr 区,耐蚀性降低。700 ℃ 以上回火,Cr 的扩散速度加快,贫 Cr 区补充 Cr,耐蚀性恢复。

3. 淬火低温回火

40Cr13、95Cr18、90Cr18MoV 用于高硬度和高耐磨零件,其热处理采用淬火低温回火处理。

40Cr13 可加热到 1 050 ~ 1 100 ℃ 淬火,油冷或硝盐分级淬火以减少变形,淬火后组织为马氏体+碳化物+少量残余奥氏体。

回火温度为 200 ~ 300 ℃,空冷,回火组织为回火马氏体+碳化物。

图 5.8 是 40Cr13 钢手术剪淬火回火工艺曲线。

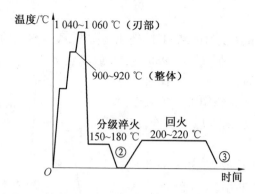

图 5.8　40Cr13 钢手术剪淬火回火工艺曲线

5.2.4　14Cr17Ni2 钢

14Cr17Ni2 钢是马氏体不锈钢中耐蚀性最好、强度最高的钢,特别是在海水中与铜合金接触,具有很高的耐蚀性。所以 14Cr17Ni2 钢在化工机械、造船工业及航空工业中有着广泛的应用。

14Cr17Ni2 钢的热处理有淬火低温回火和淬火高温回火两种方式。

14Cr17Ni2 钢淬火温度以 980 ~ 1 000 ℃ 比较适宜,一般均采用油冷。淬火后的组织为马氏体+铁素体+少量残余奥氏体。

14Cr17Ni2 钢在 275 ~ 350 ℃ 低温回火后的基体为回火马氏体,具有很高的硬度(350 ~ 402HB)与耐腐蚀性,适用于要求高硬度及耐腐蚀的零件。

14Cr17Ni2 钢在 630 ~ 700 ℃ 高温回火后的基体为回火索氏体,强度与韧性配合较好,耐腐蚀性也高,主要用于要求综合力学性能及耐腐蚀性的结构零件。

14Cr17Ni2 钢的缺点是有 475 ℃ 脆性,不能采用 350 ~ 550 ℃ 回火;它是不锈钢中对白点很敏感的钢,用于大型锻件时,锻后应进行去白点的退火。

5.3　铁素体不锈钢

5.3.1　牌号及成分特点

铁素体不锈钢的牌号及化学成分见表 5.6。从表 5.6 中可以看出,铁素体不锈钢的成分特点是碳的质量分数较低,碳的最高质量分数不大于 12%;按铬的质量分数,钢种类型分为 3 组,即 Cr13 型、Cr17 型及 Cr27 ~ 30 型;7 个牌号的钢中有 3 个加入了钼,目的是为了提高不锈钢抗有机酸及氯离子腐蚀的能力,加入铝是为了提高钢的抗氧化能力。

表 5.6 铁素体不锈钢的牌号及化学成分(摘自 GB/T 1220—2007)

新牌号	旧牌号	化学成分(质量分数)%								
		C	Si	Mn	P	S	Ni	Cr	Mo	其他
06Cr13Al	0Cr13Al	0.08	1.00	1.00	0.004	0.030	(0.60)	11.50 ~ 14.50	—	Al 0.10 ~ 0.30
022Cr12	00Cr12	0.030	1.00	1.00	0.004	0.030	(0.60)	11.00 ~ 13.50	—	—
10Cr17	1Cr17	0.12	1.00	1.00	0.004	0.030	(0.60)	16.00 ~ 18.00	—	—
Y10Cr17	Y1Cr17	0.12	1.00	1.25	0.060	≥0.15	(0.60)	16.00 ~ 18.00	(0.60)	—
10Cr17Mo	1Cr17Mo	0.12	1.00	1.00	0.004	0.030	(0.60)	16.00 ~ 18.00	0.75 ~ 1.25	—
008Cr30Mo2[②]	00Cr30Mo2[②]	0.010	0.40	0.40	0.030	0.020	—	28.50 ~ 32.00	1.50 ~ 2.50	N≤0.015
008Cr27Mo[②]	00Cr27Mo[②]	0.010	0.40	0.40	0.030	0.020	—	25.00 ~ 27.50	0.75 ~ 1.50	N≤0.015

注:①表中所列成分除标明范围或最小值外,其余均为最大值。括号内数值为可加入或允许含有的最大值。

②允许 w_{Ni}≤0.50%,w_{Cu}≤0.20%,而 w_{Ni} + w_{Cu}≤0.50%,必要时,可添加上表以外的合金元素

5.3.2 组织

铁素体不锈钢在室温下的平衡组织为:铁素体+$Cr_{23}C_6$ 型碳化物。铁素体不锈钢中无 γ 相变,从高温到低温,基体组织一直保持为 α-铁素体组织。

5.3.3 性能特点及用途

铁素体不锈钢的特性及应用见表5.7。铁素体不锈钢的耐蚀性较好,特别在硝酸、氨水中有较高的耐蚀性,同时其抗氧化性也较好,而强度较低。主要用于受力不大的耐酸结构和抗氧化钢,如生产硝酸、氮肥的设备和化工管道等。

表 5.7 铁素体不锈钢的特性及应用(摘自 GB/T 1220—2007)

序号	牌号	特性及应用
37	06Cr13Al	从高温下冷却不产生显著硬化,石油精制装置,压力容器衬里,蒸汽透平叶片和复合钢材
38	022Cr12	比06Cr13中碳的质量分数低,焊接部件弯曲性能、加工性能、耐高温氧化性能好。可制作汽车排气处理装置、锅炉燃烧室、喷嘴等

续表 5.7

序号	牌号	特性及应用
39	10Cr17	耐蚀性良好的通用钢种,生产硝酸、硝铵的化工设备,如吸收塔、热交换器、储槽等;建筑内装饰、日用办公设备、厨房器具、汽车装饰、气体燃烧器等
40	Y10Cr17	10Cr17 改进的切削钢。主要用于大切削量自动车床机械加工零件,如螺栓、螺母等
41	10Cr17Mo	为 10Cr17 的改良钢种,比 10Cr17 抗盐溶液性强,主要用作汽车轮毂、紧固件以及汽车外装饰材料使用
42	008Cr30Mo2	高纯铁素体不锈钢,耐卤离子应力腐蚀破坏性好,并具有良好的韧性、加工成型性和可焊接性,主要用于化学加工工业(乙酸、乳酸等有机酸、苛性钠浓缩工程)成套设备,食品工艺、石油精炼工艺、电力工业、水处理和污染控制等用热交换器、压力容器、罐和其他设备等
43	008Cr27Mo	性能类似于 008Cr30Mo2。适用于既要求耐蚀性又要求软磁性的用途

5.3.4　铁素体不锈钢的脆性

铁素体钢的缺点是韧性低,脆性大。其主要原因如下:

(1)原始晶粒粗大。

这类钢铸态下组织粗大,不能利用加热冷却过程中的相变重结晶来细化晶粒,粗大的铸态组织只能靠压力加工碎化。

当热加工温度(锻、轧温度)超过 850～950 ℃时,晶粒即发生粗化。为此,终锻或终轧温度应控制在 750 ℃以下,同时加入少量 Ti 来控制晶粒长大的倾向。

(2)σ 相脆性。

铁素体不锈钢在 600～800 ℃长期停留时,将析出 σ 相。σ 相是一种金属间化合物,成分为 $Cr_{46}Fe_{54}$,四方点阵结构,硬度大于 68HRC,析出时伴随很大的体积变化,常沿晶界分布,造成很大的脆性,促进晶间腐蚀。

随着 Cr 的质量分数的增加,和 Mn、Si、Mo、Al 的添加,将促使产生 σ 相。

消除 σ 相的方法是,将钢重新加热到 820 ℃以上,使 σ 相溶入铁素体中,随后快冷。

(3)475 ℃脆性。

Cr 质量分数为 15% 的高铬钢在 400～525 ℃范围内长时间加热,或在此温度范围内缓冷时,将导致钢的室温脆化,尤以 475 ℃加热最甚,故称 475 ℃脆性。

产生 475 ℃脆性原因是,铁素体中的 Cr 原子有序化,形成富 Cr(质量分数为 80% 的 Cr,质量分数为 20% 的 Fe)的体立方点阵的 α'' 相,该相与母相共格,引起较大的点阵畸变和内应力,使钢强度提高,冲击韧性降低。

Ti、Nb、Si、Mo、Al 等促进 475 ℃脆性发展,N 则降低 475 ℃脆性。

消除 475 ℃脆性方法是,在 700～800 ℃短时加热,随后快冷。

5.3.5 铁素体不锈钢的热处理

铁素体不锈钢在热加工后常采用退火的热处理制度,一般采用空冷或水冷来避免475 ℃脆性。铁素体不锈钢的热处理制度及其力学性能见表5.8。

表5.8 铁素体不锈钢的热处理制度及其力学性能(摘自 GB/T 1220—2007)

牌号	退火/℃	规定非比例延伸强度 $R_{p0.2}$ /($N \cdot mm^{-2}$)	抗拉强度 R_m/ ($N \cdot mm^{-2}$)	断后伸长率 A /%	断面收缩率 Z /%	冲击吸收功 KV_2 /J	硬度 (HBW)
		不小于					不大于
06Cr13Al	780～830,空冷或缓冷	175	410	20	60	78	183
022Cr12	700～820,空冷或缓冷	195	360	22	60	—	183
10Cr17	780～850,空冷或缓冷	205	450	22	50	—	183
Y10Cr17	680～820,空冷或缓冷	205	450	22	50	—	183
10Cr17Mo	780～850,空冷或缓冷	205	450	22	60	—	183
008Cr30Mo2	900～1050,快冷	295	450	20	45	—	228
008Cr27Mo	900～1050,快冷	245	410	20	45	—	219

5.4 奥氏体不锈钢

5.4.1 钢种及成分特点

奥氏体不锈钢的牌号及化学成分见表5.9。我国现行标准中共有不锈钢牌号64个,其中,奥氏体不锈钢有28个,接近半数。从表5.9中可以看出奥氏体不锈钢的成分特点。

(1)碳的质量分数很低。碳的最高质量分数也小于0.15%,有些钢种的碳的质量分数小于0.030%。

(2)利用 Cr、Ni 配合获得单相奥氏体组织等。奥氏体不锈钢的基本成分为 $w_{Cr} \geq 18\%$,$w_{Ni} \geq 8\%$,因而简称为18-8型不锈钢。在这里,镍、铬对形成奥氏体来说是相辅相成的,镍是奥氏体形成元素,镍的质量分数为8%～25%,铬的质量分数为1%～18%,都促进奥氏体的形成;Cr 提高钢的电极电位遵循 $n/8$ 规律,镍也有助于钝化,当 Cr、Ni 质量分数之和为18%+8%=26%时,不锈钢的耐蚀电位接近 $n/8$ 规律中 $n=2$ 时的电位值,这样既得到了单相奥氏体,又得到了很高的基体电极电位,使耐蚀性达到了较高的水平。典型钢号如 12Cr18Ni9、06Cr19Ni10、22Cr19Ni10 等。

(3)加入 Mo、Cu 等,提高不锈钢在硫酸、盐酸和某些有机酸中耐腐蚀性能以及提高钢的抗点蚀能力。Mo 是铁素体形成元素,需增加 Ni 的质量分数,获得奥氏体组织。典型钢号如 06Cr17Ni12Mo2、022Cr17Ni12Mo2、06Cr18Ni9Cu3 等,也有 Mo、Cu 复合加入的,如06Cr18Ni12Mo2Cu2、022Cr18Ni14Mo2Cu2 等。

(4)加入 Nb、Ti 等,提高不锈钢抗晶间腐蚀的能力。Nb、Ti 等也是铁素体形成元素,需增加 Ni 的质量分数,获得奥氏体组织,如 06Cr18Ni11Ti 、06Cr18Ni11Nb 等。

(5)加入 Mn、N 等代替 Ni,以节约 Ni,如 12Cr17Mn6Ni5N、12Cr18Mn8Ni5N 等。

在奥氏体不锈钢中还可各类元素同时加入,以提高钢的综合性能,典型钢号如 06Cr17Ni12Mo2Ti 等。

表 5.9 奥氏体不锈钢的牌号及化学成分(摘自 GB/T 1220—2007)

新牌号	旧牌号	化学成分(质量分数)/%								
		C	Si	Mn	P	S	Ni	Cr	Mo	其他
12Cr17Mn6Ni5N	1Cr17Mn6Ni5N	0.15	1.00	5.50 ~ 7.50	0.050	0.030	3.50 ~ 5.50	16.00 ~ 18.00	—	N0.05 ~ 0.25
12Cr18Mn9Ni5N	1Cr18Mn8Ni5N	0.15	1.00	7.50 ~ 10.00	0.050	0.030	4.00 ~ 6.00	17.00 ~ 19.00	—	N0.05 ~ 0.255
12Cr17Ni7	1Cr17Ni7	0.15	1.00	2.00	0.045	0.030	6.00 ~ 8.00	16.00 ~ 18.00	—	N0.10
12Cr18Ni9	1Cr18Ni9	0.15	1.00	2.00	0.045	0.030	8.00 ~ 10.00	17.00 ~ 19.00	—	N0.10
Y12Cr18Ni9	Y1Cr18Ni9	0.15	.00	2.00	0.20	≥0.15	8.00 ~ 10.00	17.00 ~ 19.00	(0.60)	—
Y12Cr18Ni9Se	Y1Cr18Ni9Se	0.15	1.00	2.00	0.20	0.060	8.00 ~ 10.00	17.00 ~ 19.00	—	Se≥ 0.15
06Cr19Ni10	0Cr18Ni9	0.08	1.00	2.00	0.045	0.030	8.00 ~ 11.00	17.00 ~ 20.00	—	—
022Cr19Ni10	00Cr19Ni10	0.030	1.00	2.00	0.045	0.030	8.00 ~ 12.00	18.00 ~ 20.00	—	—
06Cr18Ni9Cu3	0Cr18Ni9Cu3	0.08	1.00	2.00	0.045	0.030	8.50 ~ 10.50	17.00 ~ 19.00	—	Cu3.00 ~ 4.00
06Cr19Ni10N	0Cr19Ni9N	0.08	1.00	2.00	0.045	0.030	8.00 ~ 11.00	18.00 ~ 20.00	—	N0.10 ~ 0.16
06Cr19Ni9NbN	0Cr19Ni10NbN	0.08	1.00	2.00	0.045	0.030	7.50 ~ 10.50	18.00 ~ 20.00	—	N0.15 ~ 0.30, Nb0.15
022Cr19Ni10N	00Cr18Ni10N	0.030	1.00	2.00	0.045	0.030	8.00 ~ 11.00	18.00 ~ 20.00	—	N0.10 ~ 0.16
10Cr18Ni12	1Cr18Ni12	0.12	1.00	2.00	0.045	0.030	10.50 ~ 13.00	17.00 ~ 19.00	—	—
06Cr23Ni13	0Cr23Ni13	0.08	1.00	2.00	0.045	0.030	12.00 ~ 15.00	22.00 ~ 24.00	—	—

续表 5.9

新牌号	旧牌号	化学成分(质量分数)/%								
		C	Si	Mn	P	S	Ni	Cr	Mo	其他
06Cr25Ni20	0Cr25Ni20	0.08	1.50	2.00	0.045	0.030	19.00 ~ 22.00	24.00 ~ 26.00	—	—
06Cr17Ni12Mo2	0Cr17Ni12Mo2	0.08	1.00	2.00	0.045	0.030	10.00 ~ 14.00	16.00 ~ 18.00	2.00 ~ 3.00	—
022Cr17Ni12Mo2	00Cr17Ni14Mo2	0.030	1.00	≤2.00	0.045	0.030	10.00 ~ 10.00	16.00 ~ 18.00	2.00 ~ 3.00	—
06Cr17Ni12Mo2Ti	0Cr18Ni12Mo3Ti	0.08	1.00	2.00	0.045	0.030	10.00 ~ 14.00	16.00 ~ 10.00	2.00 ~ 3.00	Ti≥5w_C
06Cr17Ni12Mo2N	0Cr17Ni12Mo2N	0.08	1.00	2.00	0.045	0.030	10.00 ~ 13.00	16.00 ~ 18.00	2.00 ~ 3.00	N0.10 ~ 0.16
022Cr17Ni12Mo2N	00Cr17Ni13Mo2N	0.030	1.00	2.00	0.045	0.030	10.00 ~ 13.00	16.00 ~ 18.00	2.00 ~ 3.00	N0.10 ~ 0.16
06Cr18Ni12Mo2Cu2	0Cr18Ni12Mo2Cu2	0.08	1.00	2.00	0.045	0.030	10.00 ~ 14.00	17.00 ~ 19.00	1.20 ~ 2.75	Cu1.00 ~ 2.50
022Cr18Ni14Mo2Cu2	00Cr18Ni14Mo2Cu2	0.030	1.00	2.00	0.045	0.030	12.00 ~ 16.00	17.00 ~ 19.00	1.20 ~ 2.75	Cu1.00 ~ 2.50
06Cr19Ni13Mo3	0Cr19Ni13Mo3	0.08	1.00	2.00	0.045	0.030	11.00 ~ 15.00	18.00 ~ 20.00	3.00 ~ 4.00	—
022Cr19Ni13Mo3	00Cr19Ni13Mo3	0.030	1.00	2.00	0.045	0.030	11.00 ~ 15.00	18.00 ~ 20.00	3.00 ~ 4.00	—
03Cr18Ni16Mo5	0Cr18Ni16Mo5	0.04	1.00	2.00	0.045	0.030	15.00 ~ 17.00	16.00 ~ 19.00	4.00 ~ 6.00	—
06Cr18Ni11Ti	0Cr18Ni10Ti	0.08	1.00	2.00	0.045	0.030	9.00 ~ 12.00	17.00 ~ 19.00	—	Ti 5w_C ~ 0.70
06Cr18Ni11Nb	0Cr18Ni11Nb	0.08	1.00	2.00	0.045	0.030	9.00 ~ 12.00	17.00 ~ 19.00	—	Nb 10w_C ~ 1.10
06Cr18Ni11Si4[②]	0Cr18Ni11Si4[②]	0.08	3.00 ~ 5.00	2.00	0.045	0.030	11.50 ~ 15.00	15.00 ~ 20.00	—	—

注:表中所列成分除标明范围或最小值外,其余均为最大值。括号内数值为可加入或允许含有的最大值

5.4.2 组织

奥氏体不锈钢在平衡状态下的组织为奥氏体+铁素体+碳化物。而在实际使用状

下,经固溶处理后的组织,为单相奥氏体组织。

5.4.3 性能特点及用途

奥氏体不锈钢的特性及应用见表 5.10。在所有不锈钢中,奥氏体不锈钢的耐蚀性最好,塑性最好,易于加工成各种形状的钢材,具有良好的焊接性能及韧性,特别是低温韧性最好,且无磁性。

表 5.10 奥氏体不锈钢的特性及应用(摘自 GB/T 1220—2007)

牌号	特性和应用
12Cr17Mn6Ni5N	节镍钢,性能与 12Cr17Ni7 相近,可代替 12Cr17Ni7 使用。在固溶态无磁性,冷加工后具有轻微磁性。主要用于制造旅馆装备、厨房用具、水池、交通工具等
12Cr18Mn9Ni5N	节镍钢,是 Cr-Mn-Ni-N 型最典型、发展比较完善的钢。在 800 ℃ 以下具有很好的抗氧化性,且保持较高的强度,可代替 12Cr18Ni9 使用。主要用于制作 800 ℃ 以下经受弱介质腐蚀和承受负荷的零件,如炊具、餐具等
12Cr17Ni7	最易冷变形强化的钢,经冷加工有高的强度和硬度,并仍保留足够的塑性及韧性,在大气条件下具有较好的耐蚀性。主要用于以冷加工状态承受较高负荷,又希望减轻装备质量和不生锈的设备和部件,如铁道车辆、装饰板、传送带紧固件等
12Cr18Ni9	历史最悠久的奥氏体不锈钢,在固溶态具有良好的塑性、韧性和冷加工性,在氧化性酸和大气、水、蒸汽等介质中耐蚀性好。经冷加工有高的强度,但伸长率比 12Cr17Ni7 稍差。主要用于对耐蚀性和强度要求不高的结构件,如建筑物外表装饰材料;也可用于无磁部件和低温装置的部件。但在敏化态和焊后具有晶间腐蚀倾向,不宜用作焊接结构材料
Y12Cr18Ni9	12Cr18Ni9 改进切削性能钢。最适用于快速切削(如自动车床)制作辊、轴、螺栓、螺母等
Y12Cr18Ni9Se	提高 12Cr18Ni9 切削性能钢。用于小切削量,也适用于热加工或冷顶锻,如铆钉、螺钉等
06Cr19Ni10	在 12Cr18Ni9 钢基础上发展的钢,性能类似于 12Cr18Ni9 钢,但耐蚀性优于 12Cr18Ni9 钢,可用作薄截面尺寸的焊接件,是应用量最大、使用范围最广的不锈钢。适用于制造深冲成型部件和输酸管道、容器、结构件等,也可制造无磁、低温设备和部件,如食品设备、一般化工设备、原子能工业用设备等
022Cr19Ni10	碳的质量分数比 06Cr19Ni10 更低,耐晶间腐蚀性优越,主要用于需要焊接且焊接后又不能进行固溶处理的耐蚀设备和部件

续表 5.10

牌号	特性和应用
06Cr18Ni9Cu3	在 06Cr19Ni10 中加入 Cu,提高冷加工性能的钢。冷作硬化倾向小,可以在较小的成型力下获得最大的冷变形。主要用于制作冷镦紧固件、深拉等冷成形的部件
06Cr19Ni10N	在 06Cr19Ni10 中加入 N,强度提高,且塑性不降低。作为结构用高强度部件
06Cr19Ni10NbN	在 0Cr19Ni10 中加入 N 和 Nb,提高钢的耐点蚀和晶间腐蚀性能,具有与 06Cr19Ni10 相同的特性和用途
022Cr19Ni10N	在 022Cr19Ni10 中加入 N,用途与 60Cr19Ni10N 相同,但耐晶间腐蚀性更好
10Cr18Ni12	与 12Cr18Ni9 相比,加工硬化性低。适用于旋压加工、特殊拉拔、冷镦用
06Cr23Ni13	高铬镍奥氏体不锈钢,耐蚀性比 06Cr18Ni10 好,实际多作耐热钢使用
06Cr25Ni20	高铬镍奥氏体不锈钢,在氧化性介质中具有优良的耐蚀性,同时具有良好的高温力学性能,抗氧化性比 06Cr23Ni13 钢好,耐点蚀和耐应力腐蚀能力优于 18-8 型不锈钢,既可用于耐蚀部件,又可作为耐热钢使用
06Cr17Ni12Mo2	在 10Cr18Ni12 钢基础上加钼,使钢具有良好的耐还原性介质和耐点腐蚀能力,在海水和其他各种介质中,耐腐蚀性优于 06Cr19Ni10。主要用于耐点蚀材料
022Cr17Ni12Mo2	为 06Cr17Ni12Mo2 的超低碳钢,比 06Cr17Ni12Mo2 的耐晶间腐蚀性好,适用于制造厚截面尺寸的焊接部件和设备,如石油化工、化肥、造纸、印染及原子能工业用设备的耐蚀材料
06Cr17Ni12Mo2Ti	为解决 06Cr17Ni12Mo2 钢的晶间腐蚀而发展的钢,具有良好的耐晶间腐蚀性,其他性能与 06Cr17Ni12Mo2 钢相近,适用于制造焊接部件,用于抵抗硫酸、磷酸、蚁酸、醋酸腐蚀设备
06Cr17Ni12Mo2N	在 06Cr17Ni12Mo2 中加入 N,提高强度,不降低塑性,可作为耐腐蚀性较好的、强度较高的部件
022Cr17Ni12Mo2N	在 022Cr17Ni12Mo2 中加入 N,具有以与 022Cr17Ni12Mo2 同样特性,用途与 06Cr17Ni12Mo2N 相同,但耐晶间腐蚀性更好。主要用于化肥、造纸、制药、高压设备等领域
06Cr18Ni12Mo2Cu2	在 06Cr17Ni12Mo2 钢中加入质量分数约为 2% 的 Cu,其耐腐蚀性、耐点腐蚀性比 06Cr17Ni12Mo2 好,主要用于制作耐硫酸材料,也可用作焊接结构件和管道、容器等
022Cr18Ni14Mo2Cu2	为 06Cr18Ni12Mo2Cu2 的超低碳钢,比 0Cr18Ni12Mo2Cu2 耐晶间腐蚀性好,用途同 06Cr18Ni12Mo2

续表 5.10

牌号	特性和应用
06Cr19Ni13Mo3	耐点腐蚀性和抗蠕变能力优于06Cr17Ni12Mo2,用于制作造纸、印染设备、石油化工及耐有机酸腐蚀的装备等
022Cr19Ni13Mo3	为06Cr19Ni13Mo3的超低碳钢,比06Cr19Ni13Mo3钢耐晶间腐蚀性好,在焊接整体件时抑制析出碳。用途与06Cr19Ni13Mo3钢相同
03Cr18Ni16Mo5	耐点蚀性能优于022Cr17Ni12Mo2和06Cr17Ni12Mo2Ti的高钼不锈钢,在硫酸、甲酸、醋酸等介质中的耐蚀性更好,主要用于处理含氯离子溶液的热交换器,如醋酸设备、磷酸设备,漂白装置等,以及在022Cr17Ni12Mo2和06Cr17Ni12Mo2Ti钢不能适用的环境中使用
06Cr18Ni11Ti	添加Ti提高耐晶间腐蚀性,并具有良好的高温力学性能。除专用(高温或抗氢腐蚀)外,一般情况不推荐使用
06Cr18Ni11Nb	含Nb提高耐晶间腐蚀性,在酸、碱、盐等腐蚀介质中的耐蚀性同06Cr18Ni11Ti,焊接性能良好。既可作耐蚀材料,又可作耐热钢使用,主要用于火电厂、石油化工等领域,如制作容器、管道、热交换器、轴类等,也可作为焊接材料使用
06Cr18Ni13Si4	在06Cr19Ni10中增加Ni,添加Si,提高耐应力腐蚀断裂性能,用于含氯离子环境,如汽车排气净化装置等

但奥氏体不锈钢中含有大量的合金元素,价格昂贵,容易加工硬化,使切削加工较难进行。此外,奥氏体钢线膨胀系数高,导热性差,在加热及冷却时应注意这一点。

奥氏体不锈钢是应用最广泛的耐酸钢,约占不锈钢产量的2/3,主要用于制造生产硝酸、硫酸等化工设备的构件,冷冻工业用低温设备构件,因其无磁性,形变强化后可制作钟表发条等零件。

5.4.4 奥氏体不锈钢的晶间腐蚀

奥氏体不锈钢在450~850 ℃保温或缓冷时,以及焊接热影响区会出现晶间腐蚀现象。产生晶间腐蚀的原因是,富Cr的$Cr_{23}C_6$在此温度区间沿晶界析出,使其周围基体产生贫Cr区,使这部分基体的电极电位陡降,在形成微电池时,成为阳极,而沿晶界边缘发生腐蚀。

防止措施有以下几种:

(1)降低钢中C的质量分数至0.03%以下,将不会产生晶间腐蚀。

(2)加入Ti、Nb等形成稳定碳化物(TiC或NbC),避免在晶界上析出富铬的$Cr_{23}C_6$。

(3)采用适当热处理工艺。

5.4.5 奥氏体不锈钢的应力腐蚀

奥氏体不锈钢在含氯离子(Cl^-)的介质中易产生应力腐蚀。Ni的质量分数为8%~

10%的钢,产生应力腐蚀开裂的倾向最大。继续增加 Ni 的质量分数,应力腐蚀倾向减小,当其质量分数增至45% ~50%,应力腐蚀倾向消失。

防止措施为在钢中加入2% ~4%的 Si,并将 N 的质量分数控制在0.04%以下,尽量减少 P、Sb、Bi、As 等杂质的质量分数;选用奥氏体-铁素体不锈钢。

5.4.6 奥氏体不锈钢的形变强化

奥氏体不锈钢因不能相变强化,只能形变强化,且可冷拉成细丝,冷轧成很薄的钢带或钢管。经过大量变形后,钢的强度大为提高,尤其是在 0 ℃以下轧制时,抗拉强度可达2 000 MPa 以上,这是因为除加工硬化外,还叠加了应力诱发马氏体转变,但也产生了铁磁性。

5.4.7 奥氏体不锈钢的热处理

(1)固溶处理。

奥氏体不锈钢经过1 000 ~1 150 ℃加热、水冷的固溶处理后,能消除焊接、热加工和其他工艺操作造成的应力和晶间腐蚀倾向。奥氏体不锈钢均要经过固溶处理,以获得单相奥氏体,各牌号奥氏体不锈钢的固溶处理温度及固溶处理后力学性能见表5.11。

表 5.11 奥氏体不锈钢的固溶处理温度及固溶处理后力学性能(摘自 GB/T 1220—2007)

牌号	固溶处理/℃	规定非比例延伸强度 $R_{p0.2}$ /(N·mm^{-2})	抗拉强度 R_m/ (N·mm^{-2})	断后伸长率 A/%	断面收缩率 Z/%	硬度		
						HBW	HRB	HV
		不小于				不大于		
12Cr17Mn6Ni5N	1 010 ~1 120,快冷	275	520	40	45	241	100	253
12Cr18Mn9Ni5N	1 010 ~1 120,快冷	275	520	40	45	207	95	218
12Cr17Ni7	1 010 ~1 150,快冷	205	520	40	60	187	90	200
12Cr18Ni9	1 010 ~1 150,快冷	205	520	40	60	187	90	200
Y12Cr18Ni9	1 010 ~1 150,快冷	205	520	40	50	187	90	200
Y12Cr18Ni9Se	1 010 ~1 150,快冷	205	520	40	50	187	90	200
06Cr19Ni10	1 010 ~1 150,快冷	205	520	40	60	187	90	200
022Cr19Ni10	1 010 ~1 150,快冷	175	480	40	60	187	90	200
06Cr18Ni9Cu3	1 010 ~1 150,快冷	175	480	40	60	187	90	200
06Cr19Ni10N	1 010 ~1 150,快冷	275	550	35	50	217	95	220
06Cr19Ni9NbN	1 010 ~1 150,快冷	345	685	35	50	250	100	260
022Cr19Ni10N	1 010 ~1 150,快冷	245	550	40	50	217	95	220
10Cr18Ni12	1 010 ~1 150,快冷	175	480	40	60	187	90	200
06Cr23Ni13	1 030 ~1 150,快冷	205	520	40	60	187	90	200
06Cr25Ni20	1 030 ~1 180,快冷	205	520	40	50	187	90	200
06Cr17Ni12Mo2	1 010 ~1 150,快冷	205	520	40	60	187	90	200

续表 5.11

牌号	固溶处理/℃	规定非比例延伸强度 $R_{p0.2}$ /(N·mm^{-2})	抗拉强度 R_m/ (N·mm^{-2})	断后伸长率 A/%	断面收缩率 Z/%	硬度		
						HBW	HRB	HV
		不小于				不大于		
022Cr17Ni12Mo2	1 010 ~ 1 150,快冷	175	480	40	60	187	90	200
06Cr17Ni12Mo2Ti	1 000 ~ 1 100,快冷	205	530	40	55	187	90	200
06Cr17Ni12Mo2N	1 010 ~ 1 150,快冷	275	550	35	50	217	95	220
022Cr17Ni12Mo2N	1 010 ~ 1 150,快冷	245	550	40	50	217	95	220
06Cr18Ni12Mo2Cu2	1 010 ~ 1 150,快冷	205	520	40	60	187	90	200
00Cr18Ni14Mo2Cu2	1 010 ~ 1 150,快冷	175	400	40	60	187	90	200
06Cr19Ni13Mo3	1 010 ~ 1 150,快冷	205	520	40	60	187	90	200
022Cr19Ni13Mo3	1 010 ~ 1 150,快冷	175	480	40	60	187	90	200
03Cr18Ni16Mo5	1 030 ~ 1 180,快冷	175	480	40	45	187	90	200
06Cr18Ni11Ti	920 ~ 1 150,快冷	205	520	40	50	187	90	200
06Cr18Ni11Nb	980 ~ 1 150,快冷	205	520	40	50	187	90	200
06Cr18Ni13Si4	1 010 ~ 1 150,快冷	205	520	40	60	207	95	218

（2）稳定化处理。

固溶处理后,加热到 850 ~ 950 ℃保温后空冷。

含 Ti、Nb 的钢,在加热保温中,Cr 的碳化物溶解,Ti、Nb 的碳化物不完全溶解,并且在冷却过程中充分析出,使 C 不可能再形成 Cr 的碳化物,因而有效地消除了晶间腐蚀倾向。

不含 Ti、Nb 的钢,在加热保温中,使奥氏体-碳化物晶界的 Cr 质量分数提高,消除了贫 Cr 区,提高了不锈钢抗晶间腐蚀的能力。

（3）去应力处理。

为了消除奥氏体不锈钢在冷加工后的残余应力,一般是加热到 300 ~ 350 ℃进行回火,处理后,伸长率无显著改变,屈服强度与疲劳强度得到提高。为了消除冷加工或焊接后的残余应力,消除钢对应力腐蚀的敏感性,一般是加热到 850 ℃以上进行,对于含 Ti、Nb 的钢,在加热保温可以空冷,对于不含 Ti、Nb 的钢,在加热保温后应水冷至 540 ℃以后再空冷。

（4）再结晶退火。

深度冷加工的钢,为了消除加工硬化,便于继续加工,可进行再结晶退火。奥氏体不锈钢的再结晶温度约为 650 ℃,则钢加热至 850 ℃保温 3 h,或加热至 1 050 ℃烧透即可水冷。

5.5 奥氏体-铁素体型不锈钢

5.5.1 成分特点

奥氏体-铁素体型不锈钢的牌号及化学成分见表 5.12。从表 5.12 中可以看出,奥氏体-铁素体型不锈钢的成分特点如下:

(1)在 18-8 型奥氏体不锈钢成分的基础上增加了铁素体形成元素 Cr 的质量分数,减少了奥氏体形成元素 Ni 的质量分数,以得到奥氏体-铁素体双相组织。

(2)碳的质量分数低。

(3)添加了 Mo、Si、Al、Ti,以提高钢抗应力腐蚀及晶间腐蚀的能力。

表 5.12　奥氏体-铁素体型不锈钢的牌号及化学成分(摘自 GB/T 1220—2007)

新牌号	旧牌号	化学成分(质量分数)/%								
		C	Si	Mn	P	S	Ni	Cr	Mo	其他
14Cr18Ni11Si4AlTi	1Cr18Ni11Si4AlTi	0.10 ~ 0.18	3.40 ~ 4.00	0.80	0.035	0.030	10.00 ~ 12.00	17.50 ~ 19.50	—	Al0.10 ~ 0.30 Ti0.40 ~ 0.70
022Cr19Ni5Mo3Si2N	00Cr18Ni5Mo3Si2	0.030	1.30 ~ 2.00	1.00 ~ 2.00	0.035	0.030	4.50 ~ 5.50	18.00 ~ 19.50	2.50 ~ 3.00	N0.05 ~ 0.12
022Cr22Ni5Mo3N	—	0.030	1.00	2.00	0.030	0.020	4.50 ~ 6.50	21.00 ~ 23.00	2.50 ~ 3.50	N0.08 ~ 0.20
022Cr23Ni5Mo3N	—	0.030	1.00	2.00	0.030	0.020	4.50 ~ 6.50	22.00 ~ 23.00	3.00 ~ 3.50	N0.14 ~ 0.20
022Cr25Ni6Mo2N	—	0.030	1.00	2.00	0.035	0.030	5.50 ~ 6.50	24.00 ~ 26.00	1.20 ~ 2.50	N0.10 ~ 0.20
03Cr25Ni6Mo3Cu2N	—	0.04	1.00	1.50	0.035	0.030	4.50 ~ 6.50	24.00 ~ 27.00	2.90 ~ 3.90	Cu 1.20 ~ 2.50; N 0.10 ~ 0.25

注:表中所列成分除标明范围或最小值外,其余均为最大值。括号内数值为可加入或允许含有的最大值

5.5.2 性能特点

奥氏体-铁素体型不锈钢的特性及应用见表 5.13。奥氏体-铁素体型不锈钢抗应力腐蚀、晶间腐蚀能力强,焊接性、韧性、强度都较好。

表 5.13　奥氏体-铁素体型不锈钢的特性及应用(摘自 GB/T 1220—2007)

牌号	特性及应用
14Cr18Ni11Si4AlTi	含硅使钢的强度和耐浓硝酸腐蚀性能提高,可用于制作抗高温、浓硝酸介质的零件和设备,如排酸阀门等
022Cr19Ni5Mo3Si2N	加入 N 形成的一种耐氯化物应力腐蚀的专用不锈钢,耐点蚀性能与 022Cr17Ni12Mo2 相当。适用于含氯离子的环境,用于炼油、化肥、造纸、石油、化工等工业制造热交换器和冷凝器等
022Cr22Ni5Mo3N	是目前世界上双相不锈钢中应用最普遍的钢。对含硫化氢、二氧化碳、氯化物的环境具有阻抗性,可进行冷、热加工及成型,焊接性良好,适用于作结构材料,用来代替 022Cr19Ni10 和 022Cr17Ni12Mo2 奥氏体不锈钢使用。用于制作油井管、化工储罐、热交换器、冷凝器等易产生点蚀和应力腐蚀的受压设备
022Cr23Ni5Mo3N	从 022Cr22Ni5Mo3N 基础上派生出来的,特性与用途同 022Cr22Ni5Mo3N
022Cr25Ni6Mo2N	具有高强度、耐氯化物应力腐蚀、可焊接等特点,是耐点蚀最好的钢。主要用于化工、化肥、石油化工等工业领域,制作热交换器、蒸发器等
03Cr25Ni6Mo3Cu2N	具有良好的力学性能和耐局部腐蚀性能,尤其是耐磨损性能优于一般的奥氏体不锈钢,是海水环境中的理想材料。适用作舰船用的螺旋推进器、轴、潜艇密封件等,也适用于在化工、石油化工、天然气、纸浆、造纸等领域

5.5.3　热处理

奥氏体-铁素体型不锈钢也要进行固溶处理,各牌号奥氏体-铁素体型不锈钢的固溶处理温度及其力学性能见表 5.14。经固溶处理后钢中约有 40% ~60% 的铁素体。

表 5.14　奥氏体-铁素体不锈钢的典型热处理制度及其力学性能(摘自 GB/T 1220—2007)

牌号	固溶处理/ ℃	规定非比例延伸强度 $R_{p0.2}$/($N \cdot mm^{-2}$)	抗拉强度 R_m/($N \cdot mm^{-2}$)	断后伸长率 A/%	断面收缩率 Z/%	冲击吸收功 KV_2/J	硬度		
							HBW	HRB	HV
		不小于					不大于		
14Cr18Ni11Si4AlTi	930 ~ 1 050,快冷	440	715	25	40	63	—	—	—
022Cr19Ni5Mo3Si2N	920 ~ 1 150,快冷	390	590	20	40	—	290	30	300
022Cr22Ni5Mo3N	950 ~ 1 200,快冷	450	620	25	—	—	290	—	—
022Cr23Ni5Mo3N	950 ~ 1 200,快冷	450	655	25	—	—	290	—	—
022Cr25Ni6Mo2N	950 ~ 1 200,快冷	450	620	20	—	—	260	—	—
03Cr25Ni6Mo3Cu2N	1 000 ~ 1 250,快冷	550	750	25	—	—	290	—	—

5.6 沉淀硬化型不锈钢

5.6.1 成分特点

沉淀硬化型不锈钢的牌号及化学成分见表 5.15。从表 5.15 中可以看出。沉淀硬化型不锈钢的成分特点如下：

(1)C 的质量分数极低，C 的最高质量分数不大于 0.09%，以保证钢的耐蚀性、焊接性能和冷加工性能。

(2)Cr 的质量分数大于 14%，Ni 的质量分数为 4% ~ 7%，使 M_s 点略低于室温。

(3)加入了 Al、Mo、Nb 等，以形成沉淀强化相，如 Ni_3Al、Fe_2Mo、Fe_2Nb 等。

5.6.2 特性及应用

沉淀硬化型不锈钢的 M_s 点略低于室温，固溶处理后在室温时基体为奥氏体，在零件加工成型后，通过冷处理等，将奥氏体转变为马氏体，而又不使复杂零件变形，再通过时效处理，使沉淀强化相析出，使马氏体进一步强化，使钢的抗拉强度达到 1 100 MPa 以上。沉淀硬化型不锈钢的特性及应用见表 5.16。

表 5.15 沉淀硬化型不锈钢的牌号及化学成分(摘自 GB/T 1220—2007)

新牌号	旧牌号	化学成分(质量分数)/%									
		C	Si	Mn	P	S	Ni	Cr	Mo	Cu	其他
05Cr15Ni5Cu4Nb	—	0.07	1.00	1.00	0.040	0.030	3.50 ~ 5.50	14.00 ~ 15.50	—	2.50 ~ 4.50	Nb0.15 ~ 0.45
05Cr17Ni4Cu4Nb	0Cr17Ni4Cu4Nb	0.07	1.00	1.00	0.040	0.030	3.00 ~ 5.00	15.00 ~ 17.50	—	3.00 ~ 5.00	Nb0.15 ~ 0.45
07Cr17Ni7Al	0Cr17Ni7Al	0.09	1.00	1.00	0.040	0.030	6.50 ~ 7.75	16.00 ~ 18.00	—	—	Al0.75 ~ 1.50
07Cr15Ni7Mo2Al	0Cr15Ni7Mo2Al	0.09	1.00	1.00	0.040	0.030	6.50 ~ 7.50	14.00 ~ 16.00	2.00 ~ 3.00	—	Al0.75 ~ 1.50

表 5.16 沉淀硬化型不锈钢的特性及应用(摘自 GB/T 1220—2007)

牌号	特性和应用
05Cr15Ni5Cu4Nb	在 05Cr17Ni4Cu4Nb 钢的基础上发展的马氏体沉淀硬化不锈钢。除高强度外，还具有高的横向韧性和良好的可锻性。耐蚀性与 05Cr17Ni4Cu4Nb 钢相当。主要用于具有高强度、良好韧性，又要求有优良耐蚀性的服役环境，如高强度锻件、高压系统阀门部件、飞机部件等

续表 5.16

牌号	特性和应用
05Cr17Ni4Cu4Nb	添加铜和铌的马氏体沉淀硬化不锈钢。强度可通过改变热处理工艺予以调整,耐蚀性优于 Cr13 型及 95Cr18 和 14Cr17Ni2 钢。焊接工艺简便,但难以进行深度冷成型。主要用于既要求具有不锈性又要求高强度的部件,如汽轮机末级动叶片以及在腐蚀环境下工作温度低于 300 ℃的结构件
07Cr17Ni7Al	添加铝的半奥氏体沉淀硬化不锈钢,成分接近 18-8 型奥氏体不锈钢,具有良好的冶金和制造加工工艺性能。可用于 350 ℃以下长期工作的结构件、容器、管道、弹簧、垫圈、计量器部件等
07Cr15Ni7Mo2Al	以质量分数为 2%的 Mo 取代 07Cr17Ni7Al 钢中质量分数为 2%的 Cr 的半奥氏体沉淀硬化不锈钢,使之耐还原性介质腐蚀能力有所改善,综合性能优于 07Cr17Ni7Al。用于宇航、石油化工和能源等领域有一定耐蚀性要求的高强度容器、零件及结构件

5.6.3 热处理

沉淀硬化型不锈钢棒或试样的典型热处理制度见表 5.17,热处理后的力学性能见表 5.18。

在零件加工成型以前,要进行固溶处理,加热温度在 1 000 ℃以上,保温后应快冷。固溶处理后,进行冷加工成型。冷塑性变形就可使部分奥氏体转变为马氏体,要使更多的奥氏体转变为马氏体,应进行冷处理(-70 ℃,8 h)。

奥氏体转变为马氏体后,再进行时效处理,沉淀出金属间化合物,使钢进一步强化。不同温度时效,所得钢的力学性能不同,若时效温度较低,则强度、硬度较高,塑性较低。

表 5.17 沉淀硬化型不锈钢棒或试样的典型热处理制度(摘自 GB/T 1220—2007)

牌号	热处理		
	种类	组别	条件
	固溶	0	1 020 ~ 1 060 ℃快冷
05Cr15Ni5Cu4Nb 沉淀硬化	480 ℃时效	1	经固溶处理后,470 ~ 490 ℃空冷
	550 ℃时效	2	经固溶处理后,540 ~ 560 ℃空冷
	580 ℃时效	3	经固溶处理后,570 ~ 590 ℃空冷
	620 ℃时效	4	经固溶处理后,610 ~ 630 ℃空冷

续表 5.17

牌号	热处理		
	种类	组别	条件
05Cr17Ni4Cu4Nb	固溶	0	1 020~1 060 ℃快冷
	沉淀硬化 480 ℃时效	1	经固溶处理后,470~490 ℃空冷
	沉淀硬化 550 ℃时效	2	经固溶处理后,540~560 ℃空冷
	沉淀硬化 580 ℃时效	3	经固溶处理后,570~590 ℃空冷
	沉淀硬化 620 ℃时效	4	经固溶处理后,610~630 ℃空冷
07Cr17Ni7Al	固溶	0	1 000~1 100 ℃,快冷
	沉淀硬化 510 ℃时效	1	经固溶处理后,(955±10)℃保持 10 min,空冷到室温,在 24 h 以内冷却到(−73±6)℃,保持 8 h,再加热到(510±10)℃,保持 60 min 后空冷
	沉淀硬化 565 ℃时效	2	经固溶处理后,于(760±15)℃保持 90 min,在 1 h 内冷却到 15 ℃以下,保持 30 min,再加热到(565±10)℃保持 90 min,空冷
07Cr15Ni7Mo2Al	固溶	0	1 000~1 100 ℃,快冷
	沉淀硬化 510 ℃时效	1	经固溶处理后,(955±10)℃保持 10 min,空冷到室温,在 24 h 以内冷却到(−73±6)℃,保持 8 h,再加热到(510±10)℃保持 60 min 后,空冷
	沉淀硬化 565 ℃时效	2	经固溶处理后,于(760±15)℃保持 90 min,在 1 h 内冷却到 15 ℃以下,保持 30 min,再加热到(565±10)℃保持 90 min,空冷

表 5.18　沉淀硬化型不锈钢典型热处理制度后的力学性能（摘自 GB/T 1220—2007）

牌号	热处理		规定非比例延伸强度 $R_{p0.2}$ /(N·mm^{-2})	抗拉强度 R_m /(N·mm^{-2})	断后伸长率 A /%	断面收缩率 Z /%	硬度	
	类型	组别					HBW	HRC
			不小于					
05Cr15Ni5Cu4Nb	沉淀硬化	固溶 0	—	—	—	—	≤363	≤38
		480 ℃时效 1	1 180	1 310	10	35	≥375	≥40
		550 ℃时效 2	1 000	1 070	12	45	≥331	≥35
		580 ℃时效 3	865	1 000	13	45	≥302	≥31
		620 ℃时效 4	725	930	16	50	≥277	≥28
0Cr17Ni4Cu4Nb	沉淀硬化	固溶 0	—	—	—	—	≤363	≤38
		480 ℃时效 1	1 180	1 310	10	40	≥375	≥40
		550 ℃时效 2	1 000	1 070	12	45	≥331	≥35
		580 ℃时效 3	865	1 000	13	45	≥302	≥31
		620 ℃时效 4	725	930	16	50	≥277	≥28
0Cr17Ni7Al		固溶 0	≤380	≤1 030	20	—	≤229	—
		510 ℃时效 1	1 030	1 230	4	10	≥388	—
		565 ℃时效 2	960	1140	5	25	≥363	—
0Cr15Ni7Mo2Al		固溶 0	—	—	—	—	≤269	—
		510 ℃时效 1	1 210	1 320	6	20	≥388	—
		565 ℃时效 2	1 100	1 210	7	25	≥375	—

第6章　耐温用钢

6.1　耐热钢概述

能在高温下工作的钢称为耐热钢。高温工作条件与室温不同,工件会在远低于材料的抗拉强度的应力下破断。其原因是:①高温下钢被急剧地氧化,形成氧化皮,因受力截面逐渐缩小而导致破坏;②温度升高使钢的强度急剧降低而导致破坏。

6.1.1　耐热钢的分类

1. 按性能分类

(1)热稳定钢(抗氧化钢),是指在高温下长期工作不致因介质腐蚀而破坏的钢。

(2)热强钢,是指在高温下仍具有足够的强度而不会大量变形或破断的钢。

2. 按显微组织分类

(1)珠光体型耐热钢。这类钢一般在正火-高温回火后使用,主要用作热强钢,工作温度为 350~620 ℃,常用作锅炉零件等。

(2)马氏体型耐热钢。这类钢一般在淬火-高回后使用,主要用作热强钢,由马氏体型不锈钢发展而来。主要用作汽轮机叶片、阀门钢等。

(3)铁素体型耐热钢。这类钢主要用作抗氧化钢,系高铬钢加入硅、铝等元素形成,由铁素体型不锈钢发展而来。可用作加热炉的炉底板、炉栅等。

(4)奥氏体型耐热钢。这类钢是由奥氏体型不锈钢发展而来的。用作热强钢,工作温度为 600~810 ℃,用作抗氧化钢,工作温度可达 1 200 ℃。奥氏体耐热钢可作燃气涡轮、航空发动机及工业炉耐热构件的高温材料。

6.1.2　耐热钢的性能要求

耐热钢在高温下工作,因而对它的性能有如下要求:

(1)由于高温要引起表面的剧烈氧化、腐蚀,耐热钢的抗氧化性(耐热不起皮性)要好。

(2)由于在高温应力作用下,材料会发生蠕变等,耐热钢的抗蠕变性、热强性、抗热松弛性和抗热疲劳性要好。

(3)由于高温会引起组织的不断变化,耐热钢在高温下的组织稳定性要好,以及强化机制在高温下的有效性要好。

(4)耐热钢在高温温度场中要有大的热传导性,小的热膨胀性。

(5)好的铸造性、锻造性及焊接性,良好的成批生产性和经济性。

6.1.3 金属的抗氧化性

1. 金属高温氧化机理

金属在高温下的氧化是典型的化学腐蚀,即介质与金属直接接触而发生化学反应产生的腐蚀,腐蚀产物即氧化膜附着在金属表面。若能在金属表面形成一层致密的、完整的、并能与金属表面牢固结合的氧化膜,则金属将不再被氧化。

碳钢不具备这种氧化膜。碳钢的氧化膜为:

560 ℃以下,基体$+Fe_3O_4+Fe_2O_3$。

560 ℃以上,基体$+FeO+Fe_3O_4+Fe_2O_3$。

FeO、Fe_3O_4、Fe_2O_3氧化膜的厚度比为100∶10∶1。

高温下最厚的氧化膜是FeO,FeO是Fe原子的缺位固溶体,属于简单立方点阵,存在空隙,Fe^{2+}易通过FeO层向外扩散,O原子也易于向内扩散,加剧Fe的氧化。

2. 提高抗氧化性的途径

从钢的高温氧化机理可知,要提高钢在高温下的抗氧化性,则有防止FeO的形成及提高其形成温度两条途径。实现这两条途径的基本方法则是采用合金化的方法。

3. 耐热钢提高抗氧化性的合金化原理

主要用于提高钢抗氧化性的合金元素是Cr、Si、Al。表6.1是合金元素对FeO形成温度的影响。

表6.1 合金元素对 FeO 形成温度的影响

合金成分(质量分数)	纯铁	+1.03% Cr	+1.5% Cr	+1.4% Si	+0.4% Si +1.1% Al	+0.5% Si +2.2% Al
氧化膜中出现 FeO 的下限温度	570 ℃	600 ℃	650 ℃	750 ℃	800 ℃	850 ℃

图6.1是纯铁及$Fe-Cr$合金氧化膜的组成,图6.2是1 200 ℃时$Fe-Al$合金氧化膜的组成。

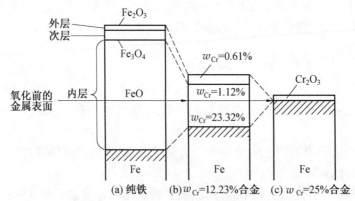

图6.1 纯 Fe 及 Fe-Cr 合金氧化膜的组成

从表6.1和图6.1及图6.2中可见,随Cr、Al、Si质量分数的提高,FeO生成温度提高,氧化膜中FeO量减少,直至氧化膜主要为Cr_2O_3或Al_2O_3或SiO_2(Fe_2SiO_4),这些氧化膜与基体结合牢固、致密,可阻止Fe^{2+}和O原子的扩散,具有良好的保护作用。

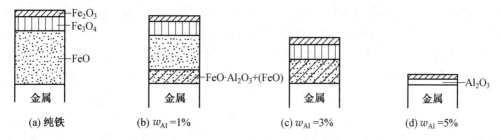

图 6.2　1 200 ℃时 Fe-Al 合金氧化膜的组成

（1）Cr。要使氧化膜具有良好的抗氧化性，单一加入 Cr 的用量如下：

工作温度 600 ℃，需质量分数为 5% 的 Cr；

工作温度 800 ℃，需质量分数为 12% 的 Cr；

工作温度 950 ℃，需质量分数为 20% 的 Cr；

工作温度 1 100 ℃，需质量分数为 28% 的 Cr。

复合加入 Si、Al，则可降低 Cr 的质量分数，提高热强性。如复合加入 CrSi、CrAl、CrSiAl。

（2）Si。常用质量分数为 2% ～3%，多了将增加钢的脆性。

（3）Al。质量分数为 6% 的 Al 有质量分数为 18% 的 Cr 钢的抗氧化水平，但 Al 不单独加入，因为含 Al 钢脆性大，难加工。

耐热钢中所用的其余合金元素无抗氧化作用，但有其他的作用。

Ni、Mn 这两个元素都是奥氏体形成元素，加入耐热钢中是为了获得奥氏体基体，改善其工艺性能。

加入 La 系稀土，有利于提高抗氧化性，因为它们能提高膜与基体的结合力。

C 能与 Cr 形成碳化物，将降低有效的 Cr 的质量分数，其质量分数应控制在 0.1% ～0.2%。

6.1.4　钢的热强性能（高温机械性能）

金属在高温下长时间承受载荷时，工件在远低于抗拉强度的应力下会产生破断；在工作应力远低于屈服应力的情况下，会连续、缓慢地发生塑性变形。这表明高温下金属的强度与温度和时间有关。

1. 温度和时间对机械性能的影响

在短时加载试验时，随着温度的提高，钢的强度及硬度逐渐降低，塑性逐渐提高；但随载荷作用时间的延长，钢的高温强度不断降低，塑性也降低，而且温度越高，降低越多。

2. 温度和时间对断裂形式的影响

温度升高，晶粒和晶界强度都要下降，但是晶界缺陷较多，原子扩散较晶内快，故晶界强度下降比晶粒快。到一定温度，原来室温下晶界强度高于晶内的状况，会转变为晶界强度低于晶内强度。晶内和晶界强度相等的温度称为等强温度。

当零件工作温度高于等强温度时，金属的断裂形式将由低温时的穿晶断裂转变为晶间断裂，即由韧性断裂转变为脆性断裂。

3. 常用热强性能指标

与常温下的 R_e 相似，表征材料在高温长期载荷作用下对塑性变形的抵抗能力的指标是蠕变极限。蠕变极限有两种表示方式:一种是在给定温度下,使试样产生规定蠕变速率的应力值;另一种是在给定温度下和规定时间内,使试样产生一定蠕变伸长率的应力值。

与常温下的 R_m 相似,表征材料高温长期载荷作用下对断裂的抵抗能力的指标是持久强度。金属的持久强度,是在给定温度下和规定时间内材料断裂所能承受的最大应力值。

6.1.5 提高热强性的途径

1. 基体的固溶强化

基体的熔点高,自扩散激活能大,层错能低,耐热性提高。基体的强度取决于原子结合力的大小,高温时,奥氏体钢比铁素体钢热强性高。加入合金元素形成单相固溶体,可提高基体金属的热强性,溶质原子与基体原子的半径差越大,熔点越高,增强基体热强性越显著。

Cr、Mo、W、Nb 等都有固溶强化作用,并能降低基体的层错能。加入原则应为少量多元。

2. 晶界强化

在钢中加入 B、稀土等与晶界偏聚的 S、P 等形成高熔点化合物,以净化晶界,可使晶界得到强化。减少晶界也可提高钢的热强性,晶粒度应控制在 2～4 级范围内,晶粒过于粗大,则钢的脆性将增大。加入 B、Ti、Zr 等元素以填充晶界上的空位,降低晶界上的扩散,可提高钢的蠕变抗力。在晶界上沉淀出不连续的强化相,也可提高钢的热强性。

3. 弥散相(第二相)强化

时效析出的弥散强化相主要有两类:一类为难熔合金的碳化物如 MC、M_6C 碳化物等,另一类为热稳定性更高的金属间化合物,如 Ni_3Ti、Ni_3Al、$Ni_3(Ti、Al)$ 等。它们稳定,不易聚集长大,高温下能长期保持细小均匀的弥漫状态,对提高钢在高温下的强度有重要作用。

实际应用时,一般都综合采用了以上方法。

6.2 抗氧化钢(热稳定性钢)

6.2.1 铁素体型抗氧化钢

铁素体型抗氧化钢是在铁素体型不锈钢基础上进行抗氧化合金化而形成的钢种。这类钢具有单相铁素体基体,表面容易获得连续的保护性氧化膜。铁素体型抗氧化钢的牌号及化学成分见表6.2。铁素体型抗氧化钢的特性及应用见表6.3。铁素体型抗氧化钢的热处理制度及力学性能见表6.4。

表 6.2　铁素体型抗氧化钢的牌号及化学成分（摘自 GB/T 1221—2007）

新牌号	旧牌号	化学成分（质量分数）/%							
		C	Si	Mn	P	S	Cr	N	其他
06Cr13Al	0Cr13Al	0.08	1.00	1.00	0.040	0.030	11.50 ~ 14.50	—	Al 0.10 ~ 0.30
022Cr12	00Cr12	0.030	1.00	1.00	0.040	0.030	11.00 ~ 13.50	—	—
10Cr17	1Cr17	0.12	1.00	1.00	0.040	0.030	16.00 ~ 18.00	—	—
16Cr25N	2Cr25N	0.20	1.00	1.50	0.040	0.030	23.00 ~ 27.00	0.25	Cu 0.30

注：表中所列成分除标明范围或最小值外，其余均为最大值

表 6.3　铁素体型抗氧化钢的特性及应用（摘自 GB/T 1221—2007）

牌号	特性和应用
06Cr13Al	冷加工硬化少，主要用于制作燃气透平压缩机叶片、退火箱、淬火台架
022Cr12	碳的质量分数低，焊接部位弯曲性能、加工性能、耐高温氧化性能好，可制作要求焊接的部件、汽车排气处理装置、锅炉燃烧室、喷嘴等
10Cr17	用作 900 ℃ 以下耐氧化部件、散热器、炉用部件、油喷嘴等
16Cr25N	耐高温腐蚀性强，1 082 ℃ 以下不产生易剥落的氧化皮，常用于抗硫气氛，如燃烧室、退火箱、玻璃模具、阀、搅拌杆等

表 6.4　铁素体型抗氧化钢的热处理制度及力学性能（摘自 GB/T 1221—2007）

牌号	退火/℃	规定非比例延伸强度 $R_{p0.2}$ /(N·mm^{-2})	抗拉强度 R_m /(N·mm^{-2})	断后伸长率 A/%	断面收缩率 Z/%	布氏硬度（HBW）
		不小于				不大于
06Cr13Al	780 ~ 830,空冷或缓冷	175	410	20	60	183
022Cr12	700 ~ 820,空冷或缓冷	195	360	22	60	183
10Cr17	780 ~ 850,空冷或缓冷	205	450	22	50	183
16Cr25N	780 ~ 880,快冷	275	510	20	40	201

从表 6.2 可见，铁素体型抗氧化钢的钢种主要有 3 种类型，即 Cr13 型（06Cr13Al、022Cr12）、Cr18 型（10Cr17）及 Cr25 型（16Cr25N）。随着 Cr 的质量分数的提高，钢种的使用温度也相应提高。

Cr13 型钢的使用温度为 800 ~ 850 ℃；Cr18 型钢的使用温度为 850 ~ 900 ℃；Cr25 型钢的使用温度为 900 ~ 1 100 ℃。

铁素体型抗氧化钢具有类似铁素体不锈钢的特点，无相变，有晶粒长大倾向，韧性较低，不宜制作承受冲击负荷的零件，但它们的抗氧化性强，在含硫的气氛中有好的耐蚀性，适宜制作各种承受应力不大的炉用构件，如退火炉罩、热交换器、散热器等。

铁素体型抗氧化钢一般在 700 ~ 850 ℃ 退火后使用。

6.2.2 奥氏体型抗氧化钢

奥氏体型抗氧化钢是在奥氏体型不锈钢的基础上进一步经 Si、Al 抗氧化合金化形成的钢种,使用温度与 Cr25 型铁素体钢相当,而且比铁素体型抗氧化钢有更好的工艺性和热强性。

奥氏体型抗氧化钢的牌号及化学成分见表 6.5,特性及应用见表 6.6。

表 6.5 奥氏体型抗氧化钢的牌号及化学成分(摘自 GB/T 1221—2007)

新牌号	牌号	化学成分(质量分数)/%							
		C	Si	Mn	P	S	Ni	Cr	N
26Cr18Mn12Si2N	3Cr18Mn12Si2N	0.22 ~ 0.30	1.40 ~ 2.20	10.50 ~ 12.50	0.050	0.030	—	17.00 ~ 19.00	0.22 ~ 0.33
22Cr20Mn9Ni2Si2N	2Cr20Mn9Ni2Si2N	0.17 ~ 0.26	1.80 ~ 2.70	8.50 ~ 11.00	0.050	0.030	2.00 ~ 3.00	18.00 ~ 21.00	0.20 ~ 0.30
06Cr19Ni10	0Cr18Ni9	0.08	1.00	2.00	0.045	0.030	8.00 ~ 11.00	19.00 ~ 20.00	—
16Cr23Ni13	2Cr23Ni13	0.20	1.00	2.00	0.040	0.030	12.00 ~ 15.00	22.00 ~ 24.00	—
06Cr23Ni13	0Cr23Ni13	0.08	1.00	2.00	0.045	0.030	12.00 ~ 15.00	22.00 ~ 24.00	—
20Cr25Ni20	2Cr25Ni20	0.25	1.00	2.00	0.040	0.030	19.00 ~ 22.00	24.00 ~ 26.00	—
06Cr25Ni20	0Cr25Ni20	0.08	1.50	2.00	0.040	0.030	19.00 ~ 22.00	24.00 ~ 26.00	—
12Cr16Ni35	1Cr16Ni35	0.15	1.50	2.00	0.040	0.030	33.00 ~ 37.00	14.00 ~ 17.00	—
06Cr18Ni13Si4	0Cr18Ni13Si4	0.08	3.00 ~ 5.00	2.00	0.045	0.030	11.50 ~ 15.00	15.00 ~ 20.00	—
16Cr20Ni14Si2	1Cr20Ni14Si2	0.20	1.50 ~ 2.50	1.50	0.040	0.030	12.00 ~ 15.00	19.00 ~ 22.00	—
16Cr25Ni20Si2	1Cr25Ni20Si2	0.20	1.50 ~ 2.50	1.50	0.040	0.030	18.00 ~ 21.00	24.00 ~ 27.00	—

表 6.6 奥氏体性抗氧化钢的特性及应用(摘自 GB/T 1221—2007)

牌号	特性和应用
26Cr18Mn12Si2N	具有较高的高温强度和一定的抗氧化性,并且有较好的抗硫及抗增碳性。用于吊挂支架、渗碳炉构件、加热炉传送带、料盒及炉爪
22Cr20Mn9Ni2Si2N	特性和用途同 26Cr18Mn12Si2N,还可用于盐浴坩埚和加热炉管道等
06Cr19Ni10	通用耐氧化钢,可承受 870 ℃以下反复加热
16Cr23Ni13	承受 980 ℃以下反复加热的抗氧化钢。用于加热炉部件及重油燃烧器
06Cr23Ni13	耐腐蚀性比 06Cr19Ni10 钢好,可承受 980 ℃以下反复加热。用于炉用材料
20Cr25Ni20	承受 1 035 ℃以下反复加热的抗氧化钢,主要用于制作炉用部件、喷嘴、燃烧室
06Cr25Ni20	抗氧化性比 06Cr23Ni13 钢好,可承受 1 035 ℃以下反复加热。炉用材料、汽车排气净化装置等
12Cr16Ni35	抗渗碳、抗氮化性好的钢种,在 1 035 ℃以下反复加热。炉用钢材、石油裂解装置
06Cr18Ni13Si4	具有与 06Cr25Ni20 相当的抗氧化性。用于含氯离子环境,如汽车排气净化装置等
16Cr20Ni14Si2 16Cr25Ni20Si2	具有较高的高温强度及抗氧化性,对含硫气氛较敏感,在 600 ~ 800 ℃有析出相的脆化倾向,适于制作承受应力的各种炉用构件

从表 6.5 可以看出,奥氏体型抗氧化钢的钢种主要有 3 种类型,即 Cr-Ni 系、Cr-Ni-Si 系及 Cr-Mn-Si-N 系。

1. Cr-Ni 系

Cr-Ni 系又分为低碳 Cr-Ni 系和高碳 Cr-Ni 系。从表 6.6 可见,低碳 Cr-Ni 系的 06Cr19Ni10 是应用很广的不锈耐氧化钢,06Cr23Ni13 及 06Cr25Ni20 的抗氧化性随铬的质量分数的增加而提高。高碳 Cr-Ni 系的钢使用温度与相同铬镍质量分数的低碳 Cr-Ni 系钢相同,强度较高些。

2. Cr-Ni-Si 系

Cr-Ni-Si 系的 06Cr18Ni13Si4 抗氧化性与 06Cr25Ni20 相当,而 16Cr20Ni14Si2 与 16Cr25Ni20Si2 则有较高的高温强度,适合制作各种承受应力的炉用构件。

3. Cr-Mn-Si-N 系

Cr-Mn-Si-N 系的 26Cr18Mn12Si2N 钢和 22Cr20Mn10Ni2Si2N 钢,以 Mn、N 部分或完全代替 Ni,具有较高的高温强度和一定的抗氧化性,并且具有较好的抗硫及抗增碳性,可用作渗碳炉构件等。22Cr20Mn10Ni2Si2N 还可用于盐浴炉坩埚等。

奥氏体型抗氧化钢与奥氏体型不锈钢一样,均在固溶处理后使用。奥氏体型抗氧化钢的热处理制度及力学性能见表 6.7。

表 6.7　奥氏体型抗氧化钢的热处理制度及力学性能（摘自 GB/T 1221—2007）

牌号	热处理/℃	规定非比例延伸强度 $R_{p0.2}$ /(N·mm^{-2})	抗拉强度 R_m/(N·mm^{-2})	断后伸长率 A /%	断面收缩率 Z /%	布氏硬度 (HBW)
		不小于				不大于
26Cr18Mn12Si2N	固溶 1 100 ~ 1 150 快冷	390	685	35	45	248
22Cr20Mn9Ni2Si2N	固溶 1 100 ~ 1 150 快冷	390	635	35	45	248
06Cr19Ni10	固溶 1 010 ~ 1 150 快冷	205	520	40	60	187
16Cr23Ni13	固溶 1 030 ~ 1 150 快冷	205	560	45	50	201
06Cr23Ni13	固溶 1 030 ~ 1 150 快冷	205	520	40	60	187
20Cr25Ni20	固溶 1 030 ~ 1 180 快冷	205	590	40	50	201
06Cr25Ni20	固溶 1 030 ~ 1 180 快冷	205	520	40	50	187
12Cr16Ni35	固溶 1 030 ~ 1 180 快冷	205	560	40	50	201
06Cr18Ni13Si4	固溶 1 010 ~ 1 150 快冷	205	520	40	60	207
16Cr20Ni14Si2	固溶 1 080 ~ 1 130 快冷	295	590	35	50	187
16Cr25Ni20Si2	固溶 1 080 ~ 1 130 快冷	295	590	35	50	187

6.3　珠光体型热强钢

珠光体型热强钢是指在正火状态下，显微组织由珠光体加铁素体所组成的一类耐热钢。它的合金元素的质量分数少，工艺性能好，广泛用于在 600 ℃以下工作的动力工业和石油工业的构件。

珠光体热强钢按碳的质量分数的高低可分为以下两类：

（1）低碳珠光体型热强钢。这类钢主要用作锅炉管等，工作温度范围为 500 ~ 600 ℃。

（2）中碳珠光体型热强钢。这类钢主要用作耐热紧固件、汽轮机转子等（包含轴、叶轮）。

6.3.1　低碳珠光体型热强钢

1. 成分特点及典型钢种

高压锅炉管用珠光体型热强钢的牌号和化学成分见表 6.8。

表6.8 高压锅炉管用珠光体型热强钢的牌号和化学成分（摘自 GB 5310—2008）

钢号	化学成分（质量分数）/%										
	C	Mn	Si	Cr	Mo	V	Ti	B	W	P	S
15MoG	0.12 ~ 0.20	0.40 ~ 0.80	0.17 ~ 0.37	—	0.25 ~ 0.35	—	—	—	—	≤ 0.025	≤ 0.015
20MoG	0.15 ~ 0.25	0.40 ~ 0.80	0.17 ~ 0.37	—	0.44 ~ 0.65	—	—	—	—	≤ 0.025	≤ 0.015
12CrMoG	0.08 ~ 0.15	0.40 ~ 0.70	0.17 ~ 0.37	0.40 ~ 0.70	0.40 ~ 0.55	—	—	—	—	≤ 0.025	≤ 0.015
15CrMoG	0.12 ~ 0.18	0.40 ~ 0.70	0.17 ~ 0.37	0.80 ~ 1.10	0.40 ~ 0.55	—	—	—	—	≤ 0.025	≤ 0.015
12Cr2MoG	0.08 ~ 0.15	0.40 ~ 0.60	≤ 0.50	2.00 ~ 2.50	0.90 ~ 1.13	—	—	—	—	≤ 0.025	≤ 0.015
12Cr1MoVG	0.08 ~ 0.15	0.40 ~ 0.70	0.17 ~ 0.37	0.90 ~ 1.20	0.25 ~ 0.35	0.15 ~ 0.30	—	—	—	≤ 0.025	≤ 0.010
12Cr2MoWVTiB	0.08 ~ 0.15	0.45 ~ 0.65	0.45 ~ 0.75	1.60 ~ 2.10	0.50 ~ 0.65	0.28 ~ 0.42	0.08 ~ 0.18	0.002 ~ 0.008	0.30 ~ 0.55	≤ 0.025	≤ 0.015
12Cr3MoVSiTiB	0.09 ~ 0.15	0.50 ~ 0.80	0.60 ~ 0.90	2.50 ~ 3.00	1.00 ~ 1.20	0.25 ~ 0.35	0.22 ~ 0.38	0.005 ~ 0.011	—	≤ 0.025	≤ 0.015

从表6.8可见,高压锅炉管用珠光体型热强钢的成分特点如下:

（1）低碳。

0.08% ~ 0.20%的低碳质量分数,首先使钢具有良好的加工性能(易轧制、穿管、拉拔、焊接、冷弯等)。低碳又使钢基体具有大量铁素体,铁素体的高熔点和组织稳定性有利于耐热,也有利于表面生成 Fe_2O_3 的保护膜。低碳还使碳化物相减少,钢中不易产生珠光体球化、石墨化的变化,有利于组织稳定性。

（2）主加合金元素为铬、钼。

它们的主要作用是固溶强化铁素体,提高热强性和再结晶温度,并有阻止珠光体球化和石墨化的作用。

（3）辅加合金元素为钒、钛、钨。

它们的主要作用是形成稳定碳化物,阻止 Cr、Mo 向碳化物中转移,保持固溶体的强化特性,同时阻止珠光体球化和石墨化。稳定碳化物也有弥散强化作用,可以提高热强性。

典型钢种如 12CrMoG、12Cr1MoVG 等,使用温度可达 580 ℃。

12Cr2MoWVTiBG、12Cr3MoVSiTiBG 两个钢号,还用微量硼强化晶界,并适当提高硅的质量分数,增加钢的抗氧化性,从而使使用温度达到 600 ~ 620 ℃。

2. 热处理的特点

低碳珠光体型热强钢中含有的 Cr、Mo、V 等合金元素,能显著提高钢的淬透性,并强烈推迟珠光体区的转变,使钢在正火后能得到相当数量的贝氏体组织,使钢的热强性提高,并且工艺简便,容易控制。所以低碳珠光体型热强钢一般在正火或正火+高温回火后使用。高压锅炉管用珠光体型热强钢的热处理制度见表 6.9。

表 6.9　高压锅炉管用珠光体型热强钢的热处理制度（摘自 GB 5310—2008）

牌号	热处理制度
15MoG20MoG	890～950 ℃正火
12CrMoG	900～960 ℃正火,670～730 ℃回火
15CrMoG	900～960 ℃正火,680～730 ℃回火
12Cr2MoG	壁厚 S≤30 mm 的钢管 900～960 ℃正火,700～750 ℃回火。壁厚 S>30 mm 的钢管不低于 900 ℃淬火,700～750 ℃回火；900～960 ℃正火,700～750 ℃回火,但正火后应快冷
12Cr1MoVG	壁厚 S≤30 mm 的钢管 980～1 020 ℃正火,720～760 ℃回火,壁厚 S>30 mm 的钢管 950～960 ℃淬火,720～760 ℃回火；980～1 020 ℃正火,720～760 ℃回火,但正火后应快冷
12Cr2MoWVTiB	1 020～1 060 ℃正火, 760～790 ℃回火
12Cr3MoVSiTiB	1 040～1 090 ℃正火, 720～770 ℃回火

正火温度一般选择较高,为 A_{c3}+50 ℃（900～1 020 ℃）,以使碳化物完全溶解并均匀分布。回火温度则应高于使用温度 100～150 ℃,（常用 720～740 ℃,2～3 h）,以提高使用温度下的组织稳定性。但回火温度也不宜过高,以免超过 A_{c1},出现局部高碳奥氏体,在回火冷却时出现少量黄色的高碳马氏体,使钢的性能变坏。

高压锅炉管用珠光体型热强钢的室温力学性能要求见表 6.10。钢管外径 $D \geqslant$ 76 mm,且壁厚 $S \geqslant 14$ mm 的钢管应做冲击试验。

表 6.10　高压锅炉管用珠光体型热强钢的室温力学性能（摘自 GB 5310—2008）

牌号	拉伸性能				冲击吸收功 KV_2/J	
	抗拉强度 R_m/ MPa	下屈服强度或规定非比例延伸强度 R_{eL} 或 $R_{p0.2}$/MPa	断后伸长率 A/%		纵向	横向
			纵向	横向		
			不小于			
15MoG	450～600	270	22	20	40	27
20MoG	415～665	220	22	20	40	27
12CrMoG	410～560	205	21	19	40	27
15CrMoG	440～640	295	21	19	40	27
12Cr2MoG	450～600	280	22	20	40	27
12Cr1MoVG	470～640	255	21	19	40	27
12Cr2MoWVTiB	540～735	345	18	—	40	—
12Cr3MoVSiTiB	610～805	440	16	—	40	—

6.3.2 中碳珠光体型热强钢

1. 成分特点及典型钢种的力学性能

高温紧固件及汽轮机转子用钢的牌号及化学成分见表 6.11。高温紧固件材料的力学性能见表 6.12。汽轮机转子材料的力学性能见表 6.13。

表 6.11 高温紧固件及汽轮机转子用钢的牌号及化学成分（摘自 DL/T 439—2006、JB/T 7022—2014）

钢号	化学成分（质量分数）/%										
	C	Mn	Si	Cr	Mo	V	Ti	B	Ni	P	S
20CrMo	0.17 ~ 0.24	0.40 ~ 0.70	0.17 ~ 0.37	0.80 ~ 1.10	0.15 ~ 0.25	—	—	—	≤ 0.30	≤ 0.035	≤ 0.035
35CrMoA	0.32 ~ 0.40	0.40 ~ 0.70	0.17 ~ 0.37	0.80 ~ 1.10	0.15 ~ 0.25			—	≤ 0.30	≤ 0.025	≤ 0.025
25Cr2MoVA	0.22 ~ 0.29	0.40 ~ 0.70	0.17 ~ 0.37	1.50 ~ 1.80	0.25 ~ 0.35	0.15 ~ 0.30		—	≤ 0.30	≤ 0.030	≤ 0.025
25Cr2Mo1VA	0.22 ~ 0.29	0.50 ~ 0.80	0.17 ~ 0.37	2.10 ~ 2.50	0.90 ~ 1.10	0.30 ~ 0.50		—	≤ 0.30	≤ 0.025	≤ 0.025
20Cr1Mo1V1A	0.18 ~ 0.25	0.30 ~ 0.60	0.17 ~ 0.37	1.00 ~ 1.30	0.80 ~ 1.10	0.70 ~ 1.00		—	≤ 0.40	≤ 0.025	≤ 0.025
20Cr1Mo1VNbTiB	0.17 ~ 0.23	0.40 ~ 0.65	0.40 ~ 0.60	0.90 ~ 1.30	0.75 ~ 1.00	0.50 ~ 0.70	0.05 ~ 0.14	0.0001 ~ 0.005	Nb0.11 ~ 0.22	≤ 0.025	≤ 0.025
20Cr1Mo1VTiB	0.17 ~ 0.23	0.40 ~ 0.60	0.40 ~ 0.60	0.90 ~ 1.30	0.75 ~ 1.00	0.45 ~ 0.65	0.16 ~ 0.28	0.0001 ~ 0.005		≤ 0.025	≤ 0.025
42CrMoA	0.38 ~ 0.45	0.50 ~ 0.80	0.17 ~ 0.37	0.90 ~ 1.20	0.15 ~ 0.25			—	≤ 0.30	≤ 0.025	≤ 0.025
34CrMo1	0.30 ~ 0.38	0.40 ~ 0.70	0.17 ~ 0.37	0.70 ~ 1.20	0.40 ~ 0.55	—	Cu≤ 0.20	—	≤ 0.30	≤ 0.020	≤ 0.020
28CrMoNiV	0.25 ~ 0.30	0.30 ~ 0.80	≤ 0.30	1.10 ~ 1.40	0.80 ~ 1.00	0.25 ~ 0.35	Cu≤ 0.20	Al≤ 0.01	0.50 ~ 0.75	≤ 0.012	≤ 0.012
30CrMoNiV	0.28 ~ 0.34	0.30 ~ 0.80	≤ 0.30	1.10 ~ 1.40	1.00 ~ 1.20	0.25 ~ 0.35	Cu≤ 0.20	Al≤ 0.01	0.50 ~ 0.75	≤ 0.012	≤ 0.012
34CrNi3Mo	0.30 ~ 0.40	0.50 ~ 0.80	0.17 ~ 0.37	0.70 ~ 1.10	0.25 ~ 0.40		Cu≤ 0.20	—	2.75 ~ 3.25	≤ 0.015	≤ 0.018
25CrNiMoV	0.22 ~ 0.28	0.30 ~ 0.60	≤ 0.30	1.00 ~ 1.30	0.25 ~ 0.45	0.05 ~ 0.15	Cu≤ 0.20	—	1.00 ~ 1.50	≤ 0.015	≤ 0.018
30Cr2Ni4MoV	≤ 0.35	0.20 ~ 0.40	0.15 ~ 0.30	1.50 ~ 2.00	0.30 ~ 0.60	0.07 ~ 0.15	Cu≤ 0.20	Al≤ 0.015	3.25 ~ 3.75	≤ 0.012	≤ 0.012
30CrNi3MoV	≤ 0.35	≤ 1.00	≥0.15	≥0.20	≥0.45	≥0.05	Cu≤ 0.15	Al≤ 0.010	≥2.50	≤ 0.015	≤ 0.015

表6.12　高温紧固件材料的力学性能(摘自 DL 17439—2006)

牌号	室温力学性能(不小于)					HBW	高温强度		
	$R_{p0.2}$ /MPa	R_m /MPa	A /%	Z /%	KV_2 /(J)		试验温度 /℃	σ_{10}^{-5} /MPa	σ_{10}^{5} /MPa
20CrMo	490	637	14	40	55	197~241	470	137	255
35CrMo	490	686	15	45	47	217~255	450	103	—
25Cr2MoV	588	735	16	50	47	241~277	500	49	108
25Cr2Mo1V	588	735	16	50	47	241~277	550	67	162
20Cr1Mo1V1	637	735	15	60	59	248~277	—	—	—
20Cr1Mo1VNbTiB	735	834	15	60	39	241~285	550	189	214~294
20Cr1Mo1VTiB	686	784	14	50	39	255~293	570	—	172~212
42CrMo	600	790	16	50	47	248~293	—	—	95~170

表6.13　汽轮机转子材料的力学性能(摘自 JB/T 7022—2014)

钢种	尺寸范围 /mm	取样部位	强度级别	$R_{p0.2}$ /MPa	R_m /MPa	A /%	Z /%	$KV_2(KU_2)$ /J	FATT50
34CrMo1	≤250	纵向	600	600~750	≥720	≥15	≥40	[≥47]	≤40
	≤500	纵向	570	570~720	≥680	≥11	≥32	[≥39]	
28CrMoNiV	≤900	切向、纵向	550	550~700	700~850	≥15	≥40	≥24	≤45
	≤900		670	≥670	≥800	≥15	≥40	≥24	≤45
30CrMoNiV	≥900	切向、纵向	550	550~700	700~850	≥15	≥40	≥24	≤45
34CrNi3Mo	<500	纵向	700	700~850	≥820	≥14	≥40	[≥47]	≤20
		切向		670~820	≥780	≥11	≥32	[≥39]	
	<300	纵向	750	790~900	≥870	≥13	≥40	[≥47]	≤20
		切向		715~865	≥830	≥12	≥30	[≥39]	
25CrNiMoV	≤1 000	纵向	550	≥500	≥650	≥15	≥40	≥47	≤40
		切向		≥480	≥620	≥11	≥32	≥39	
	≤1 000	纵向	600	≥600	≥720	≥15	≥40	≥47	≤40
		切向		≥570	≥680	≥11	≥32	≥39	
30Cr2Ni4MoV	≤1 200	切向、纵向	760	≥760	860~970	[≥16]	≥45	≥41	≤13
		心部纵向		≥725	≥825	[≥16]	≥45	≥34	
30CrNi3MoV		径向、纵向	690	≥690	≥825	[≥16]	≥40	≥21	≤0

　　从表6.11~6.13可见,高温紧固件及汽轮机转子用珠光体型热强钢的成分及性能特点如下:

C 的质量分数为 0.17% ~0.35%,较锅炉管用钢 C 的质量分数高,因而强度也相对较高,工艺上主要采用热锻成形。其合金化原理与低碳珠光体型钢相同,以 Cr、Mo、Ni 为主要合金元素,固溶强化铁素体,V、Ti、Nb、W 等为辅加合金元素,形成稳定碳化物,B 强化晶界,以提高热强性。

紧固件在高温和压力作用下工作,应能长期保持一定的预紧应力,因而要求钢具有高的松弛稳定性。在珠光体 Cr-Mo-V 钢中,回火贝氏体组织具有高的松弛稳定性。25Cr2Mo1V 室温下的屈服强度较高,但持久塑性较低。而 20Cr1Mo1VNbTiB、20Cr1Mo1VTiB 持久强度及持久塑性都高,可以使用在 570 ℃左右工作的紧固件上。

由主轴和叶轮组成的汽轮机转子或整锻转子,承受的是巨大的复杂应力,要求高的沿轴向、径向均匀一致的综合机械性能,高的热强性和持久塑性,以及良好的淬透性和工艺性能,因而碳的质量分数较紧固件高。

2. 热处理的特点

紧固件及汽轮机转子的热处理工艺见表 6.14。

25Cr2Mo1V 采用二次正火+回火的松弛稳定性较淬火+回火后高,是因为正火获得了部分贝氏体组织。第一次正火温度较高(1 030 ~1 050 ℃),使碳化物溶解较完全,以提高抗松弛能力,第二次正火温度较低(950 ~970 ℃),使晶粒度细些,以改善缺口敏感性。

35CrMoV、34CrNi3Mo 等钢一般采用淬火+高温回火的热处理方式,热处理后的组织为回火索氏体。

表 6.14　紧固件及汽轮机转子的热处理工艺

钢种	热处理工艺
20CrMo	880 ~900 ℃水或油冷,580 ~600 ℃回火
35CrMo	850 ~870 ℃油或水冷,540 ~620 ℃回火
25Cr2MoV	920 ~940 ℃油冷,640 ~690 ℃回火
25Cr2Mo1V	(1) 1 030 ~1 050 ℃空冷,950 ~970 ℃空冷,680 ℃回火 6 h 后空冷 (2) 950 ~980 ℃空冷,680 ℃回火 6 h
20Cr1Mo1V1	1 000 ℃淬火,700 ℃回火
20Cr1Mo1VNbTiB	1 020 ~1 040 ℃油冷,700 ~720 ℃回火 6 h 后空冷
20Cr1Mo1VTiB	1 030 ~1 050 ℃油冷,700 ℃回火 6 h
42CrMo	850 ℃油或水冷,580 ℃回火
34CrMo1	880 ~900 ℃水或油冷,580 ~600 ℃回火
28CrMoNiV	880 ~900 ℃水或油冷,580 ~600 ℃回火
30CrMoNiV	880 ~900 ℃水或油冷,580 ~600 ℃回火
30Cr1Mo1V	880 ~900 ℃水或油冷,580 ~600 ℃回火
34CrNi3Mo	880 ~900 ℃水或油冷,580 ~600 ℃回火
25CrNiMoV	880 ~900 ℃水或油冷,580 ~600 ℃回火
30Cr2Ni4MoV	880 ~900 ℃水或油冷,580 ~600 ℃回火

6.4 马氏体型热强钢

马氏体型热强钢的牌号及化学成分见表 6.15,其特性和应用见表 6.16。由表 6.15
和表 6.16 可见,马氏体型热强钢主要有两类:一类是 Cr12 型钢,主要用作汽轮机叶片用
钢;另一类是铬硅型钢,主要用作排气阀钢。

表 6.15 马氏体型热强钢的牌号及化学成分(摘自 GB/T 1221—2007)

新牌号	旧牌号	化学成分(质量分数)/%									
		C	Si	Mn	P	S	Ni	Cr	Mo	V	其他
12Cr13	1Cr13	0.08 ~ 0.15	1.00	1.00	0.040	0.030	(0.60)	11.50 ~ 13.50	—	—	—
20Cr13	2Cr13	0.16 ~ 0.25	1.00	1.00	0.040	0.030	(0.60)	12.00 ~ 14.00	—	—	—
14Cr17Ni2	1Cr17Ni2	0.11 ~ 0.17	0.80	0.80	0.040	0.030	1.50 ~ 2.50	16.00 ~ 18.00	—	—	—
17Cr16Ni2		0.12 ~ 0.22	1.00	1.50	0.040	0.030	1.50 ~ 2.50	15.00 ~ 17.00	—	—	—
12Cr5Mo	1Cr5Mo	0.15	0.50	0.60	0.040	0.030	0.60	4.00 ~ 6.00	0.40 ~ 0.60	—	—
12Cr12Mo	1Cr12Mo	0.10 ~ 0.15	0.50	0.30 ~ 0.50	0.035	0.030	0.30 ~ 0.50	11.50 ~ 13.00	0.30 ~ 0.60	—	Cu 0.30
13Cr13Mo	1Cr13Mo	0.08 ~ 0.18	0.60	1.00	0.040	0.030	(0.60)	11.50 ~ 14.00	0.30 ~ 0.60	—	
14Cr11MoV	1Cr11MoV	0.11 ~ 0.18	0.50	0.60	0.035	0.030	0.60	10.00 ~ 11.50	0.50 ~ 0.70	0.25 ~ 0.40	
18Cr12MoVNbN	2Cr12MoVNbN	0.15 ~ 0.20	0.50	0.50 ~ 1.00	0.035	0.030	(0.60)	10.00 ~ 13.00	0.30 ~ 0.90	0.10 ~ 0.40	Nb0.20 ~ 0.60; N0.05 ~ 0.10
15Cr12WMoV	1Cr12WMoV	0.12 ~ 0.18	0.50	0.50 ~ 0.90	0.035	0.030	0.40 ~ 0.80	11.00 ~ 13.00	0.50 ~ 0.70	0.15 ~ 0.30	W0.70 ~ 1.10
22Cr12NiWMoV	2Cr12NiMoWV	0.20 ~ 0.25	0.50	0.50 ~ 1.00	0.040	0.030	0.50 ~ 1.00	11.00 ~ 13.00	0.75 ~ 1.25	0.20 ~ 0.40	W0.75 ~ 1.25
13Cr11Ni2W2MoV	1Cr11Ni2W2MoV	0.10 ~ 0.16	0.60	0.60	0.035	0.030	1.40 ~ 1.80	10.50 ~ 12.00	0.35 ~ 0.50	0.18 ~ 0.30	W1.50 ~ 2.00

续表 6.15

新牌号	旧牌号	化学成分(质量分数)%									
		C	Si	Mn	P	S	Ni	Cr	Mo	V	其他
18Cr11NiMoNbVN	2Cr11NiMoNbVN	0.15 ~ 0.20	0.50	0.50 ~ 0.80	0.030	0.025	0.30 ~ 0.60	10.00 ~ 12.00	0.60 ~ 0.90	0.20 ~ 0.30	Nb0.20 ~ 0.60; Al0.30; N0.04 ~ 0.09
42Cr9Si2	4Cr9Si2	0.35 ~ 0.50	2.00 ~ 3.00	0.70	0.035	0.030	0.60	8.00 ~ 10.00	—	—	—
45Cr9Si3	—	0.40 ~ 0.50	3.00 ~ 3.50	0.60	0.030	0.030	0.60	7.50 ~ 9.50	—	—	—
40Cr10Si2Mo	4Cr10Si2Mo	0.35 ~ 0.45	1.90 ~ 2.60	0.70	0.035	0.030	0.60	9.00 ~ 10.50	0.70 ~ 0.90	—	—
80Cr20Si2Ni	8Cr20Si2Ni	0.75 ~ 0.85	1.75 ~ 2.25	0.20 ~ 0.60	0.030	0.030	1.15 ~ 1.65	19.00 ~ 20.50	—	—	—

表 6.16　马氏体型热强钢的特性和应用(摘自 GB/T 1221—2007)

牌号	特性和应用
12Cr13	可制作 800 ℃以下耐氧化用部件
20Cr13	淬火状态下硬度高,耐蚀性良好,汽轮机叶片
14Cr17Ni2	作具有较高程度的耐硝酸及有机酸腐蚀的轴类、活塞杆、泵、阀等零件以及弹簧、紧固件、容器和设备
17Cr16Ni2	改善 14Cr17Ni2 钢的加工性能,可代替 14Cr17Ni2 钢使用
12Cr5Mo	在中高温下有良好的力学性能,能抗石油在裂化过程中产生的腐蚀。可制作再热蒸气管、石油裂解管、锅炉吊架、蒸汽轮机汽缸衬套、泵的零件、阀、活塞杆、高压加氢设备部件、紧固件
12Cr12Mo	铬钼马氏体耐热钢。可制作汽轮机叶片
13Cr13Mo	比 12Cr13 耐蚀性高的高强度钢。用于制作汽轮机叶片、高温、高压蒸气用机械部件等
14Cr11MoV	铬钼钒马氏体耐热钢。有较高的热强性,良好的减震性及组织稳定性,用于透平叶片及导向叶片
18Cr12MoVNbN	铬钼钒铌氮马氏体耐热钢。用于制高温结构部件,如汽轮机叶片、盘、叶轮轴、螺栓等
15Cr12WMoV	铬钼钨钒马氏体耐热钢。有较高的热强性,良好的减震性及组织稳定性。用于透平叶片、紧固件、转子及轮盘

续表 6.16

牌号	特性和应用
22Cr12NiMoWV	性能与用途类似于 13Cr11Ni2W2MoV 钢。用于制作高温结构部件,如汽轮机叶片、叶轮、螺栓
13Cr11Ni2W2MoV	铬镍钨钼钒马氏体耐热钢。具有良好的韧性和抗氧化性能,在淡水和湿空气中有较好的耐蚀性
18Cr11NiMoNbVN	具有良好的强韧性、抗蠕变性能和抗松弛性能,可用于制作汽轮机高温紧固件和动叶片
42Cr9Si2 45Cr9Si3	铬硅马氏体阀门钢,750 ℃ 以下耐氧化,用于制作内燃机进气阀、轻负荷发动机的排气阀
40Cr10Si2Mo	铬硅钼马氏体阀门钢,经淬火回火后使用。因含有钼和硅,高温强度抗蠕变性能及抗氧化性能比 40Cr13 高。用于制作进、排气阀门、鱼雷、火箭部件、预燃烧室等
80Cr20Si2Ni	铬硅镍马氏体阀门钢。用于制作以耐磨性为主的进气阀、排气阀、阀座等

6.4.1　叶片用钢

1.成分特点及典型钢种

Cr12 型叶片用钢是在 Cr13 型不锈钢的基础上进一步合金化,提高了热强性的钢种。其成分特点是,主加合金元素为 Cr、Mo,Cr、Mo 主要溶入固溶体中,以提高固溶强化效果来提高热强性。加入 V、W、Nb 等强碳化物形成元素,它们优先与 C 形成碳化物,有利于 Cr、Mo 等元素溶入固溶体,同时有析出强化效应,进一步提高了热强性和使用温度。典型钢种如 14Cr11MoV,15Cr12WMoV 等。

2.热处理

叶片的工作温度在 450～620 ℃,叶片用钢则需在调质态下使用,回火温度需高于工作温度。叶片用马氏体热强钢的典型热处理制度见表 6.17,热处理后的力学性能见表 6.18。

例如,14Cr11MoV 的淬火温度为 1 050～1 100 ℃,回火温度为 720～740 ℃。这类钢的淬透性很强,淬火空冷可得马氏体,回火组织则为回火屈氏体+回火索氏体。

表 6.17 马氏体热强的钢典型热处理制度(摘自 GB/T 1221—2007)

牌号	热处理		
	退火/ ℃	淬火/ ℃	回火/ ℃
12Cr13	800 ~ 900 缓冷或约 750 快冷	950 ~ 1 000,油冷	700 ~ 750,快冷
20Cr13	800 ~ 900 缓冷或约 750 快冷	920 ~ 980,油冷	600 ~ 750,快冷
14Cr17Ni2	680 ~ 700 高温回火,空冷	950 ~ 1 050,油冷	275 ~ 350 空冷
17Cr16Ni2 1	680 ~ 800 炉冷或空冷	950 ~ 1 050,油冷或空冷	600 ~ 650,空冷
17Cr16Ni2 2			750 ~ 800+650 ~ 700,空冷
13Cr5Mo	—	950 ~ 950,油冷	600 ~ 700,空冷
12Cr12Mo	800 ~ 900 缓冷或约 750 快冷	950 ~ 1 000,油冷	700 ~ 750,快冷
13Cr13Mo	830 ~ 900 缓冷或约 750 快冷	970 ~ 1 020,油冷	650 ~ 750,快冷
14Cr11MoV	—	1 050 ~ 1 100,空冷	720 ~ 740,空冷
18Cr12MoVNbN	850 ~ 950 缓冷	1 100 ~ 1 170,油冷或空冷	≥600,空冷
15Cr12WMoV	—	1 000 ~ 1 050,油冷	680 ~ 700,空冷
22Cr12NiWMoV	830 ~ 900 缓冷	1 020 ~ 1 070,油冷或空冷	≥600,空冷
13Cr11Ni2W2MoV 1	—	1 000 ~ 1 020 正火,	660 ~ 710,油冷或空冷
13Cr11Ni2W2MoV 2		1 000 ~ 1 020 油冷或空冷	540 ~ 600,油冷或空冷
18Cr11NiMoNbVN	850 ~ 900 缓冷 或 700 ~ 770 快冷	≥1 090,油冷	≥640,空冷
42Cr9Si2	—	1 020 ~ 1 040,油冷	700 ~ 780 油冷
45Cr9Si3	800 ~ 900 缓冷	900 ~ 1 080,油冷	700 ~ 850,快冷
40Cr10Si2Mo	—	1 010 ~ 1 040,油冷	720 ~ 760,空冷
80Cr20Si2Ni	800 ~ 900 缓冷或约 720 空冷	1 030 ~ 1 080,油冷	700 ~ 800,快冷

表 6.18 马氏体热强钢的力学性能(摘自 GB/T 1221—2007)

牌号	退火后硬度	经淬火回火后的力学性能					
		规定非比例延伸强度 $R_{p0.2}$ /(N·mm^{-2})	抗拉强度 R_m /(N·mm^{-2})	断后伸长率 A /%	断面收缩率 Z /%	冲击吸收功 KV_2 /J	硬度
	HBW						HBW
	不大于	不小于					
12Cr13	200	345	540	22	55	78	≥159
20Cr13	223	440	640	20	50	63	≥192
14Cr17Ni2	—	—	1080	10	—	39	

续表 6.18

牌号		退火后硬度	经淬火回火后的力学性能					硬度
		HBW	规定非比例延伸强度 $R_{p0.2}$ /(N·mm^{-2})	抗拉强度 R_m /(N·mm^{-2})	断后伸长率 A /%	断面收缩率 Z /%	冲击吸收功 KV_2 /J	HBW
		不大于	不小于					
17Cr16Ni2	1	295	700	900~1 050	12	45	25(AKV)	—
	2		600	800~950	14			
13Cr5Mo		200	390	590	18	—		
12Cr12Mo		255	450	685	18	60	78	217~248
13Cr13Mo		200	490	690	20	60	78	≥192
14Cr11MoV		200	490	685	16	55	47	
18Cr12MoVNbN		269	685	835	15	30	—	≤321
15Cr12WMoV		—	585	735	15	45	47	—
22Cr12NiWMoV		269	735	885	10	25	—	≤341
13Cr11Ni2W2MoV	1	269	735	885	15	55	71	269~321
	2		885	1080	12	50	55	311~388
18Cr11NiMoNbVN		255	760	930	12	32	20(AKV)	277~331
42Cr9Si2		269	590	885	19	50	—	—
45Cr9Si3		—	685	930	15	35		≥269
40Cr10Si2Mo		269	685	885	10	35	—	—
80Cr20Si2Ni		321	685	885	10	15	8	≥262

6.4.2 气阀钢

内燃机进气阀的工作温度范围为 300~400 ℃,受力和抗腐蚀要求不高,一般采用 40Cr 等即可。而排气阀阀端处在燃烧室中,工作温度为 600~800 ℃,最高为 850 ℃,且要求抗燃气中的 PbO、V_2O_5、Na_2O、SO_2 等的腐蚀。阀门的高速运动和频繁的启动,使阀门受到机械疲劳和热疲劳;阀门对冲刷的燃气和阀门座的相对运动,使阀门受冲刷腐蚀磨损以及摩擦磨损。因此,阀门钢应有高的热强性、硬度、韧性、高温下的抗氧化性、耐腐蚀性以及高温下的组织稳定性和良好的工艺性等。

1. 成分特点及典型钢种

中碳,C 的质量分数约为 0.40%,以提高综合力学性能和耐磨性;Cr、Si 复合合金化,以提高抗氧化、抗热疲劳及回火稳定性;加入 Mo,以减轻回火脆性,提高热强性。典型钢种如 42Cr9Si2、40Cr10Si2Mo 等。

2. 热处理

气阀钢在淬火高温回火后使用。各牌号气阀用马氏体热强钢的热处理制度见表6.17,热处理后的力学性能见表6.18。

42Cr9Si2 经 1 020～1 040 ℃油淬后的组织为马氏体+碳化物;经 700～780 ℃回火,油冷后的组织则为回火索氏体+碳化物,用于工作温度低于 700 ℃的排气阀。

40Cr10Si2Mo 经 1 010～1 040 ℃油淬后的组织也为马氏体+碳化物;经 720～760 ℃回火空冷后的组织为回火索氏体+碳化物,用于工作温度低于 750 ℃的排气阀。

工作温度高于 750 ℃的排气阀,则要采用奥氏体型热强钢。

6.5　奥氏体型热强钢

奥氏体型热强钢的工作温度为 600～800 ℃,高于珠光体型及马氏体型热强钢。其主要原因是,γ- Fe 的原子结合力较 α- Fe 大,合金元素在 γ- Fe 中的扩散系数小,γ- Fe 的再结晶温度约 800 ℃,也高于 α- Fe 450～600 ℃的再结晶温度。另外,奥氏体型钢的塑性及韧性好,焊接性及冷加工等工艺性能也好于珠光体型及马氏体型热强钢。虽然奥氏体型钢的切削加工性较差,但由于热强性的优点,奥氏体型钢仍得到充分的发展和广泛的应用。

根据热强钢合金化原理,奥氏体热强钢有固溶强化型、碳化物强化型及金属间化合物强化型。奥氏体热强钢的牌号和化学成分见表6.19。奥氏体型热强钢的特性和应用见表6.20。

表 6.19　奥氏体热强钢的牌号和化学成分(摘自 GB/T 1221—2007)

类型	新牌号	旧牌号	化学成分(质量分数)/%								
			C	Si	Mn	P	S	Ni	Cr	Mo	其他
固溶强化型	06Cr17Ni12Mo2	0Cr17Ni12Mo2	0.08	1.00	2.00	0.045	0.030	10.00～14.00	16.00～18.00	2.00～3.00	—
	06Cr19Ni13Mo3	0Cr19Ni13Mo3	0.08	1.00	2.00	0.045	0.030	11.00～15.00	18.00～20.00	3.00～4.00	—
	06Cr18Ni11Ti	0Cr18Ni10Ti	0.08	1.00	2.00	0.045	0.030	9.00～12.00	17.00～19.00	—	Ti $\geqslant$ 5×w_C
	06Cr18Ni11Nb	0Cr18Ni11Nb	0.08	1.00	2.00	0.045	0.030	9.00～12.00	17.00～19.00	—	Nb10w_C～1.10
碳化物强化型	53Cr21Mn9Ni4N	5Cr21Mn9Ni4N	0.48～0.58	0.35	8.00～10.00	0.040	0.030	3.25～4.50	20.00～22.00	—	N0.35～0.50
	22Cr21Ni12N	2Cr21Ni12N	0.15～0.28	0.75～1.25	1.00～1.60	0.040	0.030	10.50～12.50	20.00～22.00	—	N0.15～0.30
	45Cr14Ni14W2Mo	4Cr14Ni14W2Mo	0.40～0.50	0.80	0.70	0.040	0.030	13.00～15.00	13.00～15.00	0.25～0.40	W2.00～2.75

续表 6.19

类型	新牌号	旧牌号	化学成分(质量分数)/%								
			C	Si	Mn	P	S	Ni	Cr	Mo	其他
金属间化合物强化型	06Cr15Ni25Ti2MoAlVB	0Cr15Ni25Ti2MoAlVB	0.08	1.00	2.00	0.040	0.030	24.00~27.00	13.50~16.00	1.00~1.50	Ti1.90~2.35;Al0.35;B0.001~0.010;V0.10~0.50

表 6.20 奥氏体型热强钢的特性和应用(摘自 GB/T 1221—2007)

牌号	特性和应用
06Cr17Ni12Mo2	高温具有优良的蠕变强度,可制造热交换用部件及高温耐腐蚀螺栓
06Cr19Ni13Mo3	耐点蚀和抗蠕变能力优于 06Cr17Ni12Mo2。用于制作造纸、印染设备、石油化工及耐有机酸腐蚀的装备、热交换用部件
06Cr18Ni11Ti	作在 400~900 ℃ 腐蚀条件下使用的部件,高温用焊接结构部件
06Cr18Ni11Nb	作为 400~900 ℃ 腐蚀条件下使用的部件,高温用焊接结构部件
53Cr21Mn9Ni4N	Cr-Mn-Ni-N 型奥氏体阀门钢。用于制作以要求高温强度为主的汽油及柴油机用排气阀
22Cr21Ni12N	Cr-Ni-N 型耐热钢。用以制造以抗氧化为主的汽油及柴油机用排气阀
45Cr14Ni14W2Mo	中碳奥氏体阀门钢。在 700 ℃ 以下有较高的热强性,在 800 ℃ 以下有良好的抗氧化性能。用于制造 700 ℃ 以下工作的内燃机、柴油机重负荷进、排气阀和紧固件,500 ℃ 以下工作的航空发动机及其他产品零件。也可作为渗氮钢使用
06Cr15Ni25Ti2MoAlVB	奥氏体沉淀硬化型钢,具有高的缺口强度,在温度低于 980 ℃ 时抗氧化性能与 06Cr25Ni20 相当。主要用于 700 ℃ 以下的工作环境,要求具有高强度和优良耐蚀性的部件或设备,如汽轮机转子、叶片、骨架、燃烧室部件和螺栓等

6.5.1 固溶强化型

1. 成分特点及典型钢种

固溶强化型奥氏体热强钢是在 18-8 奥氏体不锈钢基体成分上,加 Mo、Nb、Ti 等元素提高固溶体的原子间结合力,强化固溶体。Nb、Ti 可形成部分 NbC、TiC,强化晶界。Mo、Nb、Ti 等是铁素体形成元素,需增加 Ni 的质量分数,以保持奥氏体基体。典型钢种如06Cr18Ni11Nb 等。

2. 热处理

由于这类钢是固溶强化型,因此一般经固溶处理后使用,其典型热处理制度及力学性能见表 6.21。

3. 用途

喷气发动机排气管或燃烧室中的构件等。

表 6.21 奥氏体型热强钢的典型热处理制度及力学性能(摘自 GB/T 1221—2007)

牌号	典型热处理制度/℃	规定非比例延伸强度 $R_{p0.2}/$ $(N \cdot mm^{-2})$	抗拉强度 $R_m/$ $(N \cdot mm^{-2})$	断后伸长率 A /%	断面收缩率 Z /%	硬度 HBW
		不小于				
06Cr17Ni12Mo2	固溶 1 010 ~ 1 150,快冷	205	520	40	60	≤187
06Cr19Ni13Mo3	固溶 1010 ~ 1150,快冷	205	520	40	60	≤187
06Cr18Ni11Ti	固溶 920 ~ 1 150,快冷	205	520	40	50	≤187
06Cr18Ni11Nb	固溶 980 ~ 1 150,快冷	205	520	40	50	≤187
53Cr21Mn9Ni4N	固溶 1 100 ~ 1 200,快冷 时效 730 ~ 780,空冷	560	885	8	—	≥302
22Cr21Ni12N	固溶 1 050 ~ 1 150,快冷 时效 750 ~ 880,空冷	430	820	26	20	≤269
45Cr14Ni14W2Mo	退火 820 ~ 850,快冷	315	705	20	35	≤248
06Cr15Ni25Ti2MoAlVB	固溶 885 ~ 915 或 965 ~ 995,快冷,时效 700 ~ 760,16 h,空冷或缓冷	590	900	15	18	≥248

6.5.2 碳化物强化型

1. 成分特点及典型钢种

高 Cr、Ni 配合,形成奥氏体基体,配以质量分数较高的 C(高达 0.50%),同时加入 W、Mo 以形成碳化物强化相。Mn、N 代替 Ni 获得奥氏体,即可节约 Ni,也可进一步提高强度。典型钢种如 45Cr14Ni14W2Mo、53Cr21Mn9Ni4N 等。

2. 热处理

这类钢要经 1 150 ~ 1 200 ℃固溶处理后得到奥氏体,再经 650 ~ 750 ℃时效处理,析出细小碳化物,以获得沉淀强化效果,其典型热处理制度及力学性能见表 6.21。

这类钢在低于时效温度 30 ~ 50 ℃下工作。

6.5.3 金属间化合物强化型(铁基高温合金)

1. 成分特点及典型钢种

C 的质量分数很低(低于 0.08%),所以又称为铁基高温合金;Ni 的质量分数高(约

25%），以形成奥氏体，还有一部分形成金属间化合物；含 Al、Ti，与 Ni 形成金属间化合物强化相 γ′-Ni3（Al、Ti）；Mo 能溶于奥氏体，产生固溶强化效应；V 和 B 能强化晶界，B 还可使晶界的网状沉淀相变为断续沉淀相，提高合金的持久塑性。典型钢种为 06Cr15Ni25Ti2MoAlVB 等。

2. 热处理

这类钢要经过固溶+时效处理后使用，而且时效时间很长，需要 16 h。其典型热处理制度及力学性能见表 6.21。06Cr15Ni25Ti2MoAlVB 经热处理后抗拉强度可达 900 MPa。

奥氏体型热强钢使用温度只能达到 750～800 ℃，对于更高温度下使用的构件，则需采用镍基高温合金等材料。

6.6 耐火钢

现代建筑事业向高层化和大型化发展，建筑物的防火性能越来越受到重视，对建筑结构所用材料的性能提出了更高的要求，一旦发生自然灾害如地震、火灾、雷击等现象，建筑物所使用的钢材在高温状态下其屈服强度就会降低，甚至变形或损失，致使建筑物倒塌，造成人员伤亡和财产的损失。为减少损失，早期采用耐火材料涂覆在钢材上进行保护，而这种耐火防护结构在火灾中钢材温度不允许超过 350 ℃。除使用防火涂层将增加高层建筑的成本，并且延长工期、影响美观、减少室内使用面积，同时还会危害工人的身体健康，造成环境污染。提高钢材本身的强度、耐火、抗震及焊接性能是最有效的方法。耐火钢正是顺应了这种发展趋势而产生的。因而现代建筑业希望建筑用耐火钢具有高强度、焊接性、耐火性以及抗震性等优良的综合性能。

耐火钢的具体性能要求如下：

（1）良好的高温强度：R_{eH}（600 ℃）≥（2/3）R_{eH}（室温）。

（2）满足普通建筑用钢的标准要求，室温力学性能等同或优于普通建筑用钢。

（3）高的抗震性能，屈强比 R_{eH}/R_m ≤ 0.80。

（4）良好的焊接性能。

6.6.1 耐火钢的成分特点

耐火温度为 600 ℃ 的建筑用耐火钢，因为用量大及成本的要求，不可能与耐热钢一样采用大量的合金元素，一般是在低合金高强度结构钢的基础上添加少量 Cr、Mo，微量 Nb、V、Ti、N、B 等元素的微合金钢。

Cr、Mo 可固溶强化钢的基体组织，明显改善铁素体组织钢的高温屈服强度，提高屈强比，增加质量分数为 0.6% 的 Mo 可以使屈强比从 40% 增加到 85%。加入 Cr、Mo 同时可在显微组织中略微增加贝氏体组织。Cr、Mo 的质量分数一般在 0.60% 以下，只要添加质量分数为 0.15%～0.60% 的 Mo，就能提高钢的高温强度，Mo 在钢中主要以固溶形式存在，少量形成细小的 Mo_2C。

Nb、Ti、V 对 C、N、S 都有很强的亲和力，它们的碳氮化物为细小弥散的颗粒状，能细化晶粒，同时又有析出强化的作用。Nb、V、Ti 都还有延缓再结晶的作用，尤其是 Nb，它能提高奥氏体的再结晶温度，得到更多的未再结晶奥氏体晶粒。常用的 Nb 的质量分数为

$0.015\% \sim 0.05\%$，V 的质量分数为 $0.08\% \sim 0.12\%$，Ti 的质量分数一般为 $0.10\% \sim 0.20\%$。

加入微量的 N 则可有效地增强 V 的沉淀化作用，大幅度提高钢的强度，同时促进 V 碳氮化物析出，细化铁素体晶粒，改善钢的强韧性。

而 B 是控制组织的微量元素，加入微量的 B 可以得到非常有用的低碳贝氏体组织，低碳贝氏体组织可以使耐火钢的强韧性匹配比极佳。

Nb-Mo 复合添加的钢中，除了上述加入 Nb、Mo 的强化作用外，Mo 还能在 NbC 与基体界面上偏聚，阻止 NbC 颗粒的粗化，从而大大提高了钢的高温强度。因此加入复合 Nb-Mo 被认为是一种有效增加建筑用耐火钢拉伸性能的方法。

近年来随着钢中 C 的质量分数的降低，Nb 的质量分数有升高的趋势。微合金钢中 C 的质量分数的降低不仅能保证微合金钢有良好的塑性和韧性，而且能有效地提高钢材的冷、热变形能力。而且，随着 C 的质量分数的降低，可以使微合金钢能保持良好的可焊性和低的脆性转变温度。

6.6.2 耐火钢的生产工艺

耐火钢钢材采用控制轧制加控制冷却工艺生产。控制轧制工艺的优点主要是提高钢材强度的同时提高钢材的低温韧性，可以充分发挥 Nb、V、Ti 等微量元素的作用。钢材控制冷却的目的是为了改善钢材的组织状态、细化奥氏体组织；阻止或延迟碳氮化物析出相在冷却过程中过早析出，使其在铁素体中弥散析出，提高强度，改善钢材的综合力学性能。

6.6.3 耐火钢的组织特征

耐火钢的室温显微组织一般为多边形铁素体组织+细小弥散分布在铁素体晶界处的 M-A(马氏体-奥氏体)组织+少量珠光体的混合组织。

M-A 组织的形成是由于 Mo 推迟了相变，增加了过冷奥氏体的稳定性，在析出先共析铁素体后形成的富碳奥氏体，部分在冷却过程中转变为马氏体，其亚结构为板条状。M-A 组织在高温下会逐渐分解，形成合金渗碳体，溶于 M-A 组织中的 Mo、Cr、V 等合金元素转移到渗碳体中，增加了渗碳体的稳定性，阻碍了渗碳体的粗化，可使耐火钢保持良好的高温性能。

低碳贝氏体组织也是一种对耐火钢综合性能极为有利的显微组织。通过控制轧制和微合金化充分细化贝氏体组织可以有效地提高耐火钢的强韧性，而且其焊接性能较铁素体珠光体钢有大幅度的提高。

6.6.4 耐火钢的力学性能

耐火钢的室温力学性能要能满足普通建筑用钢的标准要求，必须等同或优于普通建筑用钢。600 ℃时的屈服强度不能低于室温屈服强度的 2/3。同时要求有适当的屈强比，屈强比 $R_{eH}/R_m \leqslant 0.80$。

6.6.5 耐火钢的应用

耐火钢的用途很广，可用于办公楼、商场、宾馆、厂房、体育馆、车站以及高层钢结构大厦等。由于耐火钢大大提高了钢结构的抗火能力，所有可显著减薄防火涂层，甚至在某些场合取消防火涂层。

使用耐火钢后可缩短建造周期，减小建筑物的质量，增加建筑的安全性，降低建造成本，具有显著的经济效益和社会效益。

6.7　低温用钢

目前由于能源结构的变化，液化天然气、液化石油气、液氧（-183 ℃）、液氢（-252.8 ℃）、液氮（-195.8 ℃）和液体二氧化碳（-78.5 ℃）等液化气体被普遍使用，生产、贮存、运输和使用这些液化气的装备和容器都需要在低温下工作。另外，寒冷地区的过程装备及其构件常常使用在低温环境中。一般用于 0 ℃以下温度的材料称为低温材料，低温金属材料普遍使用低合金钢、镍钢和铬镍奥氏体钢，还有使用钛合金、铝合金等有色金属。

低温用钢的失效方式主要为脆断，这种低温脆断的特点是引起断裂的应力低于材料的屈服强度，而且速度极快。所以此类钢最重要的力学性能是低温韧性，其次是屈强比（R_{eH}/R_m 的值越接近 1，低温脆性越大）。

影响低温韧性的主要因素主要有以下几种：

（1）晶体结构。体心立方晶格的铁素体低温韧性差，密排六方结构次之，面心立方晶格的奥氏体低温韧性最好。

（2）化学成分。钢中碳的质量分数增加使低温韧性降低，锰的质量分数增加可降低韧脆转变温度，镍是降低钢在低温下变脆的最有效的合金元素，钢中镍的质量分数每增加 1%，韧脆转变温度约降低 10 ℃。此外，硅、铝、钒、钛、铌等元素也有降低韧脆转变温度的作用。

（3）晶粒尺寸。细晶粒不但能使钢有较高的断裂强度，而且能使韧脆转变温度降低。

（4）热处理与显微组织。当钢的化学成分相同时，钢分别经调质处理、正火处理、退火处理后的低温韧性依次变差。当钢中的析出相弥散分布，且尺寸很小时，可能使基体塑性提高，低温脆性变小。

工作温度在-20～-269 ℃的低温用钢大致可分为以下几类。

（1）低合金低温用钢。

这类钢以 Mn 作为主加元素，用以改善钢的低温韧性，常用的钢种有 16MnDR、09Mn2V 等。在-40 ℃低温下使用的钢板 16MnDR 中，P 的质量分数不大于 0.030%，S 的质量分数不大于 0.025 0%，比 Q345 钢低，所以低温冲击韧性较 Q345 优良。09Mn2V 钢由于含有 V，得到的组织是细小的铁素体和少量珠光体，塑性好，与低碳钢的加工工艺性相近，在-70 ℃低温下使用的 09Mn2VDR 钢板及 09Mn2VD 钢管和锻钢有良好的低温韧性。

（2）镍钢。

低温用镍钢中 Ni 的质量分数通常有 3 种，即 2.25%、3.5%、9.0%。

Ni 的质量分数为 2.25% 的镍钢是在-60 ℃时使用的最经济的钢种，其正火组织是珠光体+铁素体组织，与 C 质量分数相同的低碳钢相比，珠光体的量增多，晶粒变细，因而低温韧性优于低碳钢。

Ni 的质量分数为 3.5% 的镍钢是在 -100 ℃ 时使用的标准钢种。这种钢常用作低温热交换器的钢管。它正火时的加热温度是 870 ℃，正火后在低于 640 ℃ 的温度下进行回火，以消除内应力，改善低温韧性。

Ni 的质量分数为 9.0% 的镍钢可在 -200 ℃ 的低温使用。由于其共析转变温度降低（约为 550 ℃），正火后的回火过程中会出现奥氏体，而碳化物易于溶进奥氏体，使奥氏体中 C 的质量分数增加，致使马氏体转变温度 M_s 和 M_f 更低。所以这种奥氏体在低温时极为稳定而不易发生相变，钢的低温韧性显著提高。

（3）高锰奥氏体钢。

在高锰钢的基础上降低 C 的质量分数，增加 Mn 的质量分数，再加入形成和强化奥氏体的元素而形成的钢种。目前常用的有 20Mn23Al 和 15Mn26Al4，可分别在 -196 ℃ 和 -253 ℃ 下使用。这两种钢都是单相的 Fe-Mn-Al 奥氏体钢，不仅在低温下具有良好的塑性和韧性，而且加工工艺性比较好。

（4）铬镍奥氏体不锈钢。

铬镍奥氏体不锈钢是在 -200 ℃ 使用的低温用钢，常用的有 06Cr19Ni10、06Cr18Ni11Ti。奥氏体不锈钢在低温下长期使用，会发生奥氏体向马氏体的转变，但有资料表明，即使发生大量相变，钢的塑性和韧性仍较好。此外，奥氏体不锈钢在液氢温度下能阻止应力集中部位的破裂，因此在深冷条件下被广泛采用。

第7章 铸　　铁

7.1　概　　述

铸铁是工业上广泛应用的一种铸造金属材料,它是以铁、碳、硅为主要成分,在结晶过程中有共晶转变的多元铁基合金。普通铸铁成分的大致范围为:$w_C = 2.0\% \sim 4.0\%$, $w_{Si} = 1.0\% \sim 3.0\%$, $w_{Mn} = 0.5\% \sim 1.4\%$, $w_P = 0.01\% \sim 0.5\%$, $w_S = 0.02\% \sim 0.20\%$。普通铸铁中的碳大部分以游离的石墨状态存在,因此铸铁的组织为金属基体+石墨。铸铁的金属基体有珠光体、铁素体及珠光体+铁素体3类,它们相当于钢的组织。因此,铸铁的组织特点可以看成是在钢的基体上分布着不同形态的石墨。石墨的硬度、强度很低,在金属基体中相当于"微裂纹"和"微孔洞",因此铸铁的主要缺点是抗拉强度低,塑性、韧性远不如钢。但铸铁也有它的优点:铸铁的铸造性能优良,减震性和切削加工性能较好,也有较好的耐磨性和减磨性。

铸铁由于生产工艺简单,成本低廉,被广泛应用于机械制造、冶金、矿山、石油化工、交通运输、建筑和国防等工业部门。在各类机械中,铸铁件占机器总质量的40% ~ 70%,在机床和重型机械中,则要占机器总质量的85% ~ 90%。高强度铸铁和特殊性能铸铁还可以代替部分昂贵的合金钢和有色金属材料。

7.1.1　铸铁的石墨化

铸铁的组织由金属基体和石墨两部分组成。石墨的形态、大小、数量和分布对铸铁的性能有着重要的影响。铸铁中碳原子析出和形成石墨的过程称为铸铁的石墨化。

1. F-Fe_3C 和 Fe-C 双重相图

生产实践和科学实验表明,Fe_3C 是一个介稳定的相,而石墨才是稳定相。因此实际上描述铁碳合金组织转变的相图应该有两个,一个是 F-Fe_3C 系相图,另一个是 Fe-C 系相图。把两者叠合在一起,就得到一个双重相图,如图 7.1 所示。图中的实线表示 F-Fe_3C 系相图,部分实线加上虚线表示 Fe-C 系相图。显然,按 F-Fe_3C 系相图进行结晶,就得到白口铸铁,按 Fe-C 系相图进行结晶,就析出和形成石墨,即发生石墨化过程。合金按 F-Fe_3C 系相图还是按 Fe-C 系相图结晶,与合金的成分和冷却条件等有关。在一定条件下,Fe_3C 可分解出石墨,反应式为 $Fe_3C \longrightarrow 3Fe + C$。

2. 石墨化过程

根据铁碳双重相图,石墨的形成方式有以下两种。

第一种:按 Fe-C 相图由液态或奥氏体中直接结晶或析出石墨。

第二种:先按 Fe-Fe_3C 相图形成 Fe_3C,再分解出石墨。

按石墨形成的温度,分为 3 个阶段。

第一阶段:从液态~1 154 ℃,合金从液相中结晶生成石墨。过共晶合金结晶出一次石墨 G_I 和共晶石墨 $G_{共晶}$,共晶合金只得到共晶石墨 $G_{共晶}$,而亚共晶合金将结晶出初晶奥氏体和共晶石墨 $G_{共晶}$。

第二阶段:1 154~738 ℃,自奥氏体中析出二次石墨 G_{II};

第三阶段:738 ℃,共析反应生成共析石墨 $G_{共析}$。

因为第一、二阶段温度高,扩散容易进行,所以石墨化也容易进行。而第三阶段因为温度低,则难进行。

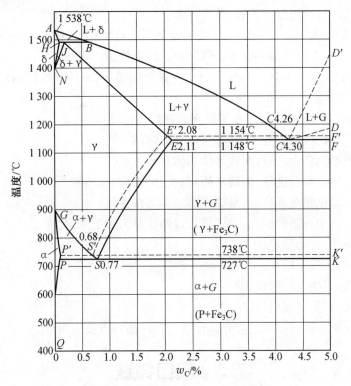

图 7.1　F–Fe$_3$C 和 Fe–C 双重相图

L—液态合金;γ—奥氏体;G—石墨;δ、α—铁素体;P—珠光体

3. 影响石墨化的因素

铸铁的组织取决于石墨化进行的程度,为了获得所需要的组织,关键在于控制石墨化进行的程度。实践证明,铸铁的化学成分和结晶时的冷却速度是影响石墨化和铸铁显微组织的主要因素。

(1)化学成分的影响。

C、Si 的质量分数越高,石墨化越易充分进行。但质量分数过高,易产生粗大石墨,所以应控制 C 的质量分数在 2.5%~4.0% 范围内,Si 的质量分数在 1.0%~2.5% 范围内。

生产中常用 $w_{C_{eq}}$ 来衡量铸铁石墨化能力的大小和铸性能的好坏,$w_{C_{eq}}$ 根据铸铁中各元素对共晶点碳的质量分数的影响程度,将它们折算成相当总碳质量分数,计算式为

$$w_{C_{eq}} = w_C + \frac{1}{3}(w_{Si} + w_P)$$

P 可促进石墨化;S 可强烈阻碍石墨化,是有害元素,S 的质量分数应控制在 0.15%

以下；Mn 能增加 Fe 与 C 的结合力，阻碍石墨化，但能与 S 形成 MnS，减轻 S 的有害作用，允许质量分数 0.5% ~1.4%。

（2）冷却速度的影响。

铸铁从液态冷却下来时，冷却速度越慢，越有利于按 Fe-G 相图结晶和转变，即越有利于石墨化的进行；相反，冷却速度越快，越有利于按 Fe-Fe$_3$C 相图结晶和转变。

7.1.2 铸铁的分类

根据石墨化进行的程度，铸铁可分为 3 大类。

（1）白口铸铁。第一、二、三阶段石墨化完全不进行，完全按照 Fe-Fe$_3$C 相图结晶得到的铸铁，其组织中存在共晶莱氏体，断口白亮，性能硬脆。

（2）麻口铸铁。第一阶段石墨化进行了一部分的铸铁，断口呈黑白相间的麻点，也有共晶莱氏体，有较大脆性，也很少用。

（3）灰口铸铁。第一、二阶段石墨化充分进行，断口暗灰色。

第三阶段石墨化进行的程度不同，灰铸铁的基体不同。

第三阶段石墨化完全进行，为铁素体基体灰口铸铁。

第三阶段石墨化部分进行，为铁素体+珠光体基体灰口铸铁。

第三阶段石墨化完全不进行，是珠光体基体灰口铸铁。

根据灰口铸铁中石墨的形态，又可将灰口铸铁分为如下 4 类：

①普通灰铸铁，石墨呈片状。

②球墨铸铁，石墨呈球状。

③可锻铸铁，石墨呈团絮状。

④蠕墨铸铁，石墨呈蠕虫状。

下面分别介绍各种灰铸铁的成分、组织特征、性能特点及应用等。

7.2 灰口铸铁

灰口铸铁是石墨呈片状分布的铸铁，它是应用最广的一类铸铁。在各类铸铁件的总产量中，灰铸铁约占 80%。灰铸铁按其中石墨片的粗细不同，又分为普通铸铁和孕育铸铁两种。

7.2.1 成分和组织特征

1. 成分范围

普通灰铸铁的成分范围：C 的质量分数为 2.7% ~4.0%，Si 的质量分数为 1.0% ~3.0%，Mn 的质量分数为 0.5% ~1.3%，P 的质量分数不大于 0.40%，S 的质量分数不大于 0.15%。

2. 组织特征

普通灰铸铁的组织是由片状石墨和金属基体所组成。普通灰铸铁中的石墨呈细长片状，端部尖细。金属基体依共析阶段石墨化进行的程度不同可分为铁素体、铁素体-珠光体及珠光体 3 种。相应地便有 3 种不同基体组织的灰铸铁。3 种基体灰铸铁的显微组织分别如图 7.2 ~ 7.4 所示。

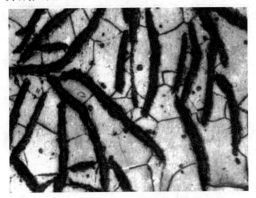

图 7.2　铁素体灰铸铁

图 7.3　铁素体-珠光体灰铸铁

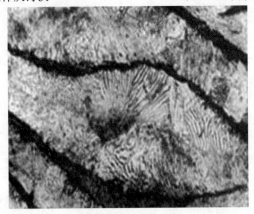

图 7.4　珠光体灰铸铁

7.2.2　牌号、性能特点及用途

1. 牌号

我国灰铸铁的牌号用"灰铁"二字汉语拼音的第一个大写字母"HT"和一组表示抗拉强度的数字表示。依据直径 ϕ30 mm 单铸试棒加工的标准拉伸试样所测得的最小抗拉强度值,将灰铸铁分为 8 个牌号,见表 7.1。

表 7.1　灰铸铁的牌号、力学性能(摘自 GB/T 9439—2010)

铸铁类别	牌号	铸件壁厚 /mm	最小抗拉强度 R_m		铸件本体预期最小 抗拉强度 R_m/MPa
			单铸试棒 /MPa	附铸试棒或试块 /MPa	
铁素体灰铸铁	HT100	5 ~ 40	100	—	—

续表 7.1

铸铁类别	牌号	铸件壁厚 /mm	最小抗拉强度 R_m		铸件本体预期最小 抗拉强度 R_m/MPa
			单铸试棒 /MPa	附铸试棒或试块 /MPa	
铁素体- 珠光体 灰铸铁	HT150	5~10	150	—	155
		10~20		—	130
		20~40		120	110
		40~80		110	95
		80~150		100	80
		150~300		90	—
珠光体 灰铸铁	HT200	5~10	200	—	205
		10~20		—	180
		20~40		170	155
		40~80		150	130
		80~150		140	115
		150~300		130	—
	HT225	5~10	225	—	230
		10~20		—	200
		20~40		190	170
		40~80		170	150
		80~150		155	135
		150~300		145	—
	HT250	5~10	250	—	250
		10~20		—	225
		20~40		210	195
		40~80		190	170
		80~150		170	155
		150~300		160	—
	HT275	10~20	275	—	250
		20~40		230	220
		40~80		205	190
		80~150		190	175
		150~300		175	—

续表7.1

铸铁类别	牌号	铸件壁厚/mm	最小抗拉强度 R_m		铸件本体预期最小抗拉强度 R_m/MPa
			单铸试棒/MPa	附铸试棒或试块/MPa	
孕育铸铁(全珠光体基体)	HT300	10~20	300	—	270
		20~40		250	240
		40~80		220	210
		80~150		210	195
		150~300		190	—
	HT350	10~20	350	—	315
		20~40		290	280
		40~80		260	250
		80~150		230	225
		150~300		210	—

2. 性能特点及用途

灰铸铁的性能取决于金属基体和片状石墨的数量、大小和分布。由于石墨的强度极低,在铸铁中相当于裂缝或空洞,减小铸铁基体的有效承载面积,以及片状石墨端部易引起应力集中,因此灰铸铁的抗拉强度较钢低,塑性、韧性几乎为零,硬度与同样基体的正火钢接近;但灰铸铁的抗压强度较高,可作机床床身、底座等耐压零部件。

灰铸铁具有优良的减震性,高的耐磨减磨性,良好的切削加工性能;灰铸铁流动性好,收缩率小,具有优良的铸造性,宜于铸造结构复杂或薄壁的铸件。

表7.2列出了灰铸铁的应用。

表7.2 灰铸铁的应用

铸铁类别	牌号	应用范围举例
铁素体灰铸铁	HT100	(1)盖、外罩、油盘、手轮、手把、支架、底板、重锤等形状简单、不甚重要的零件; (2)对强度无要求的其他机械结构零、部件
铁素体-珠光体灰铸铁	HT150	(1)一般机械制造中的铸件,如支柱、底座、罩壳、齿轮箱、刀架、刀架座、普通机床床身; (2)滑板、工作台等与较高强度铸铁床身(如HT200)相摩擦的零件
珠光体灰铸铁	HT200	(1)一般机械制造中较为重要的零件,如汽缸、齿轮、机座、金属切削机床床身及床面等; (2)汽车、拖拉机的汽缸体、汽缸盖、活塞、刹车轮、联轴器盘以及汽油机和柴油机的活塞环; (3)具有测量平面的检验工件,如画线平板、V形铁、平尺、水平仪框架等; (4)需经表面淬火的零件
	HT225	
	HT250	
	HT275	

续表 7.2

铸铁类别	牌号	应用范围举例
孕育铸铁(全珠光体基体)	HT300	(1)机械制造中重要的铸件,如床身导轨、车床、冲床、剪床和其他重型机械等受力较大的床身、机座、主轴箱、卡盘、齿轮、凸轮、衬套;大型发动机的曲轴、汽缸体、缸套、汽缸盖等。
	HT350	(2)高压的液压缸、泵体、阀体。(3)需经表面淬火的零件

7.2.3　孕育处理

为了细化灰铸铁的组织,提高其力学性能,通常采用孕育处理。在浇注前向铁水中加入少量强烈促进石墨化的物质(即孕育剂)进行处理的过程称为孕育处理。

常用的孕育剂有硅-铁或硅-钙合金等,其中最常用的是质量分数为 75% Si 的铁合金。孕育剂的作用是促进石墨非自发形核,既能获得灰口组织,又可细化石墨,得到均匀细小的片状石墨,并均匀分布于珠光体基体中,提高铸铁的强度,改善塑性及韧性。经过孕育处理的灰铸铁称为孕育铸铁。

7.2.4　热处理

热处理只能改变灰铸铁的基体组织,不能改变石墨的形状和分布。因此,灰铸铁经热处理后产生的强化效果不明显。灰铸铁热处理的目的主要局限于消除内应力和改变铸件的硬度,所以灰铸铁的热处理主要是退火和表面热处理。

1. 消除内应力退火

铸铁件经铸造后,必须进行消除内应力的退火,以防止铸件的变形或开裂。这种退火也称人工时效。

退火工艺是将铸件以 $60 \sim 100$ ℃/h 的速度缓慢加热至 $500 \sim 600$ ℃,保温 $4 \sim 8$ h,然后以 $20 \sim 30$ ℃的冷却速度缓冷至 $150 \sim 200$ ℃出炉空冷。

通常铸件只进行一次去应力退火,对于精密铸件,常进行两次消除内应力退火,第二次退火处理在粗加工之后进行。

2. 石墨化退火

铸件冷却速度稍大时,铸件表面,尤其在薄壁部位往往会出现白口组织,造成切削加工困难。为了降低硬度,改善力学性能与被切削加工性,必须采用高温石墨化退火,以消除白口组织。

高温石墨化退火的温度为 $850 \sim 950$ ℃,保温 $2 \sim 5$ h,使共晶 Fe_3C 分解。若保温后直接出炉空冷,则得到珠光体基体组织;若保温后随炉缓冷至 600 ℃以下出炉空冷,则得到铁素体基体组织。

3. 表面淬火

灰铸铁表面淬火的目的是提高表面硬度和耐磨性。淬火方法可采用火焰淬火或高、中频淬火法,把铸件表面快速加热到 $900 \sim 1\ 000$ ℃,然后喷水冷却。机床导轨还可采用电接触淬火法。

7.3 球墨铸铁

石墨呈球状分布的灰口铸铁称为球墨铸铁。球状石墨对金属基体的损坏、减小有效承载面积以及引起应力集中等危害作用均比片状石墨小得多。因此,球墨铸铁中金属基体组织的强度、塑性和韧性可以充分发挥作用,从而具有比灰铸铁高得多的强度、塑性和韧性,并保持有耐磨、减震等特性。

在铁水浇注前,向合格铁水中加入一定量的球化剂和孕育剂,进行球化处理和孕育处理,即可得到球墨铸铁。常用的球化剂是稀土镁合金或金属镁等。

7.3.1 成分和组织特征

1. 成分范围

球墨铸铁的成分范围较灰铸铁严格得多,C 的质量分数为 3.6% ~3.9% ,Si 的质量分数为 2.0% ~ 3.2% , Mn 的质量分数为 0.3 ~0.8% ,P 的质量分数不大于 0.10% ,S 的质量分数不大于 0.07% 。

2. 组织特征

球墨铸铁的组织由球状石墨和金属基体组成。金属基体依共析阶段石墨化进行的程度不同,可分为铁素体、铁素体-珠光体及珠光体 3 种。相应地便有 3 种不同基体组织的球墨铸铁。3 种基体球墨铸铁的显微组织分别如图 7.5 ~7.7 所示。

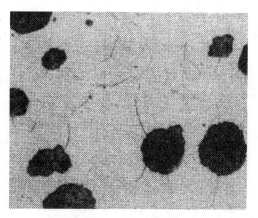

图 7.5 铁素体球墨铸铁

图 7.6 所示的铁素体–珠光体球墨铸铁又称为"牛眼铸铁"。球状石墨周围的白色铁素体又称为"牛眼铁素体"。

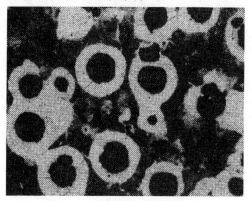

图 7.6 铁素体–珠光体球墨铸铁

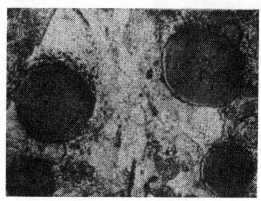

图 7.7 珠光体球墨铸铁

表 7.3 球墨铸铁的牌号及力学性能（摘自 GB/T 1348—2009）

牌号	单铸试块				附铸试块					主要基体组织
	抗拉强度 R_m/MPa	屈服强度 $R_{p0.2}$/MPa	伸长率 A/%	硬度 (HBW)	铸件壁厚 /mm	抗拉强度 R_m/MPa	屈服强度 $R_{p0.2}$/MPa	伸长率 A/%	硬度 (HBW)	
	min	min				min				
QT350-22L	350	220	22	≤160	≤30	350	220	22	≤160	铁素体
QT350-22AL					30~60	330	210	18		
					60~200	320	200	15		
QT350-22R	350	220	22	≤160	≤30	350	220	22	≤160	铁素体
QT350-22AR					30~60	330	220	18		
					60~200	320	210	15		
QT350-22	350	220	22	≤160	≤30	350	220	22	≤160	铁素体
QT350-22A					30~60	330	210	18		
					60~200	320	200	15		
QT400-18L	400	240	18	120~175	≤30	380	240	18	120~175	铁素体
QT400-18AL					30~60	370	230	15		
					60~200	360	220	12		
QT400-18R	400	250	18	120~175	≤30	400	250	18	120~175	铁素体
QT400-18AR					30~60	390	250	15		
					60~200	370	240	12		
QT400-18	400	250	18	120~175	≤30	400	250	18	120~175	铁素体
QT400-18A					30~60	390	250	15		
					60~200	370	240	12		
QT400-15	400	250	15	120~180	≤30	400	250	15	120~180	铁素体
QT400-15A					30~60	390	250	14		
					60~200	370	240	12		

续表 7.3

牌号	单铸试块				附铸试块					主要基体组织
	抗拉强度 R_m/MPa min	屈服强度 $R_{p0.2}$/MPa min	伸长率 A/%	硬度 (HBW)	铸件壁厚 /mm	抗拉强度 R_m/MPa min	屈服强度 $R_{p0.2}$/MPa min	伸长率 A/%	硬度 (HBW)	
QT450-10 QT450-10A	450	310	10	160~210	≤30	450	310	10	160~210	铁素体
					30~60	420	280	9		
					60~200	390	260	8		
QT500-7 QT500-7A	500	320	7	170~230	≤30	500	320	7	170~230	铁素体+珠光体
					30~60	450	300	7		
					60~200	420	290	5		
QT550-5 QT550-5	550	350	5	180~250	≤30	550	350	5	180~250	铁素体+珠光体
					30~60	520	330	4		
					60~200	500	320	3		
QT600-3	600	370	3	190~270	≤30	600	370	3	180~270	珠光体+铁素体
					30~60	600	360	2		
					60~200	550	340	1		
QT700-2	700	420	2	225~305	≤30	700	420	2	225~305	珠光体
					30~60	700	400	2		
					60~200	650	380	1		
QT800-2	800	480	2	245~335	≤30	800	480	2	245~335	珠光体或索氏体
					30~60	由供需双方商定				
					60~200	由供需双方商定				
QT900-2	900	600	2	280~360	≤30	900	600	2	280~360	回火马氏体或屈氏体+索氏体
					30~60	由供需双方商定				
					60~200	由供需双方商定				

7.3.2 牌号、性能及用途

1. 牌号

我国球墨铸铁的牌号用"球铁"二字汉语拼音的第一个大写字母"QT"和两组数字表示,第一组数字代表最低抗拉强度,第二组数字代表最低伸长率。表7.3列出了球墨铸铁的牌号和力学性能。牌号尾部有字母"A"的为按附铸试块的力学性能表示的牌号,无字母"A"的为按单铸试块的力学性能表示的牌号。字母"L"表示该牌号有低温(-20 ℃或-40 ℃)下的冲击性能要求;字母"R"表示该牌号有室温(23 ℃)下的冲击性能要求。球墨铸铁 V 型缺口附铸试样的冲击功见表7.4。

表7.4 球墨铸铁 V 型缺口附铸试样的冲击功(摘自 GB/T 1348—2009)

牌号	铸件壁厚 /mm	最小冲击功/J					
		室温(23±5)℃		低温(-20±2)℃		低温(-40±2)℃	
		3 个试样平均值	个别值	3 个试样平均值	个别值	3 个试样平均值	个别值
QT350-22AR	≤60	17	14	—	—	—	—
	60 ~ 200	15	12	—	—	—	—
QT350-22AL	≤60	—	—	—	—	12	9
	60 ~ 200	—	—	—	—	10	7
QT400-18AR	≤60	14	11	—	—	—	—
	60 ~ 200	12	9	—	—	—	—
QT400-18AL	≤60	—	—	12	9	—	—
	60 ~ 200	—	—	10	7	—	—

2. 性能特点及用途

球墨铸铁中的石墨呈球状,它对金属基体的破坏作用小。基体强度利用率可达70% ~ 90%。因此球墨铸铁的力学性能主要取决于基体组织的性能。

因此,与灰铸铁相比较,球墨铸铁具有较高的抗拉强度和弯曲疲劳极限,并且塑性、韧性良好。与钢相比较,球墨铸铁的屈强比($R_{p0.2}/R_m$)高(球铁 $R_{p0.2}/R_m$ 为 0.7 ~ 0.8,钢 $R_{p0.2}/R_m = 0.35 ~ 0.5$),耐磨性较好,一次摆锤冲击吸收功较钢小,但小能量多次冲击试验寿命较钢高。

球墨铸铁的铸造性能及减震性不如灰铸铁,但热处理工艺性能好,可以通过热处理调整基体组织,在较大范围内改变球墨铸铁的性能,所以球墨铸铁在汽车、造船、机车、农机等领域得到应用。我国典型球墨铸铁的特性及应用见表7.5。

表7.5 典型球墨铸铁的特性及应用

牌号	基体组织	主要特性	应用举例
QT400-18 QT400-15	铁素体	具有良好的焊接性和可加工性,常温时冲击韧性高,而且脆性转变温度低,同时低温韧性也很好	农机具:铧犁、犁柱、犁托、犁侧板、牵引架、收割机及割草机上的导架、差速器壳、护刃器 汽车、拖拉机:牵引框、轮毂、驱动桥壳体、离合器壳、差速器壳、离合器拨叉、底盘悬挂件
QT450-10	铁素体	焊接性、可加工性均较好,塑性略低于QT400-18,而强度与小能量冲击韧度优于QT400-18	通用机械:1.6~6.4 MPa阀门的阀体、阀盖、支架;压缩机上承受一定温度的高低压汽缸、输气管 其他:铁路垫板、电机机壳、齿轮箱、汽轮机机壳
QT500-7	铁素体+珠光体	具有中等强度与塑性,被切削性尚好	内燃机的机油泵齿轮,汽轮机中温汽缸隔板、水轮机的阀门体、铁路机车车辆轴瓦、机器座架、传动轴、链轮、飞轮、电动机架、千斤顶座等
QT600-3	珠光体+铁素体	中高强度,低塑性,耐磨性较好	内燃机:柴油机和汽油机的曲轴、凸轮轴、汽缸套、连杆、进排气门座
QT700-2 QT800-2	珠光体或索氏体	有较高的强度、耐磨性,低韧性(或低塑性)	农机具:脚踏脱粒机齿条、轻负荷齿轮、畜力犁铧机床;部分磨床、铣床、车床的主轴 通用机械:空调机、气压机、冷冻机、制氧机及泵的曲轴、缸体、缸套 冶金、矿山、起重机械:球磨机齿轴、矿车轮、桥式起重机大小滚轮
QT900-2	回火马氏体或索氏体+屈氏体	有高的强度、耐磨性,较高的弯曲疲劳强度、接触疲劳强度和一定的韧性	农机具:犁铧、耙片、低速农用轴承套圈 汽车:曲线齿锥齿轮、转向节、传动轴 拖拉机:减速齿轮 内燃机:凸轮轴、曲轴

7.3.3　热处理

1. 消除内应力退火

球墨铸铁的弹性模量比灰铸铁高,铸造后产生残余内应力的倾向比灰铸铁大得多。因此,球墨铸铁件都应当进行消除内应力退火。

消除内应力退火温度一般选择在550~650 ℃,铁素体球墨铸铁取上限温度,珠光体球铁取下限温度。保温时间根据铸件大小和形状复杂程度而定,一般为2~8 h,然后随炉缓冷,至200~250 ℃出炉空冷。

2. 石墨化退火

球墨铸铁的白口倾向比较大,铸造后组织中往往会产生游离渗碳体,从而使铸件脆性增大,硬度偏高,切削加工困难。为了消除游离渗碳体,提高铸件的塑性、韧性,降低硬度,改善切削加工性,必须进行高温石墨化退火。

高温石墨化退火的温度一般为900~950 ℃,保温时间为1~4 h。冷却速度根据基体组织要求而定。若要求获得高韧性的铁素体基体组织,保温后随炉缓冷至650~600 ℃出炉空冷;或在高温石墨化保温后炉冷至720~760 ℃,保温2~6 h,随炉缓冷至650~600 ℃出炉空冷。若石墨化保温后直接出炉空冷,则得到珠光体基体组织。

若要获得单相铁素体基体组织,以提高韧性,特别是低温韧性,则要采用低温石墨化退火,使共析渗碳体分解。低温石墨化的加热温度一般为700~760 ℃,保温3~6 h,炉冷至600 ℃出炉空冷。

3. 正火

为了增加基体组织中的珠光体量,提高强度、硬度和耐磨性,同时消除游离渗碳体,则可以采用高温正火处理。

高温正火加热温度一般为880~950 ℃,保温时间为1~3 h后出炉空冷(或风冷、喷雾冷却)。正火后的基体组织为珠光体+少量牛眼状铁素体。

球墨铸铁高温正火后,需把铸件重新加热到550~600 ℃保温2~6 h后出炉空冷,以消除内应力,称为回火处理。

若要获得较高的塑性、韧性与一定的强度,即获得较好的综合力学性能,则采用低温正火。

低温正火加热温度一般为840~860 ℃,保温时间为1~3 h后出炉空冷。正火后基体组织为珠光体+碎块状铁素体。

复杂铸件在低温正火后,也需进行回火处理以消除内应力。

4. 淬火和回火

球墨铸铁经淬火加高温回火,即调质处理后,具有比正火高的综合力学性能,可以代替部分钢件制造一些重要的结构零件,如连杆、曲轴以及内燃机车万向轴等。

球墨铸铁的调质处理工艺是把铸件加热到860~900 ℃,保温20~60 min后淬入油中冷却,重新加热到550~600 ℃高温回火。调质处理后的组织由回火索氏体和球状石墨组成。

球墨铸铁像钢一样,也可在淬火低温回火或淬火中温回火状态下使用。

球墨铸铁淬火与低温(140~250 ℃)回火后,得到的基体组织是回火马氏体和少量残余奥氏体。它具有很高的硬度(55~61 HRC)和很好的耐磨性,但塑性、韧性较差,主要用于要求高耐磨性的零件,如滚动轴承套圈以及高压油泵中的精密偶件等。

球墨铸铁淬火与中温(350~500 ℃)回火后的基体组织是回火屈氏体。它具有较高的弹性、韧性以及良好的耐磨性,用于一些要求具有一定弹性、耐磨性以及一定热稳定性的零件,如废气涡轮的密封环。

5. 等温淬火

等温淬火是发挥球墨铸铁材料潜力最有效的一种热处理方法。球墨铸铁等温淬火后,可以获得高强度或超高强度,同时具有较高的塑性、韧性,因而具备良好的综合力学性能和耐磨性。此外,还具有热处理变形小的特点。

球墨铸铁等温淬火工艺与钢相似,即把铸件加热到850~900 ℃,保温20~60 min,使基体转变为成分均匀的奥氏体,然后将铸件迅速淬入到250~350 ℃的热浴中,停留60~90 min 使过冷奥氏体等温转变成下贝氏体组织后,取出空冷。

球墨铸铁等温淬火后的组织是由下贝氏体、少量马氏体、残余奥氏体和球状石墨所组成。因此,球墨铸铁等温淬火后,应加一道低温回火工序,使残余奥氏体转变为下贝氏体,同时使淬火马氏体转变为回火马氏体,并消除内应力。

6. 表面淬火

对于在动载荷与摩擦条件下工作的球墨铸铁件,需进行表面淬火,以提高表面的硬度、耐磨性以及疲劳强度。淬火方法可采用火焰淬火或高、中频淬火法,把铸件表面层快速加热到900~1 000 ℃,然后喷水冷却。

7. 化学热处理

某些球墨铸铁件往往需要在强烈的磨损或在氧化、腐蚀性介质的条件下工作,可对这类铸件进行氮化、软氮化、渗硼、渗硫等化学热处理,以使铸件表面获得一层高耐磨性或抗氧化、耐腐蚀的特殊性能。化学热处理前,应先进行正火回火处理,以提高珠光体量,消除内应力。

7.4 可锻铸铁

可锻铸铁是先将铁水浇注成白口铸铁,然后经石墨化退火,使游离渗碳体发生分解,形成团絮状石墨的一种高强度铸铁,又称玛钢。由于团絮状石墨对铸铁金属基体的割裂和引起应力集中作用比灰铸铁小得多,因此,可锻铸铁具有较高的强度,特别是塑性比灰铸铁高得多,有一定的塑性变形能力,因而得名可锻铸铁。实际上,可锻铸铁并不能锻造。

7.4.1 成分和组织特征

1. 成分范围

为保证铸件浇注后获得纯白口组织,可锻铸铁成分中碳、硅的质量分数较低,浇注后要进行石墨化退火以获得团絮状石墨,阻碍石墨化的锰的质量分数也不能太高,杂质元素硫、磷的质量分数要严格控制。常用可锻铸铁的大致化学成分范围如下:C 的质量分数为 2.3% ~2.8% ,Si 的质量分数为 1.2~2.0% ,Mn 的质量分数为 0.4% ~0.7% ,S 的质量分数小于 0.2% ,P 的质量分数小于 0.1% 。

2. 石墨化退火工艺与组织特征

可锻铸铁的组织为团絮状石墨+金属基体,按白口铸件石墨化退火工艺不同,可锻铸铁的基体组织不同。

石墨化退火工艺一般为将铸件缓慢加热至 950 ~ 1 000 ℃,保温 10 ~ 12 h,使共晶渗碳体分解为奥氏体+团絮状石墨,完成第一阶段石墨化。自高温随炉缓冷至 770 ℃ 的过程中,从奥氏体中析出二次石墨,完成第二阶段石墨化。此段冷却速度一般以 40 ~ 50 ℃/h 为宜。

若第二阶段石墨化完成后,以 3 ~ 5 ℃/h 的冷却速度通过共析转变温度区间 750 ~ 720 ℃,奥氏体直接转变为铁素体+石墨,完成第三阶段的石墨化,则得到铁素体基体可锻铸铁。其显微组织如图 7.8 所示。其断口颜色由于石墨析出而心部呈黑绒色,表层则因退火时有些脱碳而呈白亮色,故又称黑心可锻铸铁。

若第二阶段石墨化完成后,直接空冷,不进行第三阶段的石墨化,则得到珠光体基体可锻铸铁。其显微组织如图 7.9 所示。

若白口铸件在长时间退火过程中,主要发生氧化脱碳过程,表层为铁素体+少量团絮状石墨,而呈黑绒色,心部脱碳不完全,心部组织为珠光体加团絮状石墨,甚至残留有少量未分解的游离渗碳体,而呈白色,故又称白心可锻铸铁。

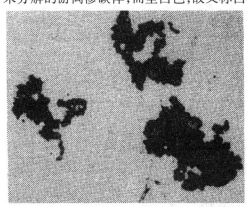 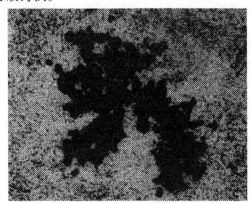

图 7.8　铁素体可锻铸铁显微组织　　　　图 7.9　珠光体可锻铸铁显微组织

7.4.2　牌号、性能及用途

1. 牌号

我国可锻铸铁的牌号用"可铁"二字汉语拼音的第一个大写字母"KT"、一个表示基体组织的字母和两组数字表示。H 为"黑"字汉字拼音的第一个大写字母,表示黑心可锻铸铁(铁素体基体),Z 为"珠"字汉语拼音的第一个大写字母,表示珠光体基体可锻铸铁,B 为"白"字汉语拼音的第一个大写字母,表示白心可锻铸铁。在两组数字中,第一组数字代表最低抗拉强度,第二组数字代表最低伸长率。表 7.6 列出了可锻铸铁的牌号和力学性能。

表 7.6 可锻铸铁的牌号和力学性能(摘自 GB/T 9440—2010)

类型	牌号	试样直径 d/mm	抗拉强度 $R_\mathrm{m}/\mathrm{MPa}$	屈服强度 $R_{p0.2}/\mathrm{MPa}$	伸长率 $A/\%$ ($L_0 = 3d$)	硬度 (HBW)
			不小于			
黑心可锻铸铁(铁素体可锻铸铁)	KTH275-05	12 或 15	275	—	5	≤150
	KTH300-06		300	—	6	
	KTH330-08		330	—	8	
	KTH350-10		350	200	10	
	KTH370-12		370	—	12	
珠光体可锻铸铁	KTZ450-06		450	270	6	150～200
	KTZ500-05		500	300	5	165～215
	KTZ550-04		550	340	4	180～230
	KTZ600-03		600	390	3	195～245
	KTZ650-02		650	430	2	210～260
	KTZ700-02		700	530	2	240～290
	KTZ800-01		800	600	1	270～320
白心可锻铸铁	KTB350-04	6	270	—	10	≤230
		9	340	—	5	
		12	350	—	4	
		15	360	—	3	
	KTB360-12	6	280	—	16	≤200
		9	320	170	15	
		12	360	190	12	
		15	370	200	7	
	KTB400-05	6	300	—	12	≤220
		9	360	200	8	
		12	400	220	5	
		15	420	230	4	
	KTB450-07	6	330	—	12	≤220
		9	400	230	10	
		12	450	260	7	
		15	480	280	4	
	KTB550-04	6	—	—	—	≤250
		9	490	310	5	
		12	550	340	4	
		15	570	350	3	

2. 性能特点及用途

可锻铸铁中的石墨呈团絮状分布,对金属基体的割裂和破坏较小,石墨引起的应力集中小,金属基体的强度、塑性及韧性可较大程度地发挥作用。故可锻铸铁的力学性能比灰铸铁高,特别是塑性、韧性要高得多。可锻铸铁中的团絮状石墨数量越少,外形越规则,分布越细小均匀,其力学性能越高。可锻铸铁的特性及典型应用见表7.7。

表 7.7　可锻铸铁的特性及典型应用

类型	牌号	特性及应用
黑心可锻铸铁	KTH300-06	有一定的韧性和适度的强度,气密性好;用于承受低动载荷及静载荷、要求气密性好的工作零件,如管道配件(弯头、三通、管件)、中低压阀门等
	KTH330-08	有一定的韧性和强度,用于承受中等动载荷和静载荷的工作零件,如农机上的犁刀、犁柱、车轮壳,机床用的勾型扳手、螺钉扳手、铁道扣板,输电线路上的线夹本体及压板等
	KTH350-10 KTH370-12	有较高的韧性和强度,用于承受较高的冲击、振动及扭转负荷下工作的零件,如汽车、拖拉机上的前后轮壳、差速器壳、转向节壳,农机上的犁刀、犁柱、船用电机壳、绝缘子铁帽等
珠光体可锻铸铁	KTZ450-06 KTZ550-04 KTZ650-02 KTZ700-02	韧性较低,但强度较大、硬度高、耐磨性好,且可加工性良好;可代替低碳、中碳、低合金钢及有色金属制造承受较高动、静载荷,在磨损条件下工作并要求有一定韧性的重要工作零件,如曲轴、连杆、齿轮、摇臂、凸轮轴、万向接头、活塞环、轴套、犁刀、耙片等
白心可锻铸铁	KTB350-04 KTB380-12 KTB400-05 KTB450-07	白心可锻铸铁的特性是:①薄壁铸件仍有较好的韧性;②有非常优良的焊接性,可与钢钎焊;③可加工性好,但工艺复杂、生产周期长、强度及耐磨性较差;适于铸造厚度 15 mm 以下的薄壁铸件和焊接后不需要进行热处理的铸件。在机械制造工业上很少应用这类铸铁

铁素体基体可锻铸铁具有一定的强度和较高的塑性和韧性,主要用作承受冲击和振动的铸件,珠光体基体可锻铸铁具有高的强度、硬度和耐磨性以及一定的塑性、韧性,主要用于要求高强度、硬度、耐磨的铸件。如纺机、农机零件、曲轴连杆、凸轮轴等。

可锻铸铁另一重要特点是其生产过程是先浇注成白口铸铁,然后再退火成灰口组织。因此,非常适宜生产形状复杂的薄壁细小的铸件以及薄壁管件等。这是任何其他铸铁所不能媲美的。

7.5　蠕墨铸铁

蠕墨铸铁是在一定成分的铁水中加入适量的蠕化剂,经过变质处理后获得的一种铸铁。蠕墨铸铁中的石墨形态介于片状和球状之间,在光学显微镜下,是互不连接的短片状,长径比 $L/d = 2 \sim 10$,比片状石墨($L/d > 50$)小得多,而比球状石墨($L/d \approx 1$)大,头部较圆,呈蠕虫状。蠕虫状石墨的形态如图 7.10 所示。

7.5.1 成分和组织特征

1. 成分

蠕墨铸铁的成分较灰铸铁严格得多,C
的质量分数为 3.4% ~ 3.6%,Si 的质量分数
为 2.4% ~ 3.0%,Mn 的质量分数为 0.4% ~
0.6%,P 的质量分数小于 0.07%,S 的质量
分数不大于 0.06%。

2. 组织特征

蠕墨铸铁的组织是由蠕虫状石墨和金属
基体所组成。金属基体依共析阶段石墨化进

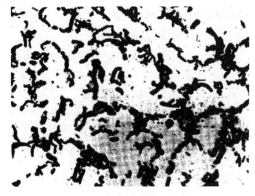

图 7.10　蠕虫状石墨的形态

行的程度不同可分为铁素体、铁素体–珠光体及珠光体 3 种。相应地便有 3 种不同基体组
织的蠕墨铸铁。

7.5.2 牌号、性能及用途

1. 牌号

我国蠕墨铸铁的牌号及力学性能见表 7.8。"RuT"表示蠕墨铸铁,"RuT"后的一组数
字表示最低抗拉强度。表中规定的力学性能指标是指单铸试块的力学性能。采用附铸试
块时,牌号后加字母"A"。附铸试样的抗拉强度和屈服强度能随铸件的主要壁厚大于
30 mm 及大于 60 mm 后,可有所降低。

在大多数情况下,蠕虫状石墨总是与球状石墨共存,应在二维抛光平面上观察到至少
有 80% 的蠕虫状石墨,其余的 20% 应该是球状石墨和团状石墨,不允许出现片状石墨。

表 7.8　蠕墨铸铁的牌号及力学性能(摘自 GB/T 26655—2011)

牌号	抗拉强度 R_m/MPa	屈服强度 $R_{p0.2}$/MPa	伸长率 A/%	硬度值 (HBW)	主要基体组织
	不小于				
RuT300	300	210	2.0	140 ~ 210	铁素体
RuT350	350	245	1.5	160 ~ 220	铁素体+珠光体
RuT400	400	280	1.0	180 ~ 240	珠光体+铁素体
RuT450	450	315	1.0	200 ~ 250	珠光体
RuT500	500	350	0.5	220 ~ 260	珠光体

2. 性能特点及用途

蠕墨铸铁的力学性能介于灰铸铁与球墨铸铁之间,即强度和塑性、韧性均优于灰铸
铁,接近于铁素体基体的球墨铸铁;蠕墨铸铁的导热性、铸造性、可切削加工性、减震能力
又均优于球墨铸铁,与灰铸铁相近,特别是高温强度,热疲劳性能大大优于灰铸铁。因此,蠕
墨铸铁是一种具有良好综合性能的铸铁。

由于蠕墨铸铁综合性能好,组织致密,所以它主要应用在一些经受热循环负荷的铸件(如钢锭模、玻璃模具、柴油机缸盖、汽车发动机排气管、刹车盘等)和组织致密零件(如一些液压阀的阀体、各种耐压泵的泵体)以及一些结构复杂而设计又要求高强度的铸件。

各牌号蠕墨铸铁的特点和典型应用见表 7.9。

表 7.9　蠕墨铸铁的性能特点和典型应用(摘自 GB/T 26655—2011)

牌号	主要特性	应用举例
RuT300	强度低,塑性高;高的热导率和低的弹性模量;热应力积聚小;铁素体基体为主,长时间置于高温中引起的生长小	排气歧管;大功率船用、机车、汽车和固定式内燃机缸盖;增压器壳体;纺织机、农机零件
RuT350	与合金灰铸铁比较,有较高强度并有一定的塑韧性;与球铁比较,有较好的铸造、机械加工性能和较高工艺出品率	机床底座、托架和联轴器;大功率船用、机车、汽车和固定式内燃机缸盖;钢锭模、铝锭模;焦化炉炉门、门框、保护板、桥管阀体、装煤孔盖座;变速箱体、液压件
RuT400	有综合的强度、刚性和热导率性能;有较好的耐磨性	内燃机的缸体和缸盖;机床底座、托架和联轴器;载重卡车制动鼓、机车车辆制动盘;泵壳和液压件;钢锭模、铝锭模、玻璃模具
RuT450	比 RuT400 有更高的强度、刚性和耐磨性,但切削性稍差	汽车内燃机缸体和缸盖;汽缸套;载重卡车制动盘;泵壳和液压件;玻璃模具;活塞环
RuT500	强度高,塑性低;耐磨性最好,切削性差	高负荷内燃机缸体;汽缸套

7.6　特殊性能铸铁

随着铸铁在农机、冶金、石油化工等工业部门中广泛应用,对铸铁提出了各种各样的特殊性能要求,如耐热、耐蚀、耐磨以及其他特殊的物理、化学性能要求。本节主要介绍耐热铸铁、耐蚀铸铁以及耐磨铸铁的化学成分、组织与性能特点及其应用。

7.6.1　耐热铸铁

1. 铸铁的热生长

铸铁在反复加热、冷却时,会发生体积膨胀的现象,这种现象称为铸铁的热生长。铸铁热生长的结果将导致铸铁的强度降低,组织变松脆。

产生铸铁热生长的原因有两个:一个原因是在加热时 Fe_3C 发生分解,析出石墨,冷却时发生相变,产生微裂纹;第二个原因是发生了内氧化,对于普通灰铸铁,由于石墨呈片状分布,有利于氧化性气氛沿石墨片边界和微裂纹渗入到铸铁内部,与 Fe 发生反应生成 FeO,与石墨反应则生成 CO、CO_2 等气体,结果引起体积的不可逆膨胀,组织变松脆,铸件失去精度,强度降低。

因此,灰铸铁的耐热性较差,一般只能在 400 ℃左右的温度下工作。

2. 提高铸铁耐热性

提高铸铁耐热性的最有效的途径是合金化。在铸铁中加入 Si、Al、Cr 等合金元素进行合金化,可提高铸铁的耐热性。因为这些元素能在铸铁表面形成一层致密的、稳定性很高的氧化膜,阻止氧化气氛渗入铸铁内部产生内氧化,从而抑制了铸铁的热生长。

通过合金化以获得单相的铁素体或奥氏体基体,使其在工作温度范围内不发生相变,从而减少因相变引起的微裂纹和热生长,也能收到提高耐热性的效果。

提高铸铁金属基体的连续性,减少或消除氧化气氛渗入铸铁内部,可提高铸铁的耐热性。球墨铸铁由于石墨呈孤立的球状分布,对金属基体的割裂与破坏比片状石墨小得多,其抗热生长性比灰铸铁好,因此球墨铸铁的耐热性比灰铸铁好。

3. 耐热铸铁的牌号、性能及应用

我国耐热铸铁的牌号和化学成分见表 7.10。牌号的符号中,"HTR"表示耐热灰铸铁,"QTR"表示耐热球墨铸铁,其余字母为合金元素符号,数字表示合金元素的平均含量,取整数值。

耐热铸铁的高温短时抗拉强度见表 7.11,室温力学性能、使用条件和应用举例见表 7.12。

表 7.10 耐热铸铁的牌号和化学成分(摘自 GB/T 9437—2009)

牌号	化学成分(质量分数)/%						
	C	Si	Mn	P	S	Cr	Al
			不大于				
HTRCr	3.0~3.8	1.5~2.5	1.0	0.10	0.08	0.50~1.00	—
HTRCr2	3.0~3.8	2.0~3.0	1.0	0.10	0.08	1.00~2.00	—
HTRCr16	1.6~2.4	1.5~2.2	1.0	0.10	0.05	15.00~18.00	—
HTRSi5	2.4~3.2	4.5~5.5	0.8	0.10	0.08	0.50~1.00	—
QTRSi4	2.4~3.2	3.5~4.5	0.7	0.07	0.015	—	—
QTRSi4Mo	2.7~3.5	3.5~4.5	0.5	0.07	0.015	Mo:0.5~0.9	—
QTRSi4Mo1	2.7~3.5	4.0~4.5	0.3	0.05	0.015	Mo:1.0~1.5	Mg:0.01~0.05
QTRSi5	2.4~3.2	4.5~5.5	0.7	0.07	0.015	—	—
QTRAl4Si4	2.5~3.0	3.5~4.5	0.5	0.07	0.015	—	4.0~5.0
QTRAl5Si5	2.3~2.8	4.5~5.2	0.5	0.07	0.015	—	5.0~5.8
QTRAl22	1.6~2.2	1.0~2.0	0.7	0.07	0.015	—	20.0~24.0

表 7.11 耐热铸铁的高温短时抗拉强度（摘自 GB/T 9437—2009）

牌号	下列温度时的最小抗拉强度 R_m／MPa				
	500 ℃	600 ℃	700 ℃	800 ℃	900 ℃
HTRCr	225	144	—	—	—
HTRCr2	243	166	—	—	—
HTRCr16	—	—	—	144	88
HTRSi5	—	—	41	27	—
QTRSi4	—	—	75	35	—
QTRSi4Mo	—	—	101	46	—
QTRSi4Mo1	—	—	101	46	—
QTRSi5	—	—	67	30	—
QTRAl4Si4	—	—	—	82	32
QTRAl5Si5	—	—	—	167	75
QTRAl22	—	—	—	130	77

表 7.12 耐热铸铁的室温力学性能（摘自 GB/T 9437—2009）、使用条件和应用举例

牌号	最小抗拉强度 R_m／MPa	硬度／HBW	使用条件	应用举例
HTRCr	200	189～288	在空气炉气中耐热温度到550 ℃。具有高的抗氧化性和体积稳定性	适用于急冷急热的、薄壁、细长件。用于炉条、高炉支梁式水箱、金属型、玻璃模等
HTRCr2	150	207～288	在空气炉气中耐热温度到600 ℃。具有高的抗氧化性和体积稳定性	适用于急冷急热的、薄壁、细长件。用于煤气炉内灰盒、矿山烧结车挡板等
HTRCr16	340	400～450	在空气炉气中耐热温度到900 ℃。具有高的室温及高温强度,高的抗氧化性,但常温脆性较大。耐硝酸腐蚀	可在室温及高温下用作抗磨件使用,用于退火罐、煤粉烧嘴、炉栅水泥焙烧炉零件、化工机械等零件
HTRSi5	140	160～270	在空气炉气中耐热温度到700 ℃。耐热性较好,承受机械和热冲击能力较差	用于炉条、煤粉烧嘴、锅炉用梳形定位板、换热器针状管、二硫化碳反应瓶等
QTRSi4	420	143～187	在空气炉气中耐热温度到650 ℃。力学性能、抗裂性较QTRSi5 好	用于玻璃窑烟道闸门,玻璃引上机墙板、加热炉两端管架等

续表 7.12

牌号	最小抗拉强度 R_m/MPa	硬度/HBW	使用条件	应用举例
QTRSi4Mo	520	188~241	在空气炉气中耐热温度到680 ℃。高温力学性能较好	用于内燃机排气歧管、罩式退火炉导向器、烧结机中后热筛板、加热炉吊梁等
QTRSi4Mo1	550	200~240	在空气炉气中耐热温度到800 ℃。高温力学性能较好	用于内燃机排气歧管、罩式退火炉导向器、烧结机中后热筛板、加热炉吊梁等
QTRSi5	370	228~302	在空气炉气中耐热温度到800 ℃。常温及高温性能显著优于 HTRSi5	用于煤粉烧嘴、炉条、辐射管、烟道闸门、加热炉中间管架等
QTRAl4Si4	250	285~341	在空气炉气中耐热温度到900 ℃。耐热性良好	适用于高温轻载下工作的耐热件。用于焙烧机篦条、炉用件等
QTRAl5Si5	200	302~363	在空气炉气中耐热温度达1 050 ℃。耐热性良好	
QTRAl22	300	241~364	在空气炉气中耐热温度达1 100 ℃。具有优良的抗氧化能力，较高的室温和高温强度，韧性好，抗高温硫蚀性好	适用于高温(1 100 ℃)、载荷较小、温度变化较缓的工件。用于锅炉用侧密封块、链式加热炉炉爪、黄铁矿焙烧炉零件等

从表 7.10 中可见，耐热铸铁的成分主要有 4 个合金系列。

(1)Cr 耐热合金铸铁。

Cr 能在铸铁表面形成牢固结合的致密的氧化膜，少量 Cr 就能显著减少铸铁的热生长，从而提高铸铁的耐热性。铸铁中 Cr 的质量分数越高，耐热性越好。HTRCr 在空气炉气中耐热温度为 550 ℃，HTRCr2 在空气炉气中耐热温度为 600 ℃，而 HTRCr16 在空气炉气中，耐热温度可达 900 ℃。

(2)高 Si 耐热铸铁。

Si 是强烈促进石墨化和提高 A_1 点的元素，铸铁中 Si 的质量分数大于 5% 时，可以获得单相铁素体基体，A_1 点提高到 900 ℃以上，因而具有良好的耐热性，可在 850~900 ℃下工作。随着 Si 的质量分数的提高，铸铁的耐热性越好，但脆性也越大，最高 Si 的质量分数为 5.5%。此外，Si 的质量分数相同时，球墨铸铁的耐热性更高些，如耐热铸铁 RTSi5 在空气炉气中耐热温度为 700 ℃，而相同的质量分数的 Si 的耐热球墨铸铁 RTQSi5 在空气炉气中，耐热温度可达 800 ℃。Mo 加入铸铁中能同时提高铸铁室温和高温下的力学性能，QTRSi4Mo 是室温抗拉强度最高的耐热铸铁，其抗拉强度达 580 MPa，其在 700 ℃时的短时抗拉强度比 QTRSi4 高 30% 以上。

（3）高铝耐热球墨铸铁。

Al 也是促进石墨化和提高 A_1 点的元素，促使形成单相铁素体基体，并在铸铁表面形成与基体结合牢固、致密的 Al_2O_3 膜，具有很好的抗氧化性及抗铸铁热生长的能力。

Al 对铸铁石墨化的影响如图 7.11 所示。从图 7.11 中可见，Al 促进石墨化的作用有两个峰值，一个 Al 质量分数在 4% 左右，一个 Al 质量分数在 20% 左右。因此耐热铸铁中，铝的质量分数有两个范围，与 Si 复

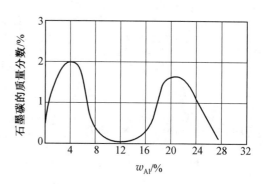

图 7.11 铝对铸铁石墨化的影响

合作用时在 4% ~ 6%；单一高 Al 合金化时在 20% ~ 24%，牌号为 QTRAl22，在空气炉气中，耐热温度达 1 100 ℃，并且抗高温硫蚀性好，可作黄铁矿焙烧炉零件。

（4）铝-硅耐热球墨铸铁。

铸铁中同时加入 Al 和 Si 对提高抗氧化性和抗热生长性有更好的效果，QTRAl4Si4 和 QTRAl5Si5 在空气炉气中的耐热温度分别达到 900 ℃ 和 1 050 ℃。

7.6.2 耐蚀铸铁

1. 铸铁的耐蚀性和提高铸铁耐蚀性的途径

铸铁的组织为金属基体+石墨的多相组织，并且两个相的电极电位相差较大，石墨的电极电位为+0.37 V，而铁素体的电极电位为-0.44 V，因此铸铁的耐蚀性比钢等差得多。

提高铸铁耐蚀性的有效途径也是合金化。加入大量 Si、Cr 等合金元素，能在铸铁表面形成一层连续致密而且与铸铁金属基体牢固结合的保护膜，可有效提高铸铁的抗蚀性。

加入 Cr、Si、Mo、Cu 等元素，能提高金属基体的电极电位，减缓电化学腐蚀过程，提高抗蚀性。

尽量降低 C 的质量分数和石墨的数量，以获得单相铁素体基体+孤立分布球状石墨组织，也能提高耐蚀性。

2. 耐蚀铸铁的牌号、性能及应用

高硅耐蚀铸铁的牌号和化学成分见表 7.13。牌号的符号中，"HTS" 表示耐蚀灰铸铁，其余字母为合金元素符号，数字表示合金元素的平均质量分数，取整数值。

高硅耐蚀铸铁的力学性能见表 7.14，特性和应用见表 7.15。

表 7.13 高硅耐蚀铸铁的牌号和化学成分（摘自 GB/T 8491—2009）

牌号	化学成分（质量分数）/%								
	C	Si	Mn（不大于）	P（不大于）	S（不大于）	Cr	Mo	Cu	R 残留量（不大于）
HTSSi11Cu2CrR	≤1.20	10.00 ~ 12.00	0.50	0.10	0.10	0.60 ~ 0.80	—	1.80 ~ 2.20	0.10
HTSSi15R	0.65 ~ 1.10	14.20 ~ 14.75	1.50	0.10	0.10	≤0.50	≤0.50	≤0.50	0.10

续表 7.13

| 牌号 | 化学成分(质量分数)/% | | | | | | | | |
	C	Si	Mn (不大于)	P (不大于)	S (不大于)	Cr	Mo	Cu	R 残留量 (不大于)
HTSSi15Cr4MoR	0.75 ~ 1.15	14.20 ~ 14.75	1.50	0.10	0.10	3.25 ~ 5.00	0.40 ~ 0.60	≤0.50	0.10
HTSSi15Cr4R	0.70 ~ 1.10	14.20 ~ 14.75	1.50	0.10	0.10	3.25 ~ 5.00	≤0.20	≤0.50	0.10

表 7.14　高硅耐蚀铸铁的力学性能(摘自 GB/T 8491—2009)

牌号	最小抗弯强度 σ_{dB}/ MPa	最小挠度 f /mm
HTSSi11Cu2CrR	190	0.86
HTSSi15R	118	0.66
HTSSi15Cr4MoR	118	0.66
HTSSi15Cr4R	118	0.66

表 7.15　高硅耐蚀铸铁的性能及适用条件举例(摘自 GB/T 8491—2009)

牌号	性能和适用条件	应用举例
HTSSi11Cu2CrR	具有较好的力学性能,可以用一般的机械加工方法进行生产。在体积分数大于或等于10%的硫酸、体积分数小于46%的硝酸或由上述两种介质组成的混合酸、体积分数大于或等于70%的硫酸加氯、苯、苯磺酸等介质中具有较稳定的耐蚀性能,但不允许有急剧的交变载荷、冲击载荷和温度突变	卧式离心机、潜水泵、阀门、旋塞、塔罐、冷却排水管、弯头等化工设备和零部件
HTSSi15R	在氧化性酸(如各种温度和浓度的硝酸、硫酸、铬酸等)各种有机酸和一系列盐溶液介质中都有良好的耐蚀性,但在卤素的酸、盐溶液(如氢氟酸和氯化物等)和强碱溶液中不耐蚀。不允许有急剧的交变载荷、冲击载荷和温度突变	各种离心机、阀类、旋塞、管道配件、塔罐、低压容器及各种非标准零部件等
HTSSi15Cr4MoR	具有优良的耐电化学腐蚀性能,并有改善抗氧化性条件的耐蚀性能。高硅铬铸铁中铬可提高其钝化性和点蚀击穿电位,但不允许有急剧的交变载荷和温度突变	在外加电流的阴极保护系统中,大量用作辅助阳极铸件
HTSSi15Cr4R	适用于强氯化物的环境	

由表7.13可见,耐蚀铸铁的成分特点是:C的质量分数低,Si的质量分数高,加入了Cr、Mo和Cu等合金元素。耐蚀铸铁中C的质量分数最高只有1.2%,是C的质量分数最

低的铸铁。耐蚀铸铁中 Si 的质量分数量应按 $n/8$ 定律加入,以 15% ~ 18%(质量分数)为适宜。过高的 Si 使铸铁脆性急剧增大。

高 Si 耐蚀铸铁组织由含 Si 铁素体+Fe_3Si_2+石墨组成。含 Si 铁素体能使铸铁表面形成致密的 SiO_2 保护膜,提高铸铁的抗蚀能力。高 Si 耐蚀铸铁在硝酸、硫酸、醋酸、磷酸、铬酸以及温度低于 30 ℃ 的各种浓度的盐酸中抗蚀性都很好。但在苛性碱和氢氟酸以及温度高于 30 ℃ 的盐酸中,由于 SiO_2 保护膜被溶解、破坏,而使铸铁件被强烈腐蚀。

在铸铁成分中加入 Mo,如 HTSSi15Cr4MoR,能在表面形成氯氧化钼(MoO_2Cl_2)钝化膜,提高铸铁抗氯离子的稳定性,可用于制造盐酸、氯气等介质下工作的零件。但对氢氟酸和浓碱的抗腐蚀性仍然不佳。

高 Si 耐蚀铸铁的组织中,因有硬脆的强度低的 Fe_3Si_2 化合物存在,以至铸件无法进行切削加工,只能进行磨削加工。适量地加入 Cu(质量分数为 1.8% ~2.2%)和 Cr(质量分数为 0.60% ~0.80%),同时把 Si 的质量分数降低至 10% ~12%,如 HTSSi11Cu2CrR,能提高其力学性能,可在 70% ~98% 的浓硫酸和体积分数小于 46% 的硝酸中使用。

7.6.3 耐磨铸铁

根据工作条件的不同,耐磨铸铁可以分为抗磨铸铁和减磨铸铁两类。抗磨铸铁用来制造在干摩擦条件下工作的零件,如轧辊、球磨机磨球等。减磨铸铁用于制造在润滑条件下工作的零件,如机床导轨、汽缸套等。

1. 抗磨铸铁

抗磨铸铁在干摩擦条件下工作,要求硬度高且组织均匀,通常为白口铸铁。抗磨白口铸铁的牌号及化学成分见表 7.16,表面硬度见表 7.17,其热处理规范、金相组织见表 7.18。

表 7.16 抗磨白口铸铁件的牌号及其化学成分(摘自 GB/T 8263—2010)

牌号	化学成分(质量分数)/%								
	C	Si	Mn	Cr	Mo	Ni	Cu	P	S
BTMNi5Cr2-DT	3.0 ~3.5	≤0.8	≤2.0	—	≤1.0	3.3 ~5.0	—	≤0.10	≤0.10
BTMNi5Cr2-GT	2.5 ~3.5	≤0.8	≤2.0	3.5 ~4.5	≤1.0	3.3 ~5.0	—	≤0.10	≤0.10
BTMCr9Ni5	2.5 ~3.6	1.5 ~2.2	≤2.0	8.0 ~10.0	≤1.0	4.5 ~7.0	—	≤0.06	≤0.06
BTMCr2	2.1 ~3.6	≤1.5	≤2.0	1.0 ~3.0	—	—	—	≤0.10	≤0.10
BTMCr8	2.1 ~3.6	1.5 ~2.2	≤2.0	7.0 ~10.0	≤3.0	≤1.0	≤1.2	≤0.06	≤0.06
BTMCr12-DT	1.1 ~2.0	≤1.5	≤2.0	11.0 ~14.0	≤3.0	≤2.5	≤1.2	≤0.06	≤0.06
BTMCr12-GT	2.0 ~2.6	≤1.5	≤2.0	11.0 ~14.0	≤3.0	≤2.5	≤1.2	≤0.06	≤0.06
BTMCr15	2.8 ~3.6	≤1.2	≤2.0	14.0 ~18.0	≤3.0	≤2.5	≤1.2	≤0.06	≤0.06
BTMCr20	2.0 ~3.3	≤1.2	≤2.0	18.0 ~23.0	≤3.0	≤2.5	≤1.2	≤0.06	≤0.06
BTMCr26	2.0 ~3.3	≤1.2	≤2.0	23.0 ~30.0	≤3.0	≤2.5	≤1.2	≤0.06	≤0.06

表 7.17 抗磨白口铸铁件的表面硬度(摘自 GB/T 8263—2010)

牌号	铸态或铸态去应力处理		硬化态或硬化态去应力处理		软化退火态	
	HRC	HBW	HRC	HBW	HRC	HBW
BTMNi5Cr2-DT	≥53	≥550	≥56	≥600	—	—
BTMNi5Cr2-GT	≥55	≥550	≥56	≥600	—	—
BTMCr9Ni5	≥50	≥500	≥56	≥600	—	—
BTMCr2	≥45	≥435	—	—	—	—
BTMCr8	≥46	≥450	≥56	≥600	≤41	≤400
BTMCr12-DT	—	—	≥50	≥500	≤41	≤400
BTMCr12-GT	≥46	≥450	≥58	≥650	≤41	≤400
BTMCr15	≥46	≥450	≥58	≥650	≤41	≤400
BTMCr20	≥46	≥450	≥58	≥650	≤41	≤400
BTMCr26	≥46	≥450	≥58	≥650	≤41	≤400

表 7.18 抗磨白口铸铁件的热处理参考规范和金相组织(摘自 GB/T 8263—2010)

牌号	热处理规范			金相组织	
	软化退火处理	硬化处理	回火处理	铸态或铸态去应力处理	硬化态或硬化态去应力处理
BTMNi5Cr2-DT	—	430~470 ℃保温 4~6 h,出炉空冷或炉冷	在 250~300 ℃保温 8~16 h,出炉空冷或炉冷	共晶碳化物 M_3C+马氏体+贝氏体+奥氏体	共晶碳化物 M_3C+马氏体+贝氏体+残余奥氏体
BTMNi5Cr2-GT					
BTMCr9Ni5	—	800~850 ℃保温 6~16 h,出炉空冷或炉冷		共晶碳化物(M_7C_3+少量 M_3C)+马氏体+奥氏体	共晶碳化物(M_7C_3+少量 M_3C)+二次碳化物+马氏体+残余奥氏体

续表 7.18

牌号	热处理规范			金相组织	
	软化退火处理	硬化处理	回火处理	铸态或铸态去应力处理	硬化态或硬化态去应力处理
BTMCr2		250~650 ℃去应力处理		共晶碳化物 M_3C +珠光体	—
BTMCr8	920 ~ 960 ℃保温，缓冷至700 ~ 750 ℃保温，缓冷至 600 ℃以下出炉空冷或炉冷	940~980 ℃保温，出炉后以合适的方式快速冷却	在 250~550 ℃保温，出炉空冷或炉冷	共晶碳化物（ M_7C_3 +少量 M_3C ）+细珠光体	共晶碳化物（ M_7C_3 + 少量 M_3C ）+二次碳化物+马氏体+残余奥氏体
BTMCr12-DT		900~980 ℃保温，出炉后以合适的方式快速冷却		—	
BTMCr12-GT		900~980 ℃保温，出炉后以合适的方式快速冷却			
BTMCr15		920~1 000 ℃保温，出炉后以合适的方式快速冷却		碳化物+奥氏体及其转变产物	碳化物+马氏体+残余奥氏体
BTMCr20	960 ~ 1 060 ℃ 保温，缓冷至 700 ~ 750 ℃保温，缓冷至 600 ℃以下出炉空冷或炉冷	950~1 050 ℃保温，出炉后以合适的方式快速冷却			
BTMCr26		960~1 060 ℃保温，出炉后以合适的方式快速冷却			

2. 减磨铸铁

减磨铸铁在润滑条件下工作，其耐磨性主要取决于组织中的石墨形状、大小与分布、以及金属基体的组织。石墨是良好的润滑剂,能起储油与润滑作用,中等大小的球形石墨均匀分布于金属基体中具有较好的耐磨性,而金属基体则以细片状的珠光体的耐磨性最好。

减磨铸铁通常在灰口铸铁基础上,将 P 的质量分数提高到 0.4% ~ 0.6%,形成硬而脆的磷共晶,呈断续网状分布在珠光体上,可提高铸铁的耐磨性,但韧性会降低,为此加入 Cr、Mo、W、V、Ti 等合金元素细化组织,可改善其韧性和提高耐磨性。

汽缸套用耐磨铸铁的化学成分及力学性能见表 7.19。

表 7.19　汽缸套用耐磨铸铁的化学成分和力学性能

名称	化学成分(质量分数)/%							力学性能				应用举例
	C	Si	Mn	p	S	Cr	Cu	抗拉强度 R_m/MPa	抗弯强度 σ_{dB}/MPa	硬度(HBW)	硬度差(HBW)	
磷铬铸铁	3.0~3.4	2.1~2.4	0.8~1.20	0.55~0.75	<0.1	0.35~0.55	—	>200	>400	160~240	<30	汽车、拖拉机缸套(金属型离心铸造)
磷铸铁	2.9~3.4	2.2~2.6	0.8~1.2	0.4~0.6	<0.1	—		>200	>400	>220	<30	柴油机缸套
磷铬铜铸铁	3.2~3.4	2.4~2.6	0.5~0.7	0.25~0.40	≤0.12	0.2~0.3	0.4~0.7	250	470	190~240	<30	柴油机缸套
磷钒铸铁	3.2~3.6	2.1~2.4	0.6~0.8	0.4~0.5	≤0.1	V0.15~0.25	—	>200	>400	>220	<30	汽车、拖拉机缸套
磷铬钼铸铁	3.1~3.4	2.2~2.6	0.5~0.8	0.55~0.80	≤0.1	0.35~0.55 Mo0.15~0.35		250	470	240~280	<30	柴油机缸套(金属型离心铸造)
铬钼铜铸铁	3.2~3.9	1.8~2.0	0.5~0.7	≤0.15	≤0.12	0.3 Mo0.4 Cu0.6		250	470	—1	—	中小型柴油机缸套
铬钼铜铸铁	2.7~3.2	1.5~2.0	0.8~1.1	≤0.15	≤0.10	0.2~0.4 Mo0.8~1.4 Cu0.8~1.2		300	540	202~255	—	内燃机车柴油机缸套(砂型铸造)
铬钼铜铸铁	2.9~3.3	1.3~1.9	0.7~1.0	0.2~0.4	≤0.12	0.25~0.45 Mo0.3~0.5 Cu0.7~1.3		≥280	≥480	190~248	—	大型船用柴油机缸套
磷锑铸铁	3.2~3.6	1.9~2.4	0.6~0.8	0.3~0.4	≤0.08	Sb0.06~0.08	—	200	400	>190	—	汽车缸套

续表 7.19

名称	化学成分（质量分数）/%							力学性能				应用举例
	C	Si	Mn	p	S	Cr	Cu	抗拉强度 R_m /MPa	抗弯强度 σ_{dB} /MPa	硬度（HBW）	硬度差（HBW）	
硼铸铁	3.1 ~ 3.3	1.7 ~ 1.9	0.6 ~ 0.8	0.25 ~ 0.35	≤0.12	B0.04 ~ 0.08	—	250	470	—	—	中小型柴油机缸套
铌铸铁	3.2 ~ 3.5	2.2 ~ 2.4	0.9 ~ 1.5	0.3 ~ 0.5	≤0.10	0.3 ~ 0.5	Ni0.3 ~ 0.5	不低于 HT250	≥210	—		CA141 载货汽车发动机缸套

第8章 有色金属及其合金

金属种类繁多,通常把金属分为黑色金属和有色金属两大类,黑色金属一般指铁及其合金,除钢铁以外的所有金属统称为有色金属。

有色金属的分类,各个国家并不完全统一。大致上按其密度、价格、在地壳中的储量等分为以下5大类。

(1)轻金属——密度小于4.5 g/cm^3 的有色金属,包括铝、镁、铍、锂、钠、钾、钙、锶、钡、钛。这类金属的共同特点是:密度小,化学活性大,与氧、硫、碳和卤素的化合物都相当稳定。铝、钛合金的比强度高、比刚度大,在航空、航海等工业应用最广,铝的产量已超过有色金属总产量的1/3。

(2)重金属——密度大于4.5 g/cm^3 的有色金属,包括铜、镍、铅、锌、钴、锡、汞、镉、铋。铜是军工和电气设备的基本材料;铅在化工方面制耐酸管道、蓄电池等有广泛应用;镀锌钢材广泛应用于工业和生活方面;而镍、钴则是制造高温合金与不锈钢的重要物质。

(3)贵金属——这类金属包括金、银和铂族元素(铂、铱、锇、钌、钯、铑)。由于它们对氧和其他试剂的稳定性,而且在地壳中储量少,开采和提取比较困难,因此价格比一般金属贵。它们的特点是密度大(10.4~22.4 g/cm^3),其中铂、铱、锇是金属元素中最重的几种金属;熔点高(916~3 000 ℃);化学性质稳定,能抵抗酸、碱,难于腐蚀(除银和钯外)。贵金属在工业上则广泛地应用于电气、电子工业、宇宙航空工业以及高温仪表和接触剂等。

(4)稀有金属——通常是指在自然界中储量少、分布稀散或难从原料中提取的金属。包括稀有高熔点金属(钨、钼、钽、铌、锆、铪、钒和铼)、稀有分散金属(镓、铟、铊、锗)、稀土金属(镧系元素以及与镧系元素性质很相近的钪、钇,共17个元素)、稀有放射性金属(钋、镭、锕、钍、镤和铀6个天然放射性元素及12个人造超铀元素,如镎、钚、锔、镅等)。

稀有高熔点金属的共同特点是熔点高,自1 830 ℃(锆)至3 400 ℃(钨),硬度高,抗腐蚀性强,可与一些非金属元素生成非常硬和非常难熔的稳定化合物,如碳化物、氮化物、硅化物和硼化物。这些化合物是生产硬质合金的重要材料。锆由于中子吸收截面小,还是核燃料的包壳材料。

稀土金属的原子结构相同,理化性质很近似,在矿石中它们总是伴生在一起。稀土金属的特性是:化学性质活泼,与硫、氧、氢、氮等有强烈的亲和力,在冶炼中有脱硫、脱氧作用,能纯净金属,且能减少、消除钢的枝晶结构和细化晶粒,能使铸铁中石墨球化,故在冶金工业和球墨铸铁生产中获得广泛的应用。

(5)半金属——指硅、硒、碲、砷、硼5种元素,其物理化学性质介于金属与非金属之间,故称半金属。硅是半导体主要原料之一;高纯碲、硒、砷是制造化合物半导体的原料;硼是合金的添加元素。

本章主要介绍一般机械制造工业中常用的铝、铜及其合金,重点讨论它们的合金化、热处理原理以及常用的有色金属及其合金的成分、组织与性能。

8.1　铝及铝合金

8.1.1　纯铝

1. 物理性能

铝的外观为银白色,是元素周期表中第三周期主族元素,原子序数 $Z=13$,化合价为+3价,具有面心立方结构,无同素异构转变。铝的密度小,约为铁的 1/3。铝具有优良的导电、导热性,其导电性仅次于金、银和铜。铝无磁性;对光和热的反射能力强,耐核辐射;冲击不发生火花。铝的物理及力学性能见表8.1。

表 8.1　铝的物理及力学性能

物理性能				力学性能	
项目	数值	项目	数值	项目	数值
密度(20 ℃)/ $(g \cdot cm^{-3})$	2.69	比热容(20 ℃)/ $(J \cdot kg^{-1} \cdot K^{-1})$	900	抗拉强度 R_m/ MPa	40 ~ 50
熔点/ ℃	600.4	线胀系数/ $(10^{-6} \cdot K^{-1})$	23.6	屈服强度 R_e/ MPa	15 ~ 20
沸点/℃	2 494	热导率/ $(W \cdot m^{-1} \cdot K^{-1})$	247	断后伸长率 A/%	50 ~ 70
熔化热/ $(kJ \cdot mol^{-1})$	10.47	电阻率/ $(n\Omega \cdot m)$	26.55	硬度(HBW)	20 ~ 35
汽化热/ $(kJ \cdot mol^{-1})$	291.4	电导率(% IACS)	64.96	弹 性 模 量 (拉 伸) E/GPa	62

2. 化学性能

铝的化学性能活泼,在大气中极易与氧作用在表面生成一层牢固致密的氧化膜,阻止了氧与内部金属基体的作用,所以铝在大气和淡水中具有良好的耐蚀性,但在碱和盐的水溶液中,表面的氧化膜易破坏,使铝很快被腐蚀。

3. 力学性能

铝为面心立方点阵,具有很高的塑性和较低的强度,硬度也低。铝的力学性能与纯度和加工状态有关,纯度越高,铝的塑性越好,但强度越低。不同状态的工业纯铝的力学性能见表8.2。纯铝具有良好的低温性能,在-253 ~0 ℃塑性和冲击韧性不降低。

表 8.2 不同状态的工业纯铝的力学性能

力学性能	材料的加工状态		
	铸态	压力加工	
		退火(软质)	未退火(硬质)
抗拉强度 R_m/MPa	90~120	80~110	150~250
屈服强度 R_e/MPa	—	50~80	120~240
断后伸长率 A/%	11~25	32~40	4~8
断面收缩率 Z/%	—	70~90	50~60
布氏硬度(HBW)	24~32	15~25	40~65
抗剪强度 R_r/MPa	42	60	100
弯曲疲劳强度 R_{-1}/MPa	—	50	40

4. 工艺性能

纯铝具有一系列优良的工艺性能,易于铸造,易于切削,还具有很好的焊接性能;由于铝的塑性很好,便于进行各种冷、热压力加工,可加工成厚度为 0.000 6 mm 的铝箔和冷拔成极细的细丝。

5. 牌号及用途

我国变形铝及铝合金的牌号在 GB/T 3190—2008 中给予规定。GB/T 3190—2008 中表 1 适用国际牌号,采用了四位数字体系,共收录牌号 159 个;表 2 适用为我国特有的四位字符体系牌号,共收录牌号 114 个。两种体系牌号的第一位数字 1 都表示纯铝;牌号的第二位数字或字母表示原始纯铝的改型情况。如果数字是 0 或字母是 A,则表示为原始纯铝,如果是 1~9 或是 B~Y,则表示原始纯铝的改型。牌号的最后两位数字,表示最低铝质量分数中小数点后面的两位。四位数字牌号后缀字母表示我国新注册的,与已注册的某牌号成分相似的纯铝。表 8.3 给出了变形铝新、旧牌号的对照关系和化学成分。

表 8.3 变形铝的牌号和化学成分(摘自 GB/T 3190—2008)

新牌号	曾用牌号	化学成分(质量分数)/%							其他		Al
		Si	Fe	Cu	Mn	Mg	Zn	Ti	单个	合计	
1A99	LG5	0.003	0.003	0.005	—	—	—	—	0.002	—	99.99
1A97	LG4	0.015	0.015	0.005	—	—	—	—	0.005	—	99.97
1A95	—	0.030	0.030	0.010	—	—	—	—	0.005	—	99.95
1A93	LG3	0.040	0.040	0.010	—	—	—	—	0.007	—	99.93
1A90	LG2	0.060	0.060	0.010	—	—	—	—	0.01	—	99.90
1A85	LG1	0.08	0.10	0.01	—	—	—	—	0.01	—	99.85

续表 8.3

| 新牌号 | 曾用牌号 | 化学成分(质量分数)/% | | | | | | | | 其他 | | Al |
		Si	Fe	Cu	Mn	Mg	Zn		Ti	单个	合计	
1A80	—	0.15	0.15	0.03	0.02	0.02	0.03	0.03Ca, 0.05V	0.03	0.02	—	99.80
1A80A	—	0.15	0.15	0.03	0.02	0.02	0.06	0.03Ca	0.02	0.02	—	99.80
1070	—	0.20	0.25	0.04	0.03	0.03	0.04	0.05V	0.03	0.03	—	99.70
1070A	L1	0.20	0.25	0.04	0.03	0.03	0.07	—	0.03	0.03	—	99.70
1060	L2	0.25	0.35	0.05	0.03	0.03	0.05	0.05V	0.03	0.03	—	99.60
1050	—	0.25	0.40	0.05	0.05	0.05	0.05	0.05V	0.03	0.03	—	99.50
1050A	L3	0.25	0.40	0.05	0.05	0.05	0.07	—	0.05	0.03	—	99.50
1A50	LB2	0.30	0.30	0.01	0.05	0.05	0.03	0.45Fe+Si	—	0.03	—	99.50
1145	—	0.55Si+Fe		0.05	0.05	0.05	0.05	0.05V	0.03	0.03	—	99.45
1035	L4	0.36	0.60	0.10	0.05	0.05	0.10	0.05V	0.03	0.03	—	99.35
1A30	L4-1	0.10~0.20	0.15~0.30	0.05	0.01	0.01	0.02	0.01Ni	0.02	0.03	—	99.30
1100	L5-1	0.95Si+Fe		0.05~0.20	0.05	—	0.10	—		0.05	0.15	99.00
1200	L5	1.00Si+Fe		0.05	0.05	—	0.10	—	0.05	0.05	0.15	99.00
1235	—	0.65Si+Fe		0.05	0.05	0.05	0.10	V:0.05	0.06	0.03	—	99.35
8A06	L6	0.55	0.50	0.10	0.10	0.10	0.10	Si+Fe:1.00	—	0.05	0.15	余量

注:质量分数有上下限者为合金元素;质量分数为单个数值者,铝为最低限,其他杂质元素为最高限

牌号 1A99~1A85 为工业高纯铝,主要应用于科学试验、化学工业和其他特殊需求。

牌号 1A70A、1060、1050A、1035、1200、8A06 为工业纯铝,主要用于配制铝合金,也能加工成板、箔、管、线等形状,用于制作垫片及电容器、电子管隔离罩、电线保护套管、电缆电线线芯、飞机通风系统零件、化工容器、日用炊具等产品,是目前有色金属中应用最多的一种材料。

8.1.2 铝合金概述

纯铝的力学性能不高,不适宜作承受较大载荷的结构零件。为了提高铝的力学性能,在纯铝中加入某些合金元素,制成铝合金,铝合金仍保持纯铝的密度小和抗腐蚀性好的特点,且力学性能比纯铝高得多。经过热处理后铝合金的力学性能可以和钢铁材料相媲美。铝合金与钢铁材料的相对力学性能比较列于表 8.4 中。从表中可以看出,铝合金的相对

比抗拉强度接近甚至超过了合金钢,而其相对比刚度则大大超过钢铁材料,故对于质量相同的结构零件,如用铝合金制造时,可以保证得到最大的刚度。由于铝合金具备上述特性,因此铝合金广泛应用于交通运输业,尤其是航空工业上应用更为广泛。

表8.4 铝合金与钢铁材料的相对力学性能比较

力学性能	材料名称				
	低碳钢	低合金钢	高合金钢	铸铁	铝合金
相对比重	1.0	1.0	1.0	0.92	0.35
相对比抗拉强度	1.0	1.6	2.5	0.60	1.8 ~ 3.3
相对比屈服强度	1.0	1.7	4.2	0.70	2.9 ~ 4.3
相对比刚度	1.0	1.0	1.0	0.51	8.5

1. 铝合金的分类

目前,用于制造铝合金的合金元素大致分为主加元素(铜、锰、硅、镁、锌、铁、锂)和辅加元素(铬、钛、锆、稀土、钙、镍、钒、硼等)两类。铝与主加元素的二元相图一般都具有如图8.1所示的形式。根据该相图可以把铝合金分为变形铝合金和铸造铝合金。相图上最大饱和溶解度点 D 是这两类合金的理论分界线。

(1)铸造铝合金。凡成分在 D 点以右的合金,由于有共晶组织存在,其流动性较好,塑性较低,适于铸造,可直接铸成各种形状复杂的甚至是薄壁的成型件,浇注后,只需进行切削加工即可成为成品零件。

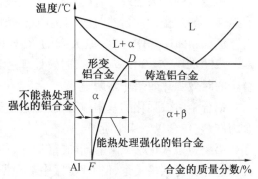

图8.1 铝合金分类示意图

(2)变形铝合金。凡成分在 D 点以左的合金,有单相固溶体区,可得到均匀的单相固溶体,其塑性变形能力很好,适合进行锻造、轧制和挤压等压力加工,制成板材、带材、管材、棒材、线材等半成品。

变形铝合金又可分为两类,凡成分在 F 点以左的合金,其固溶体成分不随温度而变化,不能通过时效处理强化合金,故称为不能热处理强化的铝合金。

凡成分在 F、D 之间的合金,其固溶体的成分将随温度而变化,可以进行时效处理强化,故称为能热处理强化的铝合金。

2. 铝合金的合金化原理

固态铝无同素异构转变,因此不能像钢一样借助于热处理相变强化。合金元素对铝的强化作用主要表现为固溶强化、时效强化、过剩相强化和细化组织强化。

(1)固溶强化。锌、镁、锂、铜、锰、硅等合金元素能与铝形成有限固溶体,且有较大溶解度,能起固溶强化作用。一些合金元素在铝中的极限溶解度和室温溶解度数据见表8.5。

表 8.5　常用合金元素在铝中的极限溶解度和室温时的溶解度

元素名称	锌	镁	铜	锰	硅
极限溶解度/%	32.8	14.9	5.65	1.82	1.65
室温时的溶解度/%	0.05	0.34	0.20	0.05	0.05

（2）时效强化。单纯的固溶强化效果是有限的,因此铝合金要想获得高的强度,还应配合其他强化手段,时效强化便是其中的主要方法。

能热处理强化的铝合金,其合金元素在铝中有较大的固溶度,且随温度的降低而急剧减小,故铝合金加热到单相区,保温后水中急冷（淬火处理）,使第二相来不及析出,在室温下将形成过饱和的固溶体,强度提高不明显,而塑性明显提高;过饱和的固溶体放置在室温或加热到一较低的温度,随时间的延长,其强度和硬度将明显提高,而塑性、韧性则降低的现象即为时效强化。

铝合金的淬火处理,因淬火时不发生晶体结构的转变,故称为固溶处理。室温下合金自然强化的过程称为自然时效,低温加热条件下进行的时效,称为人工时效。

例如:4% Cu-Al 合金,退火态的 $R_m = 180 \sim 220$ MPa,$A = 18\%$;固溶处理后其 $R_m = 240 \sim 250$ MPa,$A = 20\% \sim 22\%$;时效处理后其 $R_m = 400 \sim 420$ MPa,$A = 18\%$。由此可见,铝合金的时效强化效果非常明显。

铝合金时效强化的基本过程,就是过饱和固溶体分解（沉淀）的过程,以 4% Cu-Al 合金为例,它包含以下 4 个阶段。

第一阶段:Cu 原子偏聚,形成富铜区,称为 GP Ⅰ 区,其晶体结构类型仍与基体相同,并与基体保持共格关系,但 GP Ⅰ 区中 Cu 原子浓度较高,引起严重的晶格畸变,阻碍位错运动,因而合金的强度、硬度提高。

第二阶段:富铜区有序化,形成 θ'' 相,称为 GP Ⅱ 区,其晶体结构变为正方点阵,但仍与基体共格,加重了晶格畸变,对位错运动的阻碍进一步增大,因此时效强化作用更大。GP Ⅱ 区 θ'' 相析出阶段为合金达到最大强化的阶段。

第三阶段:θ'' 相转变为过渡相 θ' 相,其晶体结构仍为正方点阵,但点阵常数发生较大的变化,故当其形成时,与基体共格关系开始破坏,即由完全共格变为局部共格 θ' 周围基体的共格畸变减弱,对位错运动的阻碍作用减小,故合金的硬度开始降低。由此可见,共格畸变的存在是造成合金时效强化的重要因素。

第四阶段:θ' 相从固溶体中完全脱溶,形成与基体有明显相界面的独立的稳定相 $CuAl_2$,称为 θ 相,其点阵结构也是正方点阵,但点阵常数比 θ' 相大些。此时 θ 相与基体的共格关系完全破坏,共格畸变也随之消失,因此 θ 相的析出导致合金软化,并随时效温度的提高或时间的延长,θ 相的质点聚集长大,合金的强度、硬度进一步下降。

以上讨论表明,4% Cu-Al 合金时效强化的基本过程（即时效序列）可以概括为:

过饱和固溶体→形成富铜区（GP Ⅰ 区）→富铜区有序化（GP Ⅱ 区）→形成过渡沉淀相 θ' →析出稳定相 $\theta(CuAl_2)$ + 平衡的固溶体。

Al-Cu 二元合金的时效原理及其一般规律,对于其他工业合金也是适用的。但合金的种类不同,形成的 GP 区、过渡相以及最后析出的稳定相各不相同,时效强化效果也不一样。几种常用铝合金系的时效过程及其析出的稳定强化相见表8.6。从表中可见,不同合金系时效过程也不完全都经历上述4个阶段。随着时效温度和时效时间等条件的不同,时效过程进行的程度也不同。例如,有的铝合金在自然时效时,时效过程只进行到GP区和过渡相就告终了,而在过高温度进行人工时效时,则可以不经过GP区,而直接从过饱和固溶体中析出过渡相。只有在某些人工时效温度范围内,才发生上述的全时效过程。

表8.6 几种常用铝合金系的时效过程及其析出的稳定强化相

合金系	时效过程的过渡阶段	稳定相析出阶段
Al—Cu	1. 形成铜原子富集区——GP Ⅰ 区; 2. GP Ⅰ 区有序化——GP Ⅱ 区; 3. 形成过渡相 θ′	θ(CuAl₂)
Al—Mg—Si	1. 形成镁、硅原子富集区——GP 区 2. 形成有序的 β′ 相	β(Mg₂Si)
Al—Cu—Mg	1. 形成铜、镁原子富集区——GP 区 2. 形成过渡相 S′	S(Al₂CuMg)
Al—Mg—Zn	1. 形成镁、锌原子富集区——GP 区 2. 形成过渡相 M′	M(MgZn₂)

影响时效强化效果的因素除合金元素及强化相的种类外,还有固溶处理和时效处理工艺条件等。

①固溶处理工艺的影响。在不过热、过烧的前提下,固溶处理温度高些、保温时间长些比较好,有利于获得最大过饱和度的均匀固溶体;其次,冷却速度越快,所获得的固溶体过饱和程度越大,时效后时效强化效果越大。

②时效温度的影响。固定时效时间,对同一成分的合金,时效温度与时效强化效果(硬度)之间有如图8.2所示的关系,即在某一时效温度时,能够获得最大的强化效果,这

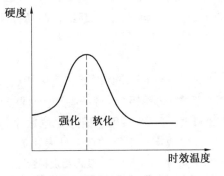

图8.2 时效温度与硬度关系曲线

个温度称为最佳时效温度。统计表明,最佳时效温度 T_a 与合金熔点 T_m 的关系为

$$T_a = (0.5 \sim 0.6) T_m$$

③时效时间的影响。图8.3是硬铝合金的时效曲线。从图中可见,不同时效温度下,达到的最大强度值不同,出现最大强度值的时间也不同,自然时效时,5~15 h 内强化速度最快,4~5 d 后达到最大值。而人工时效时,时效的温度越高,时效速度越快,所获得的最大强度值越低。当时效温度超过 150 ℃,保温一定时间后,合金开始软化,称为"过时效"。

(3)过剩相强化。当铝中加入的合金元素质量分数超过其极限溶解度时,淬火加热时便有一部分不能溶入固溶体的第二相出现,称之为过剩相。在铝合金中过剩相多数为

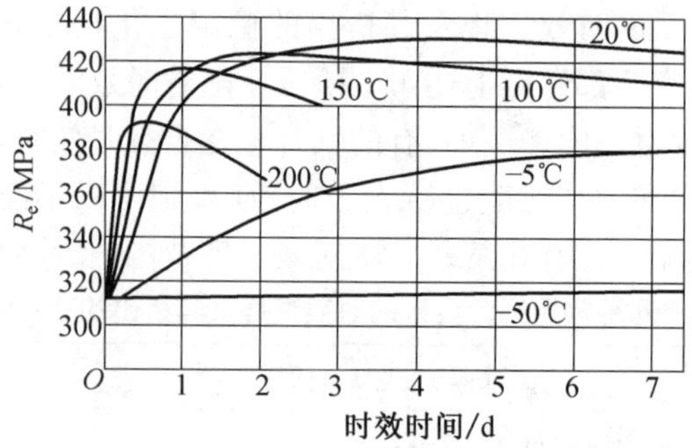

图 8.3　Cu 质量分数为 4% 的 Al-Cu 合金的时效曲线

硬而脆的金属间化合物,它们在合金中起阻碍滑移和位错运动的作用,使强度、硬度提高,而塑性、韧性降低。铝合金中的过剩相在一定限度内,数量越多,其强化效果越好,但当过剩相数量超过该限度时,合金将变脆而导致强度急剧降低。

(4)细化组织强化。在铝合金中添加微量合金元素细化组织是提高铝合金力学性能的另一种重要手段。细化组织包括细化铝合金固溶体基体和过剩相组织。

对于不能热处理强化或强化效果不明显的铝合金,常采用加入微量合金元素(称为变质剂)进行变质处理来细化合金组织,以提高合金的强度和塑性。例如,在铝硅铸造合金中加入微量钠或钠盐或锑作变质剂进行变质处理、细化组织,可以显著地提高塑性和强度。同样在铸造铝合金中加入少量锰、铬或钴等元素,能使杂质铁形成的板块状或针状化合物 AlFeSi 细化,提高塑性。

变形铝合金中添加微量钛、锆、铍以及稀土等元素,它们能形成难熔化合物,在合金结晶时,作为非自发晶核,起细化晶粒作用,提高合金的强度和塑性。

8.1.3　变形铝合金

变形铝合金按其性能和使用特点分为防锈铝合金、硬铝合金、超硬铝合金和锻铝合金4 类,其中防锈铝合金为不能热处理强化的铝合金,其余 3 类为能热处理强化的铝合金。GB 3190—2008 采用了国际 4 位数字体系牌号和 4 位字符体系牌号两种牌号的命名方法,各位数字或字母的意义见表 8.7。

表 8.7　变形铝及铝合金的牌号表示方法(摘自 GB/T 16474—2011)

组别	牌号系列	组别	牌号系列
纯铝(铝的质量分数不小于99.00%)	1×××	以镁和硅为主要合金元素并以 Mg_2Si 相为强化相的铝合金	6×××
以铜为主要合金元素的铝合金	2×××		
以锰为主要合金元素的铝合金	3×××	以锌为主要合金元素的铝合金	7×××
以硅为主要合金元素的铝合金	4×××	以其他元素为主要合金元素的铝合金	8×××
以镁为主要合金元素的铝合金	5×××	备用合金组	9×××

注:1.牌号的第一位数字表示铝及合金的组别

2.牌号的第二位数字或字母表示原始纯铝或铝合金的改型情况。如果是 0 或 A,则表示为原始纯铝或原始合金。如果是 1～9 或是 B～Y,则表示原始纯铝的改型或原始合金的改型合金有时在变形铝合金产品的牌号后面还附加有表示合金加工与热处理状态的字母,表 8.8 为铝合金产品代号及其状态。

表 8.8　铝合金产品代号及其状态(摘自 GB/T 16475—2008)

旧代号	新代号	状态	旧代号	新代号	状态
M	O	退火状态	CYS	TX51、TX52 等	固溶或高温成型后+少量变形状态
R	H112 或 F	热加工(热轧、热挤)状态	CZY	T0	固溶+自然时效+冷加工状态
Y	HX8	硬状态	CSY	T9	固溶+人工时效+冷加工状态
Y1	HX6	3/4 硬状态	MCS	T62	自退火或热加工状态固溶+人工时效状态
Y2	HX4	1/2 硬状态	MCZ	T42	自退火或热加工状态固溶+自然时效状态
Y4	HX2	1/4 硬状态	CGS1	T73	固溶+过时效状态,以达到规定力学性能和抗应力腐蚀性能
T	HX9	超硬状态	CGS2	T76	固溶+过时效状态,抗拉强度大于 T73、T74 状态,抗应力腐蚀性能小于 T73、T74 状态
CZ	T4	固溶+自然时效状态	CGS3	T74	固溶+过时效状态,抗拉强度大于 T73 状态,小于 T76 状态
CS	T6	固溶+人工时效状态	RCS	T5	高温成型+人工时效状态

注:原以 R 状态交货的提供 CZ、CS 试样性能的产品,其状态可分别对应新代号 T62、T42

1. 防锈铝合金

防锈铝包括 Al-Mg 系和 Al-Mn 系合金以及工业纯铝。我国防锈铝合金的新、旧牌号对照及化学成分见表 8.9。Al-Mg 系合金中,随 Mg 质量分数的增加,合金强度、塑性也相应提高,但超过 5% 时,合金抗应力腐蚀性能降低,超过 7% 时,塑性及焊接性能也将降低。加入少量 Mn,不仅能改善合金的抗腐蚀性,还能提高合金强度;少量 Ti 或 Cr 的主要作用是细化晶粒。

表8.9　防锈铝合金的新、旧牌号对照及其化学成分(摘自 GB/T 3190—2008)

新牌号	旧牌号	化学成分(质量分数)/%										其他		Al
		Si	Fe	Cu	Mn	Mg	Ni	Zn		Ti	Zr	单个	合计	
3A21	LF21	0.6	0.7	0.20	1.0 ~ 1.6	0.05	—	0.10	—	0.15	—	0.05	0.10	余量
5A01	LF15	Si+Fe:0.40		0.10	0.30 ~ 0.7	6.0 ~ 7.0	—	0.25	Cr:0.10 ~ 0.20	0.15	0.10 ~ 0.20	0.05	0.15	余量
5A02	LF2	0.40	0.40	0.10	或 Cr 0.15 ~ 0.40	2.0 ~ 2.8	—	—	Si+Fe:0.6	0.15	—	0.05	0.15	余量
5A03	LF3	0.50 ~ 0.8	0.50	0.10	0.30 ~ 0.6	3.2 ~ 3.8	—	0.20	—	0.15	—	0.05	0.10	余量
5A05	LF5	0.50	0.50	0.10	0.30 ~ 0.6	4.8 ~ 5.5	—	0.20	—		—	0.05	0.10	余量
5B05	LF10	0.40	0.40	0.20	0.20 ~ 0.6	4.7 ~ 5.7	—	—	Si+Fe:0.6	0.15	—	0.05	0.10	余量
5A06	LF6	0.40	0.40	0.10	0.50 ~ 0.8	5.8 ~ 6.8	—	0.20	Be:0.0001 ~ 0.005	0.02 ~ 0.10	—	0.05	0.10	余量
5B06	LF14	0.40	0.40	0.10	0.50 ~ 0.8	5.8 ~ 6.8	—	0.20	Be:0.0001 ~ 0.005	0.10 ~ 0.30	—	0.05	0.10	余量
5A12	LF12	0.30	0.30	0.05	0.40 ~ 0.8	8.3 ~ 9.6	0.10	0.20	Be:0.005 Sb0.004 ~ 0.05	0.05 ~ 0.15	—	0.05	0.10	余量
5A13	LF13	0.30	0.30	0.05	0.40 ~ 0.8	9.2 ~ 10.5	0.10	0.20	Be:0.005 Sb0.004 ~ 0.05	0.05 ~ 0.15	—	0.05	0.10	余量
5A30	LF16	Si+Fe:0.40		0.10	0.50 ~ 1.0	4.70 ~ 5.5	—	0.25	Cr:0.05 ~ 0.20	0.03 ~ 0.15	—	0.05	0.15	余量
5A33	LF33	0.35	0.35	0.10	0.10	6.0 ~ 7.5	0.50 ~ 1.5	Be:0.005 ~ 0.005		0.05 ~ 0.15	0.10 ~ 0.30	0.05	0.10	余量
5A43	LF43	0.40	0.40	0.10	0.15 ~ 0.40	0.6 ~ 1.4	—	—	—	0.15	—	0.05	0.15	余量
5056	LF5-1	0.30	0.40	0.10	0.05 ~ 0.20	4.5 ~ 5.6	—	0.10	Cr:0.05 ~ 0.20		—	0.05	0.15	余量
5083	LF4	0.40	0.40	0.10	0.40 ~ 1.0	4.0 ~ 4.9	—	0.25	Cr:0.05 ~ 0.20	0.15	—	0.05	0.15	余量

注:质量分数有上下限者为合金元素;质量分数为单个数值者为杂质元素的最高限

　　这类铝合金的主要性能特点是具有优良的抗腐蚀性能,因而得名防锈铝合金,简称为防锈铝。Al-Mg 系合金的密度比铝还小,在航空工业上得到了广泛应用。此外,它们还具有良好的塑性与焊接性能,适宜压力加工和焊接。这类合金不能进行热处理强化,可用冷加工方法使其强化。但由于防锈铝的切削加工工艺性差,故适于制作焊接管道、容器(如油箱等)、铆钉以及冷拉或冷冲压的零件。常用防锈铝合金的特性及应用范围见表8.10。

　　防锈铝一般在退火状态下使用,退火温度一般为 350~410 ℃,壁厚小于 6 mm 的零件热透即可,壁厚大于 6 mm 者保温时间需 30 min,冷却方式一般为空冷。常用防锈铝合金产品的熔铸、轧制、挤压、锻造生产工艺参数见表8.11,力学性能见表8.12。

表 8.10　防锈铝合金的特性及应用范围

牌号		产品种类	主要特性	应用范围
新牌号	旧牌号			
3A21	LF21	板、箔、管、棒、型、线	Al-Mn 系合金,应用最广的防锈铝,合金强度不高;在退火状态下有较高的塑性,在半冷作硬化时塑性尚好,冷作硬化时塑性低,耐蚀性好,焊接性良好,可切削性能不良	用于要求高的可塑性和良好的焊接性、在液体或气体介质中工作的低载荷零件,如油箱、汽油或润滑油导管等
5A02	LF2	板、箔、管、棒、型、线、锻件	Al-Mg 系防锈铝,与 3A21 相比,强度较高,特别是有较高的疲劳强度;塑性与耐蚀性高,用电阻焊和原子氢焊接性良好,氩弧焊时有形成结晶裂纹的倾向;合金在冷作硬化和半冷作硬化状态下可切削性较好,退火状态下可切削性不良,可抛光	用于焊接在液体中工作的容器和构件(如油箱、汽油和滑油导管)以及其他中等载荷的零件、车辆船舶的内部装饰件等;线材用作焊条和制作铆钉
5A03	LF3	板、棒、型、管	Al-Mg 系防锈铝,性能与 5A02 相似,但因含镁质量分数比 5A02 稍高,且加入了少量的硅,故其焊接性比 5A02 好,合金用气焊、氩弧焊、点焊和滚焊的焊接性能都很好	用作在液体下工作的中等强度的焊接件,冷冲压的零件和骨架等
5A05	LF5	板、棒、线材、管	Al-Mg 系防锈铝(5B05 中镁的质量分数稍高于 5A05),强度与 5A03 相当;退火状态塑性高,冷作硬化时塑性中等;用氢原子焊、点焊、气焊、氩弧焊时焊接性尚好,抗腐蚀性高,可切削性能在退火状态低劣,半冷作硬化时可切削性尚好,制造铆钉,需进行阳极化处理	5A05 用于制作在液体中工作的焊接零件、管道和容器以及其他零件
5B05	LF10			5B05 用作铆接铝合金和镁合金结构铆钉,铆钉在退火状态下铆入结构
5A06	LF6	板、棒、型、管、锻件及模锻件	Al-Mg 系防锈铝,具有较高的强度和腐蚀稳定性,在退火和挤压状态下塑性尚好,氩弧焊的焊缝气密性和焊缝塑性尚可,气焊和点焊焊接接头强度为基体强度的 90%~95%;可切削性能良好	用于焊接容器、受力零件、飞机蒙皮及骨架零件

表 8.11　常用铝产品的熔铸、轧制、挤压、锻造生产工艺参数

牌号		熔炼温度/℃	铸造温度/℃	轧制温度/℃	挤压温度/℃	锻造温度/℃
新牌号	旧牌号					
5A02	LF2	700~750	715~730	480~510	320~450	350~470
5A03	LF3	700~750	710~720	470~500	320~450	350~470
5A05	LF5	700~750	700~720	440~480	380~450	350~440
5A06	LF6	700~750	700~720	430~470	380~450	360~440
5A12	LF12	700~750	690~710	410~430	380~450	350~440
3A21	LF21	720~760	710~730	440~520	320~450	—
2A01	LY1	700~750	715~730	—	320~450	—
2A02	LY2	700~750	715~730	—	440~460	380~470
2A06	LY6	700~750	715~730	390~430	440~460	—
2A10	LY10	700~750	715~730	—	320~450	—
2A11	LY11	700~750	690~710	390~430	320~450	380~470
2A12	LY12	700~750	690~710	390~430	400~450	380~470
2A 16	LY16	700~750	710~730	390~430	440~460	440~460
2A 17	LY17	700~750	715~730	—	440~460	—
7A03	LC3	700~750	715~730	—	300~450	—
7A04	LC4	700~750	715~730	370~410	300~450	380~450
6A02	LD2	700~750	715~730	410~500	370~450	400~500
2A50	LD5	700~750	715~730	410~500	370~450	380~480
2B50	LD6	700~750	715~730	—	370~450	380~480
2A70	LD7	720~760	715~730	—	370~450	380~480
2A80	LD8	720~760	715~730	—	370~450	380~480
2A90	LD9	720~760	715~730	—	370~450	380~480
2A14	LD10	700~750	715~730	390~430	400~450	380~480

表 8.12　常用铝合金加工产品的力学性能

牌号		状态	抗拉强度 R_m /MPa	屈服强度 Re /MPa	伸长率 A_{50} /%	抗剪强度 τ/MPa	疲劳极限 R_{-1} /MPa	硬度 (HBS) 10/500	弹性模量 E /GPa	泊松比 μ
新牌号	旧牌号									
5A02	LF2	O	195	90	25	125	110	47	70	0.30
		HX4	260	215	10	145	125	68	70	0.30
5A05	LF5	O	260	140	22	180	140	65	71	0.30
		HX4	300	200	14	—	—	80	71	0.30
		HX8	420	320	10	220	155	100	71	0.30
5056	LF5-1	O	290	150	22	180	145	65	71	0.30
		HX4	415	345	13	220	150	100	71	0.30
		HX8	435	405	9	235	150	105	71	0.30
5B05	LF10	O	270	150	23	190	—	70	70	0.30
3A21	LF21	O	110	40	30	75	50	28	69	0.33
		HX4	150	145	8	95	60	40	69	0.33
		HX8	200	185	4	110	70	55	69	0.33
2A11	LY11	O	180	70	20	125	90	45	73	0.31
		T4	425	275	15	260	125	105	73	0.31
2A12	LY12	O	185	75	20	125	90	47	73	0.31
		T4	470	325	20	285	140	120	73	0.31
2A16	LY16	T6	400	250	12	—	105	110	71	0.31
2A70	LD7	T6	440	370	10	260	125	120	71	0.31
2A14	LD10	O	185	95	20	125	90	45	73	0.31
		T6	485	415	10	290	125	135	73	0.31
6063	LD31	O	90	50	—	70	55	25	69	0.31
		T5	150	90	20	95	60	42	69	0.31
		T4	170	90	22	—	—	—	69	0.31
		T6	240	215	12	150	70	73	69	0.31
7A04、7A09	LC4、LC9	O	230	105	17	150	—	60	72	0.31
		T6	570	505	11	330	160	150	72	0.31

2. 硬铝合金

硬铝合金的牌号和化学成分见表 8.13。从表中可见,硬铝合金的主要合金元素是 Cu、Mg,此外还有 Mn 和一些杂质元素 Fe、Si、Zn 等。Al-Cu-Mg 系合金中能形成强化相 $Al_2Cu(\theta)$ 相及 $Al_2CuMg(S)$ 相,它们有强烈的时效强化作用,使合金经时效处理后具有很高的硬度、强度,故称硬铝合金。Mn 能改善硬铝的抗蚀性,细化合金组织,固溶处理时溶入固溶体起固溶强化作用,还能提高硬铝的耐热性。

表 8.13　硬铝合金的牌号和化学成分(摘自 GB/T 3190—2008)

| 新牌号 | 旧牌号 | 化学成分(质量分数)/% | | | | | | | | | 其他 | | Al |
		Si	Fe	Cu	Mn	Mg	Zn		Ti	Zr	单个	合计	
2A01	LY1	0.50	0.50	2.2~3.0	0.20	0.20~0.50	0.10	—	0.15	—	0.05	0.10	余量
2A02	LY2	0.30	0.30	2.6~3.2	0.45~0.7	2.0~2.4	0.10	—	0.15	—	0.05	0.10	余量
2A04	LY4	0.30	0.30	3.2~3.7	0.50~0.80	2.1~2.6	0.10	Be:0.001~0.01	0.05~0.40	—	0.05	0.10	余量
2A06	LY6	0.50	0.50	3.8~4.3	0.50~1.0	1.7~2.3	0.10	Be:0.001~0.01	0.03~0.15	—	0.05	0.10	余量
2A10	LY10	0.25	0.20	3.9~4.5	0.30~0.50	0.15~0.30	0.10	—	0.15	—	0.05	0.10	余量
2A11	LY11	0.7	0.7	3.8~4.8	0.40~0.80	0.40~0.80	0.30	Ni:0.10 Fe+Ni:0.7	0.15	—	0.05	0.10	余量
2B11	LY8	0.50	0.50	3.8~4.8	0.40~0.80	0.40~0.80	0.10	—	0.15	—	0.05	0.10	余量
2A12	LY12	0.50	0.50	3.8~4.9	0.30~0.9	1.2~1.80	0.30	Ni:0.10 Fe+Ni:0.7	0.15	—	0.05	0.10	余量
2B12	LY9*	0.50	0.50	3.8~4.5	0.30~0.7	1.2~1.6	0.10	—	0.15	—	0.05	0.10	余量
2A13	LY13	0.7	0.6	4.0~5.0	—	0.30~0.50	0.6	—	0.15	—	0.05	0.10	余量
2A16	LY16	0.30	0.30	6.0~7.0	0.40~0.80	0.05	0.10	—	0.10~0.20	0.20	0.05	0.10	余量
2B16	LY16-1	0.25	0.50	5.8~6.8	0.20~0.40	0.05	—	V:0.05~0.15	0.08~0.20	0.10~0.25	0.05	0.10	余量
2A17	LY17	0.30	0.30	6.0~7.0	0.40~0.8	0.25~0.45	0.10	—	0.10~0.20		0.05	0.10	余量
2A20	LY20	0.20	0.30	5.8~6.8	—	0.02	0.10	V:0.05~0.15 B:0.001~0.01	0.07~0.16	0.10~0.25	0.05	0.15	余量
2219	LY19	0.20	0.30	5.8~6.8	0.20~0.40	0.2	0.10	V:0.05~0.15	0.20~0.40	0.10~0.25	0.05	0.15	余量

注:质量分数有上下限者为合金元素;质量分数为单个数值者为杂质元素的最高限

硬铝合金还具有优良的加工工艺性能,可以加工成板、棒、管、线、型材及锻件等半成品,广泛应用于国民经济和国防建设中。硬铝合金按其合金元素质量分数及性能不同,分为低强度硬铝、中等强度硬铝和高强度硬铝。常用硬铝合金的特性及应用范围见表8.14,力学性能见表8.12。

表8.14 硬铝合金加工产品的特性和应用范围

牌号		产品种类	主要特性	应用范围
新牌号	旧牌号			
2A01	LY1	线材	低合金、低强度硬铝,特点是 α-固溶体的过饱和度较低,不溶性的第二相较少,在淬火和自然时效后的强度较低,但具有很高的塑性和良好的工艺性能,焊接性与2A11相同;可切削性能尚可,耐蚀性不高;铆钉在淬火和时效后进行铆接,在铆接过程中不受热处理后的时间限制	用于中等强度和工作强度不超过100 ℃的结构用铆钉,因耐蚀性低,铆钉铆入结构时应在硫酸中经过阳极氧化处理,再用重铬酸钾填充氧化膜
2A02	LY2	棒、带、冲压叶片	常温时有高的强度,同时也有较高的热强性,属于耐热硬铝。合金在热变形时塑性高,在挤压半成品中,有形成粗晶环的倾向,在淬火及人工时效状态下使用。与2A70、2A80耐热锻铝相比,耐蚀稳定性较好,但有应力腐蚀破裂倾向,焊接性比2A70略好,可切削性良好	用于工作温度为200~300 ℃的涡轮喷气发动机轴向压缩机叶片及其他在高温下工作的模锻件,一般用作主要承力结构材料
2A04	LY4	线材	铆钉用合金,具有较高的抗剪强度和耐热性能,压力加工性能、可切削性能以及耐蚀性均与2A12相同,在150~250 ℃内形成晶间腐蚀倾向较2A12小;在退火和刚淬火状态下塑性尚好,铆钉应在刚淬火状态下进行铆接(2~6 h内,按铆钉直径大小而定)	用于结构工作温度为125~250 ℃的铆钉
2B11	LY8	线材	铆钉用合金,具有中等抗剪强度,在退火、刚淬火和热态下塑性尚好,可以热处理强化,铆钉必须在淬火后2 h内铆接	用作中等强度的铆钉
2B12	LY9	线材	铆钉用合金,抗剪强度和2A04相当,其他性能和2B11相似,但铆钉必须在淬火后20 min内铆接	用作强度要求较高的铆钉
2A10	LY10	线材	铆钉用合金,具有较高的抗剪强度,在退火、刚淬火、时效和热态下均具有足够的铆接铆钉所需的可塑性;用经淬火和时效处理过的铆钉,铆接过程不受热处理后的时间限制。焊接性与2A11相同,铆钉的腐蚀稳定性与2A01、2A11相同;由于耐蚀性不高,铆钉铆入结构时,须在硫酸中经过阳极氧化处理,再用重铬酸钾填充氧化膜	用于制造要求较高强度的铆钉,但加热超过100 ℃时产生晶间腐蚀倾向,故工作温度不宜超过100 ℃,可代替2A11、2A12、2B12和2A01等牌号的合金制造铆钉

续表 8.14

牌号		产品种类	主要特性	应用范围
新牌号	旧牌号			
2A11	LYII	板、棒、管、型、锻件	应用最早的硬铝,具有中等强度,在退火、刚淬火和热态下的可塑性尚好,在淬火和自然时效态下使用;电焊焊接性良好;在加热超过 100 ℃时有产生晶间腐蚀倾向。表面阳极化和涂漆能可靠地保护挤压与锻造零件免于腐蚀。可切削性在淬火时效状态下尚好,在退火状态不良	用作各种中等强度的零件和构件,冲压的连接部件,空气螺旋桨叶片,局部镦粗的零件,如螺栓、铆钉等。铆钉应在淬火后 2 h 内铆入结构
2A12	LY12	板、棒、管、型、箔、线材	高强度硬铝,在退火和刚淬火状态下塑性中等,电焊焊接性良好,用气焊和氩弧焊时有形成晶间裂纹的倾向;合金在淬火和冷作硬化后其可切削性尚好,退火后可切削性低;抗蚀性不高,常采用阳极氧化处理与涂漆方法或表面加包铝层以提高其抗腐蚀能力	用作高负荷的零件和构件,如飞机上的骨架零件、蒙皮、隔框、翼肋、翼梁、铆钉等150 ℃以下工作的零件
2A06	LY6	板材	高强度硬铝,压力加工性能和可切削性能与2A12相同,在退火和刚淬火状态下塑性尚好。可进行淬火与时效处理,一般腐蚀稳定性与2A12相同,加热至150~250 ℃时,形成晶间腐蚀的倾向较2A12为小,电焊焊接性与2A12、2A16相同,氩弧焊较2A12为好,但比2A16差	可作为 150~250 ℃工作的结构板材之用,但对淬火自然时效后冷作硬化的板材,在200 ℃长期(>100 h)加热的情况下,不宜采用
2A16	LY16	板、棒、型材及锻件	耐热硬铝,在常温下强度并不太高,而在高温下却有较高的蠕变强度,在热态下有较高的塑性,无挤压效应,点焊、滚焊和氩弧焊焊接性能良好,形成裂纹的倾向不显著,焊缝气密性尚好。焊缝腐蚀稳定性较低,可切削性能尚好	用于在 250~350 ℃下工作的零件,如轴向压缩机叶片、圆盘,板材用作常温和高温下工作的焊接件,如容器、气密仓等
2A17	LY17	板、棒、锻件	成分和2A16相似,只是加入了少量的镁。两者性能大致相同,2A17 在室温下的强度和高温(225 ℃)下的持久强度超过了2A16(只是在300 ℃下才低于2A16)。可焊性不好,不能焊接	用于20~300 ℃下要求高强度的锻件和冲压件

　　硬铝合金的耐蚀性比防锈铝要差得多,特别是在海水中的耐蚀性更差,若要在海水中使用,外部应包上一层纯铝。

　　硬铝合金的热处理特性是强化相的充分固溶温度与三元共晶温度的间隙很窄,淬火加热时的过烧敏感性很大。所以硬铝在淬火时,加热温度要严格控制,一般波动范围不应超过±5 ℃。硬铝合金人工时效状态比自然时效具有更大的晶间腐蚀倾向,所以硬铝合金除高温工作的构件外,一般都采用自然时效。常用硬铝合金的热处理工艺规范见表8.15,

熔铸、轧制、挤压、锻造工艺参数见表8.11。

表8.15 常用硬铝合金的热处理规范

牌号		退火工艺			固溶处理工艺		时效工艺		
新牌号	旧牌号	加热温度/℃	保温时间/h	冷却方式	加热温度/℃	冷却介质	加热温度/℃	时效时间/h	冷却
2A01	LY1	340~370		空冷	495~505	水	室温	不少于四昼夜	空冷
2A11	LY11	390~410	2~3	30 ℃/h冷至250~270 ℃空冷	495~505	水	室温	不少于四昼夜	空冷
		350~370		空冷					
2A12	LY12	390~410	2~3	30 ℃/h冷至250~270 ℃空冷	495~505	水	室温	不少于四昼夜	空冷
							125~135(板材)	20	空冷
		350~370		空冷			190(型材)	6	空冷
7A04	LC4	350~410	2~3	≤30 ℃/h冷至150 ℃空冷	465~480	不高于40 ℃水	120~125(板材)		空冷
							135~145(型材)		空冷
		290~320		空冷			分级时效120±2升温至160±2	3 3	空冷
6A02	LD2	350~370	2~3	空冷	515~525	水	150	6~15	空冷
2A50	LD5	350~400		空冷	505~515	水	150~165	6~15	空冷
2B50	LD6	350~400		空冷	505~525	水	150~165	6~15	空冷
2A14	LD10	390~410		空冷	490~505	水	150~165	6~15	空冷

3. 超硬铝合金

超硬铝合金的牌号和化学成分见表8.16。从表中可见,硬铝合金的主要合金元素是 Zn、Mg、Cu,另外还有少量 Mn、Cr、Ti 或 Zr 等。Al–Zn–Mg–Cu 系合金中的主要强化相为 $MgZn_2(\eta)$ 相及 $Al_2Mg_3Zn_3(T)$ 相,它们在铝中都有很大的溶解度变化,具有显著的时效强化效果,但 Zn、Mg 质量分数过高时,会降低塑性和抗腐蚀性能。加入一定量 Cu,可以改善合金的抗应力腐蚀性能,同时 Cu 还能形成 $Al_2Cu(\theta)$ 相和 $Al_2CuMg(S)$ 相,起补充强化作用,提高合金强度。少量 Mn 和 Cr 可以提高合金的固溶和时效强化效果,同时改善合金的抗应力腐蚀性能。

超硬铝合金是目前室温强度最高的一类铝合金,其强度超过高强度硬铝 2A12 (LY12),故称为超硬铝合金。超硬铝合金具有良好的热加工性能,在相同强度水平下,合金的断裂韧性优于硬铝,在航空航天工业中得到了广泛应用,是各种飞行器的主要结构材料。超硬铝合金的主要缺点是抗疲劳性和抗蚀性较差,对应力腐蚀比较敏感。通常在板材表面要加上包铝层,零构件也要进行阳极化防腐处理,并在设计与制造中力求减少零件的沟槽、截面突变和表面划伤。超硬铝合金主要用于工作温度不超过 120 ℃ 的受力较大的结构件,如飞机蒙皮、整体壁板、大梁等。常用超硬铝合金的特性及应用范围见表8.17,力学性能见表8.12。

表 8.16　超硬铝合金的牌号和化学成分(摘自 GB/T 3190—2008)

新牌号	旧牌号	化学成分(质量分数)/%										其他		Al
		Si	Fe	Cu	Mn	Mg	Cr	Zn		Ti	Zr	单个	合计	
7A03	LC3*	0.20	0.20	1.8 ~ 2.4	0.10	1.2 ~ 1.6	0.05	6.0 ~ 6.7	—	0.02 ~ 0.08	—	0.05	0.10	余量
7A04	LC4*	0.50	0.50	1.4 ~ 2.0	0.20 ~ 0.6	1.8 ~ 2.8	0.10 ~ 0.25	5.0 ~ 7.0	—	0.10	—	0.05	0.10	余量
7A09	LC9*	0.50	0.50	1.2 ~ 2.0	0.15	2.0 ~ 3.0	0.16 ~ 0.30	5.1 ~ 6.1	—	0.10	—	0.05	0.10	余量
7A10	LC10*	0.30	0.30	0.50 ~ 1.0	0.20 ~ 0.35	3.0 ~ 4.0	0.10 ~ 0.20	3.2 ~ 4.2	—	0.10	—	0.05	0.10	余量
7A15	LC15*	0.50	0.50	0.50 ~ 1.0	0.10 ~ 0.4	2.4 ~ 3.0	0.10 ~ 0.30	4.4 ~ 5.4	Be:0.005 ~ 0.01	0.05 ~ 0.15	—	0.05	0.15	余量
7A19	LC19*	0.30	0.40	0.08 ~ 0.30	0.30 ~ 0.50	1.3 ~ 1.9	0.10 ~ 0.20	4.5 ~ 5.3	Be:0.001 ~ 0.004	—	0.08 ~ 0.20	0.05	0.15	余量
7A52	LC52*	0.25	0.30	0.05 ~ 0.20	0.20 ~ 0.50	2.0 ~ 2.8	0.15 ~ 0.25	4.0 ~ 4.8	—	0.05 ~ 0.18	0.05 ~ 0.15	0.05	0.15	余量
7003	LC12*	0.30	0.35	0.20	0.30	0.50 ~ 1.0	0.20	5.0 ~ 6.5	—	0.20	0.05 ~ 0.25	0.05	0.15	余量

注:质量分数有上下限者为合金元素;质量分数为单个数值者为杂质元素的最高限

表 8.17　超硬铝合金的特性和应用范围

牌号		产品 种类	主要特性	应用
新牌号	旧牌号			
7A03	LC3	线材	铆钉合金,在淬火和人工时效的塑性,足以使铆钉铆入;常温时抗剪强度较高,耐蚀性尚好,可切削性尚可。铆接铆钉不受热处理后时间的限制	用作受力结构的铆钉。工作温度在 125 ℃以下时,可作 2A10 铆钉合金的代用品

续表 8.17

牌号		产品种类	主要特性	应用
新牌号	旧牌号			
7A04	LC4	板、棒、管、型、锻件	最常用的超硬铝,在退火和刚淬火状态下可塑性中等,通常在淬火人工时效状态下使用,截面不太厚的挤压半成品和包铝板有良好的耐蚀性,具有应力集中倾向。点焊焊接性良好,气焊不良,热处理后的可切削性良好,退火状态下的可切削性较低	制作承力构件和高载荷零件,如飞机上的大梁、桁条、加强框、蒙皮、翼肋、接头、起落架零件等。通常多用于取代 2A12
2A09	LC9	板、棒、管、型	高强度铝合金,在退火和刚淬火状态下的塑性稍低于同样状态的 2A12,稍优于 7A04。在淬火和人工时效后的塑性显著下降。合金板材的静疲劳、缺口敏感、应力腐蚀性能稍优于 7A04,棒材与 7A04 相当	制造飞机蒙皮等结构件和主要受力零件

超硬铝与硬铝相比,淬火温度范围比较宽。由于超硬铝自然时效要经 50～60 d 才能达到最大强化效果,时间很长,且应力腐蚀倾向较大,因此超硬铝均采用人工时效处理。采用分级人工时效,可进一步消除内应力,提高抗应力腐蚀性能。常用超硬铝合金产品的热处理工艺规范见表 8.15,熔铸、轧制、挤压、锻造工艺参数见表 8.11。

4. 锻铝合金

锻铝合金的牌号和化学成分见表 8.18。从表中可见,锻铝合金可分为 Al-Mg-Si-Cu 系和 Al-Cu-Mg-Fe-Ni 系两类。

Al-Mg-Si-Cu 系合金中的主要强化相是 $Mg_2Si(\beta)$ 相和 $W(Cu_4Mg_5Si_4Al_x)$ 相,当合金中铜质量分数较高时,还有数量不同的 $\theta(Al_2Cu)$ 相和 $S(Al_2CuMg)$ 相。合金中加入少量 Mn 能提高合金的淬火温度上限,阻止再结晶退火时晶粒粗化。

这类合金具有优良的锻造工艺性能,故称为锻铝合金。锻铝合金的强度与硬铝相当,主要用于要求中等强度、较高塑性及抗蚀性的锻件和模锻件,如各种叶轮、接头、框架、支杆等零件。

Al-Cu-Mg-Fe-Ni 系锻铝属耐热锻铝合金。合金中的主要耐热相为 $S(Al_2CuMg)$ 相和 $FeNiAl_9$ 相。Cu、Mg 保证形成足够数量的 $S(Al_2CuMg)$ 相,从而得到良好的热强性。Fe、Ni 的加入比例应接近 1:1,以便形成 $FeNiAl_9$ 相,而又不涉及合金中 Cu 的质量分数,使 Cu 能够充分形成 S 相。这类合金主要用于在 150～225 ℃条件下工作的零件。

常用锻铝合金的特性及应用范围见表 8.19,力学性能见表 8.12。

锻铝合金均采用淬火加人工时效进行强化,且淬火后应立即进行时效处理,淬火后在室温停留时间越长,人工时效强化效果越差。常用锻铝合金产品的热处理工艺规范见表 8.15,熔铸、轧制、挤压、锻造工艺参数见表 8.11。

表 8.18　锻铝合金的牌号和化学成分(摘自 GB/T 3190—2008)

新牌号	旧牌号	Si	Fe	Cu	Mn	Mg	Cr	Ni	Zn		Ti	其他 单个	其他 合计	Al
2A14	LD10*	0.6~1.2	0.7	3.9~4.8	0.40~1.0	0.40~0.8	—	0.10	0.30	—	0.15	0.05	0.10	余量
2A50	LD5*	0.7~1.2	0.7	1.8~2.6	0.40~0.8	0.40~0.8	—	0.10	0.30	Fe+Ni：0.7	0.15	0.05	0.10	余量
2B50	LD6*	0.7~1.2	0.7	1.8~2.6	0.40~0.8	0.40~0.8	0.01~0.20	0.10	0.30	Fe+Ni：0.7	0.02~0.10	0.05	0.10	余量
2A70	LD7*	0.35	0.9~1.5	1.9~2.5	0.20	1.4~1.8	—	0.9~1.5	0.30	—	0.02~0.10	0.05	0.10	余量
2B70	LD7-1	0.25	0.9~1.4	1.8~2.7	0.20	1.2~1.8	—	0.8~1.4	0.15	Pb：0.05 Sn：0.05 Ti+Zr：0.20	0.10	0.05	0.15	余量
2A80	LD8*	0.50~1.2	1.0~1.6	1.9~2.5	0.20	1.4~1.8	—	0.9~1.5	0.30	—	0.15	0.05	0.10	余量
2A90	LD9*	0.50~1.0	0.50~1.0	3.5~4.5	0.20	0.40~0.8	—	1.8~2.3	0.30	—	0.15	0.05	0.10	余量
4A11	LD11*	11.5~13.5	1.0	0.5~1.3	0.20	0.8~1.3	0.10	0.50~1.3	0.25	—	0.15	0.05	0.15	余量
6A02	LD2*	0.50~1.2	0.50	0.20~0.8	或 Cr 0.15~0.35	0.45~0.9	—	—	0.20	—	0.15	0.05	0.10	余量
6B02	LD2-1*	0.70~1.1	0.40	0.10~0.40	0.10~0.30	0.40~0.8	—	—	0.15	—	0.01~0.04	0.05	0.10	余量
6061	LD30*	0.40~0.8	0.7	0.15~0.40	0.15	0.8~1.2	0.04~0.35	—	0.25	—	0.15	0.05	0.15	余量
6063	LD31*	0.20~0.6	0.35	0.10	0.10	0.45~0.9	0.10	—	0.10	—	0.15	0.05	0.15	余量
6070	LD2-2*	1.0~1.7	0.50	0.15~0.40	0.40~1.0	0.50~1.2	0.10	—	0.25	—	0.15	0.05	0.15	余量

注:质量分数有上下限者为合金元素;质量分数为单个数值者为杂质元素的最高限

表 8.19 锻铝合金的特性和应用范围

牌号		产品种类	主要特性	应用范围
新牌号	旧牌号			
6A02	LD2	板、棒、管、型、锻件	应用较为广泛的锻铝,具有中等强度。在退火态可塑性高,在淬火和自然时效后可塑性尚好,在热态下可塑性很高,易于锻造、冲压。在淬火和自然时效态下其抗蚀性能良好,人工时效态的合金具有晶间腐蚀倾向。合金易于点焊和原子氢焊,气焊尚好。其可切削性在退火状态下不好,在淬火时效后尚可	用于制造要求有高塑性和高耐蚀性且承受中等载荷的零件、形状复杂的锻件和模锻件,如气冷式发动机曲轴箱及直升机浆叶
2A50	LD5	棒、锻件	高强度锻铝,在热态下具有高的可塑性,易于锻造、冲压,在淬火及人工时效后的强度与硬铝相似;工艺性能较好,但有挤压效应,电阻焊、电焊和缝焊性能良好,电弧焊和气焊性能不好	用于制造形状复杂和中等强度的锻件和冲压件
2B50	LD6	锻件	高强度锻铝,成分、性能与 2A50 接近,可互相通用,但在热态下的可塑性比 2A50 高	制作复杂形状的锻件和模锻件,如压气机叶轮和风扇叶轮等
2A70	LD7	棒、板、锻件和模锻件	耐热锻铝,成分和 2A80 基本相同,但加入了微量的钛,其组织比 2A80 细化;因含硅量较少,其热强性也比 2A80 较高;工艺性能比 2A80 稍好,热态下具有高的可塑性;由于合金不含锰、铬,因而无挤压效应;电阻焊、点焊和缝焊性能良好,电弧焊和气焊性能差,合金的耐蚀性尚可,可切削性尚好	用于制造内燃机活塞和在高温下工作的复杂锻件,如压气机叶轮、鼓风机叶轮等,板材可用作高温下工作的结构材料,用途比 2A80 更为广泛
2A80	LD8	棒、锻件和模锻件	耐热锻铝,热态下可塑性稍低,可进行热处理强化,高温强度高,无挤压效应;焊接性能与 2A70 相同,耐蚀性尚好,但有应力腐蚀倾向,可切削性尚可	用于制作内燃机活塞,压气机叶片、叶轮、圆盘以及其他高温下工作的发动机零件
2A90	LD9	棒、锻件和模锻件	应用较早的耐热锻铝,有较好的热强性,在热态下可塑性尚可,耐蚀性、焊接性和可切削性与 2A70 接近	用途和 2A70、2A80 相同,目前已被 2A70 及 2A80 所取代
2A14	LD10	棒、锻件和模锻件	它与 2A50 相比,含铜量较高,故强度较高,热强性较好,但在热态下的塑性不如 2A50,具有良好的可切削性,电阻焊、点焊和缝焊性能良好,电弧焊和气焊性能差;有挤压效应;耐蚀性不高,在人工时效态时有晶间腐蚀和应力腐蚀破裂倾向	用于承受高负荷和形状简单的锻件和模锻件。由于热压加工困难,限制了这种合金的应用

5. 铝锂合金

铝锂合金具有密度低、比强度高、比刚度大、疲劳性能良好、抗蚀及耐热性好等优点，是一种新型变形铝合金。我国现行的铝合金标准 GB/T 3190—2008 中，8090 即为铝锂合金牌号，它的牌号及化学成分见表 8.20。从表中可见，8090 合金属 Al–Li–Cu–Mg 系合金。锂在铝中有较高的溶解度，并随温度而明显变化，所以铝锂合金具有明显的时效强化效应，属于可热处理强化铝合金。合金中的强化相有 $\delta'(Al_3Li)$ 相、$T_1(Al_2CuLi)$ 相、S' (Al_2CuMg) 相和 $\theta'(Al_2Cu)$ 相等多种强化相，具有很好的强度、塑性和韧性，在航空航天领域获得了实际应用。其物理和力学性能见表 8.21。

表 8.20 铝锂合金的牌号和化学成分（摘自 GB/T 3190—2008）

新牌号	旧牌号	化学成分（质量分数）/%												Al
		Si	Fe	Cu	Mn	Mg	Cr	Zn	Li	Ti	Zr	其他		
												单个	合计	
8090	—	0.20	0.30	1.0 ~ 1.6	0.10	0.6 ~ 1.3	0.10	0.25	2.2 ~2.7	0.10	0.04 ~ 0.16	0.05	0.15	余量

表 8.21 铝锂合金的物理性能和力学性能

合金牌号	取样方向	热处理制度	密度/ $(g \cdot cm^{-3})$	弹性模量 /GPa	抗拉强度 /MPa	屈服强度 /MPa	伸长率 /%	断裂韧性/ $(MPa \cdot m^{\frac{1}{2}})$
8090	板材,L	T851	2.55 ~ 2.56	81	500	455	7	33

8.1.4 铸造铝合金

铸造铝合金除要求具备一定的使用性能外，还要求具有优良的铸造工艺性能。成分处于共晶点的合金具有最佳铸造性能，但由于此时合金组织中出现大量硬脆的化合物，使合金的脆性急剧增大。因此，实际使用的铸造合金并非都是共晶合金。它们与变形铝合金相比较，只是合金元素质量分数高一些。铸造铝合金的力学性能虽然不如变形铝合金，但由于可制成各种形状复杂的零件，并可通过热处理改善铸件的力学性能，并且熔炼工艺和设备比较简单，成本低，仍在许多工业领域获得广泛应用。

铸造铝合金中常用的合金元素有 Si、Mg、Cu、Zn、Ni 及稀土等，以合金中所含主要合金元素的不同，铸造铝合金可以分为 Al–Si 系、Al–Cu 系、Al–Mg 系及 Al–Zn 系 4 类，具体牌号、代号及化学成分见表 8.22。

表 8.22 铸造铝铝合金的牌号、代号及化学成分（摘自 GB/T 1173—2013）

合金种类	合金牌号	合金代号	主要元素（质量分数）/%								
			Si	Cu	Mg	Zn	Mn	Ti	其他	Al
Al-Si合金	ZAlSi7Mg	ZL101	6.5~7.5	—	0.25~0.45	—	—	—	—	余量
	ZAlSi7MgA	ZL101A	6.5~7.5	—	0.25~0.45	—	—	0.08~0.20	—	余量
	ZAlSi12	ZL102	10.0~13.0	—	—	—	—	—	—	余量
	ZAlSi9Mg	ZL104	8.5~10.5	—	0.17~0.35	—	0.2~0.5	—	—	余量
	ZAlSi5Cu1Mg	ZL105	4.5~5.5	1.0~1.5	0.4~0.6	—	—	—	—	余量
	ZAlSi5Cu1MgA	ZL105A	4.5~5.5	1.0~1.5	0.4~0.55	—	—	—	—	余量
	ZAlSi8Cu1Mg	ZL106	7.5~8.5	1.0~1.5	0.3~0.5	—	0.3~0.5	0.10~0.25	—	余量
	ZAlSi7Cu4	ZL107	6.5~7.5	3.5~4.5	—	—	—	—	—	余量
	ZAlSi12Cu2Mg1	ZL108	11.0~13.0	1.0~2.0	0.4~1.0	—	0.3~0.9	—	—	余量
	ZAlSi12Cu1Mg1Ni1	ZL109	11.0~13.0	0.5~1.5	0.8~1.3	—	—	—	Ni0.8~1.5	余量
	ZAlSi5Cu6Mg	ZL110	4.0~6.0	5.0~8.0	0.2~0.5	—	—	—	—	余量
	ZAlSi9Cu2Mg	ZL111	8.0~10.0	1.3~1.8	0.4~0.6	—	0.10~0.35	0.10~0.35	—	余量
	ZAlSi7Mg1A	ZL114A	6.5~7.5	—	0.45~0.75	—	—	0.10~0.20	Be0~0.07	余量
	ZAlSi5Zn1Mg	ZL115	4.8~6.2	—	0.4~0.65	1.2~1.8	—	—	Sb0.1~0.25	余量
	ZAlSi8MgBe	ZL116	6.5~8.5	—	0.35~0.55	—	—	0.10~0.30	Be0.15~0.40	余量
	ZAlSi7Cu2Mg	ZL118	6.0~8.0	1.3~1.8	0.2~0.5	—	0.1~0.3	0.10~0.25	—	余量

续表 8.22

合金种类	合金牌号	合金代号	主要元素（质量分数）/%							
			Si	Cu	Mg	Zn	Mn	Ti	其他	Al
Al-Cu合金	ZAlCu5Mn	ZL201	—	4.5~5.3	—	—	0.6~1.0	0.15~0.35	—	余量
	ZAlCu5MnA	ZL201A	—	4.8~5.3	—	—	0.6~1.0	0.15~0.35	—	余量
	ZalCu10	ZL202	—	9.0~11.0	—	—	—	—	—	余量
	ZAlCu4	ZL203	—	4.0~5.0	—	—	—	—	—	余量
	ZAlCu5MnCdA	ZL204A	—	4.6~5.3	—	—	0.6~0.9	0.15~0.35	Cd0.15~0.25	余量
	ZAlCu5MnCdVA	ZL205A	—	4.6~5.3	—	—	0.3~0.5	0.15~0.35	Cd0.15~0.25；V0.05~0.3 Zr0.15~0.25；B0.005~0.06	余量
	ZAlR5Cu3Si	ZL207	1.6~2.0	3.0~3.4	0.15~0.25	—	0.9~1.2	—	Ni0.2~0.3；Zr0.15~0.25 RE4.4~5.0	余量
Al-Mg合金	ZAlMg10	ZL301	—	—	9.5~11.0	—	—	—	—	余量
	ZAlMg5Si1	ZL303	0.8~1.3	—	4.5~5.5	—	0.1~0.4	—	—	余量
	ZAlMg8Zn1	ZL305	—	—	7.5~9.0	1.0~1.5	—	0.1~0.2	Be0.03~0.10	余量
Al-Zn合金	ZAlZn11Si7	ZL401	6.0~8.0	—	0.1~0.3	9.0~13.0	—	—	—	余量
	ZAlZn6Mg	ZL402	—	—	0.5~0.65	5.0~6.5	0.2~0.5	0.15~0.25	Cr0.4~0.6	余量

牌号表示方法为：

"Z"+"Al"+主要合金元素符号+主要合金元素名义质量分数(+辅助合金元素符号+辅助合金元素名义质量分数)

合金元素名义质量分数,以 1% 为一个单位,合金元素质量分数小于 1% 时,一般不标注;优质合金在牌号后标注大写字母"A"。

代号表示方法为：

"ZL"+三位数字。第一位数字代表合金系,1～4 依次代表 Al-Si、Al-Cu、Al-Mg、Al-Zn 合金系,另两位数字为顺序号。

1. Al-Si 系铸造铝合金

Al-Si 系铸造铝合金俗称"硅铝明"。这类合金中最简单者为 ZAlSi12(ZL102),Si 的质量分数为 10%～13%,相当于共晶成分(Al—Si 二元共晶点成分为 11.7%),它最大的优点是铸造性好,但强度低,用 Na 等进行变质处理,可细化组织,提高合金的力学性能。由于 Si 在 Al 中的溶解度变化很小,所以该合金不能热处理强化,但添加了合金元素 Cu、Mg、Mn、Zn、Ni 等,就可通过固溶+时效处理进行强化。ZL101、ZL104、ZL105、ZL106 等合金都是可以进行时效强化的合金。用于形状复杂、负荷不大的零件。

2. Al-Cu 系铸造铝合金

Al-Cu 系铸造铝合金含 Cu 质量分数不低于 4%,由于 Cu 在 Al 中有较大固溶度,且随温度改变而改变,这类合金可通过固溶强化及时效强化提高力学性能。这类合金的主要特点是具有较高的热强性能,但密度较大,耐蚀性及铸造性均不如 Al-Si 系铸造合金,主要用于制造在 200～300 ℃ 条件下工作的要求较高强度的零件,如增压器的导风叶轮、静叶片等。

ZAlRE5Cu3Si(ZL207)实际上是以稀土为主要合金元素的铸造铝合金,它是铸造铝合金中耐热性最好的合金,具有优良的铸造工艺性能,适宜铸造在 400 ℃ 以下温度长期使用的复杂零件。

3. Al-Mg 系铸造铝合金

Al-Mg 系铸造铝合金的特点是:具有最小的密度和较高的强度,比其他铸造铝合金的抗蚀性好,且抗冲击和切削加工性良好,但流动性差,铸造性不好,耐热性较差,主要用于受冲击、耐海水或大气腐蚀、外形简单、承受较大负荷的零件,也可以用来代替某些耐酸钢及不锈钢零件。

4. Al-Zn 系铸造铝合金

Al-Zn 系铸造铝合金是最便宜的一类铸造铝合金,由于含有较多的锌,密度较大,耐蚀性差,但其工艺性能良好,在铸态下即具有较高的强度。因此,这类合金可以在不经热处理的铸态下直接使用。

常用铸造铝合金的特性及应用举例见表 8.23。

表 8.23　铸造铝合金的特性和应用

代号	主要特性	应用举例
ZL101	铸造性能良好、无热裂倾向、线收缩小、气密性高，但稍有产生气孔和缩孔倾向，耐蚀性高，具有自然时效能力、强度高、塑性好、焊接性好、切削加工性一般	形状复杂、中等载荷零件，或要求高气密性，耐蚀性，焊接性，200 ℃以下工作的零件，如水泵、传动装置、壳体、抽水机壳体，仪器仪表壳体等
ZL101A	杂质质量分数较 ZL101 低，力学性能较 ZL101 要好	
ZL102	铸造性能好，密度小，耐蚀性高，可承受大气、海水、二氧化碳、浓硝酸、氢、氨、硫、过氧化氢的腐蚀作用。切削加工性、耐热性差，成品应在变质处理下使用	形状复杂、低载荷的薄壁零件及耐腐蚀和气密性高、工作温度≤200 ℃的零件，如船舶零件、仪表壳体、机器盖等
ZL105	铸造性能良好，气密性良好，热裂倾向小，可热处理强化，强度较高，塑性、韧性较低，切削加工工业性良好，焊接性好，但耐蚀性一般	形状复杂、承受较高静载荷及要求焊接性好，气密性高及工作温度在 225 ℃以下的零件，在航空工业中应用也很广泛，如汽缸体、汽缸头、盖及曲轴箱等
ZL105A	特性与 ZL105 相近，但力学性能优于 ZL105	
ZL108	常用的活塞铝合金，密度小，热胀系数低，耐热性能好，铸造性能好，无热裂倾向、气密性高、线收缩小，但有较大的吸气倾向，高温力学性能较高，其切削加工性较差，且需变质处理	主要用于铸造汽车、拖拉机发动机活塞和其他在 250 ℃以下高温中工作的零件
ZL111	铸造性能优良，无热裂倾向，线收缩小，气密性高，在铸态及热处理后力学性能优良，高温力学性能也很高，其切削加工性、焊接性均较好，可热处理强化，耐蚀性较差	适于铸造形状复杂、要求高载荷、高气密性的大型铸件及高压气体、液体中工作的零件，如转子发动机缸体、盖及大型水泵的叶轮等
ZL115	铸造性能、耐蚀性优良，且强度及塑性也较好，且不需变质处理	主要用于铸造形状复杂高强度及耐蚀的铸件
ZL201	铸造性能不佳，线收缩大，气密性低，易形成热裂及缩孔，经热处理强化后，具有很高的强度和耐热性，其塑性和韧性好，焊接性和切削加工性良好，但耐蚀性差	适用于高温（175～300 ℃）或室温下承受高载荷、形状简单的零件，也可用于低温（-70～0 ℃）承受高负荷零件，如支架等
ZL201A	杂质小，力学性能优于 ZL201	

续表 8.23

代号	主 要 特 性	应 用 举 例
ZL204A ZL205A	属于高强度耐热合金,其中 ZL205A 耐热性优于 ZL204A	作为受力结构件广泛应用于航空、航天工业中
ZL207A	属铝-稀土金属合金,其耐热性优良,铸造性能良好,气密性高,不易产生热裂和疏松,但室温力学性能差	可用于铸造形状复杂、受力不大,在高温(不大于 400 ℃)下工作的零件
ZL301	淬火后,强度高,且塑性、韧性良好,但在长期使用时有自然时效倾向,塑性下降,且有应力腐蚀倾向;耐蚀性高,是铸铝中耐蚀性最优的,切削加工性良好。铸造性能差,易产生疏松,耐热性、焊接性较差	承受高静载荷和冲击载荷,及要求耐蚀,工作环境温度不大于200 ℃的铸件,如雷达座、起落架等,还可以用来生产装饰件
ZL303	耐蚀性与 ZL301 相近,铸造性能、热裂倾向等均比 ZL301 好,收缩率大,气密性一般,不能热处理强化,高温性能较 ZL301 好,焊接性较 ZL301 明显改善	适于制造工作温度低于 200 ℃,承受中等载荷的船舶、航空、内燃机等零件及其他一些装饰件
ZL 401	俗称锌硅铝明,铸造性能良好,线收缩率小,但有较大吸气倾向,铸件有自然时效能力,可切削性及焊接性良好,需经变质处理,耐蚀性一般,耐热性低,密度大	工作温度不大于 200 ℃,形状复杂,承受高静载荷的零件,多用于汽车零件、医药机械、仪器表零件及日用方面
ZL 402	铸造性能尚好,经时效处理后可获得较高力学性能,适于在-70~150 ℃温度范围内工作,抗应力腐蚀性及耐蚀性较好,切削加工性良好,焊接性一般,密度大	用于高静载荷,冲击载荷及要求耐蚀和尺寸稳定的零件,如高速整铸叶轮、空压机活塞、精密机械、仪器等

8.2 铜及铜合金

8.2.1 纯铜

1. 物理性能

铜是人类最早使用的金属之一。纯铜的外观为紫红色,所以又称紫铜。铜在元素周期表中位于第四周期、第一副族,原子序数为 29,常见化合价为+2 价和+1 价,具有面心立方晶格,无同素异构转变。铜属于重金属,密度为 8.93 g/cm³,熔点为 1 084 ℃。纯铜的导电、导热性优良,仅次于金、银,而居于第三位。纯铜无磁性。铜的物理性能见表 8.24。

表 8.24　铜铝的物理性能

项目	数值	项目	数值
密度(20 ℃)/(g·cm^{-3})	8.93	比热容(20 ℃)/[J·kg^{-1}·K^{-1}]	386
熔点/℃	1 084	线胀系数/(10^{-6}·K^{-1})	16.7
沸点/℃	2 595	热导率/[W·m^{-1}·K^{-1}]	398
熔化热/(kJ·mol^{-1})	13.02	电阻率/(nΩ·m)	16.73
汽化热/(kJ·mol^{-1})	304.8	10.电导率(s·m^{-1})	103.06

2. 化学性质

纯铜具有很高的化学稳定性,在大气、淡水和冷凝水中均有优良的耐腐蚀性,在大多数非氧化性的酸溶液(如氢氟酸、盐酸等)中几乎不被腐蚀。但在海水中的耐蚀性较差,在氧化性的 HNO_3、浓 H_2SO_4 以及各种盐类(如氨盐、氯化物、碳酸盐等)溶液中耐腐蚀性差。纯铜在含有 CO_2 的湿空气中会形成铜绿[$CuCO_3 \cdot Cu(OH)_2$ 或 $2CuCO_3 \cdot Cu(OH)_2$],加热至 100 ℃,会形成黑色的 CuO,加热温度高于 100 ℃,会形成红色的 Cu_2O。

3. 力学性能

纯铜的塑性极好,但强度较低。抗拉强度 R_m 只有 230~240 MPa,硬度为 40~45HBW,断后伸长率 A 可达 50%,断面收缩率 Z 达 70%。因此,纯铜具备优良的加工成型性,冷、热压力加工均可。冷加工后,抗拉强度 R_m 可提高到 400~500 MPa,硬度达 100~120HBW,但塑性降低,断后伸长率 A 只有 6%。

纯铜只能以冷作硬化的方式进行强化,因此纯铜的热处理只限于再结晶软化退火。实际退火温度一般为 500~700 ℃,退火铜应在水中快速冷却,以使退火加热时形成的氧化皮爆脱,得到纯洁的表面。

4. 杂质对纯铜性能的影响

少量杂质元素若能完全固溶于铜中,则对铜的塑性变形能力影响不大,但能提高纯铜的强度、硬度,降低铜的导电、导热性。当杂质元素质量分数超过其在铜中的极限溶解度,出现多相结构时,则不仅明显降低导电、导热性,而且显著降低塑性变形能力。

铅和铋基本上不溶于铜,微量的铅或铋均能与铜形成低熔点共晶组织(Cu+Pb)、(Cu+Bi),共晶温度分别为 326 ℃、270 ℃。热加工时,分布在晶界上的低熔点共晶组织熔化,将使晶粒间的结合强度降低,造成热脆。少量钙、铈或锆,与铅和铋形成高熔点化合物,分布于铜的晶粒内,可以消除铅、铋的有害影响。

氧和硫也是有害杂质,它们与铜形成 Cu_2O 和 CuS,以粒状共晶体形式分布于铜晶粒内或晶界上。由于共晶温度高,对铜的热加工没有影响,但对铜的冷加工有不利影响,能引起冷脆。

表8.25 加工铜的牌号、化学成分（摘自 GB/T 5231—2012）

化学成分（质量分数）/%

分类	代号	牌号	Cu+Ag（最小值）	P	Ag	Bi	Sb	As	Fe	Ni	Pb	Sn	S	Zn	O
纯铜	T10900	T1	99.95	0.001	—	0.01	0.002	0.002	0.005	0.002	0.003	0.002	0.005	0.005	0.2
纯铜	T11050	T2	99.90	—	—	0.001	0.002	0.002	0.005	—	0.005	—	0.005	—	—
纯铜	T11090	T3	99.70	—	—	0.002	—	—	—	—	0.01	—	—	—	—
纯铜	C10100		Cu99.99	0.000 3	0.002 5	0.000 1	0.000 4	0.000 5	0.000 1 0	0.000 1 0	0.000 5	0.000 2	0.001 5	0.000 1	0.000 5
无氧铜	T10130	TU0	99.97	0.002	—	0.001	0.002	0.002	0.004	0.002	0.003	0.002	0.004	0.003	0.001
无氧铜	T10150	TU1	99.97	0.002	—	0.001	0.002	0.002	0.004	0.002	0.003	0.002	0.004	0.003	0.002
无氧铜	T10180	TU2	99.95	0.002	—	0.001	0.002	0.002	0.004	0.002	0.004	0.002	0.004	0.003	0.002
无氧铜	C10200	TU3	99.95	—	—	—	—	—	—	—	—	—	—	—	0.001 0
无氧铜	T10350	TU00Ag0.06	99.99	0.002	0.05~0.08	0.000 3	0.000 5	0.000 4	0.002 5	0.000 6	0.000 6	0.000 7	—	0.000 5	0.000 5
无氧铜	C10500	TUAg0.03	99.95	—	≥0.034	—	—	—	—	—	—	—	—	—	0.001 0
无氧铜	T10510	TUAg0.05	99.96	0.002	0.02~0.06	0.001	0.002	0.002	0.004	0.002	0.004	0.002	0.004	0.003	0.003
无氧铜	T10530	TUAg0.1	99.96	0.002	0.06~0.12	0.001	0.002	0.002	0.004	0.002	0.004	0.002	0.004	0.003	0.003
无氧铜	T10540	TUAg0.2	99.96	0.002	0.15~0.25	0.001	0.002	0.002	0.004	0.002	0.004	0.002	0.004	0.003	0.003
无氧铜	T10550	TUAg0.3	99.96	0.002	0.25~0.35	0.001	0.002	0.002	0.004	0.002	0.004	0.002	0.004	0.003	0.003
锆无氧铜	T10600	TUZr0.15	99.97	0.002	Zr0.11~0.21	0.001	0.002	0.002	0.004	0.002	0.003	0.002	0.004	0.003	0.002

注（C10100 行下）: $w_{Te} \leqslant 0.000\ 2, w_{Se} \leqslant 0.000\ 3, w_{Mn} \leqslant 0.000\ 05, w_{Cd} \leqslant 0.000\ 1$

续表 8.25

化学成分（质量分数）/%

分类	代号	牌号	Cu+Ag(最小值)	P	Ag	Bi	Sb	As	Fe	Ni	Pb	Sn	S	Zn	O
磷脱氧铜	C12000	TP1	99.90	0.004~0.012	—	—	—	—	—	—	—	—	—	—	—
	C12200	TP2	99.9	0.015~0.040	—	—	—	—	—	—	—	—	—	—	—
	T12210	TP3	99.9	0.01~0.025	—	—	—	—	—	—	—	—	—	—	0.01
	T12400	TP4	99.90	0.040~0.065	—	—	—	—	—	—	—	—	—	—	0.002
银铜	T11200	TAg0.1-0.1	99.9	0.004~0.012	0.08~0.12	—	—	—	—	0.05	—	—	—	—	0.05
	T11210	TAg0.1	Cu99.5	—	0.06~0.12	0.002	0.005	0.01	0.05	0.2	0.01	0.05	0.01	—	0.1
	T11220	TAg0.15	99.5	—	0.10~0.20	0.002	0.005	0.01	0.05	0.2	0.01	0.05	0.01	—	0.1
碲铜	C14500	TTe0.5	99.90	0.004~0.012	Te0.40~0.7	—	—	—	—	—	—	—	—	—	—
	C14510	TTe0.5-0.02	99.85	0.010~0.030	Te0.30~0.7	—	—	—	—	—	0.05	—	—	—	—
硫铜	C14700	TS0.4	99.90	0.002~0.005	—	—	—	—	—	—	—	—	0.20~0.50	—	—
锆铜	C15000	TZr0.15	99.80	—	Zr0.10~0.20	0.002	0.005	—	0.05	0.2	0.1	0.05	0.01	—	—
	C15200	TZr0.2	99.5	—	Zr0.15~0.30	0.002	0.005	—	0.05	0.2	0.1	0.05	0.01	—	—
	C15400	TZr0.4	99.5	—	Zr0.30~0.50	0.002	0.005	—	0.05	0.2	0.1	0.05	0.01	—	—
弥散无氧铜	T15700	TUAl0.12	余量	0.002	Al₂O₃: 0.16~0.26	0.001	0.002	0.002	0.004	0.002	0.003	0.002	0.004	0.003	—

含有氧的铜,在含有氢气或一氧化碳等还原性气氛中加热时,氢及一氧化碳等气体会扩散渗入铜中与氧发生反应,形成不溶于铜的水蒸气或二氧化碳,在局部地区产生很大的压力,而造成显微裂纹,使铜在随后的加工和使用过程中发生破裂,称之为"氢病"。故含氧铜的退火应在氧化气氛中进行加热。

5. 加工纯铜的牌号及用途

根据氧的质量分数和生产方法的不同,加工纯铜分为工业纯铜、无氧铜、磷脱氧铜和银铜4类。工业纯铜氧的质量分数为 0.02% ~ 0.10%,磷脱氧铜中氧的质量分数小于0.01%,无氧铜中氧的质量分数极低,小于 0.002%。工业纯铜用"T"("铜"的汉语拼音字头)+顺序号表示;无氧铜用"TU"("铜""无"两字汉语拼音字头)+顺序号表示;磷脱氧铜用"TP"("铜"汉语拼音字头+脱氧剂磷的元素符号)+顺序号表示。银铜用"T"+银的元素符号"Ag"及银的质量分数数字表示。具体牌号及化学成分见表 8.25。

工业纯铜一般用作导电、导热、耐蚀器材,如电线、电缆、散热器、冷凝器及各种管道等;无氧铜主要用作电真空仪器仪表器件;磷脱氧铜主要用作汽油或气体输送管、排水管、冷凝管等。

铜中加入少量的银,可显著提高再结晶温度和蠕变强度,而很少降低铜的导电、导热性和塑性。银铜一般采用冷作硬化来提高强度。它具有很好的耐磨性、电接触性和耐蚀性,主要用于耐热、导电器材,如电机整流子片、发电机转子用导体、点焊电极及通信线。加工纯铜的特性和应用见表 8.26。

表 8.26 加工纯铜的特性和应用

组别	产品种类	主 要 特 性	应 用 举 例
T1	板、带、箔	有良好的导电、导热、耐蚀和加工性能,可以焊接和钎焊。含降低导电、导热性的杂质较少,微量的氧对导电、导热和加工等性能影响不大,但易引起"氢病"	用于导电、导热、耐蚀器材。如电线、电缆、导电螺钉、爆破用雷管、化工用蒸发器、贮藏器及各种管道等
T2	板、带、箔、管、棒、线		
T3	板、带、箔、管、棒、线	有较好的导电、导热、耐蚀和加工性能,可以焊接和钎焊;但含降低导电、导热性的杂质较多,氧质量分数更高,更易引起"氢病"	用于一般铜材,如电气开关、垫圈、垫片、铆钉、管嘴、油管及其他管道等
TU1 TU2	板、带、管、棒、线	纯度高,导电、导热性极好,无"氢病"或极少"氢病";加工性能和焊接、耐蚀、耐寒性均好	主要用作电真空仪器仪表器件
TP1	板、带、管	焊接性能和冷弯性能好,无"氢病"倾向,但不宜在氧化性气氛中加工、使用。TP1 的残留磷量比 TP2 少,故其导电、导热性较 TP2 高	用作汽油或气体输送管、排水管、冷凝管、水雷用管、冷凝器、蒸发器、热交换器等
TP2	板、带、管、棒、线		
TAg0.1	板、管	加入少量银,可显著提高软化温度和蠕变强度,很少降低导电、导热性和塑性。一般采用冷作硬化来提高强度。具有很好的耐磨性、电接触性和耐蚀性	用于耐热、导电器材。如电机整流子片、发电机转子用导体、点焊电极、通信线、引线、导线、电子管材料等

8.2.2 铜合金

1. 铜的合金化

纯铜的强度不高,要满足制作结构件的要求,必须进行合金化,才能得到高强度铜合金。铜的合金化原理类似于 Al 和 Mg,其主要目的是为了实现固溶强化、时效强化及过剩相强化。

用于铜合金固溶强化的元素主要有 Zn、Al、Sn、Mn、Ni 等,它们在铜中的溶解度均大于 9.4%,有显著固溶强化效果。最大的固溶效果可使铜的 R_m 由 240 MPa 上升到 650 MPa。

用于时效强化的元素有 Be、Ti、Zr、Cr 等,它们的溶解度随温度的降低而剧烈减小,因而具有时效强化效果。

过剩相强化在铜合金中应用也很普遍,如黄铜和青铜中的 CuZn 相、$Cu_{31}Sn_3$ 相、Cu_9Al_4 相均有较高的过剩相强化作用。

2. 铜合金的分类及牌号

铜合金按照生产方法可分为压力加工产品和铸造产品两类。

加工铜合金按照化学成分不同可以分为高铜合金、黄铜、青铜及白铜 4 大类。

高铜合金是以铜为基体,在铜中加入一种或几种微量元素以获得某些预定特性的合金。一般铜质量分数在 96.0%~99.3% 的范围内。高铜合金牌号以"T+第一主添加元素化学符号+各添加元素质量分数(数字间以"-"隔开)"命名。例如,TCr1-0.15 表示铬质量分数为 0.50%~1.5%,锆质量分数为 0.05%~0.25% 的铬铜合金。各种加工高铜合金的牌号、化学成分见表 8.27。

黄铜是以 Zn 为主要合金元素的铜合金,按其余合金元素的种类可分为普通黄铜和复杂黄铜。加工普通黄铜的牌号用"H("黄"字汉语拼音字头)+铜质量分数"命名。加工复杂黄铜用"H+第二主添加合金元素符号+铜质量分数+除锌以外的各添加元素质量分数(数字间以"-"隔开)"表示。如 H62 表示平均 Cu 质量分数为 62%,Zn 为余量的加工黄铜,HMn58-2 表示铜质量分数为 58%,锰质量分数为 2%,Zn 为余量的加工黄铜。各种加工黄铜的牌号和化学成分见表 8.28。

白铜是以 Ni 为主要合金元素的铜合金,按其余合金元素的种类可分为普通白铜和复杂白铜。加工普通白铜的牌号用"B"("白"字汉语拼音字头)+镍的质量分数表示;加工复杂白铜用"B+主要添加合金元素符号+Ni 质量分数+-+添加元素质量分数"表示。如 B30 表示平均 Ni 质量分数为 30%,Cu 为余量的加工白铜,BMn40-1.5 表示 Ni 质量分数为 40%,Mn 质量分数为 1.5%,Cu 为余量的加工白铜。各种加工白铜的牌号及化学成分见表 8.29。

表 8.27 加工高铜合金的牌号及化学成分

分类	代号	牌号	化学成分（质量分数）/%															杂质总和
			Cu	Be	Ni	Cr	Zr	Si	Fe	Al	Pb	Ti	Zn	Sn	P	Mn	其他	
镉铜	C16200	TCd1	余量	—	—	—	—	—	0.02	—	—	—	—	—	—	—	Cd0.7~1.2	0.5
铍铜	C17300	TBe1.9-0.4	余量	1.8~2.0	—	—	—	0.20	—	0.20	0.20~0.6	—	—	—	—	—	—	0.9
	C17490	TBe0.3-1.5	余量	0.25~0.50	—	—	—	0.20	0.10	0.20	—	—	—	—	—	Ag0.90~1.10	Co1.40~1.70	0.5
	C17500	TBe0.6-2.5	余量	0.4~0.7	—	—	—	0.20	0.10	0.20	—	—	—	—	—	—	Co2.40~2.7	1.0
	C17510	TBe0.4-1.8	余量	0.2~0.6	1.4~2.2	—	—	0.20	0.10	0.20	—	—	—	—	—	—	0.3	1.3
	T17700	TBe1.7	余量	1.6~1.85	0.2~0.4	—	—	0.15	0.15	0.15	0.005	0.10~0.25	—	—	—	—	—	0.5
	T17710	TBe1.9	余量	1.85~2.1	0.2~0.4	—	—	0.15	0.15	0.15	0.005	0.10~0.25	—	—	—	—	—	0.5
	T17715	TBe1.9-0.1	余量	1.85~2.1	0.2~0.4	—	—	0.15	0.15	0.15	0.005	0.10~0.25	—	—	—	—	Mg0.07~0.13	0.5
	T17720	TBe2	余量	1.80~2.1	0.2~0.5	—	—	0.15	0.15	0.15	0.005	—	—	—	—	—	—	0.5

续表 8.27

分类	代号	牌号	Cu	Be	Ni	Cr	Zr	Si	Fe	Al	Pb	Ti	Zn	Sn	P	Mn	其他	杂质总和
镍铬铜	C18000	TNi2.4-0.6-0.5	余量	—	1.8~3.0	0.10~0.8	—	0.40~0.8	0.15	—	—	—	—	—	—	—	—	0.65
铬铜	C18135	TCr0.3-0.3	余量	—	—	0.20~0.6	—	—	—	—	—	—	—	—	—	—	Cd0.20~0.6	0.5
	T18140	TCr0.5	余量	—	0.05	0.4~1.1	—	—	0.1	—	—	—	—	—	—	—	—	0.5
	T18142	TCr0.5-0.2-0.1	余量	—	—	0.4~1.0	—	—	—	0.1~0.25	—	—	—	—	—	—	Mg0.1~0.2	0.5
	T18144	TCr0.5-0.1	余量	—	0.05	0.4~0.7	—	0.05	0.05	—	0.005	—	0.1~0.25	0.01	—	S0.005	Ag0.08~0.13	0.25
	T18146	TCr0.7	余量	—	0.05	0.55~0.85	—	—	0.1	—	—	—	—	—	—	—	—	0.5
	T18148	TCr0.8	余量	—	0.05	0.6~0.9	—	0.03	0.03	0.006	—	—	—	—	—	—	S0.005	0.5
	C18150	TCr1-0.15	余量	—	—	0.5~1.5	0.05~0.25	—	—	—	—	—	—	—	0.01	—	—	0.3
	C18150	TCr0.6-0.4-0.05	余量	—	—	0.4~0.8	0.3~0.6	0.05	0.05	—	—	—	—	—	0.01	—	Mg0.04~0.08	0.3
	C18200	TCr1	余量	—	—	0.6~1.2	—	0.10	0.10	—	0.05	—	—	—	—	—	—	0.75

化学成分（质量分数）/%

续表 8.27

化学成分（质量分数）/%

分类	代号	牌号	Cu	Be	Ni	Cr	Zr	Si	Fe	Al	Pb	Ti	Zn	Sn	P	Mn	其他	杂质总和
镁铜	T18658	TMg0.2	余量	—	—	—	—	—	0.10	—	—	—	—	—	0.01	—	Mg0.1~0.3	0.1
	T18661	TMg0.4	余量	—	—	—	—	—	—	—	—	—	—	0.2	0.001~0.02	—	Mg0.10~0.07	0.8
	T18664	TMg0.5	余量	—	—	—	—	—	—	—	—	—	—	—	0.01	—	Mg0.4~0.7	0.1
铅铜	T18700	TPb1	余量	—	—	—	—	—	—	—	0.8~1.5	—	—	—	—	—	—	0.5
铁铜	C19200	TFe1.0	98.5	—	—	—	—	—	0.8~1.2	—	—	—	0.20	—	0.01~0.04	—	—	0.4
	C19210	TFe1.0	余量	—	—	—	—	—	0.05~0.15	—	—	—	—	—	0.025~0.04	—	—	0.2
	C19200	TFe2.5	97.0	—	—	—	—	—	2.1~2.6	—	0.03	—	0.05~0.20	—	0.015~0.15	—	—	—
钛铜	C19910	Tti3.0-0.2	余量	—	—	—	—	—	0.17~0.23	—	—	2.9~3.4	—	—		—	—	0.5

表 8.28 加工黄铜的牌号和化学成分(摘自 GB/T 5231—2012)

组别	牌　号		化学成分(质量分数)/%(余量 Zn)
	代号	牌号	
普通黄铜	C21000	H95	Cu94.0 ~ 96.0
	C22000	H90	Cu89.0 ~ 91.0
	C23000	H85	Cu84.0 ~ 86.0
	C24000	H80	Cu78.5 ~ 81.5
	T26100	H70	Cu68.5 ~ 71.5
	T26300	H68	Cu67.0 ~ 70.0
	C26800	H66	Cu64.0 ~ 68.5
	T27300	H63	Cu62.0 ~ 65.0
	T27600	H62	Cu60.5 ~ 63.5
	T28200	H59	Cu57.0 ~ 60.0
镍黄铜	T69900	HNi65-5	Cu64.0 ~ 67.0, Ni5.0 ~ 6.5
	T69910	HNi56-3	Cu54.0 ~ 58.0, Ni2.0 ~ 3.0, Fe0.15 ~ 0.5, Al0.3 ~ 0.5
铁黄铜	T67600	HFe59-1-1	Cu57.0 ~ 60.0, Fe0.6 ~ 1.2, Mn0.5 ~ 0.8, Sn0.3 ~ 0.7, Al0.1 ~ 0.5
	T67610	HFe58-1-1	Cu56.0 ~ 58.0, Fe0.7 ~ 1.3, Pb0.7 ~ 1.3
铅黄铜	C31400	HPb89-2	Cu87.5 ~ 90.5, Pb1.3 ~ 2.5
	C33000	HPb66-0.5	Cu65.0 ~ 68.0, Pb0.25 ~ 0.7
	T34700	HPb 63-3	Cu62.0 ~ 65.0, Pb2.4 ~ 3.0
	T34900	HPb 63-0.1	Cu61.5 ~ 63.5, Pb0.05 ~ 0.3
	T35100	HPb 62-0.8	Cu60.0 ~ 63.0, Pb0.5 ~ 1.2
	C36000	HPb 62-3	Cu60.0 ~ 63.0, Pb2.5 ~ 3.7
	C35300	HPb 62-2	Cu60.0 ~ 63.0, Pb1.5 ~ 2.5
	C37100	HPb 61-1	Cu58.0 ~ 62.0, Pb0.6 ~ 1.2
	C37700	HPb 60-2	Cu58.0 ~ 61.0, Pb1.5 ~ 2.5
	T38300	HPb 59-3	Cu57.5 ~ 59.5, Pb2.0 ~ 3.0
	T38100	HPb 59-1	Cu57.5 ~ 60.0, Pb0.8 ~ 1.9

续表 8.28

组别	牌号		化学成分(质量分数)/%(余量 Zn)
	代号	牌号	
铝黄铜	C68700	HAl77-2	Cu76.0~79.0, Al1.8~2.5, As0.02~0.06
	T68900	HAl67-2.5	Cu66.0~68.0, Al2.0~3.0
	T69200	HAl66-6-3-2	Cu64.0~68.0, Al6.0~7.0, Fe2.0~4.0, Mn1.5~2.5
	T69230	HAl61-4-3-1	Cu59.0~62.0, Al3.5~4.5, Ni2.5~4.0, Fe0.3~1.3, Si0.5~1.5, Co0.5~1.0
	T69240	HAl60-1-1	Cu58.0~61.0, Al0.70~1.50, Fe0.70~1.50, Mn0.1~0.6
	T69250	HAl59-3-2	Cu57.0~60.0, Al2.5~3.5, Ni2.0~3.0
锰黄铜	T67200	HMn62-3-3-0.7	Cu60.0~63.0, Mn2.7~3.7, Al2.4~3.4, Si0.5~1.5
	T67400	HMn58-2	Cu57.0~60.0, Mn1.0~2.0
	T67410	HMn57-3-1	Cu55.0~58.5, Mn2.5~3.5, Al0.5~1.5
	T67320	HMn55-3-1	Cu53.0~58.0, Mn3.0~4.0, Fe0.5~1.5
锡黄铜	T41900	HSn90-1	Cu88.0~91.0, Sn0.25~0.75
	T45000	HSn70-1	Cu69.0~71.0, Sn0.8~1.3, As0.03~0.06
	T46300	HSn62-1	Cu61.0~63.0, Sn0.7~1.1
	T46410	HSn60-1	Cu59.0~61.0, Sn1.0~1.5
砷黄铜	T23030	HAs85-0.05	Cu84.0~86.0, As0.02~0.08
	C26130	HAs70-0.05	Cu68.5~71.5, As0.02~0.08
	T26330	HAs68-0.04	Cu67.0~70.0, As0.03~0.06
硅黄铜	T68310	HSi80-3	Cu79.0~81.0, Si2.5~4.0

表 8.29 加工白铜的牌号及化学成分(摘自 GB/T 5231—2012)

组别	牌号		化学成分(质量分数)/%
	名称	代号	
普通白铜	T70110	B0.6	Ni+Co0.57~0.63, 余量 Cu
	T70380	B5	Ni+Co4.4~5.0, 余量 Cu
	T71050	B19	Ni+Co18.0~20.0, 余量 Cu
	T71200	B25	Ni+Co24.0~26.0, 余量 Cu
	T71400	B30	Ni+Co29~33, 余量 Cu
铁白铜	C70400	BFe5-1.5-0.5	Ni+Co4.8~6.2, Fe1.3~1.7, Mn0.30~0.8, 余量 Cu
	T70590	BFe10-1-1	Ni+Co9.0~11.0, Fe1.0~1.5, Mn0.5~1.0, 余量 Cu
	T71510	BFe30-1-1	Ni+Co29.0~32.0, Fe0.5~1.0, Mn0.5~1.2, 余量 Cu

续表 8.29

组别	牌　号		化学成分(质量分数)/%
	名称	代号	
锰白铜	T71620	BMn3-12	Ni+Co2.0~3.5, Mn11.5~13.5, Fe0.20~0.50, Si0.1~0.3, 余量 Cu
	T71660	BMn40-1.5	Ni+Co39.0~41.0, Mn1.0~2.0, 余量 Cu
	T71670	BMn43-0.5	Ni+Co42.0~44.0, Mn0.10~1.0, 余量 Cu
锌白铜	C75200	BZn18-18	Ni+Co16.5~19.5, Cu63.5~66.5, 余量 Zn
	C77000	BZn18-26	Ni+Co16.5~19.5, Cu53.5~56.5, 余量 Zn
	T74600	BZn15-20	Ni+Co13.5~16.5, Cu62.0~65.0, 余量 Zn
	T78300	BZn15-21-1.8	Ni+Co14.0~16.0, Pb1.5~2.0, Cu60.0~63.0, 余量 Zn
	T79500	BZn15-24-1.5	Ni+Co12.5~15.5, Pb1.4~1.7, Mn0.05~0.5, Cu58.0~60.0, 余量 Zn
铝白铜	T72600	BAl13-3	Ni+Co12.0~15.0, Al2.3~3.0, 余量 Cu
	T72400	BAl6-1.5	Ni+Co5.5~6.5, Al1.2~1.8, 余量 Cu

青铜是除 Zn、Ni 以外的其他元素为主要合金元素的铜合金。按所含主要合金元素的种类分为锡青铜、铝青铜、铍青铜、硅青铜、锰青铜、锆青铜、铬青铜等。加工青铜的代号用"Q('青'字汉语拼音字头)+主要合金元素符号+主要合金元素质量分数+:'-'+添加元素质量分数"表示。如 QSn4-3 表示平均 Sn 质量分数为 4%,Zn 质量分数为 3%,余量为 Cu 的加工锡青铜,QAl9-2 表示 Al 质量分数为 9%,Mn 质量分数为 2%,Cu 为余量的加工铝青铜。各种加工青铜的牌号和化学成分见表 8.30。

表 8.30　加工青铜的牌号和化学成分(摘自 GB/T 5231—2012)

组别	牌　号		化学成分(质量分数)/%(余量 Cu)
	名称	代号	
锡青铜	C50500	QSn1.5-0.2	Sn1.0~1.7, P0.03~0.35
	C51100	QSn4-0.3	Sn3.5~4.9, P0.03~0.35
	T50800	QSn4-3	Sn3.5~4.5, Zn2.7~3.3
	T53300	QSn4-4-2.5	Sn3.0~5.0, Zn3.0~5.0, Pb1.5~3.5
	T53500	QSn4-4-4	Sn3.0~5.0, Zn3.0~5.0, Pb3.5~4.5
	T51510	QSn6.5-0.1	Sn6.0~7.0, P0.10~0.25
	T51520	QSn6.5-0.4	Sn6.0~7.0, P0.26~0.40
	T51530	QSn7-0.2	Sn6.0~8.0, P0.10~0.25
	C52100	QSn8-0.3	Sn7.0~9.0, P0.03~0.35

续表 8.30

组别	牌 号		化学成分(质量分数)/%(余量 Cu)
	名称	代号	
铝青铜	T60700	QA15	Al4.0~6.0
	C61000	QA17	Al6.0~8.5
	T61700	QA19-2	Al8.0~10.0, Mn1.5~2.5
	T61720	QA19-4	Al8.0~10.0, Fe2.0~4.0
	T61740	QA19-5-1-1	Al8.0~10.0, Ni4.0~6.0, Mn0.5~1.5, Fe0.5~1.5
	T61760	QA110-3-1.5	Al8.5~10.0, Fe2.0~4.0, Mn1.0~2.0
	T61780	QAl10-4-4	Al9.5~11.0, Ni3.5~5.5, Fe3.5~5.5
	T62100	QAl10-5-5	Al8.0~11.0, Ni4.0~6.0, Fe4.0~6.0, Mn0.5~2.5
	T62200	QAl11-6-6	Al10.0~11.5, Ni5.0~6.5, Fe5.0~6.5
硅青铜	T64730	QSi3-1	Si2.7~3.5, Mn1.0~1.5
	T64720	QSi1-3	Si0.6~1.1, Ni2.4~3.4, Mn0.1~0.4
	T64740	QSi3.5-3-1.5	Si3.0~4.0, Zn2.5~3.5, Fe1.2~1.8, Mn0.5~0.9
锰青铜	T56100	QMn1.5	Mn1.20~1.80
	T56200	QMn2	Mn1.5~2.5
	T56300	QMn5	Mn4.5~5.5
铬青铜	T55600	QCr4.5-2.5-0.6	Cr3.5~5.5, Ti1.5~3.5, Mn0.5~2.0, Ni0.2~1.0

8.2.3 高铜合金

高铜合金中最典型的合金是铍铜。工业用铍铜中铍质量分数一般在 0.2%~2.1%。Be 在固态铜中的溶解度随温度降低而急剧减小,室温时仅能溶解 0.16%,所以铍铜是典型的时效硬化型合金。

铍铜经淬火时效处理后,具有很高的强度、硬度,接近中强度钢的水平,同时弹性极限、疲劳极限也高。铍铜的耐磨性、耐蚀性、导电导热性能优良,无磁性,受冲击时不产生火花,故在工业中被广泛用作各种重要的弹性元件、耐磨零件及防爆电器、工具等。

铍铜的强化热处理工艺一般是在保护气氛或真空中加热到 780~800 ℃,保温 8~25 min,水冷,320 ℃时效,要求硬度和耐磨性为主的零件,时效时间 1~2 h,对于弹性元件,时效时间 2~3 h。

铍铜中添加 Ni、Co,可以提高合金的可淬性,以便在较缓和的淬火介质中淬火时,获得过饱和的固溶体。加入 Ti,能减少铍铜的弹性滞后,使合金具有更稳定的弹性性能,Ti

还能改善工艺性能、提高强度。

典型高铜合金的特性及应用见表 8.31。

表 8.31 典型高铜合金的特性和应用

组别	合金牌号	主 要 特 性	应 用 举 例
铍铜	TBe2	含少量镍的铍青铜,力学、物理、化学综合性能良好。经淬火调质后,具有高的强度、硬度、弹性、耐磨性、疲劳极限和耐热性;同时还具有高的导电性、导热性和耐寒性,无磁性,碰击时无火花,易于焊接和钎焊,在大气、淡水和海水中抗蚀性极好	制造各种精密仪表、仪器中的弹簧和弹性元件,各种耐磨零件以及在高速、高压和高温下工作的轴承、衬套,矿山和炼油厂用的冲击不生火花的工具以及各种深冲零件
	TBe1.7 TBe1.9	含少量镍、钛的铍青铜,弹性迟滞小、疲劳强度高,温度变化时弹性稳定,性能对时效温度变化的敏感性小,价格较低廉,而强度和硬度比 QBe2 降低甚少	制造各种重要用途的弹簧、精密仪表的弹性元件、敏感元件以及承受高变向载荷的弹性元件、可代替 QBe2 牌号的铍青铜
铬铜	TCr0.5	较高的强度和硬度,导电、导热性好,耐磨、减磨性也很好,经时效硬化处理后,强度、硬度、导电性和导热性均显著提高;易于焊接和钎焊,在大气和淡水中抗蚀性良好,高温抗氧化性好,冷、热态压力加工很好	用于制作工作温度 350 ℃ 以下的电焊机电极、电机整流子片以及其他各种在高温下工作的、要求有高的强度、硬度、导电性及导热性的零件,还可以双金属的形式用于刹车盘和圆盘
镉铜	TCd1.0	具有高的导电性的导热性,良好的耐磨性和减磨性,抗蚀性好,压力加工性能良好,镉青铜的时效硬化效果不显著,一般采用冷作硬化来提高强度	用于工作温度 250 ℃ 下的电机整流子片、电车触线和电话用软线以及电焊机的电极

8.2.4 黄铜

黄铜是以 Zn 为主要合金元素的铜合金,铜中加入 Zn 后,颜色由紫红色变成黄色,随 Zn 质量分数的增加,黄铜的颜色由黄红色变为淡黄色。黄铜具有良好的力学性能,易加工成型,并且对大气、海水有相当好的耐蚀性。另外,黄铜还具有价格低廉、色泽美丽等优点,是应用最广的重要有色金属材料。黄铜分普通黄铜和复杂黄铜两类。

1. 普通黄铜

普通黄铜是指 Cu-Zn 二元合金。工业上使用的黄铜中 Zn 的质量分数均在 50% 以下,合金的室温组织为 α 和 β′ 相。

α 相是 Zn 溶解于铜中的固溶体,晶格类型与纯铜相同,为面心立方晶格。α 相的抗蚀性、塑性均与纯铜接近。β 相是以 CuZn(电子化合物)为基的固溶体,呈体心立方晶格。高温下的 β 相为无序固溶体,塑性极高,适于热压力加工。低温下的 β 相为有序固溶体,

又称 β 相′,塑性差,脆性大,冷加工困难。

随 Zn 质量分数的增加,黄铜的导电、导热性降低。黄铜的力学性能与 Zn 质量分数的关系如图 8.4 所示。当 Zn 质量分数小于 32% 时,Zn 完全溶于 α 固溶体中,起固溶强化作用,使黄铜的强度和塑性随 Zn 质量分数的增加而提高。当 Zn 质量分数超过 32% 时,由于组织中出现脆性的 β′相,使塑性降低,而强度继续提高。当 Zn 质量分数达 45% ~47% 时,由于组织中几乎全部由 β′ 相组成,其强度和塑性急剧降低,没有使用价值。

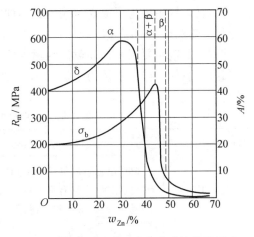

图 8.4　Zn 质量分数对黄铜力学性能的影响

实际生产中使用的黄铜,按其组织分为 α 单相黄铜和 α+β 两相黄铜。Zn 质量分数小于 32% 时,为 α 单相组织,Zn 质量分数在 32% ~45% 范围内时,为 α+β 两相黄铜。

α 单相黄铜的抗蚀性比 α+β 两相黄铜好,室温下的塑性较后者好,但强度低。α 相黄铜适于冷压力加工。α+β 两相黄铜适于热压力加工,热加工温度应选择在该合金所处的 β 相区。

黄铜在干燥大气及一般介质中,耐蚀性比铁及钢好。但 Zn 质量分数大于 7%(尤其是大于 20%)经过冷加工的黄铜,在潮湿的大气中,特别是在含有氨的情况下,会产生自动破裂,这种现象称为黄铜的“自裂”。黄铜自裂现象的实质是经冷加工变形的黄铜制品残留有内应力,在周围介质的作用下,产生了应力腐蚀,又称“应力破裂”。防止应力破裂的方法是在 260 ~300 ℃的低温下,进行 1 ~3 h 的去应力退火,以降低或消除内应力。

常用加工黄铜的特性及应用见表 8.32。

工业上应用较多的普通黄铜为 H62、H68、H80。其中 H62 被誉为“商业黄铜”,广泛用于制作水管、油管、散热器垫片及螺钉等。H68 强度较高,塑性特别好,适于经冷冲压或深冲拉伸制造各种形状复杂的零件,大量用作枪弹壳和炮弹筒,故有“弹壳黄铜”之称。H80 因色泽美观,故多用于装饰品。

2. 复杂黄铜

在普通黄铜的基础上,再加入铝、锰、硅、铅等元素的黄铜,称为复杂黄铜。这些合金元素加入量较少时,一般不与铜形成新的组织,而是同 Zn 一样,只影响 α 相和 β 相的量比,即相当于代替一部分 Zn 的作用。只有 Fe 和 Pb 由于在铜中的溶解度极小,因而常呈铁相和铅粒,独立存在于黄铜的显微组织中。它们加入的目的,主要是为了提高黄铜的某些性能,如力学性能、耐蚀性能、耐磨性能等。

镍黄铜:加入镍主要是为了提高力学性能和耐蚀性能。

铁黄铜:加入铁主要是为了细化晶粒和提高力学性能。

铅黄铜:铅在黄铜中不溶解,而呈独立相存在于组织中,因而可提高耐磨性和切削加工性能。

铝黄铜:铝主要用于提高黄铜的强度、硬度和耐蚀性。

锰黄铜:锰主要为了提高黄铜的力学性能和耐热性能,同时也可提高黄铜在海水、氯化物和过热蒸汽中的耐蚀性能。

锡黄铜:锡主要用于提高黄铜的耐蚀性,广泛用于船舶零件。

硅黄铜:加入硅主要是为了提高力学性能和耐磨性,同时也可提高铸造流动性和耐蚀性。

表 8.32 常用加工黄铜的特性及应用

组别	代号	主要特性	应用举例
普通黄铜	H96	强度比纯铜高,导热、导电性好,在大气和淡水中有高的耐蚀性,且有良好的塑性,易于冷、热压力加工,易于焊接、锻造和镀锡,无应力腐蚀破裂倾向	导管、冷凝管、散热器管、散热片、汽车水箱带以及导电零件等
	H85	具有较高的强度,塑性好,能很好地承受冷、热压力加工,焊接和耐蚀性能也都良好	冷凝和散热用管、虹吸管、蛇形管、冷却设备制作
	H80	性能和 H85 近似,但强度较高,塑性也较好,在大气、淡水及海水中有较高的耐蚀性	造纸网、薄壁管、皱纹管及房屋建筑用品
	H70 H68	有极为良好的塑性和较高的强度,可加工性能好,易焊接,对一般腐蚀非常安定,但易产生腐蚀开裂。H68 是普通黄铜中应用最为广泛的一个品种	复杂的冷冲件和深冲件,如散热器外壳、导管、波纹管、弹壳、垫片、雷管等
	H63 H62	有良好的力学性能,热态下塑性良好,冷压下塑性也可以,易钎焊和焊接,耐蚀,但易产生腐蚀破裂,此外价格便宜,是应用广泛的普通黄铜品种	深拉深和弯折制造的受力零件,如销钉、螺母、导管、气压表弹簧、散热器零件等
	H59	价格最便宜,强度、硬度高而塑性差,但在热态下仍能很好承受压力加工,耐蚀性一般	一般机器零件、焊接件、热冲及热轧零件
镍黄铜	HNi65—5	有高的耐蚀性和减磨性,良好的力学性能,在冷态和热态下压力加工性能极好,导热、导电性低	压力表管、造纸网、船舶用冷凝管等,可作锡磷青铜的代用品
铅黄铜	HPb63—3	含铅高的铅黄铜,不能热态加工,可加工性极为优良,且有高的减磨性能,其他性能和 HPb59—1 相似	要求可加工性极高的钟表结构零件及汽车拖拉机零件
	HPb59—1	应用较广的铅黄铜,它的特点是可加工性好、有良好的力学性能,能承受冷、热压力加工,易钎焊和焊接,对一般腐蚀有良好的稳定性,但有腐蚀破裂倾向	热冲压和切削加工制作的各种结构零件,如螺钉、垫圈、垫片、衬套、螺母、喷嘴等

续表 8.32

组别	代号	主要特性	应用举例
锡黄铜	HSn90—1	力学性能和工艺性能极近似于 H90 普通黄铜,但有高的耐蚀性和减磨性,可作为耐磨合金使用	汽车、拖拉机弹性套管及其他耐蚀减磨零件
	HSn70—1	在大气、蒸汽、油类和海水中有高的耐蚀性,且有良好的力学性能,可加工性尚可,易焊接和钎焊,在冷、热状态下压力加工性好,有腐蚀破裂倾向	海轮上的耐蚀零件(如冷凝气管),与海水、蒸汽、油类接触的导管,热工设备零件
铝黄铜	HA177—2	有高的强度、硬度及塑性,良好的耐蚀性,耐冲击腐蚀,但有脱锌及腐蚀破裂倾向	船舶和海滨热电站中用作冷凝管以及其他耐蚀零件
	HA159-3-2	具有高的强度,耐蚀性是所有黄铜中最好的,腐蚀破裂倾向不大,冷态下塑性低,热态下压力加工性好	发动机和船舶业及其他在常温下工作的高强度耐蚀件
	HA166-6-3-2	为耐磨合金,具有高的强度、硬度和耐磨性,耐蚀性也较好,但有腐蚀破裂倾向,塑性较差	重负荷下工作中固定螺钉的螺母及大型蜗杆
锰黄铜	HMn58—2	在海水和过热蒸汽、氯化物中有高的耐蚀性,但有腐蚀破裂倾向;力学性能良好,导热、导电性低,易于在热态下进行压力加工,冷态下压力加工性尚可	腐蚀条件下工作的重要零件和弱电流工业用零件
	HMn55-3-1	性能和 HMn57-3-1 接近,为铸造黄铜的移植品种	耐腐蚀结构零件
铁黄铜	HFe59-1-1	有高的强度、韧性,减磨性能良好,在大气、海水中的耐蚀性高,但有腐蚀破裂倾向,热态下塑性良好	制造在摩擦和受海水腐蚀条件下工作的结构零件
	HFe58-1-1	强度、硬度高,可加工性好,但塑性下降,只能在热态下压力加工,耐蚀性尚好,有腐蚀破裂倾向	适于用热压和切削加工法制作的高强度耐蚀零件
硅黄铜	HSi80-3	有良好的力学性能,耐蚀性高,无腐蚀破裂倾向,耐磨性亦可,在冷态、热态下压力加工性好,易焊接和钎焊、可加工性好,导热、导电性是黄铜中最低的	船舶零件、蒸汽管和水管配件

8.2.5 青铜

1.锡青铜

锡青铜是 Cu-Sn 合金,颜色呈青灰色,是人类历史上最早应用的一种合金。

图 8.5 是 Cu-Sn 合金的力学性能与 Sn 质量分数和组织之间的关系。Sn 质量分数在 6% 以下时,Sn 溶于铜中形成单相固溶体 α 相,α 相呈面心立方晶格,具有良好冷、热变形能力,合金的强度随 Sn 质量分数的增加而升高。但当 Sn 质量分数超过 6% 后,合金组织中出现了硬脆相 δ(Cu31Sn8),塑性急剧降低。

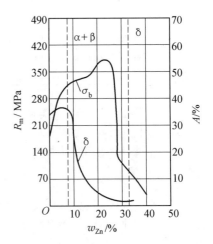

图 8.5 锡质量分数对锡青铜力学性能的影响

但一定量的 δ 相可以起过剩相强化作用,强度继续升高。当 Sn 质量分数达到 25% 左右时,由于合金中含有的 δ 相数量过多,强度急剧下降。因此工业上所用的锡青铜锡质量分数大多在 3% ~ 12%,压力加工锡青铜 Sn 质量分数不超过 9%,铸造锡青铜中 Sn 的质量分数不超过 12%。

锡青铜的耐蚀性比纯铜和黄铜都高。不论在潮湿大气、蒸汽、淡水、海水中都具有良好的耐蚀性。广泛用于制作蒸汽锅炉、海船的零件。

锡青铜中还可以加入其他合金元素以改善性能。加入 Zn,可以改善流动性,并可通过固溶强化作用提高合金的强度;加入 Pb,可以改善锡青铜的耐磨性和切削加工性能;加入 P,可改善锡青铜的流动性,提高强度、疲劳极限、弹性极限和耐磨性。锡青铜可用作轴承、轴套、齿轮等耐磨零件和弹性零件等。

常用锡青铜的特性及应用见表 8.33。

2.铝青铜

铜与铝形成的合金称为铝青铜。铝质量分数对铝青铜力学性能的影响如图 8.6 所示。Al 质量分数在 4% ~ 5%,随 Al 质量分数增加,强度和塑性明显提高;但 Al 质量分数超过 4% 时,塑性开始降低,但强度继续增加;Al 质量分数超过 10% 时,合金中出现含有脆性相的共析体,不仅塑性很低,而且强度也降低。所以工业用铝青铜中铝质量分数均不超过 12%。

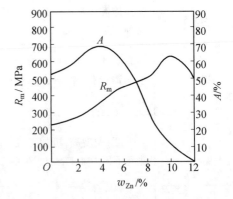

图 8.6 铝质量分数对铝青铜力学性能的影响

铝青铜与黄铜和锡青铜比较,具有更高的强度、硬度,在大气、海水、碳酸以及大多数有机酸中的耐腐蚀性也高于黄铜和锡青铜,但在过热蒸汽中不稳定。同时,铝青铜具有耐磨性好,在冲击下不产生火花等特点。所以,铝青铜是无锡青铜中用途最广的一种。主要用于制造耐磨、耐蚀和弹性零件,如齿轮、蜗轮、轴套、摩擦片、弹簧以及船舶制造中的特殊设备等。

但铝青铜塑性较差,具有"自发退火"现象,即在生产条件下,冷却较慢时有脆性相析出。加入其他合金元素可以改善性能:加入 Fe,可以减小自发退火倾向,更能细化晶粒,提高再结晶温度,还能提高铝青铜的强度、硬度和耐磨性;加入 Mn,能提高强度而不降低塑性,具有良好的冷、热加工工艺性和优良的耐蚀性;加入 Ni,不仅能提高铝青铜的室温强度,而且能提高铝青铜的热强性,并具有优良的耐磨性和耐蚀性。若同时加入 Ni、Fe 或Mn,能发挥这些元素的综合作用,获得优良的综合性能。

常用加工铝青铜的特性及应用见表 8.33。

表 8.33　常用加工铝青铜的特性和应用

组别	合金牌号	主要特性	应用举例
锡青铜	QSn-4-3	含锌的锡青铜,有高的耐磨性和弹性,抗磁性良好,能很好地承受热态或冷态压力加工;在硬态下,可加工性好,易焊接和钎焊,在大气、淡水和海水中耐蚀性好	制造弹簧(扁弹簧、圆弹簧)及其他弹性元件、化工设备上的耐蚀零件以及耐磨零件(如衬套、圆盘、轴承等)和抗磁零件、造纸工业用的刮刀
	QSn6.5-0.1	磷锡青铜,有高的强度、弹性、耐磨性和抗磁性,在热态和冷态下压力加工性良好,对电火花有较高的抗燃性,可焊接和钎焊,可加工性好,在大气和淡水中耐蚀性好	制造弹簧和导电性好的弹簧接触片,精密仪器中的耐磨零件和抗磁零件,如齿轮、电刷盒、振动片、接触器
	QSn7-0.2	磷锡青铜,强度高,弹性和耐磨性性好,易焊接和钎焊,在大气、淡水和海水中耐蚀性好,可加工作良好,适于热压加工	制造中等负荷、中等滑动速度下承受摩擦的零件,如抗磨垫圈、轴承、轴套、蜗轮等,还可用作弹簧、簧片等
铝青铜	QAl5	不含其他元素的铝青铜,有较高的强度、弹性和耐磨性,在大气、淡水、海水和某些酸中耐蚀性高,可电焊、气焊,不易钎焊,压力加工性很好,不能淬火回火强化	制造弹簧和其他要求耐蚀的弹性元件、齿轮摩擦轮、蜗轮传动机构等,可作为 QSn6.5-0.4、QSn4-3 和 QSn4-4-4 的代用品
	QAl9-2	含锰的铝青铜,具有高的强度,在大气、淡水和海水中抗蚀性很好,可以电焊,不易钎焊,在热态和冷态下压力加工性均好	高强度耐蚀零件以及在 250 ℃ 以下蒸气介质中工作的管配件和海轮上的零件
	QAl9-4	含铁的铝青铜,有高的强度和减磨性,良好的耐蚀性,热态下压力加工性良好,可电焊和气焊,但钎焊性不好	制作在高负荷下工作的抗磨、耐蚀零件,如轴承、轴套、齿轮、蜗轮、阀座等,也用于制作双金属耐磨零件

续表 8.33

组别	合金牌号	主要特性	应用举例
铝青铜	QAl10-3-1.5	含铁、锰铝青铜,有高的强度和耐磨性,经淬火、回火后可提高硬度,有较好的高温耐蚀性和抗氧化性,在大气、淡水和海水中抗蚀性很好,可加工性尚可,可焊接,不易钎焊,热态下压力加工性良好	制造高温条件工作的耐磨零件和各种标准件,如齿轮、轴承、衬套、圆盘、导向摇臂、飞轮、固定螺母等,可代替高锡青铜制作重要零件
铝青铜	QAl10-4-4	含铁、镍铝青铜,属于高线度耐热青铜,高温下力学性能稳定,有良好的减磨性,在大气、淡水和海水中抗蚀性很好,热态下压力加工性良好,可焊接,不易钎焊	高强度的耐磨零件和高温下(400 ℃)工作的零件,如轴衬、轴套、齿轮、球形座、螺母、法兰盘、滑座等以及其他各种重要的耐蚀耐磨零件
硅青铜	QSi3—1	加有锰的硅青铜,有高的强度、弹性、耐磨性和塑性及低温韧性;能良好地与青铜、钢等合金焊接;在大气、淡水和海水中的耐蚀性高,对于苛性钠及氯化物的作用也非常稳定;冷、热压力加工性很好,在退火和加工硬化状态下使用有高的屈服极限和弹性	用于制造在腐蚀介质工作的各种零件,弹簧和弹簧零件,以及蜗轮、蜗杆、齿轮、轴套、制动销和杆类耐磨零件,也用于制作焊接结构中的零件,可代替重要的锡青铜,甚至于铍青铜
锰青铜	QMn5	有较高的强度、硬度和良好的塑性,冷、热态压力加工很好,有好的耐蚀性,并有高的热强性,400 ℃下还能保持其力学性能	用于制作蒸汽机零件和锅炉以及各种管接头、蒸气阀门等高温耐蚀零件

8.2.6 白铜

Ni 的质量分数低于 50% 的铜镍合金称为白铜。Cu 与 Ni 无限互溶,各种 Cu-Ni 合金均为单相组织,不能热处理强化,只能固溶强化和加工硬化。

图 8.7 和图 8.8 是 Ni 质量分数对合金力学性能和物理性能的影响。由图可见,随着 Ni 质量分数的升高,合金的硬度、抗拉强度、热电势和电阻率均增加,合金的伸长率和电阻温度系数下降。

Cu-Ni 二元合金称为简单白铜。简单白铜具有高的抗腐蚀疲劳性,也有高的抗海水冲蚀性和抗有机酸的腐蚀性。另外,它还有优良的冷、热加工性能。广泛地用来制造在蒸汽、淡水和海水中工作的精密仪器、仪表零件和冷凝器以及热交换器管等。

在铜镍二元合金的基础上加入其他合金元素的铜基合金,称为特殊白铜。以加入合金元素的种类不同,可分为锰白铜、锌白铜、铝白铜等。

锰白铜:锰白铜具有极高的电阻,非常小的电阻温度系数,被广泛用于制造电阻器、热电偶、热电偶补偿导线以及变阻器、加热器等。

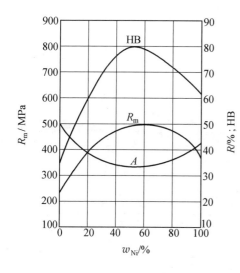 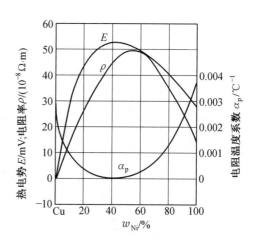

图 8.7 镍的质量分数对铜镍合金力学性能的影响 图 8.8 镍的质量分数对铜镍合金物理性能的影响

BMn40-1.5 又称"康铜", BMn43-0.5 又名"考铜", 具有良好的耐热性和耐蚀性, 与 Cu、Fe 和 Ag 等配偶时, 有高的热电势, 是制造工作温度低于 500 ~ 600 ℃ 的热电偶和工作温度低于 500 ℃ 变阻器及加热器的良好材料。

锌白铜: 锌有固溶强化作用, 并能提高耐蚀性。锌质量分数为 13% ~ 30%, 其中以 BZn15-20 锌白铜应用最广, 呈银白色, 有相当好的耐蚀性和力学性能, 且密度小, 成本低。

常用加工白铜的特性和应用见表 8.34。

表 8.34 常用加工白铜的特性和应用

组别	牌号	主要特性	应用举例
普通白铜	B5	强度和耐蚀性都比铜高, 无腐蚀破裂倾向	用作船舶耐蚀零件
	B19	有高的耐蚀性和良好的力学性能, 在热态及冷态下压力加工性良好, 在高温和低温下仍能保持高的强度和塑性	在蒸气、淡水和海水中工作的精密仪表零件、抗化学腐蚀的化工机械零件以及医疗器具
锰白铜	BMn40-1.5	有几乎不随温度而改变的高电阻率和高的热电动势, 耐热性和抗蚀性好, 且有高的力学性能和变形能力	900 ℃ 以下的热电偶、工作温度在 500 ℃ 以下的加热器(电炉的电阻丝)和变阻器
	BMn43-0.5	在电工铜镍合金中具有最大的温差电动势, 并有高的电阻率和很低的电阻温度系数, 耐热性、抗蚀性比 BMn40-1.5 好, 力学性能和变形能力也很高	补偿导线和热电偶的负极以及工作温度不超过 600 ℃ 的电热仪器
铁白铜	BFe30-1-1	有良好的力学性能, 在海水、淡水和蒸汽中具有高的耐蚀性, 但可加工性较差	海船上高温、高压和高速条件下工作的冷凝器和恒温器的管材

续表 8.34

组别	牌 号	主要特性	应用举例
锌白铜	BZn15-20	具有高的强度和耐蚀性,可塑性好,在热态及冷态下均能很好地承受压力加工,焊接性差,弹性优于 QSn6.5-0.1	潮湿条件下和强腐蚀介质中工作的仪表零件及医疗器械、工业器皿、电信工业零件、蒸汽配件和水道配件以及弹簧管和簧片等
铝白铜	BAl13-3	白铜中强度最高的铜合金,耐蚀性好,弹性高,在低温(90 K)下力学性能不降反升	制作高强耐蚀零件
	BAl6-1.5	有较高的强度和良好的弹性	制作重要用途的扁弹簧

8.2.7 铸造铜合金

部分青铜和黄铜可以在铸态下使用,其牌号和主要元素化学成分见表 8.35。牌号表示方法为:"Z"+"Cu"+主要合金元素符号+主要合金元素名义质量分数(+辅助合金元素符号+辅助合金元素名义质量分数)。

合金元素名义质量分数,以 1% 为一个单位,合金元素质量分数小于 1% 时,一般不标注。

常用铸造铜合金的特性及应用见表 8.36。

表 8.35 铸造铜合金的牌号和主要元素化学成分(摘自 GB/T 1176—2013)

合金名称	牌号	主要元素质量分数/%
3-8-6-1 锡青铜	ZCuSn3Zn8Pb6Ni1	Sn2.0~4.0, Zn6.0~9.0, Pb4.0~7.0, Ni0.5~1.5, 余量 Cu
3-11-4 锡青铜	ZCuSn3Zn11Pb4	Sn2.0~4.0, Zn9.0~13.0, Pb3.0~6.0, 余量 Cu
5-5-5 锡青铜	ZCuSn5Pb5Zn5	Sn4.0~6.0, Pb4.0~6.0, Zn4.0~6.0, 余量 Cu
10-1 锡青铜	ZCuSn10Pb1	Sn9.0~11.5, Pb0.8~1.1, 余量 Cu
10-5 锡青铜	ZCuSn10Pb5	Sn9.0~11.0, Pb4.0~6.0, 余量 Cu
10-2 锡青铜	ZCuSn10Zn2	Sn9.0~11.0, Zn1.0~3.0, 余量 Cu
9-5 铅青铜	ZCuPb9Sn5	Pb8.0~10.0, Sn4.0~6.0, 余量 Cu
10-10 铅青铜	ZCuPb10Sn10	Pb8.0~11.0, Sn9.0~11.0, 余量 Cu
10-10 铅青铜	ZCuPb10Sn10	Pb8.0~11.0, Sn9.0~11.0, 余量 Cu
15-8 铅青铜	ZCuPb15Sn8	Pb13.0~17.0, Sn7.0~9.0, 余量 Cu
17-4-4 铅青铜	ZCuPb17Sn4Zn4	Pb14.0~20.0, Sn3.5~5.0, Zn2.0~6.0, 余量 Cu
20-5 铅青铜	ZCuPb20Sn5	Pb18.0~23.0, Sn4.0~6.0, 余量 Cu
30 铅青铜	ZCuPb30	Pb27.0~33.0, 余量 Cu
8-13-3 铝青铜	ZCuAl8Mn13Fe3	Al7.0~9.0, Mn12.0~14.5, Fe2.0~4.0, 余量 Cu

续表 8.35

合金名称	牌号	主要元素质量分数/ %
8-13-3-2 铝青铜	ZCuAl8Mn13Fe3Ni2	Al7.0 ~ 8.5，Mn11.5 ~ 14.0，Fe2.5 ~ 4.0，Ni1.8 ~ 2.5，余量 Cu
8-14-3-2 铝青铜	ZCuAl8Mn14Fe3Ni2	Al7.4 ~ 8.1，Mn12.4 ~ 13.2 Fe2.6 ~ 3.5，Ni1.9 ~ 2.3，余量 Cu
9-2 铝青铜	ZCuAl9Mn2	Al8.0 ~ 10.0，Mn1.5 ~ 2.5，余量 Cu
8-1-1 铝青铜	ZcuAl8Be1Co1	Al7.0 ~ 8.5，Be0.7 ~ 1.0，Co0.7 ~ 1.0，Fe<0.4，余量 Cu
9-4-4-2 铝青铜	ZCuAl9Fe4Ni4Mn2	Al8.5 ~ 10.0，Fe4.0 ~ 5.0，Ni4.0 ~ 5.0，Mn0.8 ~ 2.5，余量 Cu
10-4-4 铝青铜	ZCuAl0Fe4Ni4	Al9.5 ~ 11.0，Fe3.5 ~ 5.5，Ni3.5 ~ 5.5，余量 Cu
10-3 铝青铜	ZCuAl10Fe3	Al8.5 ~ 11.0，Fe2.0 ~ 4.0，余量 Cu
10-3-2 铝青铜	ZCuAl10Fe3Mn2	Al9.0 ~ 11.0，Fe2.0 ~ 4.0，Mn1.0 ~ 2.0，余量 Cu
38 黄铜	ZCuZn38	Cu60.0 ~ 63.0，余量 Zn
21-5-2-2 铝黄铜	ZCuZn21Al5Fe2Mn2	Cu67.0 ~ 70.0，Al4.5 ~ 6.0，Fe2.0 ~ 3.0，Mn2.0 ~ 3.0，余量 Zn
25-6-3-3 铝黄铜	ZCuZn25Al6Fe3Mn3	Cu60.0 ~ 66.0，Al4.5 ~ 7.0，Fe2.0 ~ 4.0，Mn2.0 ~ 4.0，余量 Zn
26-4-3-3 铝黄铜	ZCuZn26Al4Fe3Mn3	Cu60.0 ~ 66.0，Al2.5 ~ 5.0，Fe2.0 ~ 4.0，Mn2.0 ~ 4.0，余量 Zn
31-2 铝黄铜	ZCuZn31Al2	Cu66.0 ~ 68.0，Al2.0 ~ 3.0，余量 Zn
35-2-2-1 铝黄铜	ZCuZn35Al2Mn2Fe1	Cu57.0 ~ 65.0，Al0.5 ~ 2.5，Mn0.1 ~ 3.0，Fe0.5 ~ 2.0，余量 Zn
38-2-2 锰黄铜	ZCuZn38Mn2Pb2	Cu57.0 ~ 60.0，Mn1.5 ~ 2.5，Pb1.5 ~ 2.5，余量 Zn
40-2 锰黄铜	ZCuZn40Mn2	Cu57.0 ~ 60.0，Mn1.0 ~ 2.0，余量 Zn
40-3-1 锰黄铜	ZCuZn40Mn3Fe1	Cu53.0 ~ 58.0，Mn3.0 ~ 4.0，Fe0.5 ~ 1.5，余量 Zn
33-2 铅黄铜	ZCuZn33Pb2	Cu63.0 ~ 67.0，Pb1.0 ~ 3.0，余量 Zn
40-2 铅黄铜	ZCuZn40Pb2	Cu58.0 ~ 63.0，Pb0.5 ~ 2.5，Al0.2 ~ 0.8，余量 Zn
16-4 硅黄铜	ZCuZn16Si4	Cu79.0 ~ 81.0，Si2.5 ~ 4.5，余量 Zn
10-1-1 镍白铜	ZCuNi10Fe1Mn1	Cu84.5 ~ 87.0，Ni9.0 ~ 11.0，Mn0.8 ~ 1.5，Fe0.25 ~ 1.5，
30-1-1 镍白铜	ZCuNi10Fe1Mn1	Cu65.0 ~ 67.0，Ni29.5 ~ 315，Mn0.8 ~ 1.5，Fe0.25 ~ 1.5，

表 8.36　铸铜合金的特性及应用（摘自 GB/T 1176—2013）

合金牌号	主要特性	应用举例
ZCuSn3Zn8Pb6Ni1	耐磨性较好,易加工,铸造性能好,气密性较好,耐腐蚀,可在流动海水中工作	在各种液体燃料以及海水、淡水和蒸气（小于 225 ℃）中工作的零件,压力不大于 2.5 MPa 的阀门和管配件
ZCuSn3Zn11Pb4	铸造性能好,易加工,耐腐蚀	海水、淡水和蒸气,压力不大于 2.5 MPa的管配件
ZCuSn5Pb5Zn5	耐磨性和耐蚀性好,易加工,铸造性能和气密性较好	在较高负荷、中等滑动速度下工作的耐磨、耐蚀零件,如轴瓦、衬套、缸套、活塞、离合器、集体压盖、蜗轮等
ZCuSn10Pb1	硬度高,耐磨性极好,不易产生咬死现象,有较好的铸造性能和可加工性,在大气和淡水中有良好的耐蚀性	可用于高负荷(20 MPa 以下)和高滑动速度(8 m/s)下工作的耐磨零件,如连杆、衬套、轴瓦、齿轮、蜗轮等
ZCuSn10Pb5	耐腐蚀,特别对稀硫酸、盐酸和脂肪酸的耐蚀性高	结构材料、耐蚀、耐酸的配件能为破碎机衬套、轴瓦
ZcuSn10Zn2	耐蚀性、耐磨性和切削加工性能好,铸造性能好,铸件致密性较高,气密性较好	在中等及较高负荷和小滑动速度下工作的重要管配件,以及阀、旋塞、泵体、齿轮、叶轮和蜗轮等
ZCuPb9Sn5	润滑性、耐磨性能良好,易切削,可焊性良好,软钎焊性、硬钎焊性均良好,不推荐氧燃烧气焊和各种形式的电弧焊	轴承和轴套,汽车用衬管轴承
ZCuPb10Sn10	润滑性能、耐磨性和可切削加工性能好,适用于双金属铸造材料	表面压力高,又存在侧压力的滑动轴承,如轧辊和负荷峰值 60 MPa 的受冲击零件,最高峰值达 100 MPa 的内燃机双金属轴瓦及活塞销套、摩擦片等
ZCuPb15Sn8	在缺乏润滑剂和用水质润滑剂条件下,滑动性能和自润滑性能好,易切削,铸造性能差,对稀硫酸耐蚀性能好	表面压力高,又存在侧压力的轴承,可用来制造冷轧机的铜冷却管,耐冲击负荷达 50 MPa 的零件,内燃机的双金属轴瓦,主要用于最大负荷大 70 MPa 的活塞销套、耐酸配件
ZCuPbSn4Zn4	耐磨性和自润滑性能好,易切削,铸造性能差	一般耐磨件,高滑动速度的轴承等

续表 8.36

合金牌号	主要特性	应用举例
ZCuPb20Sn5	有较高滑动性能,在缺乏润滑介质和以水为介质时有特别好的自润滑性能,适用于双金属铸造材料,耐硫酸腐蚀,易切削,铸性能差	高滑动速度的轴及破碎机、水泵、冷轧机轴承,负荷达 40 MPa 的零件,抗腐蚀零件,双金属轴承,负荷达 70 MPa 的活塞销套
ZCuPb30	有良好的自润滑性,易切削,铸造性能差,易产生比重偏析	要求高滑动速度的双金属轴瓦、减磨零件等
ZCuAl8Mn13Fe3	具有很高的强度和硬度,良好的耐磨性能和铸造性能、合金致密性能高,耐蚀性好,作为耐磨件工作温度不大于 400 ℃,可以焊接,不易钎焊	适用于制造重型机械用轴套,以及要求强度高、耐磨、耐压零件,如衬套、法兰、阀体、泵体等
ZCuAl8Mn13Fe3Ni2	有很高的力学性能,在大气、淡水和海水中均有良好的耐蚀性,腐蚀疲劳强度高,铸造性能好,组织致密,气密性好,可以焊接,不易钎焊	要求强度高、耐腐蚀的重要铸件,如船舶螺旋桨、高压阀体、泵体以及耐压、耐磨零件,如蜗轮、齿轮、法兰、衬套等
ZCuAlBe1Co1	有很高的力学性能,在大气、淡水、海水中具有良好的耐蚀性,腐蚀疲劳强度高,耐空泡腐蚀性能优异,铸造性能好,合金组织致密,可以焊接	要求强度高,耐腐蚀、耐空蚀的重要铸件,主要用于制造小型快艇螺旋桨
ZCuAl9Fe4Ni4Mn2	有很高的力学性能,在大气、淡水、海水中均有良好的耐蚀性,腐蚀疲劳强度高,耐磨性良好,在 400 ℃以下具有耐热性,可以热处理,焊接性能好,不易钎焊,铸造性能尚好	要求强度高,耐蚀性好的重要铸件,是制造船舶螺旋桨的主要材料之一,也可用作耐磨和 400 ℃以下工作的零件,如轴承、齿轮、蜗轮、螺母、法兰、阀体、导向套管
ZCuZn38	具有优良的铸造性能和较高的力学性能,可加工性好,可以焊接,耐蚀性较好,有应力腐蚀开裂倾向	一般结构件和耐蚀零件,如法兰、阀座、支架、手柄和螺母等
ZCuZn25Al6Fe3Mn3	有很高的力学性能,铸造性能良好,耐蚀性较好,有应力腐蚀开裂倾向,可以焊接	适用高强、耐磨零件,如桥梁支承板、螺母、螺杆、耐磨板、滑块和蜗轮等
ZCuZn31Al2	铸造性能良好,在空气、淡水、海水中耐蚀较好,易切削,可以焊接	适于压力铸造,如电机、仪表等压铸件及造船和机械制造业的耐蚀件
ZCu38Mn2Pb2	有较高的力学性能和耐蚀性,耐磨性较好好,切削性能良好	一般用途的结构件,船舶、仪表等使用的外形简单的铸件,如套筒、衬套、轴瓦、滑块等

续表 8.36

合金牌号	主要特性	应用举例
ZCuZn40Mn2	有较高的力学性能和耐蚀性,铸造性能好,受热时组织稳定	在空气、淡水、海水、蒸汽(小于300 ℃)和各种液体燃料中工作的零件、阀体、阀杆、泵、管接头,以及需要浇注巴氏合金和镀锡零件等
ZCuZn40Pb2	有好的铸造性能和耐磨性,切削好,耐蚀性较好,在海水中有应力腐蚀倾向	一般用途的耐磨、耐蚀零件,如轴套、齿轮等
ZCuZn16Si4	具有高的力学性能和良好的耐蚀性,铸造性能好,流动性高,铸件组织致密,气密性好	接触海水工作的管配件以及水泵、叶轮、旋塞和在空气、淡水、海水、油、燃料,以及工作压力 4.5 MPa、250 ℃以下蒸汽中工作的铸件
ZCuNi10Fe1Mn1	具有高的力学性能和良好的耐海水腐蚀性能,铸造性能好,可以焊接	耐海水腐蚀的结构件和压力设备,海水泵、阀和配件
ZCuNi30Fe1Mn1	具有高的力学性能和良好的耐海水腐蚀性能,铸造性能好,铸件致密,可以焊接	用于需要抗海水腐蚀的阀、泵体和弯管等

铸造锡青铜中锡、铅的质量分数较加工青铜高,耐磨、耐腐蚀性较高,主要用于同时需要耐磨和耐蚀的零件。铸造铅青铜的自润滑性好,常用作滑动轴承零件。

8.3 镁及镁合金

8.3.1 纯镁

镁在地壳中的储藏量极丰富,仅次于铝和铁,而占第三位。镁的发现几乎与铝同时,但由于纯镁的化学性质很活泼,给纯镁的冶炼技术带来很大的困难,所以纯镁在工业上的应用比较晚。

1. 物理性能

镁在元素周期表中位于第三周期、第二主族,原子序数为12,常见化合价为+2 价,晶体结构为密排六方结构。纯镁为银白色,密度为 1.74 g/cm^3,是工业用金属中最轻的一种。其熔点为(650±1)℃,沸点为(1 100±10)℃,熔化热为 8.71 kJ/mol。

2. 化学性能

纯镁的电极电位很低,电化学排序处于常用金属的最后一位,因此抗蚀性较差,在潮湿大气、淡水、海水和绝大多数酸、盐溶液中易受腐蚀。但镁在氢氟酸水溶液和碱类以及石油产品中具有比较高的抗腐蚀性。镁的化学活性很高,在空气中易氧化,所形成的氧化膜疏松多孔,对膜下层金属无明显保护作用。在高温下镁的氧化更为剧烈,若散热不充分,可发生燃烧。

3. 力学性能

镁具有的密排六方结构,使它在室温下的滑移系少,塑性较低,冷变形能力很差。纯镁的强度不高,与纯铝接近,一般不作结构材料使用。

4. 用途

纯镁主要的用途是配制镁合金和其他合金,其次是用作化工与冶金的还原剂,余下的则用于烟火工业、钢铁脱硫等。

5. 牌号

纯镁牌号以 Mg 加数字的形式表示,Mg 后的数字表示 Mg 的质量分数。具体的牌号和化学成分见表 8.37。

表 8.37 纯镁的牌号和化学成分(摘自 GB/T 5153—2003)

新牌号	旧牌号	化学成分(质量分数)/%								
		Mg	Al	Mn	Si	Fe	Ni	Ti	其他	
									单个	合计
Mg99.95	—	≥99.95	≤0.01	≤0.004	≤0.005	≤0.003	≤0.001	≤0.01	≤0.005	≤0.05
Mg99.50	Mg1	≥99.50	—							≤0.50
Mg99.00	Mg2	≥99.00								≤1.0

6. 制备

工业上主要采用熔盐电解法或热还原法制备镁,其中熔盐电解镁占全世界镁生产总量的80%。

8.3.2 镁合金

1. 镁的合金化

镁的合金化原理基本上与铝的合金化原理相似,主要通过加入合金元素,产生固溶强化、时效强化、细晶强化及过剩相强化作用,以提高合金的力学性能、抗腐蚀性和耐热性。

镁合金中常用的合金元素有 Al、Zn、Mn、Zr 及稀土元素等。

(1)Al。Al 在镁中的极限固溶度为12.1%,在室温时的固溶度为2.0%左右。因此,Al 在镁中有较大的固溶强化作用,Mg-Al 合金可以进行时效强化,其强化相是 Mg4Al3(γ)相。

(2)Zn。Zn 在镁中的最大固溶度约为6.2%,其固溶度随温度降低而显著减少,因此 Zn 在镁中也有固溶强化作用,Mg-Zn 合金也能时效强化,其强化相是 MgZn。但 Zn 的强化效果不如 Al。

(3)Mn。Mn 能提高合金的熔点,所以镁中加入 Mn 主要是为了提高合金的耐热性、抗蚀性及焊接性能。

(4)Zr。镁中加入少量的 Zr,可细化晶粒,减少热裂倾向,提高力学性能;Zr 还能提高镁合金的熔点,改善高温性能和耐蚀性。但 Zr 的化学活泼性高,易与其他元素(如 Al、Si、

Fe、Sn、Ni、Mn 等)形成难熔金属间化合物,而丧失 Zr 的细化晶粒作用,因此加 Zr 的镁合金不能同时加入上述元素,但可与 Zn 同时加入镁中。

(5)稀土元素。镁中加入稀土能显著提高镁合金的耐热性,细化晶粒,减少热裂倾向,改善铸造性能和焊接性能,一般无应力腐蚀倾向。

镁合金中的杂质以 Fe、Cu 和 Ni 危害性最大,其质量分数应严格控制。

2. 镁合金的热处理

镁没有同素异构转变,因此镁合金的热处理强化手段和与铝合金一样,也是通过淬火加时效处理。但由于镁合金的组织结构上的差别,镁合金的热处理工艺与铝合金相比具有以下特点:

(1)淬火加热温度较低,加热速度不宜过快,加热保温时间较长。因为镁合金的组织一般比较粗大,而且组织达不到平衡状态,处于不平衡状态的合金熔点要比平衡状态低些,加热温度较高或加热速度过快,都易产生过烧;合金元素在镁中的扩散速度非常慢,过剩相的溶解速度也比较慢,所以镁合金的加热保温时间要比铝合金长得多。

(2)镁合金淬火冷却可采用空冷或在 70 ~ 100 ℃水中冷却。因为合金元素在镁基固溶体中的扩散速度小,在淬火冷却过程中强化相自过饱和固溶体中析出的倾向比铝合金小得多;相反若采用冷水淬火,则会引起工件变形,还会沿晶界产生晶间裂纹。

(3)镁合金热处理切忌用硝盐浴炉加热,一般在真空热处理炉、箱式电炉或井式电炉中加热。由于镁的化学活泼性很高,在高温下镁合金易发生氧化或燃烧,特别是在高温的硝盐浴中会发生剧烈的化学作用而引起爆炸。在箱式电炉或井式电炉中加热时,需通入 SO_2 气体或在炉内加入黄铁矿(FeS_2)产生 SO_2 气体作为保护气氛,由于 SO_2 气体有毒,加热设备应加以密封,在操作时还应有防护设备。

(4)镁合金一般都采用人工时效处理。由于镁合金过饱和固溶体析出强化相的速度极慢,自然时效后达不到应有的强化效果。

镁合金的主要热处理工艺方法有 4 种,即铸后或锻后直接人工时效、退火、淬火加人工时效。具体工艺规范根据合金成分特点及性能要求确定。

3. 变形镁合金

我国变形镁合金的牌号表示方法,GB/T 5153—2003 与 GB/T 5153—1985 相比有较大的变化。GB/T 5153—2003 中规定:变形镁合金牌号以英文字母+数字+英文字母的形式表示,前面的英文字母是其主要的合金元素代号(元素代号符号表见表 8.38),其后的数字表示其主要合金元素的大致质量分数,最后的英文字母为标识代号,用以标识各具体组成元素相异或元素质量分数有很小差别的不同合金。变形镁合金的新、旧牌号对照及化学成分见表 8.39。常用变形镁合金的室温力学性能见表 8.40。

表 8.38 合金元素代号

元素代号	A	E	K	L	M	N	R	Z
元素名称	铝	稀土	锆	锂	锰	镍	铬	锌

表 8.39 变形镁合金的新、旧牌号对照及化学成分(摘自 GB/T 5153—2003)

合金组别	新牌号	旧牌号	化学成分(质量分数)/%													其他元素*	
			Mg	Al	Zn	Mn	Ce	Zr	Si	Fe	Ca	Cu	Ni	Ti	Be	单个	合计
MgAlZn	AZ31B	—	余量	2.5~3.5	0.60~1.4	0.60~1.4	—	—	≤0.08	≤0.003	≤0.04	≤0.01	≤0.001	—	—	≤0.05	—
	AZ31S		余量	2.4~3.6	0.50~1.5	0.15~0.40	—	—	≤0.10	≤0.005	—	≤0.05	≤0.005	—	—	≤0.05	≤0.30
	AZ31T		余量	2.4~3.6	0.50~1.5	0.05~0.40	—	—	≤0.10	≤0.05	—	≤0.05	≤0.005	—	—	≤0.05	≤0.30
	AZ40M	MB2	余量	3.0~4.0	0.20~0.80	0.15~0.50	—	—	≤0.10	≤0.05	—	≤0.05	≤0.005	—	≤0.01	≤0.01	≤0.30
	AZ41M	MB3	余量	3.7~4.7	0.80~1.4	0.30~0.60	—	—	≤0.10	≤0.05	—	≤0.05	≤0.005	—	≤0.01	≤0.01	≤0.30
	AZ61A		余量	5.8~7.2	0.40~1.5	0.15~0.50	—	—	≤0.10	≤0.005	—	≤0.05	≤0.005	—	—	—	≤0.30
	AZ61M	MB5	余量	5.5~7.0	0.50~1.5	0.15~0.50	—	—	≤0.10	≤0.05	—	≤0.05	≤0.005	—	≤0.01	≤0.01	≤0.30
	AZ61S		余量	5.5~6.5	0.50~1.5	0.15~0.40	—	—	≤0.10	≤0.005	—	≤0.05	≤0.005	—	—	≤0.05	≤0.30
	AZ62M	MB6	余量	5.0~7.0	2.0~3.0	0.20~0.50	—	—	≤0.10	≤0.05	—	≤0.05	≤0.005	—	≤0.01	≤0.01	≤0.30
	AZ63B		余量	5.3~6.7	2.5~3.5	0.15~0.60	—	—	≤0.08	≤0.003	—	≤0.01	≤0.001	—	—	—	≤0.30
	AZ80A		余量	7.8~9.2	0.20~0.80	0.12~0.50	—	—	≤0.10	≤0.005	—	≤0.05	≤0.005	—	—	—	≤0.30
	AZ80M	MB7	余量	7.8~9.2	0.20~0.80	0.15~0.50	—	—	≤0.10	≤0.05	—	≤0.05	≤0.005	—	≤0.01	≤0.01	≤0.30
	AZ80S		余量	7.8~9.2	0.20~0.80	0.12~0.40	—	—	≤0.10	≤0.005	—	≤0.05	≤0.005	—	—	≤0.05	≤0.30
	AZ91D		余量	8.5~9.5	0.45~0.90	0.17~0.40	—	—	≤0.08	≤0.004	—	≤0.025	≤0.001	—	0.005~0.003	≤0.01	—

续表 8.39

化学成分（质量分数）/%

合金组别	新牌号	旧牌号	Mg	Al	Zn	Mn	Ce	Zr	Si	Fe	Ca	Cu	Ni	Ti	Be	其他元素* 单个	其他元素* 合计
MgMn	M1C		余量	≤0.01	—	0.50~1.3	—	—	≤0.05	≤0.01	—	≤0.01	≤0.001	—	—	≤0.05	≤0.30
MgMn	M2M	MB1	余量	≤0.20	≤0.30	1.3~2.5	—	—	≤0.10	≤0.05	—	≤0.05	≤0.007	—	≤0.01	≤0.01	≤0.30
MgMn	M2S		余量	—	—	1.2~2.0	—	—	≤0.10	—	—	≤0.05	≤0.01	—	—	≤0.05	≤0.30
MgZnZr	ZK61M	MB15	余量	≤0.05	5.0~6.0	≤0.10	—	0.30~0.90	≤0.05	≤0.05	—	≤0.05	≤0.005	—	≤0.01	≤0.01	≤0.30
MgZnZr	ZK61S		余量	—	4.8~6.2	—	—	0.45~0.80	—	—	—	—	—	—	—	≤0.05	≤0.30
MgMnRE	ME20M	MB8	余量	≤0.20	≤0.30	1.3~2.2	0.15~0.35	—	≤0.10	≤0.05	—	≤0.05	≤0.007	—	≤0.01	≤0.01	≤0.30

* 其他元素指在本表表头中列出了元素符号，但在本表中却未规定极限数值含量的元素

表 8.40 变形镁合金的室温力学性能

新牌号	旧牌号	品种及状态	抗拉强度 R_m/MPa	屈服强度 $R_{p0.2}$/MPa	伸长率 A_{10}/%	硬度 (HBS)	弹性模量 E/GPa
M2M	MB1	棒材（热轧） 板材（退火）	260 210	180 120	4.5 8	40 45	40 40
AZ40M	MB2	棒材（热轧） 板材（退火）	270 250	180 145	15 20	60 50	43 43
AZ41M	MB3	板材（冷轧） 板材（退火）	310~330 280~290	220~240 180~200	10~12 18~20	42 42	40 40
AZ61M	MB5	棒材（热轧） 板材（退火）	290 280	200 180	16 10	64 55	43 43
AZ62M	MB6	棒材（热轧） 板材（退火）	325 310	210 215	14.5 8	76 70	44.6 44.6
AZ80M	MB7	棒材（时效） 锻材（时效）	340 310	240 220	15 12	64 60	41 41
ME20M	MB8	棒材（热轧） 板材（退火）	200~260 240~270	150~170 140~200	7~10 11~20	— 55	41 41
ZK61M	MB15	棒材（时效） 锻材（时效）	335 310	280 250	9 12	— —	43 43

从表 8.39 可见，从化学成分上，变形镁合金分为 Mg-Al-Zn 系、Mg-Mn 系、Mg-Zn-Zr 系和 Mg-Mn-RE 系 4 类。

Mg-Al-Zn 系合金中，Al 是主要合金元素，Zn 和 Mn 是辅助元素。典型牌号有 AZ40M(MB2)、AZ41M(MB3)、AZ61M(MB5)、AZ62M(MB6)、AZ80M(MB7)。Al 有显著的固溶强化作用，能提高合金的强度；Zn 的主要作用是补充强化和改善塑性；少量 Mn 的作用是改善合金的抗蚀性。

Al 和 Zn 在 Mg 中的固溶度都随温度降低而减少，因此 Mg-Al-Zn 系合金可热处理强化，在 Al 质量分数较低时热处理强化效果不显著，所以 Al 质量分数较低的 AZ40M、AZ41M 等变形镁合金通常在退火态下使用，Al 质量分数较高的 AZ62M、AZ80M 等变形镁合金则可在淬火态（强度和塑性都较高）或淬火加入工时效态（相同强度时，硬度比较高）下使用。常用变形镁合金的工艺参数见表 8.41。

Mg-Al-Zn 系合金是应用最早、使用最广的一类镁合金。其主要特点是强度高，并有良好的铸造性能，但抗蚀性不如 Mg-Mn 系合金。常用变形镁合金的特性及应用见表 8.42。

表 8.41 常用变形镁合金的工艺参数

新牌号	旧牌号	浇注温度/℃	均匀化退火 温度/℃	均匀化退火 保温时间/h	均匀化退火 冷却方式	退火 热加工温度/℃	退火 温度/℃	退火 保温时间/h	退火 冷却方式	淬火 温度/℃	淬火 保温时间/h	淬火 冷却方式	时效 温度/℃	时效 保温时间/h	时效 冷却方式
M2M	MB1	720~750	410~425	12	空冷	260~450	320~350	0.5	空冷	—	—	—	—	—	—
AZ40M	MB2	700~745	390~410	10	空冷	275~450	280~350	3~5	空冷	—	—	—	—	—	—
AZ41M	MB3	710~745	380~420	6~8	空冷	250~450	250~280	0.5	空冷	—	—	—	—	—	—
AZ61M	MB5	710~730	390~405	10	空冷	250~340	320~350	0.5~4	空冷	—	—	—	—	—	—
AZ62M	MB6	710~730	—	—	—	280~350	320~350	4~6	空冷	分级加热 (1)335±5 (2)380±5	2~3 / 4~10	热水	—	—	—
AZ80M	MB7	710~730	390~405	10	空冷	300~400	350~380	3~6	空冷	410~425 / 410~425	2~6 / 2~6	空冷或热水 / 空冷或热水	175~200 / 175~200	8~16 / 8~16	空冷 / —
ME20M	MB8	720~750	410~425	12	空冷	280~450	250~350	1	空冷	热加工 300~400	—	—	—	—	—
ZK61M	MB15	690~750	360~390	10	空冷	—	—	—	—	热加工 340~420 / 505~515	— / 24	空冷 / 空冷	170~180 / 160~170	10~24 / 24	空冷 / 空冷

表 8.42 常用变形镁合金的特性及应用

新牌号	旧牌号	产品种类	主要特性	应用举例
M2M	MB1	板材、棒材、型材、管材、带材、锻件及模锻件	这类合金属 Mg-Mn 系和 Mg-RE-Mn 系合金,其主要特性是: (1)强度较低,但有良好的耐蚀性;在镁合金中,它的耐蚀性能最好,在中性介质中,无应力腐蚀破裂倾向 (2)室温塑性较低,但高温塑性高,可进行轧制、挤压和锻造	用于制造承受外力不大,但要求焊接性和耐蚀性好的零件,如汽油、滑油系统的附件等
ME20M	MB8	板材、棒材、型材、管材、带材、锻件及模锻件	(3)不能热处理强化 (4)焊接性能良好,易于用气焊、氩弧焊、点焊等方法焊接 (5)同纯镁一样,这类合金有良好的可加工性能和 MB1 合金比较,MB8 合金的强度较高,且有较好的高温性能	常用来代替 MB1 合金使用,其板材可制飞机蒙皮、壁板及内部零件,型材和管材可制造汽油、滑油系统的耐蚀零件,模锻件可制外形复杂的零件
AZ40M	MB2	板材、棒材、型材、锻件及模锻件	这类合金属 Mg-Al-Zn 系合金,其主要特性是: (1)强度高,可热处理强化 (2)铸造性能良好	用于制造形状复杂的锻件、模锻件及中等载荷的机械零件
AZ41M	MB3	板材	(3)耐蚀性较差,MB2、MB3 合金的应力腐蚀破裂倾向较小,MB5、MB6、MB7 合金的应力腐蚀破裂倾向较大	用作飞机内部组件、壁板
AZ61M	MB5	板材、带材、锻件及模锻件	(4)可加工性良好 (5)热塑性以 MB2、MB3 合金为佳,可加工成板材、棒材、锻件等各种镁材;MB6、MB7 合金热塑性较低,主要用作挤压件和锻材	主要用于制造承受较大载荷的零件
AZ62M	MB6	棒材、型材及锻件	(6)MB2、MB3 合金焊接性能较好,可气焊和氩弧焊;MB5 合金的焊接性低;MB7 合金焊接性尚好,但需进行消除应力退火	主要用于制造承受较大载荷的零件
AZ80M	MB7	棒材、型材及锻件		可代替 MB6 使用,用作承受高载荷的各种结构零件
ZK61M	MB15	棒材、型材、带材、锻件及模锻件	为 Mg-Zn-Zr 系镁合金,具有较高的强度和良好的塑性及耐蚀性,是目前应用最多的变形镁合金之一。无应力腐蚀倾向,热处理工艺简单,可加工性良好,能制造形状复杂的大型锻件,但焊接性能不好	用作室温下承受高载荷和高屈服强度的零件,如机翼长桁、翼肋等,零件的使用温度不能超过 150 ℃

Mg-Mn 系合金中的主要合金元素是 Mn,其主要作用是改善纯镁的抗蚀性,故 Mg-Mn 系的 M2M(MB1)合金的主要特性是具有优良的抗蚀性,无应力腐蚀倾向,焊接性能良好,但强度较低。在 Mg-Mn 系合金 M2M 基础上加入少量稀土元素 Ce,形成的 Mg-Mn-RE 系合金 ME20M(MB8),则具有较高的强度和较好的高温性能,ME20M 的工作温度可达 200 ℃,M2M 只能用作在 150 ℃以下工作的零件。M2M、ME20M 合金的特性及应用见表 8.42。Mg-Mn 系合金和 Mg-Mn-RE 系合金热处理强化效果甚微,故只进行退火处理,以消除加工硬化,提高合金的塑性,具体工艺参数见表 8.41。

Mg-Zn-Zr 系合金是后发展起来的高强度镁合金。典型牌号如 ZK61M(MB15)。Zn 和 Zr 是该系合金的主要合金元素。Zn 的主要作用是起固溶强化作用及通过热处理提高合金的屈服极限,其 Zn 质量分数以 6% 左右为宜。Zr 的主要作用是细化合金组织,提高强度,改善合金的塑性和抗蚀性,并能提高合金的耐热性。Zr 质量分数在 0.5% ~ 0.8% 时,效果最佳。

Mg-Zn-Zr 系合金具有较高的热处理强化效果,所以该系合金均在热处理状态下使用。ZK61M 合金可在热加工后直接进行人工时效,也可在淬火后进行人工时效。具体工艺参数见表 8.41。

Mg-Zn-Zr 系合金在室温下有很高的强度,特别是屈服极限很高,还有良好的抗蚀性和抗应力腐蚀稳定性,以及良好的热加工工艺性。但铸造性能不够理想,熔炼工艺较复杂。ZK61M 合金的特性及应用见表 8.42。

4. 铸造镁合金

GB/T 1177—1991 规定了我国铸造镁合金的牌号表示方法,以"ZMg+主要合金元素符号+主要合金元素质量分数"来表示,具体的牌号及化学成分见表 8.43。

从表 8.43 可见,从化学成分上,铸造镁合金分为 MgZnZr 系、MgREZnZr 系和 MgAlZn 系 3 个组别。各牌号铸造镁合金的特性及应用见表 8.44,力学性能见表 8.45,热处理规范见表 8.46。

表 8.43 铸造镁合金牌号及化学成分(摘自 GB/T 1177—1991)

| 合金组别 | 合金牌号 | 合金代号 | 化学成分[1](质量分数)/% | | | | | | | | | | |
			Zn	Al	Zr	RE	Mn	Ag	Si	Cu	Fe	Ni	杂质总量
MgZnZr	ZMgZn5Zr	ZM1	3.5 ~ 5.5	—	0.5 ~ 1.0	—	—	—	0.10	—	0.10	0.30	
	ZMgZn4REZr	ZM2	3.5 ~ 5.0	—	0.5 ~ 1.0	0.75 ~ 1.75[2]	—	—	0.10	—	0.10	0.30	
	ZMgZn8AgZr	ZM7	7.5 ~ 9.0	—	0.5 ~ 1.0	—	—	0.6 ~ 1.2	0.10	—	0.10	0.30	

续表 8.43

合金组别	合金牌号	合金代号	化学成分①(质量分数)/%										
			Zn	Al	Zr	RE	Mn	Ag	Si	Cu	Fe	Ni	杂质总量
MgREZnZr	ZMgRE3ZnZr	ZM3	0.2~0.7	—	0.4~1.0	2.5~4.0②	—	—	—	0.10	—	0.10	0.30
	ZMgRE3Zn2Zr	ZM4	2.0~3.0	—	0.5~1.0	2.5~4.0②	—	—	—	0.10	—	0.10	0.30
	ZMgRE2ZnZr	ZM6	0.2~0.7	—	0.4~1.0	2.0~2.8③	—	—	—	0.10	—	0.10	0.30
MgAlZn	ZMgAl8Zn	ZM5	0.2~0.8	7.5~9.0	—	—	0.15~0.5	—	0.30	0.20	0.05	0.10	0.50
	ZMgAl10Zn	ZM10	0.6~1.2	9.0~10.2	—	—	0.1~0.5	—	0.30	0.20	0.05	0.10	0.50

注:①合金可加入铍,其 w_{Be} 不大于 0.002%。

②含铈量 w_{Ce} 不小于45%的铈混合稀土,其中稀土总量 w_{RE} 不小于98%。

③含钕量 w_{Nd} 不小于45%的钕混合稀土,其中稀土总量 $w_{(Nd+Pr)}$ 不小于95%。

表中有上、下限数值的为主要组元,只有一个数值的为非主要组元所允许的上限

表 8.44 铸造镁合金的特性及应用

合金代号	主要特性	应用举例
ZM1	铸造流动性好,抗拉和屈服强度较高,力学性能壁厚效应较小,抗蚀性良好,但热裂倾向大,故不宜焊接	主要用在航空工业中,制造高强度、受冲击载荷大的零件,如飞机轮毂、轮缘、支架等
ZM2	耐腐蚀性与高温力学性能良好,但常温时力学性能比 ZM1 低,铸造性能良好,疏松和热裂倾向小,可焊接	可用于 200 ℃下工作而要求强度高的零件,如发动机各类机匣、整流舱、电机壳体等
ZM3	属耐热镁合金,在 200~250 ℃下高温持久和抗蠕变性能良好,有较好的抗蚀性和可焊性,铸造性能一般,对形状复杂零件有热裂倾向	航空工业中应用历史较久,可用于 250 ℃下工作且气密性要求高的零件,如压气机机匣、离心机匣、附件机匣、燃烧室等
ZM4	铸件致密性高,热裂倾向小,无显微疏松倾向,可焊性好,但室温强度低于其他各系合金	适于制造室温下要求气密性或在 150~250 ℃下工作的发动机附件和仪表壳体、机匣等
ZM5	属于高强铸镁合金,强度高、塑性好,易于铸造,可焊接,也能抗蚀,但有显微疏松和壁厚效应倾向	广泛用于飞机上的翼肋、发动机和附件上各种机匣等零件,导弹上作副油箱挂架、支壁、支座等

续表 8.44

合金代号	主要特性	应用举例
ZM6	具有良好铸造性能,显微疏松和热裂倾向低,气密性好,在 250 ℃ 以下综合性能优于 ZM3、ZM4,铸件不同壁厚力学性能均匀	可用于飞机受力构件,发动机各种机匣与壳体,已在直升机上用于减速机匣、机翼翼勒等处
ZM7	室温下拉伸强度、屈服极限和疲劳极限均很高,塑性好,铸造充型性良好,但有较大疏松倾向,不宜作耐压零件,此外,焊接性能也差	可用于飞机轮毂及形状简单的各种受力构件
ZM10	铝质量分数高,耐蚀性好,对显微疏松敏感,宜压铸	一般要求的铸件

表 8.45　铸造镁合金的力学性能(摘自 GB/T 1177—1991)

合金牌号	合金代号	热处理状态	抗拉强度 R_m/MPa	屈服强度 $R_{p0.2}$/MPa	伸长率 A_5/%
			不小于		
ZMgZn5Zr	ZM1	T1	235	140	5
ZMgZn4REZr	ZM2	T1	200	135	2
ZMgRE3ZnZr	ZM3	F	120	85	1.5
		T2	120	85	1.5
ZMgRE3Zn2Zr	ZM4	T1	140	95	2
ZMgAl8Zn	ZM5	F	145	75	2
		T4	230	75	6
		T6	230	100	2
ZMgRE2ZnZr	ZM6	T6	230	135	3
ZMgZn8AgZr	ZM7	T4	265	—	6
		T6	275	—	4
ZMgAl10Zn	ZM10	F	145	85	1
		T4	230	85	4
		T6	230	130	1

注:热处理状态代号:F—铸态;T1—人工时效;T2—退火;T4—固溶处理;T6—固溶处理+完全人工时效

表 8.46 铸造镁合金的热处理规范

合金代号	热处理代号	固溶处理			人工时效			退火(空冷)	
		加热温度/℃	保温时间/h	冷却	加热温度/℃	保温时间/h	冷却	加热温度/℃	保温时间/h
ZM1	T1	—	—	—	175±5	12	空冷	—	—
					218±5	8			
ZM2	T1	—	—	—	325±5	5 ~ 8	空冷	—	—
ZM3	T2	—	—	—	—	—	—	325±5	3 ~ 5
ZM4	T1	—	—	—	230±5	5 ~ 12	空冷	—	—
ZM5	T4	415±5	6 ~ 12	空冷	—	—	—	—	—
	T6	415±5	6 ~ 12	空冷	200±5	12 ~ 16	空冷	—	—
ZM6	T6	530±5	12 ~ 16	空冷	200±5	12 ~ 16	空冷	—	—
ZM7	T4	480±5	6 ~ 12	空冷	—	—	—	—	—
	T6	480±5	6 ~ 12	空冷	150±5	25 ~ 30	空冷	—	—
ZM10	T4	420±5	16 ~ 24	空冷	—	—	—	—	—
	T6	420±5	16 ~ 24	空冷	230±5	6	空冷	—	—

Mg-Zn-Zr 系合金中的 ZMgZn5Zr(ZM1)只以 Zn、Zr 为主要合金元素,ZMgZn4REZr(ZM2)中添加了 0.75% ~ 1.75% 的铈混合系土,ZMgZn8AgZr(ZM7)中 Zn 的质量分数高,并添加了 0.6% ~ 1.2% 的 Ag。该系合金以 Zn、Zr 为主要合金元素,Zn 的主要作用是起固溶强化作用及通过热处理提高合金的屈服极限,Zr 的主要作用是细化合金组织,提高强度,改善合金的塑性和抗蚀性,并能提高合金的耐热性。稀土(铈)主要提高合金的耐热性,Ag 主要起固溶强化作用。

该系合金具有较高的热处理强化效果,ZM1 和 ZM2 在铸造后进行人工时效处理,有较高的强度,ZM2 的高温力学性能良好,但常温时力学性能比 ZM1 低。ZM7 中 Zn 的质量分数是所有铸造镁合金中最高的,又有 Ag 的固溶强化作用,所以 ZM7 是所有铸造镁合金中强度最高的合金,同时具有好的塑性,可用于飞机轮毂等受力构件。

Mg-RE-Zn-Zr 系合金,属耐热镁合金,ZMgRE3ZnZr(ZM3)、ZMgRE3Zn2Zr(ZM4)、ZMgRE2ZnZr(ZM6)均可用于 250 ℃以下工作的各种零件。

ZMgRE3ZnZr(ZM3)、ZMgRE3Zn2Zr(ZM4)所用稀土主要成分是铈(Ce),镁-稀土(铈)合金的耐热性虽好,但室温强度很低,加入少量 Zr 和 Zn 能提高室温强度。ZMgRE3ZnZr(ZM3)一般只在铸态或退火态下使用,ZMgRE3Zn2Zr(ZM4)可在铸造后进行人工时效后使用。具体工艺参数见表 8.46。

ZMgRE2ZnZr(ZM6)是一种耐热高强度铸造镁合金,所用稀土的主要成分是钕(Nd),Nd 在镁中的固溶度较 Ce 大,因此具有较大的热处理强化效果。在(530±5)℃加热,保温 12 h 后空冷,然后在 200 ℃人工时效 16 h,强度及塑性均优于 ZMgRE3ZnZr(ZM3)、ZMgRE3Zn2Zr(ZM4)。

ZMgAl8Zn(ZM5)、ZMgAl10Zn(ZM10)属 Mg-Al-Zn 系合金,其中 Al 的质量分数高,热处理强化效果较显著,通常在热处理状态下使用,具体工艺参数见表 8.46。ZMgAl8Zn(ZM5)铸造性能好,在固溶处理后强度高,塑性好,是广泛使用的一种铸造镁合金,主要用作形状复杂的大型铸件和受力较大的飞机及发动机零件。ZMgAl10Zn(ZM10)中 Al 的质量分数最高,是耐蚀性最好的镁合金。

8.4 钛及钛合金

8.4.1 纯钛

钛在地壳中的蕴藏量仅次于铝、铁、镁,居金属元素的第四位。早在 18 世纪末就发现了钛,但因其熔点高,化学性质活泼,使得钛的冶炼较困难,长期未能作为结构材料使用。20 世纪 50 年代,航空及航天工业对高性能轻质结构材料的迫切需求,才使钛及钛合金得到迅速发展和应用。

1. 物理性能

钛是第四周期第四族中的过渡族元素,密度为 4.509 g/cm,介于铝和铁之间。钛的熔点为(1 668±10) ℃,比铁的熔点还高。钛在固态下具有同素异构转变,在 882.5 ℃ 以上为体心立方晶格的 β-Ti,在 882.5 ℃ 以下为密排六方晶格的 α-Ti,当发生转变时有 5.5% 的体积变化。钛的物理性能和力学性能见表 8.47。

表 8.47　钛的物理性能和力学性能

物理性能				力学性能	
项目	数据	项目	数据	项目	数值
密度(20 ℃)/ $(g \cdot cm^{-3})$	4.509	比热容(20 ℃)/ $[J \cdot kg^{-1} \cdot K^{-1}]$	522.3	抗拉强度/MPa	235
熔点/℃	1 668±10	线胀系数/$(10^{-6} \cdot K^{-1})$	10.2	屈服强度/MPa	140
沸点/℃	3 260	热导率/$(W \cdot m^{-1} \cdot K^{-1})$	11.4	断后伸长率/%	54
熔化热/$(kJ \cdot mol^{-1})$	18.8	电阻率/$(n\Omega \cdot m)$	420	硬度(HBW)	60~74
汽化热/$(kJ \cdot mol^{-1})$	425.8	电导率/(% IACS)	—	弹性模量(拉伸)/GPa	106

2. 化学性能

钛与氧和氮能形成稳定性极高的、致密的氧化物和氮化物保护膜,因此钛不仅在大气、潮湿气体中有极高的抗蚀性,在淡水和海水中也有极高的抗蚀性,钛在海水中的抗蚀性比铝合金、不锈钢、镍基合金都好。

钛在室温下对不同浓度的硝酸、铬酸均有极高的稳定性,在碱溶液及大多数有机酸中都有高的抗蚀性。但钛在任何浓度的氢氟酸中,均能迅速溶解。

钛在550 ℃以下抗蚀性好。但在550 ℃以上,钛能与氧、氮、碳等气体强烈反应(如在 N_2 中加热能燃烧),造成严重污染,并使钛迅速脆化,无法使用。

3.力学性能

高纯钛的强度不高,塑性很好,见表8.47。钛中常见的杂质(氧、碳、氮等)的存在,会使钛的强度升高,塑性降低。

4.钛的制备与加工钛的牌号

制备钛的原料矿石的主要成分是 TiO_2。制备钛的第一步,是将 TiO_2 氯化成 $TiCl_4$,然后用镁或钠还原 $TiCl_4$ 制得粒状的海绵钛,再将海绵钛在自耗电极电弧炉中熔炼后,可制备出纯度达99.5%的工业纯钛。

若将海绵钛制成 TiI_4 后进行热分解,以形成气相沉积的结晶棒,此法制得的钛,纯度可达99.9%,又称为超低间隙工业纯钛。

超低间隙工业纯钛及工业纯钛的牌号和化学成分见表8.48。

表8.48 加工钛的牌号和化学成分(摘自 GB/T 3620.1—2007)

合金牌号	名义化学成分	化学成分(质量分数)/%							
		主要成分	杂质(不大于)						
								其他元素	
		Ti	Fe	C	N	H	O	单一	总和
TA1ELI	超低间隙工业纯钛	余量	0.10	0.03	0.012	0.005	0.10	0.05	0.20
TA1	超低间隙工业纯钛	余量	0.20	0.08	0.03	0.015	0.18	0.10	0.40
TA2ELI	超低间隙工业纯钛	余量	0.20	0.05	0.03	0.008	0.10	0.05	0.20
TA2	超低间隙工业纯钛	余量	0.30	0.08	0.03	0.015	0.25	0.10	0.40
TA3ELI	超低间隙工业纯钛	余量	0.25	0.05	0.04	0.008	0.18	0.05	0.20
TA3	超低间隙工业纯钛	余量	0.30	0.08	0.05	0.015	0.35	0.10	0.40
TA4ELI	超低间隙工业纯钛	余量	0.30	0.05	0.05	0.008	0.25	0.05	0.20
TA4	超低间隙工业纯钛	余量	0.50	0.08	0.05	0.015	0.40	0.10	0.40

5.纯钛的应用

从表8.48中可见,超低间隙工业纯钛中仍含有氧、氮、碳这类间隙杂质元素,它们对钝钛的力学性能影响很大。随着钛的纯度提高,钛的强度、硬度明显下降。其特点是:化学稳定性好,但强度较低,但具有很好的低温韧性和高的低温强度,可用作-253 ℃以下的低温结构材料。

工业纯钛与超低间隙纯钛的不同之处是,它含有较多量的氧、氮、碳及多种其他杂质元素(如铁、硅等),它实质上是一种低合金质量分数的钛合金。与超低间隙高纯度钛相比,由于含有较多的杂质元素后其强度大大提高,它的力学性能和化学性能与不锈钢相似(但和钛合金比,强度仍然较低)。

工业纯钛的特点是：强度不高，但塑性好，易于加工成型，冲压、焊接、可切削加工性能良好；在大气、海水、湿氯气及氧化性、中性、弱还原性介质中具有良好的耐蚀性，抗氧化性优于大多数奥氏体不锈钢；但耐热性较差，使用温度不宜太高。

工业纯钛按其杂质的质量分数的不同，分为 4 个牌号，即 TA1、TA2、TA3 和 TA4。4 种工业纯钛的间隙杂质元素是逐渐增加的，但塑性、韧性相应下降。

工业上常用的工业纯钛是 TA2，因其耐蚀性能和综合力学能适中。耐磨性和强度要求较高时可采用 TA3，要求较好的成型性能时可采用 TA1。

工业纯钛主要用作工作温度 350 ℃ 以下，受力不大但要求塑性的冲压件和耐蚀结构零件，例如：飞机的骨架、蒙皮、发动机附件；船舶用耐海水腐蚀的管道、阀门、泵及水翼、海水淡化系统零部件，化工上的热交换器、泵体、蒸馏塔、冷却器、搅拌器、三通、叶轮、紧固件、离子泵、压缩机气阀以及柴油发动机活塞、连杆、叶簧等。

8.4.2　钛的合金化

1. 钛合金中合金元素的分类

钛合金中合金元素是按它们与 α 钛和 β 钛的相互作用，以及对同素异构转变温度的影响进行分类的。可分为 α 相稳定元素、β 相稳定元素及中性元素 3 类。

（1）α 稳定元素。

这类元素能提高 α-Ti→β-Ti 转变温度，扩大 α 相区并增加 α 相在热力学上的稳定性。这类元素在 α 钛中有较大的固溶度，在 α+β 双相合金中优先溶于 α 相，是强化 α 相的主要组元。它们主要是 Al、Ga、B，还有 C、O、N。其中只有铝在配制合金的生产中得到广泛应用。Al 可固溶强化 α 相，少量溶于 β 相，提高 α+β 的时效能力，提高合金的室温、高温强度，改善抗氧化性。各类钛合金中，几乎都添加了 Al，但质量分数不超过 7%。

（2）β 稳定元素。

这类元素降低 α-Ti→β-Ti 转变温度，扩大 β 相区并增加 β 相在热力学上的稳定性。这类元素在 β 钛中可无限互溶或有较大的溶解度，在 α+β 双相合金中优先溶于 β 相内，是强化 β 相的主要组元。这类合金元素种类很多，其中 Mo、V、Nb、Ta 等属于与 β 钛同晶型的，它们与钛性质相似，原子半径差别较小，在 β 钛中可无限互溶。另一些 β 稳定元素如 Cr、Fe、Mn、Co、Cu、Ni、Si、W 等，由于它们与 β 钛的原子半径差别较大，因而在 β 钛中仅形成有限固溶体，但在同样质量分数时，它们的固溶强化效果大于同晶型 β 稳定元素的固溶强化效果。

（3）中性元素。

凡是在 α 钛和 β 钛中均有很大溶解度，并且在实用质量分数范围内，对 α-Ti→β-Ti 转变温度影响不大的合金元素，称为中性元素，它们主要有 Sn、Zr、Hf 等。

2. 钛合金的分类及牌号

钛合金是按退火状态的组织分类的。

（1）α 型钛合金。

这类钛合金不含或只含极少量的 β 稳定元素，退火态的组织为单相的 α 固溶体或 α 固溶体加微量的金属间化合物。α 型钛合金的牌号用"TA+顺序号"表示。

（2）β 型钛合金。

这类钛合金中含有大量的 β 稳定元素,退火或固溶状态得到单相的 β 固溶体组织。β 型钛合金的牌号用"TB"加顺序号表示。

(3)α+β 型钛合金。

这类钛合金都含有 α 稳定元素 Al,还含有一定量的 β 稳定元素,退火态的组织为 α+β 固溶体。α+β 型钛合金用"TC+顺序号"表示。

钛合金的牌号及化学成分见表 8.49。

3. 合金化原则

钛的合金化原理,主要是采用多元固溶强化,时效弥散强化起辅助作用。

(1)α 型钛合金。

α 型钛合金的合金化原则是:主要加入 α 稳定元素 Al,其次加入中性元素 Sn 和 Zr,它们主要起固溶强化作用,在提高强度的同时,不明显降低合金的塑性,Sn 和 Zr 还能显著提高合金的抗蠕变能力。有时还少量加入 β 稳定元素,如 Mo、Ni 等。

(2)β 型钛合金。

β 型钛合金的合金化原则是:首先加入足够数量的 β 稳定元素,如 Mo、V、Cr、Fe 等,以保证合金在退火状态或淬火状态下为 β 单相组织,辅助加入一定数量的 α 稳定元素 Al。

(3)α+β 型钛合金。

α+β 型钛合金的合金化原则是:同时加入 β 稳定元素(如 V、Mn、Cr、Fe、Mo、Si、Nb、Cu 等)和 α 稳定元素 Al,有时还加入中性元素 Sn、Zr。加入的 β 稳定元素,不仅可固溶强化 β 相,提高 β 相的强度,而且有利于进行时效弥散强化,其中 V 在提高合金强度的同时,还能保持良好的塑性,Mo 能减少钛合金的氢脆倾向,V 和 Mo 还能提高合金的抗蠕变能力和热稳定性,Cu 能提高合金的热稳定性和热强性,Si 有效提高钛合金的热强性和抗蠕变能力,但降低热稳定性,应控制质量分数不超过 0.40%。加入 Al、Sn、Zr 等合金元素,不仅可以固溶强化 α 相,提高 α 相的强度,而且可以提高时效组织的弥散度,显著增强时效强化的效果。

8.4.3 钛合金的热成型

1. 熔炼

钛合金一般采用真空自耗电弧炉进行熔炼,也可以用等离子炉熔炼。为避免合金元素的偏析,经真空自耗熔炼得到的一次铸锭,需进行 1~2 次的重熔,以获得成分均匀的铸锭,然后进行锻造开坯或重熔后浇铸成铸件。

2. 热加工

钛合金冷变形加工比较困难,一般采用热压加工成型。钛及钛合金在热加工过程中,极易吸收 H、O、N,从而降低塑性并损害工件的力学性能,因此加热需在真空或保护气氛中进行。另外,钛和钛合金的热导率低,在加热大截面或高合金化的锭坯时,应采用分段加热的方式。

钛合金在高温下可以锻造,由于钛的摩擦系数大,易与模具黏结,需选用好的润滑剂。钛合金采用等温锻造方法可以锻出形状复杂、精度高的锻件。常用钛合金的锻造加热温度见表 8.50。

表 8.49　加工钛合金的牌号和化学成分(摘自 GB/T 3620.1—2007)

合金牌号	化学成分组	主要成分 化学成分(质量分数)/%									
		Ti	Al	Sn	Mo	V	Cr	Fe	Si	Zr	其他
TA5	Ti-4Al-0.005B	余量	3.3~4.7	—	—	—	—	—	—	—	B0.005
TA6	Ti-5Al	余量	4.0~5.5	—	—	—	—	—	—	—	—
TA7	Ti-5Al-2.5Sn	余量	4.0~6.0	2.0~3.0	—	—	—	—	—	—	—
TA7ELI	Ti-5Al-2.55snELI	余量	4.50~5.75	2.0~3.0	—	—	—	—	—	—	—
TA8	Ti-0.05Pd	余量	—	—	—	—	—	—	—	—	Pd0.04~0.08
TA9	Ti-0.2Pd	余量	—	—	—	—	—	—	—	—	Pd0.12~0.25
TA10	Ti-0.3Mo-0.8Ni	余量	—	—	0.2~0.4	—	—	—	—	—	Ni0.6~0.9
TA11	Ti-8Al-1Mo-1V	余量	7.35~8.35	—	0.75~1.25	0.75~1.25	—	—	—	—	—
TA12	Ti-5.5Al-4Sn-2Zr-1Mo-1Nd-0.25Si	余量	4.8~6.0	3.7~4.7	0.75~1.25	—	—	—	0.2~0.35	1.5~2.5	Nd0.6~1.2
TA13	Ti-2.5Cu	余量	—	—	—	—	—	—	—	—	Cu:2.0~3.0
TA14	Ti-2.3Al-11Sn-5Zr-1Mo-0.2Si	余量	2.0~2.5	10.5~11.5	0.8~1.2	—	—	—	0.1~0.5	4.0~6.0	—
TA15	Ti-6.5Al-1Mo-2Zr	余量	5.5~7.1	—	0.5~2.0	0.8~2.5	—	—	≤0.15	1.5~2.5	—
TA16	Ti-2Al-2.5Zr	余量	1.8~2.5	—	—	—	—	—	≤0.12	2.0~3.0	—
TA17	Ti-4Al-2V	余量	3.5~4.5	—	—	1.5~3.0	—	—	≤0.15	—	—
TA21	Ti-1Al-1Mn	余量	0.4~1.5	—	—	—	—	—	≤0.11	≤0.30	Mn0.5~1.3
TA22	Ti-3Al-1Mo-1Ni-1Zr	余量	2.5~3.5	—	0.5~1.5	—	—	—	≤0.15	0.8~2.0	Ni0.3~1.0
TA23	Ti-2.5Al-2Zr-1Fe	余量	2.2~3.0	—	—	—	—	0.8~1.2	≤0.15	1.7~2.3	—
TA24	Ti-3Al-2Mo-2Zr	余量	2.5~3.5	—	1.0~2.5	—	—	—	≤0.15	1.0~3.0	—
TA25	Ti-3Al-2.5V-0.05Pd	余量	2.5~3.5	—	—	2.0~3.0	—	—	≤0.15	—	Pd0.04~0.08

续表 8.49

化学成分(质量分数)/%

合金牌号	化学成分组	主要成分 Ti	Al	Sn	Mo	V	Cr	Fe	Si	Zr	其他
TA26	Ti-3Al-2.5V-0.1Ru	余量	2.5~3.5	—	—	2.0~3.0	—	—	≤0.15	—	Ru0.08~0.14
TA27	Ti-0.10Ru	余量	—	—	—	—	—	—	—	—	Ru0.08~0.14
TA28	Ti-3Al	余量	2.0~3.3	—	—	—	—	—	—	—	—
TB2	Ti-3Al-5Mo-5V-8Cr	余量	2.0~3.3	—	4.7~5.7	4.7~5.7	7.5~8.5	—	—	—	—
TB3	Ti-3.5Al-10Mo-8V-1Fe	余量	2.7~3.7	—	9.5~11.0	7.5~8.5	—	0.8~1.2	—	—	—
TB4	Ti-4Al-7Mo-10V-2Fe-1Zr	余量	3.0~4.5	—	6.0~7.8	9.0~10.5	—	1.5~2.5	—	0.5~1.5	—
TB5	Ti-15V-3Al-3Cr-3Sn	余量	2.5~3.5	2.5~3.5	—	14.0~16.0	2.5~3.5	—	—	—	—
TB6	Ti-10V-2Fe-3Al	余量	2.6~3.4	—	—	9.0~10.0	—	1.6~2.2	—	—	—
TB7	Ti-32Mo	余量	—	—	32.0~34.0	—	—	—	—	—	—
TB8	Ti-15Mo-3Al-2.7Nb-0.25Si	余量	2.5~3.5	—	14.0~16.0	—	—	—	0.15~0.25	—	Nb2.4~3.2
TB9	Ti-3Al-8V-6Cr-4Mo-4Zr	余量	3.0~4.0	—	3.5~4.5	7.5~8.5	5.5~6.5	—	3.5~4.5	—	—
TB10	Ti-5Mo-5V-2Cr-3Al	余量	2.5~3.5	—	4.5~5.5	4.5~5.5	1.5~2.5	—	—	—	—
TB11	Ti-15Mo	余量	—	—	14.0~16.0	—	—	—	—	—	—
TC1	Ti-2Al-1.5Mn	余量	1.0~2.5	—	—	—	—	—	—	—	Mn0.7~2.0
TC2	Ti-4Al-1.5Mn	余量	3.5~5.0	—	—	—	—	—	—	—	Mn0.8~2.0
TC3	Ti-5Al-4V	余量	4.5~6.0	—	—	3.5~4.5	—	—	—	—	—
TC4	Ti-6Al-4V	余量	5.5~6.75	—	—	3.5~4.5	—	—	—	—	—
TC4ELI	Ti-6Al-4VELI	余量	5.5~6.5	—	—	3.5~4.5	—	—	—	—	—
TC6	Ti-6Al-1.5Cr-2.5Mo-0.5Fe-0.3Si	余量	5.5~7.0	—	2.0~3.0	—	0.8~2.3	0.2~0.7	0.15~0.40	—	—

续表 8.49

合金牌号	化学成分组	化学成分（质量分数）/%									
		主要成分									
		Ti	Al	Sn	Mo	V	Cr	Fe	Si	Zr	其他
TC8	Ti-6.5Al-3.5Mo-0.25Si	余量	5.8~6.8	—	2.8~3.8	—	—	—	0.20~0.35	—	—
TC9	Ti-6.5Al-3.5Mo-2.5Sn-0.3Si	余量	5.8~6.8	1.8~2.8	2.8~3.8	—	—	—	0.2~0.4	—	—
TC10	Ti-6Al-6V-2Sn-0.5Cu-0.5Fe	余量	5.5~6.5	1.5~2.5	—	5.5~6.5	—	0.35~1.0	—	—	Cu 0.35~1.0
TC11	Ti-6.5Al-3.5Mo-1.5Zr-0.3Si	余量	5.8~7.0	—	2.8~3.8	—	—	—	0.20~0.35	0.8~2.0	—
TC12	Ti-5Al-4Mo-4Cr-2Zr-2Sn-1Nb	余量	4.5~5.5	1.5~2.5	3.5~4.5	—	3.5~4.5	—	—	1.5~3.0	Nb 0.5~1.5
TC16	Ti-3Al-5Mo-4.5V	余量	2.2~3.8	—	4.5~5.5	4.0~5.0	—	—	—	—	—
TC17	Ti-5Al-2Sn-2Zr-4Mo-4Cr	余量	4.5~5.5	1.5~2.5	3.5~4.5	—	3.5~4.5	—	—	1.5~2.5	—
TC18	Ti-5Al-4.75Mo-4.75V-1Cr-1Fe	余量	4.5~5.7	—	4.0~5.5	4.0~5.5	0.5~1.5	0.5~1.5	≤0.30	≤0.15	—
TC19	Ti-6Al-2Sn-4Zr-6Mo	余量	5.5~6.5	1.75~2.25	5.5~6.5	—	—	—	—	3.5~4.5	—
TC20	Ti-6Al-7Nb	余量	5.5~6.5	—	—	—	—	—	—	—	Nb 6.5~7.5
TC21	Ti-6Al-2Mo-1.5Cr-2Zr-2Sn-2Nb	余量	5.2~5.8	1.5~2.5	2.2~3.3	—	0.9~2.0	—	—	1.6~2.5	Nb 1.7~2.3
TC22	Ti-6Al-4V0.05Pd	余量	5.5~6.75	—	—	3.5~4.5	—	—	—	—	Pd 0.04~0.08
TC23	Ti-6Al-4V0.1Ru	余量	5.5~6.75	—	—	3.5~4.5	—	—	—	—	Ru 0.08~0.14
TC24	Ti-4.5Al-3V-2Mo-2Fe	余量	4.0~5.0	—	1.8~2.2	2.5~3.5	—	1.7~2.3	—	—	—
TC25	Ti-6.5Al-2Mo-1Zr-1W-0.2Si	余量	6.2~7.2	0.8~2.5	1.5~2.5	—	—	—	0.8~2.5	—	W 0.5~1.5
TC26	Ti-13Nb-13Zr	余量	—	—	—	—	—	—	12.5~14.0	—	Nb 12.5~14.0

表 8.50 常用钛合金的锻造加热温度

牌号	$(\alpha+\beta)/\beta$ 相变点/℃	铸锭		变形坯料		成品	
		加热温度/℃	终锻温度/℃(不小于)	加热温度/℃	终锻温度/℃(不小于)	加热温度/℃	终锻温度/℃(不小于)
TA1	890~920	1 000~1 020	750	900~950	700	880~880	700
TA2	890~920	1 000~1 020	750	900~950	700	880~880	700
TA3	890~920	1 000~1 020	750	900~950	700	880~880	700
TA28	960~980	1 150	850	1 030~1 050	800	—	—
TA5	980~1000	1 080~1 150	850	1 000~1 050	800	—	—
TA6	1 000~1 020	1 150~1 200	900	1 050~1 100	850	980~1 020	800
TA7	1 000~1 020	1 150~1 200	900	1 050~1 100	850	980~1 020	800
TB2	750	1 140~1 160	850	1 090~1 100	800	990~1 010	800
TC1	910~930	1 000~1 020	750	900~950	750	850~880	750
TC2	920~940	1 000~1 020	800	900~950	800	850~900	750
TC3	960~970	1 100~1 150	850	950~1 050	800	950~970	750
TC4	980~990	1 100~1 150	850	960~1 100	800	950~970	750
TC6	950~980	1 150~1 180	850	1 000~1 050	800	950~980	800
TC9	1 000~1 020	1 140~1 160	850	1050~1080	800	950~970	800
TC10	935	1 100~1 150	800	1 000~1 050	800	930~940	800

8.4.4 钛合金的热处理

1. 钛合金的热处理原理

钛合金的热处理强化的基本原理,既与铝合金相似,属于淬火时效强化类型;又与钢的热处理相似,也有马氏体相变。因此,钛合金的热处理相变有许多特点。

钛合金淬火后能不能得到介稳定相,是判断钛合金能否热处理强化的先决条件。

一般只含单一的 α 稳定元素或中性元素的钛合金,尽管加热到 β 相区淬火,但得不到介稳定相,因此,这类钛合金不能热处理强化,通常只进行退火处理。

钛与 β 稳定元素组成的钛合金,加热到 β 相区淬火后,可以得到不同的介稳定相,如 α′相、α″相、ω 相和过冷的 β′相。这类钛合金可以进行热处理强化。

α′相是钛合金自 β 相区淬火时,发生无扩散型相变形成的一种合金元素在六方晶格 α 钛中的过饱和固溶体的针状组织。

α″相也是钛合金淬火时,由立方点阵的 β 固溶体以无扩散型相变形成的合金元素在 α 钛中的过饱和固溶体的针状组织,与 α′相相似,但为斜方点阵。

α′相、α″相的硬度略比 α 平衡相高些,α″相比 α′相低些。

β→α′的相变和 β→α″的相变与钢中马氏体转变相似,有晶格类型的变化,也称为马氏体相变,但 α′相和 α″相是置换型固溶体,硬度低,塑性好,强化效果不大。而钢中的马氏体是间隙固溶体,强化效果显著。

β′相是含有一定量 β 稳定元素的钛合金从 β 或 α+β 相区淬火时,被保留下来的过饱和固溶体,称为介稳定 β 相或者过冷 β 相。β′相是极不稳定的相,在一定条件下会发生分解,在分解的不同阶段将析出 α′、α″、ω 相和稳定的 α 相,引起合金性能的变化。β′相具有很好的塑性,但强度、硬度低。

ω 相是 β′→α 的中间过渡相,具有畸变的体心立方点阵,并与残留的 β′共格,具有很高的硬度和脆性,不能加以应用,在生产中应从合金成分和热处理工艺上设法避免和消除 ω 相的出现。

α 型钛合金和含 β 相稳定元素少的 α+β 型钛合金合金,淬火只能到得 α′相和 α″相,强化效果不大,不采用淬火工艺,只在退火态下使用。

β 型钛合金和含 β 相稳定元素多的 α+β 型钛合金合金,淬火可到得 β′相,时效后,析出 α 相,可使合金强化。

2. 钛合金的热处理工艺

钛合金的热处理方式有退火、固溶及时效、形变热处理、化学热处理等。下面仅介绍退火、淬火和时效的原理和工艺。

(1)退火。

钛合金的退火是为了使组织和相成分均匀,降低硬度,提高塑性,以及消除压力加工、焊接或机械加工所引起的内应力。退火的形式有消除应力退火、完全退火和双重退火。

消除应力退火温度应低于合金的再结晶温度,完全退火温度应高于合金的再结晶温度。常用加工钛及钛合金的热处理工艺参数见表 8.51。

表 8.51　加工钛及钛合金的热处理工艺参数

牌号	消除应力退火		完全退火		淬火(固溶处理)			时效处理		
	温度/℃	时间/min	温度/℃	时间/min	温度/℃	时间/min	冷却方式	温度/℃	时间/h	冷却方式
TA1	500~600	15~60	680~720	30~120	—	—	—	—	—	—
TA2	500~600	15~60	680~720	30~120	—	—	—	—	—	—
TA3	500~600	15~60	680~720	30~120	—	—	—	—	—	—
TA28	550~650	15~60	700~750	30~120	—	—	—	—	—	—
TA5	550~650	15~60	800~850	30~120	—	—	—	—	—	—
TA6	550~650	15~120	750~800	30~120	—	—	—	—	—	—
TA7	550~650	15~120	750~800	30~120	—	—	—	—	—	—
TB2	480~650	15~240	800	30	800	30	水或空冷	500	8	空冷
TC1	550~650	30~60	700~750	30~120	—	—	—	—	—	—
TC2	550~650	30~60	700~750	30~120	—	—	—	—	—	—
TC3	550~650	30~240	700~800	60~120	820~920	25~60	水冷	480~560	4~8	
TC4	550~650	30~240	700~800	60~120	850~950	30~60	水冷	480~560	4~8	

续表 8.51

牌号	消除应力退火		完全退火		淬火（固溶处理）			时效处理		
	温度 /℃	时间 /min	温度 /℃	时间 /min	温度 /℃	时间 /min	冷却方式	温度 /℃	时间 /h	冷却方式
TC6	550～650	30～120	750～800	60～120	860～900	30～60	水冷	540～580	4～12	
TC9	550～650	30～240	600	60	900～950	60～90	水冷	500～600	2～6	
TC10	550～650	30～240	760	120	850～900	60～90	水冷	500～600	4～12	

　　双重退火包括高温及低温两次退火处理,其目的是为了使合金组织更接近平衡状态,保证在高温及长期应力作用下的组织和性能的稳定性,特别适用于耐热钛合金。

　　采用真空退火是防止氧化及污染的有效措施,也是消除钛合金中氢脆的主要手段之一。

　　(2)淬火。

　　部分钛合金的淬火和时效工艺见表 8.51。

　　对于 α+β 型钛合金,因其临界温度较高,淬火加热温度一般选在(α+β)两相区的上部范围,而不是加热到 β 单相区,以防止晶粒粗大,引起韧性降低。对于 β 型钛合金,其临界温度较低,淬火加热温度既可以选择在(α+β)两相区的上部范围,也可选择在 β 单相区的低温段。

　　淬火加热保温时间,主要根据工件的截面厚度而定,淬火冷却方式可以是水冷,也可以是空冷。

　　(3)时效。

　　钛合金在时效过程中,主要借助于过冷 β 相中析出的弥散 α 相而使合金强化,因此其时效强化效果除与淬火加热温度有关外,还取决于时效温度和时效时间的选择。淬火加热温度决定了过冷 β 相的成分和数量,而时效温度和时间直接控制着 α 析出相的形貌、分布和析出数量,进而影响钛合金的强度和塑性。

　　时效温度的选择,一般应避开 ω 相脆化区,若温度太低,就难于避开 ω 相,温度太高,则 α 析出相粗大,合金强度降低。大多数钛合金在 450～480 ℃时效之后出现最大的强化效果,但塑性低,实际采用比较高的时效温度(500～600 ℃),以获得更好的塑性。时效时间根据合金类型一般在 2～12 h。

8.4.5　常用加工钛合金的特性及应用

1.α 型钛合金

　　α 型钛合金的特点是不能热处理强化,通常在退火状态下使用。具有良好的热稳定性和热强性以及优良的焊接性,在惰性气体保护下可以进行各种方法的焊接。但室温强度较低,而且由于 α 型钛合金具有六方晶格结构,塑性变形时滑移系少,故塑性变形能力较其他类型钛合金差,α 型钛合金棒材的室温的力学性能见表 8.52,性能和应用举例见表8.53。

2.β 型钛合金

　　β 型钛合金中含有大量的 β 稳定元素,在淬火后能得到介稳定的 β 组织,因此 β

型钛合金的特点是在淬火态具有很好的塑性,可以冷成型,淬火时效后具有很高的强度,可焊性好,以及在高的屈服强度下具有高的断裂韧性值,但热稳定性差。β型钛合金棒材的室温的力学性能见表 8.52,应用举例见表 8.53。

3. α+β 型钛合金

α+β 型钛合金的特点是具有较高的力学性能和优良的高温变形能力,能较顺利地进行各种热加工,并能通过淬火和时效处理,使合金的强度大幅度提高。但是,这类合金的热稳定性差,焊接性能不如 α 型钛合金。α+β 型钛合金棒材的室温的力学性能见表8.52,应用举例见表 8.53。

表 8.52　加工钛及钛合金棒材的室温力学性能

合金牌号	抗拉强度 R_m/MPa	屈服强度 $R_{p0.2}$/MPa	断后伸长率 A/%	断面收缩率 Z/%
TA1	240	140	24	30
TA2	400	275	20	30
TA3	500	380	18	30
TA4	580	485	15	25
TA5	685	585	15	40
TA6	685	585	10	27
TA7	785	680	10	40
TB2	1 370	460	7	10
TC1	585	460	15	30
TC2	685	560	12	30
TC3	800	700	10	25
TC4	895	825	10	25
TC6	980	840	10	25
TC9	1 060	910	10	25
TC10	1 030	900	12	25
TC11	1 030	900	10	30

表 8.53 加工钛及钛合金的特性和应用

组别	牌号	主要特性	应用举例
α 型 钛合金	TA28	这类合金在室温和使用温度下呈 α 型单相状态,不能热处理强化(退火是唯一的热处理形式),主要依靠固溶强化。室温强度一般低于 β 型和 α+β 型钛合金(但高于工业纯钛),而在高温(500～600 ℃)下的强度和蠕变强度却是三类钛合金中最高的;且组织稳定,抗氧化性和焊接性能好,耐蚀性和可切削加工性能也较好,但塑性低(热塑性仍然良好),室温冲压性能差。其中使用最广的是 TA7,它在退火状态下具有中等强度和足够的塑性,焊接性良好,可在 500 ℃ 以下使用;当其间隙杂质元素(氧、氢、氮等)质量分数极低时,在超低温时还具有良好的韧性和综合力学性能,是优良的超低温合金之一	抗拉强度比工业纯钛稍高,可做中等强度范围的结构材料,国内主要用作焊丝
	TA5 TA6		用于 400 ℃ 以下在腐蚀介质中工作的零件及焊接件,如飞机蒙皮、骨架零件、压气机壳体、叶片、船舶零件等
	TA7		500 ℃ 以下长期工作的结构件和各种模锻件,短时使用可到900 ℃,亦可用作超低温(-253 ℃)部件(如超低温用的容器)
β 型 钛合金	TB2	这类合金的主要合金元素是钼、铬、钒等 β 稳定化元素,在正火或淬火时很容易将高温 β 相保留到室温,获得介稳定的 β 单相组织,故称 β 型钛合金。 β 型钛合金可热处理强化,有较高的强度,焊接性能和压力加工性能良好;但性能不够稳定,熔炼工艺复杂,故应用不如 α 型、α+β 型钛合金广泛	在 350 ℃ 以下工作的零件,主要用于制造各种整体热处理(固溶、时效)的板材冲压件和焊接件,如压气机叶片、轮盘、轴类等重载荷旋转件以及飞机的构件等。 TB2 合金一般在固溶处理状态下交货,在固溶、时效后使用
α+β 型 钛合金	TC1 TC2	这类合金在室温呈 α+β 型两相组织,因而得名 α+β 型钛合金。它具有良好的综合力学性能,大多可热处理强化(但 TC1、TC2、TC7 不能热处理强化),锻造、冲压及焊接性能均较好,可切削加工;室温强度高,150～500 ℃ 以下且有较好的耐热性;有的(如 TC1、TC2、TC3、TC4)具有良好的低温韧性和良好的抗海水应力腐蚀及抗热盐应力腐蚀能力;缺点是组织不够稳定。 这类合金以 TC4 应用最为广泛,用量约占现有钛合金生产量的一半。该合金不仅具有良好的室温、高温和低温力学性能,且在多种介质中具有优异的耐蚀性,同时可焊接、冷热成型,并可通过热处理强化;国内在宇航、船舰、兵器以及化工等工业部门均获得广泛应用	400 ℃ 以下工作的冲压件、焊接件以及模锻件和弯曲加工的各种零件,这两种合金还可用作低温结构材料
	TC3 TC4		400 ℃ 以下长期工作的零件,结构用的锻件,各种容器、泵、低温部件、船舰耐压壳体、坦克履带等,强度比 TC1、TC2 高
	TC6		可在 450 ℃ 以下使用,主要用作飞机发动机结构材料
	TC9		500 ℃ 以下长期工作的零件,主要用在飞机喷气发动机的压气机盘和叶片上
	TC10		450 ℃ 以下长期工作的零件,如飞机结构零件、起落支架、蜂窝联结件、导弹发动机外壳、武器结构件等

TC1 和 TC2 合金为 Ti-Al-Mn 系合金,由于 Mn 质量分数低,在合金组织中 β 相数量少,故不能热处理强化,通常只在退火态下使用。退火后塑性接近于工业纯钛并有优良的低温性能,强度比工业纯钛高,可作低温材料使用。

TC3、TC4 和 TC10 合金为 Ti-Al-V 系合金,合金中 Al 和 V 都是主要合金元素。该系合金的特点是具有良好的综合力学性能,没有脆性的第二相,组织稳定性高,可在较宽的温度范围使用,因此获得广泛应用。其中 TC4(Ti-6Al-4V)合金应用最广,其产量占世界各国钛合金总产量的 60%,可用作火箭发动机外壳、航空发动机压气机盘和叶片、结构件和紧固件等。TC10 合金是在 TC4 合金基础上分别加入质量分数为 2% 的 Sn、质量分数为 0.5% 的 Cu 和质量分数为 0.5% 的 Fe,目的是提高合金的强度和热强性。

TC9、TC11 和 TC12 合金为 Ti-Al-Mo 系合金,Mo 代替 V 主要目的是减少钛合金的氢脆倾向,同时加入 Sn、Zr 提高合金的时效强化效果,加入少量 Si、Nb 提高合金的热强性,使钛合金的室温强度达到了 1200 MPa,500 ℃时的抗拉强度达到了 870 MPa,可以用作 500 ℃以下长期工作的零件,如用作飞机喷气发动机的压气机盘和叶片。

8.4.6　铸造钛及钛合金

钛及钛合金也可以直接浇注成铸件。铸造钛及钛合金的牌号用“ZTi+合金元素符号+合金元素的名义质量分数”表示,代号用“ZT”加 A、B 或 C(分别表示 α 型、β 型和 α+β 型钛合金)+顺序号表示,顺序号与同类型加工钛合金的表示方法相同。具体牌号和化学成分见表 8.54。钛及钛合金铸件的力学性能见表 8.55。铸造钛及钛合金一般都在退火状态下使用,具体工艺参数见表 8.56。

表 8.54　铸造钛及钛合金的牌号和化学成分(摘自 GB/T 15073—2014)

铸造钛及钛合金		化学成分(质量分数)/%												
		主要成分						杂质(不大于)						
牌号	代号	Ti	Al	Sn	Mo	V	其他	Fe	Si	C	N	H	O	其他元素 单一	其他元素 总和
ZTi1	ZTA1	余量	—	—	—	—	—	0.25	0.10	0.10	0.03	0.015	0.25	0.10	0.40
ZTi2	ZTA2	余量	—	—	—	—	—	0.30	0.15	0.10	0.05	0.015	0.35	0.10	0.40
ZTi3	ZTA3	余量	—	—	—	—	—	0.40	0.15	0.10	0.05	0.015	0.40	0.10	0.40
ZTiAl4	ZTA5	余量	3.3~4.7	—	—	—	—	0.30	0.15	0.10	0.04	0.015	0.20	0.10	0.40
ZTiAl5 Sn2.5	ZTA7	余量	4.0~6.0	2.0~3.0	—	—	—	0.50	0.15	0.10	0.05	0.015	0.20	0.10	0.40
ZTiPd0.2	ZTA9	余量	—	—	—	—	Pd0.12~0.25	0.25	0.10	0.10	0.05	0.015	0.40	0.10	0.40
ZtiMo0.3Ni0.8	ZTA10	余量	—	—	0.2~0.4	—	Ni0.6~0.9	0.30	0.10	0.10	0.05	0.015	0.25	0.10	0.40

续表 8.54

铸造钛及钛合金		化学成分(质量分数)/%													
		主要成分						杂质(不大于)							
牌号	代号	Ti	Al	Sn	Mo	V	其他	Fe	Si	C	N	H	O	其他元素	
														单一	总和
ZtiAl6Zr2Mo1V1	ZTAl5	余量	5.5~7.0	—	0.5~2.0	0.8~2.5	Zr1.5~2.5	0.30	0.15	0.10	0.05	0.015	0.20	0.10	0.40
ZtiAl4V2	ZTAl7	余量	3.5~4.5	—	—	1.5~3.0	—	0.25	0.15	0.10	0.05	0.015	0.20	0.10	0.40
ZTiMo32	ZTB32	余量	—	—	30.0~34.0	—	—	0.30	0.15	0.10	0.05	0.015	0.15	0.10	0.40
ZTiAl6V4	ZTC4	余量	5.50~6.75	—	—	3.5~4.5	—	0.40	0.15	0.10	0.05	0.015	0.25	0.10	0.40
ZTiAl6Sn4.5Nb2Mo1.5	TC21	余量	5.5~6.5	4.0~5.0	1.0~2.0	—	Nb 1.5~2.0	0.30	0.15	0.10	0.05	0.015	0.20	0.10	0.40

表 8.55　钛及钛合金铸件的力学性能

牌号	代号	抗拉强度 R_m/MPa	规定残余伸长应力 $R_{p0.2}$/MPa	断后伸长率 A_5/%	硬度(HBS)
		不小于			不大于
ZTi1	ZTAl	345	275	20	210
ZTi2	ZTA2	440	370	13	235
ZTi3	ZTA3	540	470	12	245
ZTiAl4	ZTA5	590	490	10	270
ZTiAl5Sn2.5	ZTA7	795	725	8	335
ZTiMo32	ZTB32	795	—	2	260
ZTiAl6V4	ZTC4	895	825	6	365
ZTiAl6Sn4.5Nb2Mo1.5	TC21	980	850	5	350

表 8.56　铸造钛及钛合金的退火制度

牌号	代号	温度/℃	保温时间/min	冷却方式
ZTi1、ZTi2、ZTi3	ZTAl、ZTA2、ZTA3	500~600	30~60	炉冷
ZTiAl4	ZTA5	550~650	30~90	
ZTiAl5Sn2.5	ZTA7	550~650	30~120	
ZTiAl6V4	ZTC4	550~600	20~240	

8.4.7　低温用钛合金

钛合金的强度随温度降低而提高,同时又能保持满意的塑性,并且钛合金在低温下的缺口敏感性小,能保持高韧性,使钛合金可用作低温和超低温工作的结构材料。此外,钛合金的导热性低,膨胀系数小,适宜制造火箭、导弹的燃料储箱和管道结构件。但不能用钛合金制造盛氧的容器,因为钛与液氧、高压气态氧接触时,可能发生激烈的反应,引起燃烧和爆炸。

用作低温构件的钛合金中氧、氮、碳等间隙元素质量分数要力求越低越好。超低间隙的 TA7、TC4 可作专用的低温钛合金,TA7ELI 合金使用温度可达-253 ℃,用于制作宇宙飞船中的液氢容器等。TC4ELI 使用温度低至-196 ℃,可用于制作低温高压容器,如导弹储氮气的球状高压容器。

8.5　镍基高温合金

8.5.1　高温合金的分类

高温合金是指在 650 ℃以上具有很高强度并耐腐蚀、耐冲刷、抗氧化、抗蠕变和抗疲劳性能的金属材料。

根据合金的基体元素,高温合金分为 Fe 基合金、Ni 基合金和 Co 基合金,其中 Ni 基合金最重要,在发动机中应用最广。

根据合金的基本成形方式或特殊用途,合金分为变形高温合金、铸造高温合金、焊接用高温合金丝、粉末冶金高温合金和弥散强化高温合金。铸造高温合金根据合金的结晶方式又分为等轴晶铸造高温合金、定向凝固柱晶高温合金和单晶高温合金。

铁基高温合金的使用温度可到 750~800 ℃,变形镍基高温合金的使用温度可到950 ℃,而铸造镍基高温合金的使用温度可到 1 050 ℃。

8.5.2　纯镍

纯镍的外观为银白色,密度为 8.902 g/cm³,熔点为 1 455 ℃。360 ℃变成铁磁性材料。纯镍的晶体结构为面心立方,无同素异构转变。纯镍的化学稳定性好,常温下的氧化膜致密,有保护性,在潮湿空气和海水中不受腐蚀,在碱性溶液和有机酸中均有抗蚀能力。纯镍的耐热性能很好,其金属键强,蠕变起始温度高;800 ℃下不会发生强烈氧化。纯镍的室温抗拉强度约 317 MPa,屈服强度约 59 MPa,硬度在 60~80HBW,断后伸长率有30%,可进行各种冷、热加工。除配制高温合金外,纯镍还可用于配制耐蚀合金、高电阻合金、电真空合金等。加工镍的牌号见表 8.57。

表 8.57　加工镍的牌号

组别	纯镍					阳极镍		
牌号	二号镍	四号镍	六号镍	八号镍	电真空镍	一号阳极镍	二号阳极镍	三号阳极镍
代号	N2	N4	N6	N8	DN	NY1	NY2	NY3
Ni+Co （不小于）	99.98	99.9	99.5	99.0	99.35	99.7	99.4	99.0

8.5.3　镍基高温合金牌号、成分及合金化

我国高温合金牌号的一般形式为:前缀+材料分类号+合金编号+后缀。

前缀为表示合金基本特性类别的汉语拼音字母符号(两位后三位符号)。各类合金的前缀符号见表 8.58。

表 8.58　高温合金牌号的前缀符号

合金 类别	变形高温 合金	等轴晶高 温合金	定向凝固柱 晶高温合金	单晶高温 合金	焊接用高温 合金丝	粉末冶金高温 合金	弥散强化高温 合金
前缀	GH "高""合"	K	DZ "定""柱"	DD "定""单"	HGH "焊""高""合"	FGH "粉""高""合"	MGH "弥""高""合"

材料分类号用一位阿拉伯数字表示。

变形高温合金材料分类号的规定如下:

1—铁或铁镍(镍的质量分数小于 50%)为主要元素的固溶强化型合金;

2—铁或铁镍(镍的质量分数小于 50%)为主要元素的时效强化型合金;

3—镍为主要元素的固溶强化型合金;

4—镍为主要元素的时效强化型合金;

5—钴为主要元素的固溶强化型合金;

6—钴为主要元素的时效强化型合金;

7—铬为主要元素的固溶强化型合金;

8—铬为主要元素的时效强化型合金。

铸造高温合金的分类号规定如下:

2—铁或铁镍(镍的质量分数小于 50%)为主要元素的合金;

4—镍为主要元素的合金;

6—钴为主要元素的合金;

8—铬为主要元素的合金。

合金编号表示同一材料类别内不同牌号编号。变形高温合金牌号编号用 3 位数字表示,铸造高温合金牌号编号用两位数字表示,不足位数用数字"0"补齐,"0"放在材料分类号和合金编号之间。

后缀为表示某种特定工艺或特定化学成分等的英文字母符号,特殊需要时才添加。

表 8.59 为我国典型镍基高温合金的主要化学成分。

表 8.59　镍基高温合金的主要化学成分（摘自 GB/T 14992—2005）

合金类别	新牌号	原牌号	化学成分（质量分数）/ %										
			C	Cr	Co	W	Mo	Al	Ti	Fe	Nb	其他	Ni
固溶强化型变形高温合金	GH3030	GH30	≤0.12	20.00~35.00	—	—	—	≤0.15	0.15~0.35	≤1.50	—	Cu0.50~2.00	余量
	GH3039	GH39	≤0.08	19.00~22.00	—	—	1.80~2.30	0.35~0.75	0.35~0.75	≤3.00	0.90~1.30	—	余量
	GH3044	GH44	≤0.10	23.00~26.50	—	13.00~16.00	≤1.50	≤0.50	0.30~0.70	≤4.00	—	—	余量
	GH3128	GH128	≤0.05	19.00~22.00	—	7.50~9.00	7.50~9.00	0.40~0.80	0.40~0.80	≤2.00	—	—	余量
	GH3170	GH170	≤0.06	18.00~22.00	15.00~22.00	17.00~21.00	—	≤0.50	—	—	—	Zr0.10~0.20	余量
时效强化型变形高温合金	GH4033	GH33	0.03~0.08	19.00~22.00	—	—	—	0.60~1.00	2.10~2.80	≤4.00	—	—	余量
	GH4037	GH37	0.03~0.10	13.00~16.00	10.00~12.00	5.00~7.00	2.00~4.00	1.70~2.30	1.80~2.30	≤5.00	—	V0.10~0.50	余量
	GH4049	GH49	0.04~0.10	9.50~11.00	14.00~16.00	5.00~6.00	4.50~5.50	3.70~4.40	1.40~1.90	≤1.50	—	V0.20~0.50	余量
	GH4141	GH141	0.06~0.12	18.00~20.00	10.00~12.00	—	9.00~10.50	1.40~1.80	3.00~3.50	≤5.00	—	B0.003~0.010	余量
	GH4586	GH586	≤0.08	18.00~20.00	10.00~12.00	2.00~4.00	7.00~9.00	1.50~1.70	3.20~3.50	≤5.00	—	—	余量

续表 8.59

合金类别	新牌号	原牌号	C	Cr	Co	W	Mo	Al	Ti	Fe	Nb	其他	Ni
等轴晶铸造高温合金	K401	K1	≤0.10	14.00~17.00	—	7.00~10.00	≤0.30	4.50~5.50	1.50~2.00	≤0.20	—	B0.030~0.100	余量
	K402	K2	0.13~0.20	10.50~13.50	—	6.00~8.00	4.50~5.50	4.50~5.50	2.00~2.70	≤2.00	—	B0.015	余量
	K403	K3	0.11~0.18	10.00~12.00	4.50~6.00	4.80~5.50	3.80~4.50	5.30~5.90	2.30~2.970	≤2.00	—	B0.012~0.022	余量
	K417	K17	0.13~0.22	8.50~9.50	14.00~16.00	—	2.50~3.50	4.80~5.70	4.50~5.00	≤1.00	V0.60~0.90	B0.012~0.022 Zr0.00~0.090	余量
	K4130	K130	<0.01	20.00~23.00	≤1.00	≤0.20	9.00~10.50	0.70~0.90	2.40~2.80	≤0.50	≤0.25	—	余量
定向凝固柱晶高温合金	DZ404	DZ4	0.10~0.16	9.00~10.00	5.50~6.50	5.10~5.80	3.50~4.20	5.60~6.40	1.60~2.20	≤1.00	Zr≤0.020	B0.012~0.022	余量
	DZ405	DZ5	0.07~0.15	9.50~11.00	9.50~10.50	4.50~5.50	3.50~4.20	5.00~6.00	2.00~3.00	—	Zr≤0.100	B0.010~0.020	余量
	DZ422	DZ22	0.12~0.16	8.00~10.00	9.00~11.00	11.50~12.50	—	4.75~5.25	1.75~2.25	≤0.20	0.75~1.25	Hf1.40~1.80	余量
	DZ4125	DZ125	0.07~0.12	8.40~9.40	9.50~10.50	6.50~7.50	1.50~2.50	4.80~5.40	0.70~1.20	≤0.30	Ta3.50~4.10	Hf1.20~1.80	余量

续表 8.59

化学成分（质量分数）/%

合金类别	新牌号	原牌号	C	Cr	Co	W	Mo	Al	Ti	Fe	Nb	其他	Ni
单晶高温合金	DD403	DD3	≤0.010	9.00~10.00	4.50~5.50	5.00~6.00	3.50~4.50	5.50~6.20	1.70~2.40	≤0.50	—	—	余量
	DD404	DD4	≤0.01	8.50~9.50	7.00~8.00	5.50~6.50	1.40~2.00	3.40~4.00	3.90~4.70	≤0.50	0.35~0.70	Ta3.50~4.80	余量
	DD406	DD6	0.001~0.04	3.80~4.80	8.50~9.50	7.00~9.00	1.50~2.50	5.20~6.20	≤0.10	≤0.30	≤1.20	Ta6.00~8.50 Hf0.050~0.150 Re1.600~2.400	余量
	DD408	DD8	<0.03	15.50~16.50	8.00~9.00	5.60~6.40	—	3.60~4.20	3.60~4.20	≤0.50	—	Ta0.70~1.20	余量

从表 8.59 可以看出,镍基高温合金相对铁基合金含有大量的合金元素,这是由于镍基奥氏体点阵常数和性质决定其使用的合金元素比铁基奥氏体有较大的溶解度,因而可使合金元素总的用量较大,热强性的强化效果也就比铁基合金更大,使用温度也比铁基合金高。

变形镍基高温合金的基础成分为 Ni80Cr20,在基础成分之上添加了 W、Mo、Ti、Al、Nb、Co 等合金元素。其合金化原理与 Fe 基高温合金基本相同,使用的热强性元素大致相同。主要有固溶强化和时效强化两种机制。Cr、W、Mo、Co 等元素主要固溶强化奥氏体基体,Cr 还能提高合金的抗氧化性。Ti、Al、Nb、Ta 等元素则与 Ni 形成金属间化合物 $\gamma'-Ni_3$(Al,Ti)等,主要起到沉淀强化效果,进一步提高合金的热强性。B、Zr 等元素则可实现晶界强化。图 8.9 是典型合金的金相组织。其主要特征是镍的 γ 相基体加 $\gamma'-Ni_3$(Al,Ti)强化相和碳化物强化相。

铸造高温合金中铬的质量分数则较变形高温合金低,但其钴、钨质量分数则较高,特别是定向凝固柱晶高温合金和单晶高温合金,则加入了钽、铪、铼等难熔合金元素,铝、钛质量分数也较高,合金成分越多元化,使合金的液、固相线越靠近,铸造性能更优越,定向凝固柱晶及单晶高温合金的耐热温度较变形合金及等轴晶铸造合金大幅提高。

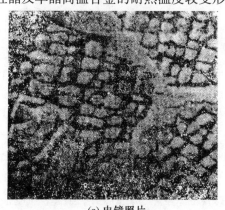

(a) 电镜照片

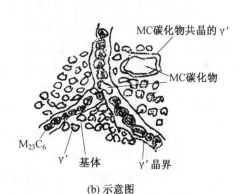

(b) 示意图

图 8.9 高合金化镍基变形高温合金的典型组织

8.5.4 镍基高温合金的热处理

镍基合金一般都经过固溶处理和时效处理,使之得到均匀的固溶强化基本、适当的晶粒度和分布较好的沉淀强化相。

若要求具有最佳的持久强度,宜采用较高的固溶温度及时效温度,使合金元素较多地进入固溶体,并获得较大的晶粒和中等尺寸的 γ' 相,这种组织在使用过程中较稳定。

若要求短时抗拉强度,则采用较低的固溶温度及时效温度,使合金晶粒细小,γ' 相细小弥散分布。

为改善碳化物在晶界的分布,使之呈断续链状分布,改善合金的持久强度和塑性,则可采用二次固溶处理的方法。如 GH4033 原来采用一次固溶处理(1 080 ℃保温 8 h),Me_7C_3 来不及析出,而后在 700 ℃时效处理,碳化物在晶内大量析出,在晶界析出呈薄网状,使合金变脆。若经过二次固溶,第一次 1 200 ~ 1 250 ℃保温 2 h,使碳化物全部溶解,再冷到碳化物溶解温度限(1 150 ℃)以下 1 000 ℃保温 16 h,进行二次固溶,700 ℃时效 16 h,碳化物在晶界呈断续链状,能阻碍晶界的滑动,提高持久寿命和塑性。

表 8.60 为典型镍基高温合金的热处理工艺。

表 8.60　典型镍基合金的热处理工艺

牌号	热处理工艺
GH4033	1 080 ℃固溶处理 8 h 空冷;750 ℃时效 6 h 空冷
GH4037	1 180 ℃固溶处理 2 h 空冷;1 050 ℃4 h 空冷;800 ℃时效 16 h 空冷
GH4049	1 200 ℃固溶处理 2 h 空冷;1 050 ℃4 h 空冷;850 ℃时效 8 h 空冷
GH3128	1 200 ℃固溶处理,空冷
K403	1 210 ℃固溶处理 4 h 空冷

8.6　滑动轴承合金

滑动轴承与滚动轴承比较,具有承压面积大、工作平稳、无噪声以及装拆方便等优点,广泛用于磨床的主轴轴承、发动机轴承等。滑动轴承的结构一般由轴承体和轴瓦所构成,轴瓦直接支持转动的轴。为了提高轴瓦的耐磨性,往往在钢质轴瓦的内侧浇铸或轧制一层耐磨合金,形成一层均匀的内衬。用来制造轴承内衬的耐磨合金,称为轴承合金。

8.6.1　滑动轴承的工作条件及性能要求

滑动轴承直接与轴颈配合使用,当轴高速转动时,轴瓦与轴颈之间有强烈的摩擦磨损,并承受轴传递的交变载荷和冲击。因此,滑动轴承材料要求良好的承压能力、冲击韧性及疲劳强度,一定的硬度,良好的耐磨性和减磨性,导热、抗蚀性好,强度塑性良好配合,与轴颈的磨合性能优秀。

为满足滑动轴承在使用过程中对耐磨性的要求,轴承合金的组织应为软基体上均匀分布着硬质点或硬基体上均匀分布软质点。这样的组织在轴承工作时,很快就能磨合,软的组织被磨损后形成凹坑,可以储存润滑油,有利于形成连续的油膜,以保证轴承在较好的润滑条件和低的摩擦系数下进行工作。

8.6.2　滑动轴承合金的分类与牌号

常用的轴承合金有锡基、铅基、铜基、铝基合金等。其中锡基、铅基合金为低熔点轴承合金,又称巴氏合金。

轴承合金一般在铸态下使用,因此轴承合金的牌号表示方法为:

Z+基体元素符号+主加元素符号+主加元素质量分数+辅加元素符号+辅加元素质量分数。

例如:ZSnSb12Pb10Cu4 表示 Sb 质量分数为 12% ,Pb 质量分数为 10% ,Cu 质量分数为 4% 的锡基轴承合金。

8.6.3 常用的滑动轴承合金

1. 锡基轴承合金

锡基轴承合金是一种性能优秀,使用历史悠久的轴承合金。常用锡基轴承合金的牌号、成分和用途见表8.61。

表8.61 常用锡基和铅基轴承合金的牌号、成分、力学性能和用途

| 组别 | 代号 | 化学成分(质量分数)/% | | | | 力学性能 | | | 熔点/℃ | 用途 |
		Sn	Sb	Pb	Cu	R_m/MPa	A/%	硬度(HBW)		
锡基轴承合金	ZSnSb11Cu6	余量	10.0~12.0	—	5.5~6.5	90	6.0	27	241	2 000 马力以上的高速汽轮机,500 马力的蜗轮机,高速内燃机轴承
	ZSnSb8Cu4	余量	7.0~8.0	—	3.0~4.0	80	10.6	24	—	一般大机械轴承及轴衬,重载、高速汽车发动机轴承
	ZSnSb4Cu4	余量	4.0~5.0	—	4.0~5.0	80	7.0	20	—	蜗轮机及内燃机高速轴承及轴衬
铅基轴承合金	ZPbSb16Sn16Cu2	15.0~17.0	15.0~17.0	余量	1.5~2.0	78	0.2	30	240	汽车、轮船发动机等轻载高速轴承
	ZPbSb6Sn6	5.5~6.5	~6.5	余量	—	67	12.7	16.9	—	较重载荷高速机械轴衬
	ZPbSb15Sn10	9.0~11.0	14.0~16.0	余量	—	60	1.8	24	—	中等压力的高温轴承

锡基合金是在锡-锑合金的基础上添加铜的合金,其组织由典型的软基体加硬质点组成。ZSnSb11Cu6 组织如图 8.10 所示。锑在锡中的固溶体 α 相为软基体,白方块是 β′相(SnSb 化合物)硬质点,白色针状组织是 Cu_6Sn_5 硬质点。

锡基轴承合金的摩擦系数和热膨胀系数小,塑性、导热性和抗蚀性良好,适宜用作汽轮机、发动机等大型机器的高速轴承。但锡基合金的疲劳强度较低,使用温度不高于 150 ℃。

2. 铅基轴承合金

铅基轴承合金是以铅-锑为基的合金。其室温组织由锑在铅中的固溶体 α 相和铅在锑中的固溶体 β 相组成。铅的强度和硬度很低,故 α 相是软相。而锑的性能硬而极脆,所以 β 相也很脆,铅的密度(11.34 g/cm^3)比锑的密度(6.68 g/cm^3)大得多,比重偏析严重,故二元铅-锑合金的性能不好。通常在铅-锑合金中加锡和铜。锡既能溶于 α 相,提高强度、硬度,又能形成化合物 SnSb 硬质点,提高合金的耐磨性。铜可形成 Cu_6Sn_5 化合物,防止密度偏析,同时也起硬质点的作用。

常用铅基轴承合金的牌号、成分和用途见表 8.61。ZPbSb16Sn16Cu2 的显微组织为 $(\alpha+\beta)+\beta+Cu_6Sn_5$,如图 8.11 所示。$(\alpha+\beta)$ 共晶体为软基体,白色方块为 $\beta(SnSb)$ 硬质点,白色针状晶体为 Cu_6Sn_5。

铅基合金与锡基合金相比,强度、硬度和耐磨性及冲击韧性都比较低,但价格便宜,通常用于低速、低负荷轴承。

图 8.10　ZSnSb11Cu6 合金的显微组织

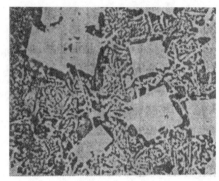

图 8.11　ZPbSb16Sn16Cu2 合金的显微组织

3. 以其他金属为基的轴承合金

(1)Cu 基轴承合金。铜基轴承合金有铅青铜、锡青铜、等铸造铜基合金。常用的有 ZCuPb30、ZCuSn10Pb1 等。

ZCuPb30 的成分为 Pb 质量分数为 30%,其余为 Cu。铅在固态不溶于铜中,其组织特点是硬的铜基体上分布着铅的软质点。铅青铜与巴氏合金相比,具有高的疲劳强度和承载能力,优良的减磨性、高的导热性,工作温度可达 320 ℃,主要用作大载荷、高速度的轴承,如航空发动机、高速柴油机的轴承等。

(2)铝基轴承合金。铝基轴承合金是一种新型减磨材料,基本特点是密度小、导热性好、承载强度和疲劳强度高和耐蚀性好,并且价格低廉。但其线膨胀系数大,运转过程中易与轴“咬死”。

高锡铝基轴承合金的成分为 $w_{Sn}=17.5\% \sim 22.5\%$,$w_{Cu}=0.75\% \sim 1.25\%$,其余为 Al。在固态时锡在铝中的溶解度极小,合金经轧制与再结晶退火后,显微组织为铝基体(硬基体)上均匀分布着软的锡质点。加入少量铜可固溶强化基体。该合金也用 08 钢为衬背,轧制成双合金带。高锡铝基轴承合金具有高的疲劳强度和承载压强,具有良好的耐热、耐磨及抗蚀性。可用作压强为 28 MPa、滑动速度在 13 m/s 以下工作的轴承。在汽车、拖拉机、内燃机上广泛使用。

第9章　新型无机非金属材料

9.1　概　　述

9.1.1　概述

陶瓷材料、金属材料及高分子材料被称为三大固体材料。陶瓷材料是各种无机非金属材料的统称。传统意义上的陶瓷主要指陶器和瓷器,也包括玻璃、搪瓷、水泥、耐火材料、砖瓦等。这些材料都是用黏土、石灰石、长石、石英等天然硅酸盐类矿物制成。因此,传统的陶瓷材料是指硅酸盐类材料,而硅酸盐材料是占地壳各元素总量90%的硅、铝、氧3种元素所形成的无机非金属材料,在地球上可以说取之不尽、用之不竭。这种传统陶瓷成本低廉,制备工艺相对成熟,因而被广泛地用于化工、电气、建筑等行业以及生活日用品。新型的陶瓷材料已有了巨大变化,许多新型陶瓷已经远远超出了硅酸盐的范畴,不仅在性能上有了重大突破,在应用上也已渗透到各个领域。

新型陶瓷材料与传统硅酸盐材料的差别主要有以下3点:

(1)材料的组成已经远远超出了硅酸盐的范围,除纯氧化物、复合氧化物和含氧酸盐之外,还有碳化物、氮化物、硼化物、硫化物及其他盐类和单质,许多现代陶瓷材料根本就不含二氧化硅及其化合物。所谓硅酸盐材料,它可以是含硅酸盐的,也可以是不含硅酸盐的,而是含其他盐类的材料,如锆酸盐、钛酸盐、铌酸盐、钽酸盐等。它们统称硅酸盐材料,这是在含义上的一个变化。不仅如此,当今硅酸盐的含义,它可以是盐类,也可以不是盐类。从化学的角度来看,单一元素也可以成为材料,如碳可以形成金刚石、石墨、碳纤维等,硅可以制成单晶硅和非晶硅等,都属于硅酸盐材料。此外,无机化合物也可以成为材料,如氧化铝、氮化硅、碳化硅等,也都属于硅酸盐材料。总之,当今的硅酸盐材料既包括单一元素的无机非金属材料,也包括无机化合物材料,又包括无机盐类材料以及复合盐类材料,如锆钛酸盐、铌钽酸盐等。它们的组成、结构与性能诸方面,特别是在用途方面,与传统的硅酸盐材料大不相同,成为新型硅酸盐材料。为了便于区别,新型硅酸盐材料又称新型无机非金属材料,特种陶瓷或者新型陶瓷材料。

(2)在用途上,过去主要是利用它的强度,当作结构材料来使用,现在已大量利用它的电、光、声、磁、热、力等之间的相互耦合效应,即当作功能材料来使用。无机材料,无论是作为结构材料,还是作为功能材料,都具有广泛的用途。可以涉及机械、电子、能源利用、宇航、水声、激光、计算机以及通信等各种工业和各项新技术,这是传统的硅酸盐材料无法比拟的。

(3)制造工艺和制品形态均有了很大变化,正朝着单晶化、薄膜化、纤维化和复合化的方向迈进,传统的硅酸盐材料本身也有所发展,老产品也在换新面孔。砖瓦已经发展成为轻质砖、马赛克等;玻璃已经发展成为钢化玻璃、防弹玻璃等;水泥已经发展成为高强水泥、快干水泥等。

新型无机非金属材料的发展潜力很大,从性能方面来讲,它具有多方面的优异功能,而且经适当改变组成和掺杂后,功能可以按人们的要求改变;从资源方面来讲,其主要原料在地球上储量丰富,容易得到,价格便宜;从用途方面来讲,新型陶瓷多用于现代科技中的高、精、尖领域。正因如此,新型无机非金属材料被誉为"万能材料",并在世界各工业国家引起了新型陶瓷的开发和研究的热潮,取得很大的进展。

9.1.2 陶瓷的显微结构

工程陶瓷的基本工艺过程包括原料的制备、坯料的成型和制品的烧结。一般情况下,在烧成和烧结温度下,陶瓷内部各种物理化学转变不能进行到终点,所以总处于不平衡状态,这种组织很不均匀,很难从相图上进行分析,故陶瓷材料的微观组织结构非常复杂。陶瓷是一种多晶态无机非金属材料,是粉末烧结体,一般由结晶相、玻璃相和气相(气孔)组成。从微观结构分析,陶瓷可看作是各种形状的晶粒(粒状、层状、针状、纤维状等)、晶界、晶界偏析层、气孔及各种杂质(包括添加物)、缺陷和微裂纹等组合而成的集合体。陶瓷的显微组织结构与材料的整个制备过程密切相关。制备过程中每一个工艺环节给显微结构所带来的影响,最后均会在材料的性能上反映出来。关于陶瓷微观结构及有关理论,很多是从金属学中借用过来的,因为金属材料与陶瓷材料的晶界的确有相似之处。但陶瓷材料的微观结构有其特殊性,现剖析如下。

1. 结晶相

结晶相是陶瓷中的主要组成物,数量较多。陶瓷的性能主要取决于结晶相的结构、数量、形态和分布。陶瓷既可以是只含一种结晶相的多晶组织,也可以是含几种结晶相的多晶多相组织,即除了主晶相之外,还有其他副晶相。陶瓷中主晶相的性能往往能表征材料的基本特性,而且习惯上也是用主晶相来命名陶瓷。例如,以刚玉为主晶相的陶瓷,称为刚玉陶瓷。陶瓷中的结晶相主要有硅酸盐、氧化物、非氧化物等3种。普通陶瓷最常见的结晶相是硅酸盐化合物的结构和氧化物结构。硅酸盐化合物结构特点是氧离子形成四面体,硅离子位于四面体中心,组成硅氧四面体为最基本的结构单元,如图9.1所示,它们在空间按照不同的组合,形成岛状、链状、层状、架状等4大类不同结构特征的硅酸盐材料。氧化物结构中,正负离子的分布特点是以尺寸较大的氧离子占据结点位置组成密排形式的骨架,尺寸较小的金属离子填充空隙,形成牢固的离子键。

2. 玻璃相

陶瓷中的玻璃相是陶瓷烧结时各组成物及杂质产生一系列物理、化学变化后形成的一种非晶态低熔物,它的结构是由离子多面体构成的短程有序排列的空间网格。它的主要作用是:在瓷坯中起黏结作用,即把分散的结晶相黏结在一起;降低烧结温度,加快烧结过程;抑制晶粒长大,阻止多晶转变;填充气孔间隙,提高陶瓷致密度;获得一定程度的玻璃特性,如透光性等。

玻璃相的数量随不同陶瓷而异,在固相烧结的陶瓷中几乎不含玻璃相。在有液相参加烧结的陶瓷中,则存在较多的玻璃相。但玻璃相对陶瓷的力学性能、介电性能、耐热耐蚀性等将产生不利影响,因此它不能成为陶瓷的主要组成相。一般的传统陶瓷的玻璃相为20%～40%；功能陶瓷中玻璃相质量分数很少或根本不存在。玻璃相主要存在于晶粒边界处，由于玻璃相力学性能低于晶体相，故减少陶瓷组织中玻璃的质量分数，对提高强度及热稳定性有好处。

3. 气相

陶瓷材料在生产过程中不可避免地形成一定数量的气相（气孔）。一般说来，传统陶瓷材料的残留气孔量为5%～10%（体积分数）；功能陶瓷的气孔率控制在0.5%～5%以下。气孔唯一的好处是减小密度和减震。许多陶瓷性能与气孔的质量分数、形状、分布等密切有关。例如，隔热陶瓷、保温陶瓷和过滤多孔陶瓷，气孔越多，则性能越好，而对于透光的功能陶瓷材料，则结构陶瓷中最好不含气相。气孔往往是应力集中的地方，并且有可能直接成为裂纹，这将使材料强度大大降低。气孔对功能陶瓷材料的力学、光、电、磁、热学性能等，均能产生较大影响。

图9.2为典型陶瓷材料的微观结构。

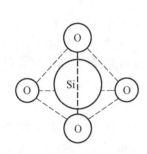

图9.1　硅氧四面体结构单元

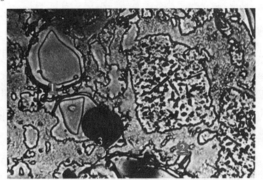

图9.2　Al_2O_3陶瓷的微观结构
1—结晶相；2—玻璃相；3—气相

9.1.3　陶瓷材料的性能特点

陶瓷材料的化学键大多为离子键和共价键，键合牢固并有明显的方向性，与一般金属相比，其晶体结构复杂而表面能小。因此，它的强度、硬度、弹性模量、耐磨性、耐蚀性和耐热性比金属优越，但塑性、韧性、可加工性、抗热震性及使用可靠性却不如金属。因此，搞清陶瓷的性能特点，无论对研究还是使用陶瓷，都具有十分重要的意义。

（1）硬度高、耐磨性好、塑性差。

大多数陶瓷的硬度比金属高得多，但由于陶瓷材料为脆性材料，测定硬度时，在压头压入区域会发生破碎。目前用于测定陶瓷硬度的方法一般为维氏硬度、显微硬度和洛氏硬度。由于硬度和耐磨性有密切关系，故硬度高、耐磨性好是陶瓷材料的主要优良特性，常用作耐磨零件，如轴承、刀具等。陶瓷材料中只有极少数具有简单晶体结构，大多数由于晶体结构复杂，在室温下没有塑性，而其为多晶体比单晶体更难以产生滑移，故塑性很低。

（2）高弹性模量。

陶瓷在拉伸时几乎没有塑性变形，在拉应力作用下在弹性变形范围内就直接断裂破坏。所以它是脆性材料，而且冲击韧性、断裂韧性均很低，其中断裂韧性为金属的

1/60～1/100。由于陶瓷材料具有强固的离子键和共价键,因此它不仅熔点高,弹性模量也高,陶瓷的弹性模量均比金属高。弹性模量反映的是原子间距的微小变化所需外力的大小,由于原子间距和结合力随温度的变化而变化,所以弹性模量对温度变化很敏感,陶瓷的弹性模量随气孔率和温度增高而降低。

(3)低的抗拉强度和较高的抗压强度。

由于陶瓷内部存在大量气孔,其作用相当于裂纹,所以陶瓷拉伸时在拉应力作用下气孔使裂纹迅速扩展而导致脆断,故拉伸强度低。而在压缩时,由于在压应力的作用下气孔不会使裂纹扩展,所以陶瓷材料的抗压强度远高于抗拉强度,其差别程度大大超过金属。另外,晶界玻璃相的存在也对强度不利。陶瓷材料的破坏方式为脆性断裂,故其室温强度是弹性变形抗力,即当弹性变形达到极限程度而发生断裂时的应力。

(4)优良的高温强度和低热震性。

陶瓷材料的高温强度比金属高得多,在高温下不仅保持高硬度,而且基本保持其室温下的强度,具有高的蠕变抗力及抗高温性,故广泛用作高温材料。但陶瓷承受温度急剧变化的能力(抗热震性)差,当温度剧烈变化时容易破裂。这是由于热震(温度急变)所产生的巨大应力,能够通过塑性变形所松弛,因此塑性材料通常具有良好的抗热震性,然而对于脆性陶瓷材料,热震却常常是其失效的原因之一。材料的抗热震性既取决于材料本身,也取决于传热条件,在温度急剧变化的条件下,具有高断裂强度、低弹性模量和低膨胀系数的材料抗热震性大。而陶瓷材料的热导率小,断裂强度低,弹性模量大,故与金属材料相比,陶瓷的抗热震性差。

陶瓷突出的耐热性、化学稳定性、高硬度、高弹性模量使得它能够胜任一些苛刻环境条件下的工作,如火箭发动机燃烧室内壁、喷嘴,原子能反应堆材料,以及各种高硬度的切削工具材料。但陶瓷的最大缺点是韧性差,脆性极大,抵抗内部裂纹扩展的能力很低。例如,两种材料的相同薄板都承受 700 MPa 的应力时,高强度钢表面可允许存在2.5 mm的尖锐裂纹也不会断裂,而玻璃板表面只要存在 0.002 5 mm 的划痕就会断裂,所以通过各种途径提高陶瓷材料的韧性的深入研究,将会推动陶瓷材料在工程中的广泛应用。

9.1.4　陶瓷材料的分类

对于新型无机非金属材料,目前尚无统一的分类方法。按应用可分为结构陶瓷和功能陶瓷两大类。结构陶瓷的硬度高、抗压强度大、耐高温、耐磨损、抗氧化、耐腐蚀。功能陶瓷又可分为压电陶瓷、磁性陶瓷、电容性陶瓷、高温超导陶瓷等。工程应用上最重要的是高温陶瓷,高温陶瓷主要包括氧化物陶瓷、氮化物陶瓷、碳化物陶瓷和金属陶瓷。

9.2　氧化物陶瓷

氧化物陶瓷材料可以一种元素的氧化物为原料,也可以在它们的晶格中除氧原子之外还含有其他元素的阳离子。氧化物陶瓷材料的原子结合以离子键为主,存在部分共价键,因此具有许多优良的性能。常用的纯氧化物陶瓷包括 Al_2O_3、ZrO_2、MgO、CaO、BeO、ThO_2 和 UO_2 等,其熔点大多在 2 000 ℃以上,烧成温度在 1 800 ℃左右。在烧成温度时,氧化物颗粒发生快速烧结,颗粒间出现固体表面反应,从而形成大块陶瓷晶体(是单相多晶体结构),有时有少量气体产生。根据测定,氧化物陶瓷的强度随温度的升高而降低,但是 1 000 ℃ 以下一直保持较高的强度,随温度变化不大。纯氧化物都是很好的高耐火度结构材料,不仅具有良好的电绝缘性能,更重要的是具有优异的化学稳定性和抗氧化性。表 9.1 是常见氧化物陶瓷的性能。

表 9.1　常见氧化物陶瓷的性能

氧化物	熔点 / ℃	密度 /(×10³kg·m⁻³)	抗拉强度 / MPa	抗压强度 /MPa	弹性模量 /(×10³MPa)	抗氧化性	热稳定性	抗磨蚀能力
Al_2O_3	2 050	3.98	255	2943	375	中等	高	高
MgO	2 800	3.58	98	1373	210	中等	低	中等
ZrO_2	2 715	5.70	147	2 060	169	中等	低	高
BeO	2 570	3.00	98	785	304	中等	高	中等
ThO_2	3 050	9.69	98	1472	137	中等	低	高

9.2.1　氧化铝(刚玉)陶瓷

氧化铝在地壳中的蕴藏十分丰富,约占地壳总质量的 25% ,它是发现和使用最早、应用最广泛、综合性能很优秀的特种陶瓷材料,有"陶瓷之王"的美称。

氧化铝有十多种同素异构体,但常见的主要有 3 种: α- Al_2O_3、β-Al_2O_3、γ-Al_2O_3。

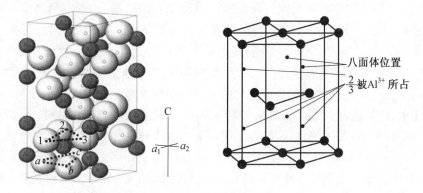

图 9.3　α-Al_2O_3 的晶体结构

γ-Al_2O_3 属于立方尖晶石型结构,高温下不稳定,在 1 600 ℃ 转变为 α- Al_2O_3, α-Al_2O_3 在高温下十分稳定,在达到熔点 2 050 ℃ 之前没有晶型转变,所以工业上所指的氧化铝陶瓷一般是指以 α- Al_2O_3 为主晶相的陶瓷原料。α-Al_2O_3 属于六方晶系,晶胞结构中 O^{2-} 排成密排六方结构,Al^{3+} 占据间隙位置,如图 9.3 所示,单胞的晶格常数 a = 0.512 nm,α=55°17′,氧原子和铝原子的密置层系按 ABABAB…… 的方式堆积。在自然界中存在含少量 Cr、Fe 和 Ti 的氧化铝,根据含杂质的多少,氧化铝可呈红色(如红宝石)或蓝色(如蓝宝石)。实际生产中,氧化铝陶瓷按 Al_2O_3 质量分数不同可分为 75、95 和 99 等。其中质量分数超过 99% 的称为刚玉瓷或纯刚玉。

α- Al_2O_3 的密度为 3.96 ~ 4.01 g/cm³,可以利用其松散结构制造多孔材料。微晶刚玉的硬度极高,莫氏硬度为9(仅次于金刚石),并且其红硬性达1 200 ℃,所以微晶刚玉可作硬度要求高的各类工具,如切削淬火钢刀具、磨料、磨轮、金属拔丝模、轴承、人造宝石等,其使用性能高于其他工具材料。由于氧化铝的熔点高达2 050 ℃,而且抗氧化性好,所以广泛用作耐火材料。较高纯度的 Al_2O_3 粉末压制成型、高温烧结后可得到刚玉耐火砖、高压器皿、坩埚、电炉炉管、热电偶套管等。Al_2O_3 陶瓷中经常加入 MgO、ZnO 等来抑制 Al_2O_3 晶粒长大。

氧化铝陶瓷的高强度和高温稳定性,使它可用于制作装饰瓷和高温零件。氧化铝陶瓷具有很高的电阻率、低的热导率和介电损耗,可用来制作电绝缘材料和绝热材料,如电路基板、管座、火花塞等。同时,由于其强度和耐热强度均较高(是普通陶瓷的5倍),所以是很好的高温耐火结构材料,如空压机泵零件。利用氧化铝陶瓷的光学特性和耐高温特性,可以制造高压钠灯的灯管、微波整流罩、红外窗口、激光震荡元件等。利用氧化铝陶瓷的离子导电特性,可用作太阳能电池材料和蓄电池材料。另外,氧化铝陶瓷的生物相容性较好,加之具有较强的耐蚀能力,还可用来制造人工骨骼和人体关节等。

9.2.2 氧化锆陶瓷

ZrO_2 晶体有3种结构:单斜相(m)、正方相(t)、立方相(c),如图9.4所示,密度分别为5.65 g/cm³、6.10g/cm³、6.27 g/cm³。纯 ZrO_2 冷却时发生的正方相(t)向单斜相(m)转变,为无扩散型相变,并伴随着3%~5%的体积膨胀;相反在加热时由单斜相(m)向正方相(t)转变时体积收缩,这种膨胀和收缩不是在同一温度,前者约在1 000 ℃,后者在1 200 ℃。纯 ZrO_2 陶瓷材料会因为晶型转变而影响它的用途,由于晶型转变伴有体积变化会导致烧结件的开裂,而无法得到块状材料。为了防止这种相变分裂,可在 ZrO_2 中加入稳定剂,如 MgO、CaO、Y_2O_3、CeO_2 和其他稀土氧化物等。这些氧化物的阳离子半径和 Zr^{4+} 相近,它们在 ZrO_2 中的溶解度很大,可以在 ZrO_2 的各种晶型中形成置换固溶体,形成稳定化的氧化锆陶瓷材料和部分稳定化的氧化锆陶瓷材料。

稳定氧化锆陶瓷耐火度高,比热与热导率小,是理想的高温隔热材料。可以用作高温炉内衬,也可作为各种耐热涂层,改善金属或低耐火度陶瓷的耐高温、抗腐蚀能力。稳定氧化锆陶瓷的化学稳定性好,高温时它还能抗酸性和中性熔融金属的侵蚀,所以多用作铂、锗等金属的冶炼坩埚和1 800 ℃以上的发热体及炉子、反应堆绝热材料等。稳定氧化锆陶瓷对钢水也很稳定,可以作为连续铸锭用的耐火材料。此外利用稳定氧化锆陶瓷的氧离子传导特性,可制成氧气传感器,进行氧浓度的检测。

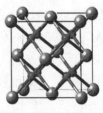  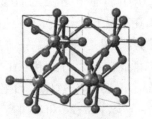

(a) 立方相(c)　　　　(b) 正方相(t)　　　　(c) 单斜相(m)

图9.4　ZrO_2 晶体三种结构

部分稳定氧化锆陶瓷与稳定氧化锆陶瓷相比,具有非常高的强度、断裂韧性和抗热冲击性能,这主要缘于四方相向单斜相的马氏体转变时伴随有能量吸收。同时热导率小,隔热效果好,而热膨胀系数比较大,比较容易与金属部件匹配,在陶瓷发动机中用于汽缸内壁、活塞、阀座、凸轮、气门座及高速轴承等。还可作为采矿和矿物工业的无润滑轴承、喷砂设备的喷嘴、粉末冶金工业所用的部件、球磨件等。还可用作各种高韧性、高强度的工业与医用器械。例如,纺织工业落筒机用剪刀、羊毛剪,磁带生产中的剪刀,微电子工业用工具(例如,无磁性改锥)。此外由于其不与生物体发生反应,也可用作生物陶瓷材料。氧化锆还可以用作高温涂层,如高温合金叶片;还可以制成纤维等耐高温绝热材料。特别指出,氧化锆作添加剂可大大提高陶瓷材料的强度和韧性。

下面简单介绍陶瓷的增韧方法:

陶瓷材料的本质脆性和使用过程的低可靠性是限制陶瓷在工业领域应用的主要障碍。要减小陶瓷的脆性,可从两方面来考虑。首先是在裂纹扩展过程中使之产生其他的能量消耗机制,使外加负荷的一部分能量消耗掉,而不至于集中施加到裂纹的扩展;另一条途径是用纤维补强,如用一种强度及弹性模量都较高的纤维均匀分布于陶瓷基体中,当这种复合材料受到外加负荷作用时,可以将一部分负荷传递到纤维上去承受而减轻陶瓷自身的负担。纤维又可起到阻止裂纹扩展的作用,且当纤维承受的应力大于其本身强度而发生断裂,以及纤维断裂后从基体中拔出,这些过程都将吸收一定的能量。这样,纤维既分担了外加负荷,达到在强度上的补强,又起到了阻碍裂纹扩展和吸收外加负荷能量的作用,从而改善材料的韧性。目前减小陶瓷材料脆性、增加韧性的方法有以下几种:①相变增韧;②纤维增韧;③短纤维、晶须或颗粒增韧。这里主要介绍相变增韧。

利用陶瓷材料中固态相变来增加韧性是近年来的重要研究成果,是结构陶瓷材料提高韧性的一个重要途径。工程中典型的应用是使 ZrO_2 部分稳定的陶瓷材料发生相变而增韧,韧化的主要机理有应力诱导相变增韧、相变诱发微裂纹增韧、残余应力增韧等。几种增韧机理并不相互排斥,但在不同条件下有一种或几种机理起主要作用。下面以 ZrO_2 为例来分析相变增韧的机理。

ZrO_2 晶体有 3 种结构,其同素异构转变顺序为

$$单斜相(m) \longleftrightarrow 正方相(t) \longleftrightarrow 立方相(C) \longleftrightarrow 液相$$

ZrO_2 晶体冷却时所发生的正方相(t)向单斜相(m)转变,伴随着 3% ~5% 的体积膨胀,是一种马氏体型相变。这种相变将提高氧化锆陶瓷的韧性,称之为相变增韧。相变增韧的机理如下:如果在立方相(C 相)氧化锆的基础上,弥散分布着许多细小的正方相,氧化锆块状试样内部原来已经存在的许多显微裂纹,由于在外力作用下裂纹尖端附近产生了应力集中,存在张应力场,在应力的诱发作用下会使裂纹前方的正方相转变为单斜相。这种转变叫应力诱发马氏体转变。这种转变引起的体积膨胀,需要消耗大量的功和能。转变的结果使裂纹尖端的应力松弛了,或者说是应力松弛的弹性能转化为马氏体相变所需的功。另一方面,正方相转变为单斜相的体积膨胀,将在主裂纹作用区产生压应力,使周围的基体受到压缩,这也会促使裂纹闭合。这两方面的作用都会阻止裂纹的扩展,此时只有增加外力做功才能使裂纹继续扩展,于是材料强度和断裂韧性大幅度提高。图9.5为相变增韧机理示意图。

陶瓷内部的相变还会引起微裂纹增韧的效果,其机理为:部分稳定 ZrO_2 陶瓷在使用

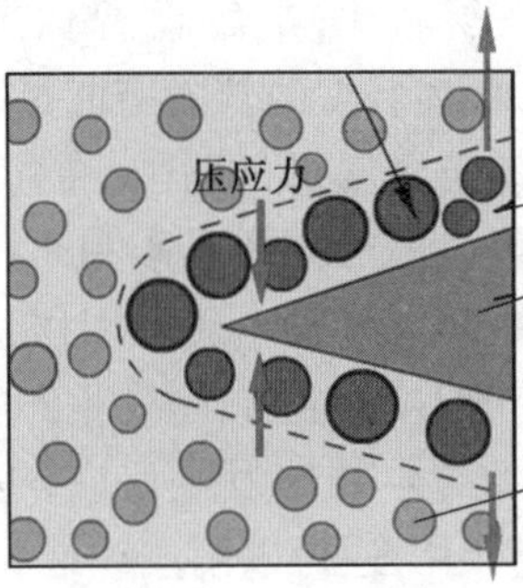

图 9.5　相变增韧机理示意图

温度下,若 ZrO_2 正方相晶粒大于临界尺寸 d_c,正方相将向单斜相转变,引起体积膨胀,在基体中产生弥散分布的裂纹或者主裂纹扩展过程中在其尖端过程区内形成的应力诱发相变导致的微裂纹,这些尺寸很小的微裂纹在主裂纹尖端扩展过程中会导致主裂纹分叉或改变方向,增加了主裂纹扩展过程中的有效表面能,此外裂纹尖端应力集中区内微裂纹本身的扩展也起着分散主裂纹尖端能量的作用,从而抑制了主裂纹的快速扩展,提高了材料的韧性,这种机制称为微裂纹增韧。

　　与相变有关的增韧方式还有表面残余压应力增韧。陶瓷材料可以通过引入残余应力达到强韧化的目的。控制含弥散正方 ZrO_2 颗粒的陶瓷在表层发生 t→m 相变,引起表面体积膨胀而获得表面残余压应力。由于陶瓷断裂往往起始于表面裂纹,表面残余压应力有利于阻止表面裂纹的扩展,从而起到了增强增韧的作用。获得这类残余压应力的方法有:①通过机械研磨或表面喷砂,利用机械应力诱发表层 t→m 相变;②使用化学方法使近表面的 t 相质点失稳而发生相变;③通过快速低温处理(在液体中)使表面发生 t→m 相变。

　　利用相变机理增韧陶瓷,可以将 ZrO_2 的各种增韧机制作用于其他陶瓷材料的增韧,如:ZrO_2 增韧 Al_2O_3(ZTA),ZrO_2 增韧莫来石(ZTM),ZrO_2 增韧 Si_3N_4,ZrO_2 增韧 SiC 等都取得了一定的效果。其中 ZrO_2 增韧 Al_2O_3 的效果最为显著,因为 Al_2O_3 热膨胀系数大,弹性模量高,烧结冷却或对 ZrO_2 颗粒的束缚作用强,临界直径较大,正方 ZrO_2 颗粒可以更多更有效地保留下来,增韧效果也比较明显。Si_3N_4 热膨胀系数较小,冷却或对 ZrO_2 颗粒的束缚比较弱,只有特别细的正方 ZrO_2 颗粒可以有效地保留下来,因此增韧效果也比较差。

　　有关各种氧化锆增韧陶瓷在工程结构的研究和应用不断取得突破。氧化锆增韧氧化铝陶瓷材料的强度达 1 200 MPa,断裂韧性为 15.0 MPa·$m^{\frac{1}{2}}$,分别比原氧化铝提高了 3 倍和近 3 倍。氧化锆增韧陶瓷可替代金属制造模具、拉丝模、泵叶轮等,还可制造汽车零件,如凸轮、推杆、连杆等。增韧氧化锆制成的剪刀既不生锈,也不导电。

9.2.3　氧化镁陶瓷

　　氧化镁晶格中离子堆积紧密,离子排列对称性高,晶格缺陷少,难以烧结。为了改善烧结性能须加入添加剂,CaF、B_2O_3、TiO_2 等可以与 MgO 形成低共熔点液相促进烧结。MgO 陶瓷多数采用注浆法生产。

　　氧化镁陶瓷的热导率略大于 Al_2O_3,但热膨胀系数特别大,而抗折强度又比较小,故抗热震性能不是很好。但在高温时的抗压强度高,能经受较大载荷。MgO 陶瓷对碱性熔渣有较强的抗侵蚀能力,与镁、镍、铀、钍、锌、铝、钼、铁、铜、铂等不起化学作用,可用于制备熔炼金属的坩埚、浇注金属的模子、高温热电偶的保护管及高温炉的内衬材料。但是这种陶瓷的缺点是热稳定性差,MgO 在高温下易被还原成金属镁,在空气中,特别是在潮湿的空气中,极易水化,形成氢氧化镁。如果采用 MgO 电熔作为原料,水化问题可得到解决。以 MgO 为基料的大部分陶瓷材料都作为耐火材料使用。

9.2.4 氧化铍陶瓷

氧化铍晶体属六方晶系,在熔点以下无同质异构转变。除了具备一般陶瓷的特性外,氧化铍陶瓷最大的特点是耐热性极好,因而具有很高的热稳定性;虽然其强度性能不高,但抗热冲击性较高;由于氧化铍陶瓷消散高能辐射的能力强、阻尼系数大等,所以经常用于制造坩埚,还可用作真空陶瓷和原子反应堆陶瓷等;氧化铍陶瓷电导率很低,介电常数很高,在高温时是最好的绝缘材料。另外,气体激光管、晶体管散热片和集成电路的基片和外壳等也多用该种陶瓷制造。

9.2.5 氧化钍/铀陶瓷

氧化钍/铀陶瓷是具有放射性的一类陶瓷,具有极高的熔点和密度,多用于制造熔化铑、铂、铱和其他金属的坩埚及动力反应堆中的放热元件等,ThO_2 陶瓷还可以用于制造电炉构件。

9.3 碳化物陶瓷

碳化物陶瓷间的原子多以较强的共价键结合,因而表现出熔点高、硬度大、机械强度高、化学稳定性好等一系列优良性能,有些还具有特殊的电、磁或热学性能,已在机械、化工、电子、航天航空等许多领域中得到应用。碳化物陶瓷包括碳化硅、碳化硼、碳化铈、碳化钼、碳化铌、碳化钛、碳化钨、碳化钽、碳化钒、碳化锆、碳化铪等。该类陶瓷的突出特点是具有很高的熔点。许多碳化物的熔点都在 3 000 ℃ 以上,并且具有非常高的硬度(近于金刚石)和耐磨性(特别是在侵蚀性介质中)。其缺点是耐高温氧化能力差(900 ~ 1 000 ℃),许多情况下碳化物氧化后所形成的氧化膜具有提高抗氧化性能的作用。碳化物的脆性较大,大多数碳化物具有良好的电导率和热导率。

9.3.1 碳化硅陶瓷

碳化硅陶瓷在碳化物陶瓷中应用最广泛。碳化硅是共价键很强的化合物,离子键约占 12%。碳化硅陶瓷主要有两种晶型,即 α-SiC 和 β-SiC。α-SiC 属于纤锌矿结构的六方晶系,是高温稳定的晶型,如图 9.6 所示。β-SiC 属于闪锌矿结构,在面心立方结构中,碳处于结点位置,硅位于另一套面心立方点阵位置上,是低温稳定的晶型。二者晶体结构的基本单元都是碳硅四面体,四面体中心有一个硅原子,顶角共有 4 个碳原子。

纯碳化硅是无色透明的,因含有碳、铁、硅等杂质,故颜色呈浅绿色或黑色。其密度为 3.2×10^3 kg/m³,弯曲强度和抗弯强度分别为 200 ~ 250 MPa 和 1 000 ~ 1 500 MPa,硬度为

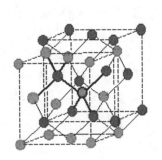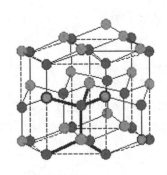

图9.6 β-SiC 和 α-SiC 的晶体结构

莫氏9.2(高于氧化物陶瓷中最高的刚玉和氧化铍的硬度)。该种材料热导率很高,而热膨胀系数很小,但在900~1 300 ℃时会慢慢氧化。SiC 陶瓷没有熔点,在常压下2 500 ℃时发生分解。碳化硅的硬度很高,莫氏硬度为9.2~9.5,显微硬度为33 400 MPa,仅次于金刚石、立方氮化硼和 B_4C 等少数几种物质。碳化硅陶瓷的热导率很高,大约为 Si_3N_4 的2倍;其热膨胀系数相当于 Al_2O_3 的1/2,抗弯强度接近 Si_3N_4 材料,但断裂韧性比 Si_3N_4 小;具有优异的高温强度和抗高温蠕变能力,热压 SiC 陶瓷在1 600 ℃的高温抗弯强度基本和室温相同;抗热震性好。十分纯的 SiC 具有 10^{14} Ω·cm 数量级的高电阻率,当有铁、氮等杂质存在时,电阻率减小到零点几 Ω·cm,电阻率变化的范围与杂质的种类和数量有关。碳化硅具有负温度系数特点,即温度升高,电阻率下降,通常用于加热元件。

碳化硅的化学稳定性高,不溶于一般的酸和混合酸中,沸腾的盐酸、硫酸、氢氟酸不分解碳化硅,发烟硝酸和氢氟酸的混合酸能将碳化硅表面的氧化硅溶解,但对碳化硅本身无作用。熔融的氢氧化钾、氢氧化钠、碳酸钠、碳酸钾在高温时能分解碳化硅,通过氧化钠和氧化铅强烈分解碳化硅,镁、铁、钴、镍、铬等熔融金属能与碳化硅反应。碳化硅和水蒸气在1 300~1 400 ℃开始作用,直到1 775~1 800 ℃才发生强烈作用。碳化硅在1 000 ℃以下开始氧化,1 350 ℃显著氧化,在1 300~1 500 ℃时可以形成表面氧化硅膜,阻碍进一步氧化,直到1 750 ℃碳化硅才能强烈氧化。碳化硅和某些金属氧化物能生成硅化物。若用有机黏结剂黏结的碳化硅陶瓷加热至1 700 ℃后加压成型,有机黏结剂被烧掉,碳化物颗粒间呈晶态黏结,从而形成高强度、高致密度、高耐磨性和高抗化学侵蚀的耐火材料。

由于碳化硅陶瓷高温强度高、抗蠕变、硬度高、耐磨、耐腐蚀、抗氧化、高热导、高电导和优异的热稳定性,使其成为1 400 ℃以上最有价值的高温结构陶瓷,具有十分广泛的应用领域。氧化物、氮化物结合碳化硅材料已经大规模地用于冶金、轻工、机械、建材、环保、能源等领域的炉膛结构材料、隔焰板、炉管、炉膛以及各种窑具制品中。此材料在加工过程中起到了节能、提高热效率的作用;碳化硅材料制备的发热元件正逐步成为1 600 ℃以下氧化气氛加热的主要元件;高性能碳化硅材料可以用于高温、耐磨、耐腐蚀机械部件,在耐酸、耐碱泵的密封环中已得到广泛的工业应用,其性能比碳化硅更好;碳化硅材料用于制造火箭尾气喷管、高效热交换器、各种液体与气体的过滤净化装置,并取得了良好的效果;此外,碳化硅是各种高温燃气轮机高温部件提高使用性能的重要候选材料。在碳化硅中加入 BeO 可以在晶界形成高电阻晶界层,可以满足超大规模集成电路衬底材料的要求。

9.3.2 碳化硼陶瓷

碳化硼具有低密度、高的中子吸收截面等独特性能,因此它是碳化物陶瓷中较重要的材料。

碳化硼的晶体结构以斜方六面体为主,如图 9.7 所示。每个晶胞中含有 15 个原子,在斜方六面体的角上分布着硼的正二十面体,在最长的对角线上有 3 个硼原子,碳原子很容易取代这 3 个硼原子的全部或部分,从而形成一系列不同化学计量比的化合物。当碳原子取代了 3 个硼原子时,形成严格化学计量比的碳化硼(B_4C),当碳原子取代 2 个

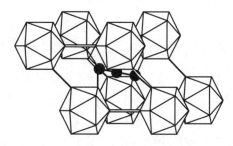

图 9.7　碳化硼的晶体结构

硼原子时,形成 $B_{12}C_2$ 等;因此,碳化硼(B_4C)是由相互间以共价键相联的 12 个原子($B_{11}C$)组成的 20 面体群以及 20 面体之间的 C—B—C 原子链构成,而 $B_{13}C_2$ 是由 $B_{11}C$ 组成的二十面体和 B—B—C 链构成。由于 B、C 原子在 20 面体及其之间的原子链内的相互取代,使得碳化硼中碳的质量分数可以在一个范围(8.82% ~ 20%)内变化。

碳化硼的显著特点是高熔点(约 2 450 ℃)、低密度(理论密度 2.52 g/cm^3),其密度仅是钢的 1/3;低热膨胀系数(($(2.6 \sim 5.8) \times 10^{-6} ℃^{-1}$));高导热性(100 ℃时的热导率为 0.29 $W/(℃ \cdot cm)$);高硬度和高耐磨性,其硬度仅低于金刚石和立方 BN,较高的强度和一定的断裂韧性,热压的抗弯强度为 400 ~ 600 MPa,断裂韧性为 6.0 $MPa \cdot m^{1/2}$;具有较大的热电动势(100 ηV/K),是高温 P 型半导体。随着 B_4C 中碳质量分数的减少,可从 P型半导体转变成 N 型半导体,具有高的中子吸收截面。

碳化硼陶瓷的硬度极高,抗磨粒磨损能力很强;熔点高达 2 450 ℃左右,但在高温下会快速氧化,并且与热或熔融黑色金属发生反应,因此其使用温度限定在 980 ℃以下。其主要用途是作磨料,有时用于超硬质工具材料。B_4C 所具有的优异性能,除了大量用作磨料之外,还可以制作各种耐磨零件(如喷沙嘴、拉丝模、切削刀具、高温耐蚀轴承等)、热电偶元件、高温半导体、宇宙飞船上的热电转化装置、防弹装甲、反应堆控制棒与屏蔽材料等。

9.3.3 碳化钛陶瓷

碳化物陶瓷属于面心立方晶型,熔点高、硬度大、化学稳定性好、强度较高、导热性较好、不水解、高温抗氧化性好,在常温下不与酸起反应,但在硝酸和氢氟酸的混合酸中能溶解,在 1 000 ℃的氮气气氛里能形成氮化物。

碳化物陶瓷硬度大,是生产硬质合金的重要原料;具有良好的力学性能,可用于制造耐磨材料、切削刀具材料、机械零件等;由于不与有些金属发生反应,还可制作熔炼锡、铅、镉、锌等金属的坩埚;透明碳化物陶瓷还是良好的光学材料。

9.3.4 其他碳化物陶瓷

碳化铈、碳化钼、碳化铌、碳化钨、碳化钽和碳化锆陶瓷的熔点和硬度都很高,普通在

2 000 ℃以上的中性或还原气氛作高温材料;碳化铌、碳化钛等甚至可用于 2 500 ℃以上的氮气气氛;在各类碳化物陶瓷中,碳化铪的熔点最高,达 2 900 ℃。此类碳化物陶瓷熔点高、硬度大,主要用作超硬工具材料、耐磨材料以及高温结构材料。利用导热性好、膨胀系数低的特点,可用作导热性材料、发热材料。

9.4　氮化物陶瓷

氮化物包括非金属和金属元素氮化物,它们都是高熔点物质,氮化物陶瓷种类很多,但都不是天然矿物,而是人工合成的。氮化硅(Si_3N_4)和氮化硼(BN)是最常见的氮化物陶瓷。氮化物容易蒸发,从而限制了其在真空条件的使用;氮化物抗氧化能力差,从而限制了其在空气中的使用;氮化物的导电性能变化很大,有的是导电体,有的是绝缘体。另外,Sialon(Si-Al-O-N)陶瓷因保持 Si_3N_4 的结构也属于此类。

9.4.1　氮化硅陶瓷

氮化硅有不稳定的低温型 α-Si_3N_4 和稳定的高温型 β-Si_3N_4 两种,如图 9.8、9.9 所示,均为六方晶系的晶体。在氮化硅中,Si 原子和周围的 4 个 N 原子形成共价键,形成 [Si-N₄] 四面体结构单元,所有四面体共享顶角构成三维空间网,形成氮化硅,如图 9.8 所示。α-Si_3N_4 的堆垛顺序为 ABCDABCD…,β-Si_3N_4 的堆垛顺序为 ABABAB…,故二者的晶胞参数在 C 轴上相差约一倍(α-Si_3N_4:c=0.299 1,β-Si_3N_4:c=0.561 8)。

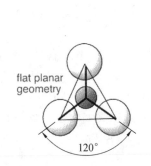

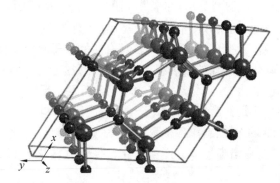

图 9.8　[Si-N₄]四面体结构　　　　　　　图 9.9　β-Si_3N_4 的结构

Si_3N_4 是键强很高的共价化合物,极其稳定,不易和其他物质反应,具有良好的化学稳定性。除了氢氟酸外,能耐各种无机酸(如盐酸、硝酸、硫酸、磷酸和王水)和碱溶液的腐蚀,也能抵抗熔融非铁金属(如铅、铝、锡、锌、镍、银、黄铜等)的侵蚀,是优良的耐腐蚀材料,也是制作测量铝液热电偶套管、非铁金属熔炼和铸造时的铸模、坩埚、马弗炉炉膛、燃烧嘴、金属热处理支撑架等的理想材料。氮化硅的硬度高,有良好的耐磨性,摩擦系数小,只有 0.1 ~ 1.2,同加油的金属表面差不多,而且本身具有润滑性,可以在没有润滑剂的条件下使用,所以是优良的耐磨减磨材料。氮化硅的热膨胀系数小,有比其他陶瓷优越的抗高温蠕变性能,具有良好的抗热震的能力,它的种种性能在陶瓷中名列前茅。在 1 200 ℃以下具有较高的机械性能和化学稳定性,所以可做优良的高温结构材料。氮化硅的密度只有合金钢的 1/3 左右,可以大大减轻发动机的自重,因此已经开始实验用氮化硅制作燃气轮机零件。另外,氮化硅还有优异的电绝缘性能。

需要特别指出的是:氮化硅的制造方法不同,得到陶瓷的晶格类型也不同,因而应用领域也各不一样。反应烧结的氮化硅是以 $\alpha-Si_3N_4$ 为主晶相,主要用于制造各种硼的耐蚀、耐磨密封环等零件;热压烧结的氮化硅以 $\beta-Si_3N_4$ 为主晶相,主要用于制造高温轴承、转子叶片、静叶片、加工难切削材料的刀具以及拉拔不锈钢管的浮动芯棒等。生产中,在 Si_3N_4 中加一定量 Al_2O_3 烧制成的陶瓷可制造柴油机的汽缸、活塞和燃气轮机的转动叶轮,性能表现出较好的效果。

氮化硅的强度随制造工艺不同而异。热压氮化硅由于组织致密、气孔率可接近为零,因而密度很高,一般室温抗弯强度为 800 ~ 1 000 MPa。加入某些添加剂后,抗弯强度可高达 1 500 MPa。反应烧结氮化硅中尚有 20% ~ 30% 的气孔,密度不及热压氮化硅,但和 95 瓷相近。反应烧结氮化硅的工艺性能好,可以获得尺寸精度高的产品。因为一般陶瓷在烧结时不可避免地要发生体积收缩,而反应烧结氮化硅在硅元素被氮化的时候,体积膨胀 23%,它刚好弥补了烧结过程中体积的收缩,因此瓷坯的几何尺寸变化极微小,一般在 1% ~ 3%。反应烧结氮化硅可以加工成精度高、形状复杂的零件,但由于受氮化深度的限制,它不能制成厚壁零件,一般厚度不超过 20 ~ 30 mm。在 Si_3N_4 的基体上添加一定数量的 Al_2O_3,构成 Si–Al–O–N 系统陶瓷,以组成这种陶瓷的 4 种元素的词头字母命名为赛伦(Sialon)。赛伦陶瓷的物理性能与 $\beta-Si_3N_4$ 相似,热膨胀系数小,化学性能与 Al_2O_3 相近,抗氧化性能高。这类材料可以用常压烧结的方法达到或接近热压氮化硅材料的性能,并有优越的化学稳定性、耐磨性以及良好的热稳定性,是一种正在发展中的陶瓷材料。

目前反应烧结和气压烧结的氮化硅材料已经批量生产,在刀具、发动机零部件、密封环等领域广泛应用;热压制成的氮化硅基陶瓷刀具在切削冷硬铸铁时切削寿命可以达到硬质合金 YG_8 的 30 倍。日本生产的汽车发动机陶瓷挺柱已经投入市场,日本还计划用 5 年时间研究采用新型陶瓷材料制造飞机发动机零部件(包括蜗轮叶片、燃烧器壁等各种零部件),预计这种飞机发动机的能源利用率将比普通飞机发动机高大约 30%。

9.4.2　氮化硼陶瓷

氮化硼的结构、性质与碳有许多相似之处,氮化硼材料存在六方结构和立方结构。

六方氮化硼具有类似石墨的晶体结构,因此也叫"白色石墨"。将层状六方结构的 C 原子换成交替排列的 N 原子和 B 原子,就成为 BN 结构,如图 9.10 所示,各层之间以较弱的分子键联结。

性能和用途:BN 密度小,是最轻的陶瓷材料,可用于飞机和宇宙飞行器的高温结构材料;硬度低,像石墨一样可进行各种切削加工;导热和抗热性能高,耐热性好,有自润滑性能,可用于机械密封、高温固体润滑剂,还可用作金属和陶瓷的填料制成轴承;高温下 BN 具有耐腐蚀性,对大多数熔融金属既不润湿也不发生反应,因此可以用作熔炼金属和硼、玻璃、磷化镓等材料的坩埚、器皿、模具等。BN 既是热的良导体,又是电的绝缘体,可用来作超高压电线的绝缘材料,高温耐磨材料和耐火润滑剂等;BN 具有较强的中子吸收能力,与塑料、石墨混合使用,可作为原子反应堆的屏蔽材料。

在高压和 1 360 ℃ 时,六方氮化硼会转化为立方 $\beta-BN$,具有闪锌矿结构,其密度为

$3.45×10^3$ kg/m³,硬度提高到接近金刚石的硬度,比金刚石耐高温、抗氧化,在1 925 ℃以下不会氧化,所以可用作金刚石的代用品,常用于耐磨切削刀具、高温模具和磨料等。

图9.10 六方BN晶体结构

9.4.3 氮化铝陶瓷

氮化铝属于二元共价化合物,具有以[AlN_4]为结构单元的六方纤锌矿晶体结构,铝原子与周围的氮原子形成畸变的[AlN_4]四面体。氮化铝的理论密度为3.26 g/cm³,纯净的AlN陶瓷无色透明,通常使用的AlN陶瓷材料由于混入杂质而呈现白色或灰白色。

氮化铝是强共价键化合物,烧结活性低,纯的AlN即使在高温下也没有液相生成,因而很难实现致密烧结,为了获得致密度高的烧结体,一般需要很高的烧结温度(大于1 800 ℃)和较长的烧结时间。

AlN陶瓷具有高热导率、低介电常数、与硅相匹配的热膨胀系数、高电阻、高硬度等优点,且不受熔融金属侵蚀、抗热冲击性好,AlN陶瓷在空气中1 000 ℃和真空中1 400 ℃仍能保持稳定。无论是作为功能材料还是结构材料,AlN都是很有前途的候选材料。氮化铝陶瓷是一种较为理想的电子封装材料,受到广泛的重视和研究。近10年来,在发达国家,AlN陶瓷基片被广泛应用于微电子、功率电力电子、微波器件、大规模集成电路和超大规模集成电路,以及高可靠先进的混合集成电路中,并且基本取代惯用的氧化铍(BeO)和部分取代氧化铝(Al_2O_3)基片产品。AlN的热导率是 Al_2O_3 的2~3倍,可用于熔融金属用坩埚、热电偶保护管、真空蒸渡用容器以及非氧化性电炉的炉衬材料。

除上述3种陶瓷外,硼化物陶瓷也经常使用。最常见的硼化物陶瓷包括硼化铬、硼化钼、硼化钛、硼化钨和硼化锆等。其特点是高硬度,同时具有较好的耐化学侵蚀能力。其熔点范围为1 800~2 500 ℃。比起碳化物陶瓷,硼化物陶瓷具有较高的抗高温氧化性能,使用温度达1 400 ℃。硼化物陶瓷主要用于高温轴承、内燃机喷嘴、各种高温器件、处理熔融非铁金属的器件等。此外,还用作点触电材料。

9.5 金属陶瓷

陶瓷材料具有许多优越的特性,如高温力学性能、抗化学腐蚀性能、电绝缘性、较高的硬度和耐磨性。但由于其结构决定了陶瓷材料缺乏像金属那样在受力状态下发生滑移引起塑性变形的能力,容易产生缺陷,存在裂纹,且易于导致高度的应力集中,因而决定了陶瓷材料脆性的本质,陶瓷不易加工,高温流动性差。而金属及合金具有良好的机械性能和韧性,但熔点一般不高,在高温时化学稳定性差,易于被氧化而导致强度大大降低。如果把金属和陶瓷掺合在一起,就可以得到既保持有陶瓷的高强度、高硬度、耐磨损、耐高温、抗氧化和化学稳定性等特性,又有较好的金属韧性和可塑性的金属陶瓷。金属陶瓷的英文单词Cermet就是由陶瓷(Ceramics)中的词头Cer与金属(Metal)中的词头Met结合起来而构成的。

金属陶瓷是用物理或化学方法将陶瓷相和黏结金属相相互合成为整体的非均质的复

合材料。两相之间彼此不发生反应或仅限于表面发生极轻微的化学反应和扩散渗透。金属相为过渡族金属或合金,常用的有铁、铬、钼、镍、铝、钴等,其作用相当于黏结剂或胶。陶瓷相有 Al_2O_3、Cr_2O_3、TiC、WC、TiN 等。

金属陶瓷采用粉末冶金方法和热压烧结法制备。除此之外,也可采用让金属溶体渗进多孔陶瓷中的浸渍方法,以及用火焰喷涂法来制造金属陶瓷表面涂层。金属陶瓷一般在高于金属熔点而低于陶瓷熔点的温度下烧结。为了使金属陶瓷同时具有金属和陶瓷的优良特性,首先必须有一个理想的组织结构,要达到理想的组织结构,就得注意以下几个主要原则:

(1)金属相对陶瓷相的润湿性要好,简单地说就是液体在固体表面要能充分地铺展开。金属与陶瓷颗粒间的润湿能力是衡量金属陶瓷组织结构与性能优劣的主要条件之一,润湿力越强,则金属形成连续相的可能性越大,金属陶瓷的性能越好。改善固液之间的润湿性能常常采用加入适当的添加剂以降低液相的表面张力的方法。

(2)金属相与陶瓷相应无剧烈的化学反应。金属相和陶瓷相之间一定的反应是允许的,有时还有利于两相之间的牢固黏结,但金属陶瓷制备时如果界面反应剧烈,金属相形成金属化合物相,就无法利用金属相来改善陶瓷抵抗机械冲击和热震动的性能。

(3)金属相与陶瓷相的膨胀系数相差不可过大。金属陶瓷中的金属相和陶瓷相的膨胀系数相差较大时,会造成较大的内应力,降低金属陶瓷的热稳定性,甚至使材料在急冷或急热的条件下产生裂纹或开裂。

(4)为了获得良好的显微结构,金属相和陶瓷相的量应有适当的比例。金属陶瓷的理想显微结构随用途的不同有很大的差异,但从力学性能出发,最理想的结构应该是:细颗粒的陶瓷相均匀分布于金属相中,金属相以连续的薄膜状态存在,将陶瓷颗粒包裹。按照这一要求,陶瓷相的量占 15% ~85%(体积分数)。

由于金属陶瓷具有金属和陶瓷两者的优点,因而是一类非常重要的工具材料和结构材料,应用范围极为广泛,几乎涉及国民经济的各个部门和现代技术的各个领域,金属陶瓷包括难熔化合物合金、硬质合金、弥散型核燃料元件和控制棒材料、金属黏结的金刚石工具材料等。金属陶瓷由于高的硬度和稳定的相组织以及优异的抗蠕变性能和抗磨损性能,非常适合制造刀具。金属陶瓷既有陶瓷材料特有的耐高温、耐腐蚀等特性,又具有金属所有的韧性、耐冲击性和易加工性能,所以广泛被用来制作工件的耐磨、耐蚀、耐高温表层,还可用作一些特殊用途。例如,制作高压钠灯和金属卤化物灯端头材料;烧结碳化硼可用作原子反应堆的控制棒;碳化钛金属陶瓷可用作切削工具、模具和化工零件等。金属陶瓷具有很高的机械强度和硬度,有良好的化学稳定性,又有好的导热性和导电性,而且密度小,很适合原子能工业和航空工业的需要。例如,要把原子反应堆的体积缩小,以便在舰船、潜水艇中使用,就得提高它的工作温度,用金属做成的核燃料元件,在 700 ℃就会破裂或变形,可是用金属陶瓷作元件,温度即使高达 1 000 ℃,反应堆还能照常工作。火箭技术更需要耐高温的材料,如洲际导弹、宇宙飞船等,当它们返回大陆时,由于速度很高,和大气剧烈地摩擦,会产生极高的温度,金属陶瓷可以"赴汤蹈火"地承担这项重任。再如一种叫"发汗材料"的金属陶瓷,当温度增加到一定高度时,发汗材料所含的金属就被蒸发了。好像人发汗一样,一出汗,就带走了大量的热量,使飞行器温度下降,不至于被高温烧毁。发汗材料虽然"出汗",可是其外部形状和大小却保持不变。这就可以保证飞行器正常运行,能准确地到达目的地。

随着科学技术的发展,金属陶瓷的用途越来越广泛。利用金属陶瓷的耐火性和高温强度,可以作燃气蜗轮、喷气发动机、原子能锅炉的零件及白炽灯丝等;利用它的硬度,可以作金属切削刀具和轴承材料;利用它的导电性能,可以作发热体和电刷;利用其磁性,又可以作变压器磁体等。相信金属陶瓷将在未来的技术领域中大显身手。

金属陶瓷中陶瓷相通常是由高熔点氧化物(如 Al_2O_3、ZrO_2、BeO、MgO 等)、碳化物(如 TiC、SiC、WC 等)、硼化物(如 TiB_2、ZrB_2、CrB_2 等)、氮化物(如 TiN、BN、Si_3N_4、TaN 等)。其中研究最早的是 $WC-Co$ 基金属陶瓷,但是由于 W 和 Co 资源的短缺,促使了无钨金属陶瓷的研制与开发,迄今已历经 3 代。第一代是第二次世界大战期间,德国以 Ni 黏结 TiC 生产金属陶瓷,它的性能介于陶瓷和硬质合金之间,在切削钢材时,表现出非常优异的耐磨性和抗磨损能力,但是由于它的韧性和抗塑性变性能力差,其适用范围受到了很大的局限,仅用作钢材的精加工。第二代是 20 世纪 60 年代美国福特汽车公司发明的,它添加 Mo 到 Ni 黏结相中改善 TiC 和其他碳化物的润湿性,从而提高材料的韧性;第三代金属陶瓷则将氮化物引入合金的硬质相,改单一相为复合相,又通过添加 Co 和其他元素改善了黏结相。这种材料有高硬度、耐磨性能强、抗弯强度高的特点,特别是抗韧性好,能抗氧化、抗黏刀性能强,其功能已覆盖了硬质合金 WC 基和 TiC 基的大部分使用范围。近20 年来,金属陶瓷研制的一个新方向是硼化物基金属陶瓷。作为金属黏结相的原料可由各种元素组成,如 Ti、Cr、Ni、Co、Fe、Mo、W 等,它们可以单独或组合起来使用,也可以是其他金属材料,如不锈钢、青铜或高温合金。

作为结构材料的金属陶瓷,成分以金属为主,可按照金属相来分类;作为工具使用的金属陶瓷,成分以陶瓷相为主,根据金属陶瓷中主要陶瓷相的种类,可分为 5 种类型:氧化物基、碳化物基、碳氮化物基、硼化物基和含有石墨或金刚石状碳的金属陶瓷。实际使用的多数是以陶瓷为主的金属陶瓷,所以下面按照上述 5 类来介绍。

9.5.1 氧化物基金属陶瓷

氧化物基金属陶瓷是由金属氧化物陶瓷相与黏结金属相结合而成的。氧化物与液体金属间的界面能较大,金属对氧化物的润湿性较差,其原因是氧化物的表面具有排斥金属电子的作用。因此,成功的氧化物金属陶瓷并不多。

1. Al_2O_3 基金属陶瓷

Al_2O_3 基金属陶瓷是一种热稳定性很高的材料,在高温、腐蚀和磨损工作环境中使用性能较好,也可用作切削工具,适于高速切削。其缺点是韧度和抗热震性低。用 Cr 作金属组分的 Al_2O_3 基金属陶瓷比 Al_2O_3 陶瓷机械强度高,并随着组成中 Cr 质量分数增加,抗折和抗张强度有所增加,如用作挤压铜材的模具,寿命比模具钢提高 10 倍以上。Cr 与 Al_2O_3 之间的润湿性并不好,但金属铬氧化后形成的 Cr_2O_3 可以改善其润湿性,使金属相和氧化物之间产生固溶体而紧密结合。在 Cr 中加入 Mo 元素,可以降低因 Cr 与 Al_2O_3 膨胀系数相差较大而引起的内应力。故采用 $Cr-Mo$ 合金效果更好,可在许多高温条件下应用。例如,作为喷气火焰控制器、导弹喷管的衬套、熔融金属流量控制针、"T"形浇口、炉管、火焰防护杆以及热电偶保护套管和机械密封环等。Al_2O_3-Fe 基金属陶瓷在高温铁氧化,与 Al_2O_3 反应生成新相($FeO \cdot Al_2O_3$)出现在两相的界面上起黏结作用。该种材料硬度高、耐磨、耐腐蚀、热稳定性高,广泛用作机械密封环以及农用潜水泵机械密封用,另外还可以在要求耐高温、导热、导电场合下作为高温部件用。该零件使用寿命长,而且不会因临时启动产生大量的热而破碎。Al_2O_3-Ti 基金属陶瓷随 Ti 质量分数的增加,材料的断裂韧性提高。

2. ZrO_2 基金属陶瓷

ZrO_2 基金属陶瓷是另一种能用金属黏结的陶瓷,可以制成有用的耐火材料。用 5% ~ 10% 原子数分数的 Ti 黏结的 ZrO_2 基金属陶瓷,可以制成适用于制造稀有和活性金属的坩埚材料。用粒度为 2 ~ 3 μm 的稳定化 ZrO_2 粉与小于 300 目的金属 W 粉混合,用任何合适的方法成型,在 1 000 ℃ 的真空中预烧,最后在氢气保护下 1 780 ℃ 烧成。这种材料耐磨、耐高温、耐冲刷性、抗氧化和耐冲击性能均良好,是一种很好的火箭喷嘴材料。Mo-ZrO_2 基金属陶瓷称为热陶瓷,其中 Mo 与 ZrO_2 彼此互不溶解,不生成第二相,这种材料主要用于测温套管和黄铜挤压模具。

3. 其他氧化物基金属陶瓷

BeO 基金属陶瓷用 W 作黏结金属,其热抗热震性较好,在较高温度下才软化,这种材料以用来制作坩埚。由 W 或 Mo 作黏结金属的 ThO_2 基金属陶瓷,可以制成许多用于电子工业的产品。由 Al、不锈钢或 W 黏结的可裂变的 UO_2 组成的金属陶瓷可用作为核反应堆堆芯的燃料元件。这种金属陶瓷可以较好地抑制裂变产物,导热性好,从而可防止在高温工作时熔化。

9.5.2　碳化物基金属陶瓷

根据对碳化物的润湿能力,可以把金属分为两类:一类为完全不润湿碳化物的金属,如 Zn、Sn、Bi、Cu、Pb、Al、Ag 等,这类金属不能与碳化物形成金属陶瓷,一般为非过渡族金属;另一类为能润湿碳化物并能与碳化物产生有限度作用的金属,一般为过渡族金属,其未填满的 d 层电子可与碳化物发生作用。碳化物的表面能越大,则被金属润湿的程度越大,由大到小的顺序依次为:WC、VC、TaC、TiC、UC、ZrC。为了改善金属对碳化物的润湿性能,常采用加入少量第二种金属的方法。此类金属陶瓷常用作工具材料和耐高温结构材料,主要应用方式是涂层。

1. WC 基金属陶瓷

WC 基金属陶瓷由于具有很高的硬度(80 ~ 92HRA),极高的抗压强度,是碳化物基金属陶瓷中研究最多、最早、应用最广的一类金属陶瓷。迄今,能保证材料高机械性能的最好的结构组合和原子间相互作用的古典示例,仍然是 WC-Co 基金属陶瓷。因为它们在 20 ℃ 时相组元的结构参数相接近,并且 Co 的高温变态是通过孪生法从面心立方晶格转变到六方晶格。这种转变是由 Co 排列缺陷的低能量引发的,在 Co 内产生强烈的位错分裂,从而保证高的屈服极限。在硬质合金的专著中,WC 基金属陶瓷讨论较多。

2. TiC 基金属陶瓷

以 TiC 为基的金属陶瓷也研究得相当成熟,其应用也很广。可以采用的金属或合金作金属相的有:Ni、Ni-Mo、Ni-Mo-Al、Ni-Cr、Ni-Co-Cr 等。TiC-Co、TiC-Ni、TiC-Cr 等金属陶瓷可做成高温轴承、切削刀具、量具、规块等。由于 TiC 陶瓷的熔点(3 250 ℃)高于 WC(2 630 ℃)、耐磨性好、密度只有 WC 的 1/3,抗氧化性远优于 WC,而且都能被 Co 润湿,可用来替代目前广泛使用在切削刀具工业中的 WC-Co 基金属陶瓷而大大降低成本,因而引起了人们的极大兴趣。TiC 基金属陶瓷作为新型刀具材料,其适用范围填补了 WC-Co 硬质合金与陶瓷刀具之间的空白,除了成功应用于刀具材料外,还可应用于拉丝模、各类发动机的高温部件及石化工业中各类密封件。TiC 基金属陶瓷材料具有优良的耐磨、耐氧化、耐腐蚀和力学性能,适用于制造切削工具、模具及其他耐磨件等,其应用范围日益扩大,是一种很有市场潜力的工程材料。

TiC 基金属陶瓷的研究取得了很大的成功,如奥地利 Metallwerk Plansee 公司生产的 WZ 系列,英国 Hard Metal Tools 公司生产的 HR 系列,美国 Kennametal 公司生产的 K 系列和美国 Firth Sterling 公司生产的 FS 系列都是成功的例子。

3. Cr_3C_2 基金属陶瓷

以 Cr_3C_2 为主要组分,用 Ni、Ni-Cr 或 Ni-W 作黏结金属的金属陶瓷具有密度低、耐磨、耐腐蚀性好、热膨胀系数低、高温抗氧化性好等一系列优良的性能,从而在工具方面和化学工业中得到了应用。可以用作盐水捕鱼竿导圈、抗热盐水腐蚀与磨损的轴承与密封材料、块规、千分尺接头和其他测量工具、黄铜挤压模具、高温轴承、制造油井阀门的阀球等。这种材料的 HRA 为 88.3,密度为 7.0 g/cm³,抗弯强度为 779 MPa,在 982 ℃ 热暴露 5 h 之后,表面仅稍微变暗。

4. 其他碳化物基金属陶瓷

其他碳化物,如 ZrC、HfC、TaC、NbC 等。都可以用延性金属作黏结剂而制成金属陶瓷,但由于这些碳化物的耐高温氧化性都不好,而且非常脆,所以未能得到真正的应用。

除了上面提到的碳化物外,目前发现还有 B_4C 和 SiC 等碳化物可用作碳化物基金属陶瓷中的硬质相。例如,C-不锈钢、B_4C-Al 金属陶瓷可做成原子反应堆控制棒;SiC-Si-UO_2 金属陶瓷可做成核燃料元件等。

9.5.3 碳氮化物基金属陶瓷

Ti(C,N)基金属陶瓷是在 TiC 基金属陶瓷基础上发展起来的一种具有高硬度、高强度、优良的高温和耐磨性能、良好的韧性以及密度小、热导率高的新型金属陶瓷。其主要成分是 TiC-TiN,以 Co-Ni 为黏结剂,以其他碳化物为添加剂,如 WC、MoC、(Ta、Nb)C、CrC、VC 等。Ti(C,N)基金属陶瓷的物理性能和机械性能可以在一定范围内调整。由于加入了各种碳化物添加剂,并以 Co-Ni 为黏结剂,从而大大改善了金属陶瓷的综合性能。加入一定量的高熔点的 TaC、NbC 可改善合金的抗塑性变形能力,VC 可提高合金的抗剪强度,改善合金的机械性能。MoC 可提高 Co-Ni 黏结剂的强度,并在碳化物、氮化物和黏结剂间起连接作用。在相同的切削条件下,Ti(C,N)基金属陶瓷刀具由于具有比 WC 基硬质合金刀具更好的红硬性,较低的腐蚀性、热导率和摩擦系数,较好的抗黏刀能力,在许多加工场合已成功取代 WC 硬质合金及涂层金属陶瓷刀具。在高速下,Ti(C,N)基金属陶瓷比 YT14、YT15 合金的耐磨性高 5~8 倍,比 YC10 合金高 0.3~1.3 倍,比涂层金属陶瓷高 0.5~3 倍。

目前,Ti(C,N)基金属陶瓷应用于加工领域已成现实。已经制成各种微型可转位刀片,用于精镗孔和精孔加工以及"以车代磨"等精加工领域,且由于 Ti(C,N)基金属陶瓷有低密度、低摩擦系数、高耐磨性、良好的耐酸碱腐蚀性能和稳定的高温性能,还可用于各类发动机的高温部件,如小轴瓦、叶轮根部法兰、阀门、阀座、推杆、摇臂、偏心轮轴、热喷嘴以及活塞环等,也可用于石化工业中各种密封环和阀门,还适合做各种量具,如滑规、塞规、环规。

9.5.4　硼化物基金属陶瓷

金属硼化物具有高的热导率和高温稳定性。硼化物基金属陶瓷用于需要非常耐热和耐蚀的条件下,如在与活性热气体和熔融金属接触的场合。可用来黏结硼化物的主要金属有 Fe、Ni、Co、Cr、Mo、B 或者它们的合金。

1. TiB_2 基金属陶瓷

由于 TiB_2 陶瓷具有某些独特的物理化学性能,如高温硬度极高、密度和电阻率低、弹性模量高、热传导性好、与金属的黏结性和摩擦系数低、抗氧化性高、化学稳定性好等。例如,TiB_2 在温度超过 1 100 ℃时其机械性能超过所有其他陶瓷材料(金刚石、立方氮化硼、碳化物、碳氮化物),因而被认为是制造新一代金属陶瓷的很有发展前途的硬质相。用于制取造活性金属的蒸发器皿、精炼铝用的电极和通常暴露于熔融锌和黄铜的零件。

二硼化钛是脆性材料,单一的二硼化钛韧性很低。并且由于二硼化钛具有强的共价键结构,使得致密化过程由于其很低的分散系数而受到限制,在烧结过程中表现出热膨胀的各向异性,因而制备完全密实的二硼化钛材料十分困难;另外,几乎所有的作为金属陶瓷黏结相的金属与 TiB_2 都发生强烈的化学反应而导致金属陶瓷变脆,因而 TiB_2 基金属陶瓷的研究进展缓慢。如 Ni 和 Fe 都具有适当的熔点和与 TiB 较好的润湿性,但是 Fe、Ni 等金属作为黏结剂所遇到的问题是,在烧结过程中 TiB_2 与原料中 O、N、C 等杂质发生反应,同时游离态的 B 很容易与作为黏结剂的液相 Fe、Ni 结合,生成更加脆硬其他硼化物(主要以 MB、MB 等形式存在,如 M、Fe、Ni、Ti 等),导致材料性能下降。研究表明,在加入 Ni 的同时加入一些其他金属,如 Mo、Cr、Fe 等,有利于提高材料致密化和性能。所以目前在 TiB_2 基金属陶瓷中,研究较多的是 TiB_2-Fe、TiB_2-FeMo、TiB_2-Fe-Cr-Ni 等金属陶瓷。TiB_2-FeMo 基金属陶瓷与其他金属陶瓷相比,具有良好的耐磨性,因此可用作切削工具、凿岩工具和耐磨零件。但由于这类材料强度较低、脆性较大,不适于在冲击载荷下使用。同时基于其他体系也有一定的研究,如 TiB_2-Al、TiB_2-Cu、TiB_2-Cr、TiB_2-W 等。

2. ZrB_2 基金属陶瓷

用质量分数 0.02% ~0.05% 的 B 黏结 ZrB_2 的 ZrB_2 基金属陶瓷可以在极高温度下使用,包括燃烧室、火箭发动机和喷气发动机的反应系统。用质量分数为 0.15% 的 SiC 和 ZrB_2 反应,这种固结的金属陶瓷可进一步增强 ZrB_2 的抗氧化性,能经受得住 1 900 ~ 2 500 ℃范围内的氧化环境。这种金属陶瓷可应用于处理熔融金属的系统,如在压铸机上压铸液态合金所用泵的叶轮和轴承;雾化金属粉末用的喷嘴以及与熔融活性金属或蒸气接触的炉子零部件。用 Nb 黏结的 ZrB_2 基金属陶瓷也已被研究,随着 Nb 质量分数的提高,ZrB_2 相的数量逐渐减少,因为形成复杂的二硼化物 $(Nb,Zr)B_2$ 新相组元。当 Nb 质量分数大于 20% 时,与 ZrB_2 同时出现硬度 2 890HV 的相 $(Nb,Zr)B$,它是 Zr 在 NbB 内的固溶体,此时的金属陶瓷将容易脆性破坏。

3. 多元硼化物基金属陶瓷

日本东洋 Kohon 公司的研究人员发现,FeB-Mo 基合金不仅可提高其耐磨性能和耐腐蚀性能,这种金属陶瓷使用一种称之为"硼化反应烧结法"的方法制取的。作为硬质相的三元硼化物是在烧结过程中形成的,这与普通的金属陶瓷生产工艺明显不同。

Mo_2FeB_2基金属陶瓷的断裂韧性高,热膨胀系数与钢相近,而普通的金属陶瓷热膨胀系数是钢的一半。Mo_2FeB_2基金属陶瓷的耐磨性相当于甚至优于粉末冶金高速钢及普通金属陶瓷,借助于 SEM 和 XRD 研究发现:Mo_2FeB_2基金属陶瓷高速摩擦时,在磨损面上形成了诸如 MoO_2、少量 B_2O_3 的低熔点氧化物,这些氧化物可起到防止黏着磨损的作用。而普通金属陶瓷则不会形成这些氧化物。此外,Mo_2FeB_2基金属陶瓷在各种介质中如有机酸、无机酸、碱溶液中有很好的耐腐蚀性;在熔融的树脂和像 Zn、Al 之类的熔融的有色合金中也显示出很好的耐腐蚀性。驹井正雄等人对 Mo_2FeB_2基金属陶瓷进行了详细的报道,发现其具有和 Mo_2FeB_2基金属陶瓷相近的性能。由于多元硼化物基金属陶瓷所具有的优异性能,目前,这种材料在日本已经用于制作冲压易拉罐的模具、铜的热挤压模、钢丝冷热拉模、锅炉热交换器的保护零件、汽车气门热锻模等。

4. 其他硼化物基金属陶瓷

CrB 基金属陶瓷具有异常好的塑性和高的高温持久强度。采用 CrB 晶体和用质量分数 0.10% 的 Cr-Mo 合金黏结的 CrB 基金属陶瓷,具有良好的断裂强度和足够高的抗机械震动性,因而可制造蒸汽和燃气蜗轮叶片、内燃机阀座和阀座圈以及喷气发动机的排气喷口和排气管。Ni 黏结的 MoB_2 金属陶瓷具有极好的耐蚀性,足可以抵抗稀硫酸的腐蚀,并适合钼和钨的高温铜焊。苏联科学家 I. P. Borovinskaya 和 V. I. Ratnikov 等人利用自蔓延燃烧合成(SHS)加压法成功制备了 TiB-Ti 基金属陶瓷。该金属陶瓷具有密度低、晶粒尺寸小以及耐热疲劳性、耐腐蚀性和工艺性能好等特点。

9.5.5 含石墨或金刚石状碳的金属陶瓷

制造电触头用的石墨-金属组合物材料可用于:电动机和发动机的金属电刷,其金属相为铜或青铜;较低摩擦速度和低接触压力下的滑动触头,金属相为银。此外,这类材料还广泛用来制造制动器衬面和离合器衬片。在金属基体内加入从粗的碎片到细的粉末状金刚石组成的金属陶瓷,可制造研磨、抛光、锯开、切割、修整和整形工具。

9.5.6 金属陶瓷的发展方向

21 世纪是高科技世纪,高科技的发展促进了金属陶瓷复合材料的发展。目前,金属陶瓷的发展主要集中以下几个方面:

(1)新材料的研究与开发。主要包括 3 个方面:硬质相正在向多样化方向发展,致力于开发新型硬质相和复合硬质相等;作为黏结相的金属或合金的种类不断增多,以资源丰富的金属代替资源短缺的金属(如用 Fe 和 Ni 代替 Co);相成分范围逐渐拓宽,硬质相和黏结相的质量分数不断地突破以前研究的范围。

(2)超细晶粒和纳米级金属陶瓷。研究发现,在金属陶瓷的成分中,当黏结相不变时,决定其力学性能的关键因素主要是材料中的硬质相的晶粒度,因此科学工作者正以极大的热情研制和开发超细晶粒和纳米级金属陶瓷。

(3)梯度金属陶瓷的应用开发。由于一些金属陶瓷制品在使用时,不同工作部位往往有着不同的性能要求,需要开发热应力缓释型金属陶瓷,即梯度金属陶瓷。

（4）金属陶瓷回收再利用问题。近年来，受环境保护和资源利用意识的影响，金属陶瓷回收再利用问题的研究在不断地扩大和深入，但也存在着一些问题，例如有些国家利用回收再生料制造的金属陶瓷产品质量低劣，所以采用现代化技术和大规模生产模式实现资源的充分利用和经济效益的统一已经成为金属陶瓷发展中不可忽略的问题。

（5）基础研究的发展。限制金属陶瓷更深发展的主要问题在于相关的基础研究相对滞后，许多涉及材料本质的问题没有解决。近年来有关的研究已得到重视，相关理论也有了长足的发展。主要的研究热点有：材料制备工艺过程机制；通过控制工艺获得具有特定结构的材料；材料结构形成机制；制备工艺与性能的相互关系；金属与陶瓷的润湿性问题；界面结构研究等一系列问题。

新型陶瓷的发展日新月异。由前面分析可知，从化学组成上，新型陶瓷由单一的氧化物陶瓷发展到了氮化物等多种陶瓷；就品种而言，新型陶瓷也由传统的烧结体发展到了单晶、薄膜、纤维等。陶瓷材料不仅可以做结构材料，而且可以做性能优异的功能材料。目前，功能陶瓷材料已渗透到各种领域，尤其在空间技术、海洋技术、电子、医疗卫生、无损检测、广播电视等领域出现了性能优良、制造方便的功能陶瓷。

纳米陶瓷是当今陶瓷发展的又一大趋势。英国著名科学家 Kahn 在《自然》杂志上撰文说："纳米陶瓷是解决陶瓷脆性的战略途径。"当陶瓷从晶粒到晶界，以及相互之间的结合都是处于纳米尺度时，称之为纳米陶瓷。由于纳米陶瓷在湿法成型、低温烧结等工艺上、陶瓷学理论的建立上以及性能的体现上，均与晶粒尺寸、晶界尺寸以及它们之间的结合有关。因此，纳米陶瓷的提出，不仅在陶瓷工艺上需要调整或建立新的途径；在陶瓷学的理论上也需要加以修正或建立新的理论体系，以适应纳米尺度的引入而引起的变化；在陶瓷的性能上会因为纳米尺度的影响而造成某种突变，在表征技术和手段上也有调整和新的需要。从目前的研究结果分析，纳米陶瓷所显示出来的潜在优异性能是其他陶瓷所无法比拟的，尤其是室温超塑性和高韧性，这将大大拓宽陶瓷材料的应用范围。

总之，高新技术的发展，促进了陶瓷材料的迅速发展，陶瓷材料品种不断增多，应用更加广泛。现在对陶瓷材料的应用主要在 3 个方面：利用它的耐热和耐蚀性，作为高温抗蚀结构材料；利用它的特殊光、电、磁、热等物理性能作为功能材料；作为复合材料的增强剂等。陶瓷材料的进展除表现在许多先进陶瓷的不断涌现外，在陶瓷材料学的理论和工程上也有许多新发展，如陶瓷的相变、晶界和晶面的理论、显微组织、强化与增韧、陶瓷性能及陶瓷粉体工程与成型新工艺均有许多新发展。

第10章 高分子材料

10.1 概　　述

高分子材料,也称高分子聚合物,是由脂肪族和芳香族的 C—C 共价键为基本结构的有机分子构成的大分子量物质。

10.1.1 高分子材料的性能

与金属材料相比,高分子材料有以下性能特点:

(1)强度较低,但比强度较高。高分子材料的抗拉强度一般为 100 MPa,比金属材料低得多。但是高分子材料的密度小,只有钢的 1/4 ~ 1/6,因此其比强度较高。

(2)高弹性和低弹性模量。高分子材料的分子链段的运动能产生高弹性,其弹性变形率可达 100% ~ 1 000%,但弹性模量仅有 2 ~ 20 MPa,比金属材料低得多。

(3)黏弹性。高聚物材料的形变与时间有关,但不呈线形关系,介于理想弹性体和理学黏性体之间,是黏弹性材料。表现为蠕变、应力松弛和内耗 3 种现象。蠕变是在恒定载荷下,应变随时间而增加的现象,它反映材料在一定外力作用下的形状稳定性;应力松弛是在应变恒定的条件下,应力随时间延长而逐渐衰减的现象;内耗是在交变应力作用下,处于高弹态的高分子,当其形变速度跟不上应力变化速度时,就会出应变滞后应力的现象。

(4)高的减磨、耐磨和自润滑性能。许多高分子材料的摩擦系数小,可在液体介质或少油、无油干摩擦条件下运行,其性能甚至优于金属。

(5)优良的耐蚀性能。高分子材料对酸、碱或某些化学药品一般都具有良好的耐蚀性能。在一些特殊介质中,如含氯离子的酸性介质,其耐蚀能力胜过金属,甚至胜过一般的不锈钢。

(6)优良的电(绝缘)性能。高分子材料的电性能主要由化学结构所决定。聚合物可以作为绝缘材料、介电材料使用。

(7)导热性差。高分子材料靠分子间作用力结合,所以导热性一般较差。长期使用温度大多在 200 ℃ 以下。

(8)易老化。高分子材料在长期储存和使用过程中,由于受氧、光、热、机械力、水蒸气及微生物等外因的作用,高分子发生降解过程,使其理化性能、力学性能逐渐降低,完全消失以至失去使用价值。

10.1.2 高分子材料的分类

高分子材料可以根据来源、性能、结构、用途等不同角度进行分类,表 10.1 给出了常用的高分子材料的分类方法。

表 10.1 高分子材料的分类

分类方法	类别	特点	举例	备注
按性能及用途	塑料	室温下呈玻璃态,有一定形状,强度较高,受力后能产生一定形变的聚合物	聚酰胺、聚甲醛、聚砜、有机玻璃、ABS、聚四氟乙烯、聚碳酸酯、环氧塑料、酚醛塑料	其中塑料、橡胶、纤维称为三大合成材料
	橡胶	室温下呈高弹态,受到很小力时就会产生很大形变,外力去除后又恢复原状的聚合物	通用合成橡胶(丁苯、顺丁、氯丁乙丙橡胶)特种橡胶(丁腈、硅、氯橡胶)	
	纤维	由聚合物抽丝而成,轴向强度高、受力变形小,在一定温度范围内力学性能变化不大的聚合物	涤纶(的确良)、棉纶(尼龙)、腈纶(奥纶)、纤纶、丙纶、氯纶(增强纤维有芳纶、聚烯烃)	
	胶黏剂	由一种或几种聚合物作基料加入各种添加剂构成的,能够产生黏合力的物质	环氧、改性酚醛、聚氨酯 α-氰基丙烯酸酯、厌氧胶黏剂	
	涂料	是一种涂在物体表面上能干结成膜的有机高分子胶体,有保护、装饰作用(或特殊作用:绝缘、耐热)	酚醛、氨基、醇酸、环氧、聚氨酯树脂及有机硅涂料	
按聚合物反应类型	加聚物	经加聚反应后生成的聚合物,链节的化学式与单体的分子式相同	聚乙烯、聚氯乙烯等	80%聚合物可经积聚反应生成
	缩聚物	经缩聚反应后生成的聚合物,链节的化学式与单体的化学结构不完全相同,反应后有小分子物析出	酚醛树脂(由苯酚和甲醛缩合、缩水去水分子后形成的)等	
按聚合物的热行为	热塑性塑料	加热软化或熔融,而冷却固化的过程可反复进行的高聚物,它们是线型高聚物	聚氯乙烯等烯类聚合物	
	热固性塑料	加热成型后不再熔融或改变形状的高聚物,它们是网状(体型)高聚物	酚醛树脂、环氧树脂	

续表 10.1

分类方法	类别	特点	举例	备注
按主链上的化学组成	碳链聚合物	主链由碳原子一种元素组成的聚合物	—C—C—C—C—	
	杂链聚合物	主链除碳外,还有其他元素原子的聚合物	—C—C—O—C— —C—C—N— —C—C—S—	
	元素有机聚合物	主链由氧、硅、硫和其他元素原子组成的聚合物	—O—Si—O—Si—O—	

10.1.3 高分子材料的命名方法

高分子材料的命名方法主要有 3 种。

(1)常用高分子材料大多采用习惯命名法,即在单体前面加"聚"字,如聚氯乙烯等。

(2)有一些在原料名称后加"树脂"二字,如酚醛树脂等。

(3)有很多高分子材料采用商品名称,它没有统一的命名原则,商品名称多用于纤维和橡胶,如尼龙 6、棉纶、卡普隆、丁苯橡胶等。

10.1.4 线型非晶态高分子化合物的力学状态

此类聚合物在恒定应力下的变形–温度曲线如图 10.1 所示。图中,T_b 为脆化温度,T_g 为玻璃化温度,T_f 为黏流温度,T_d 为化学分解温度。

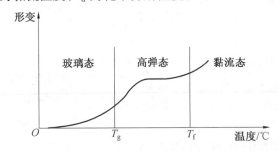

图 10.1 线型非晶态高分子恒定应力下变形–温度曲线

(1)玻璃态。$T_b < T < T_g$ 时,由于温度低,分子热运动能力很弱,高聚物中的整个分子链和键段都不能运动,只有键长和键角可做微小变化,此时分子链的状态称为玻璃态。在这种状态下使用的材料是塑料和纤维。

(2)高弹态。$T_g < T < T_f$ 时,由于温度较高,分子活动能力较大,因此高聚物可以通过单键的内旋转而使键段不断运动,但尚不能使整个分子链运动,此时分子链呈卷曲状态称高弹态。在这种状态下使用的高聚物是橡胶。

(3)黏流态。当 $T_f < T < T_d$ 时,由于温度较高,分子活动能力较大,不但链段可以不断运动,而且在外力的作用下大分子链间也可产生相对滑动,从而使高聚物成为流动的黏

液,这种状态称为黏流态。黏流态是高聚物成型加工的状态。

10.1.5 其他类型高聚物的力学状态

(1)线型晶态高聚物的力学状态

①对于一般相对分子质量的完全晶态线型高聚物来说,因有固定的熔点 T_m,而没有高弹态。

②对于部分晶态线型高聚物,在 $T_g \sim T_m$ 之间出现一种既韧又硬的皮革态。

(2)体型非晶态高聚物的力学状态

若交联点密度小,则硬度高,脆性大。

10.2 工程塑料

以合成或天然的高聚物为基本成分,并配以一定的助剂,经加工可塑成型的,具有优良的机械性能,可用作工程结构材料的材料称为工程塑料。其基体是多分子主链,除含碳原子外,还含氧、氯、硫原子的杂链线形结构的合成树脂。

10.2.1 塑料的组成

根据组分数目可分为单组分塑料和多组分塑料。单组分塑料基本上是由高聚物组成,例如聚四氟乙烯,不加任何添加剂。而大多数塑料为多组分体系,除了高聚物基本成分外,还有填充剂、增塑剂、稳定剂、润滑剂、固化剂、发泡剂、着色剂、阻燃剂、防老化剂等,而这些助剂能够改善材料的加工性能、使用性能并能够降低成本。

(1)树脂。在塑料中起胶黏各组分的作用,占塑料体积的 40% ~ 100%。如聚乙烯、尼龙、聚氯乙烯、聚酰胺、酚醛树脂等。大多数塑料以所用树脂命名。

(2)填充剂。主要是指填料和增强剂。增强剂用来提高塑料制品的强度和刚性,最常用的是以玻璃纤维、石棉纤维为主的纤维材料。新型增强材料有碳纤维、石墨纤维和硼纤维。填料的主要功能是降低成本和制品的收缩率,并能够在一定程度上改善塑料的模量、硬度等性能,常用填充剂有云母粉、石墨粉、炭粉、氧化铝粉、木屑等。在使用填充剂时,常用偶联剂对填料表面进行处理,以增加其与高聚物之间的结合强度。

(3)增塑剂。用来增加树脂的塑性和柔韧性,改善加工性能。通常是沸点高、挥发性很小的液体或低熔点固体,能够较长时间地贮留于树脂内以保持制品的柔韧性。增塑剂的作用机理是削弱高聚物分子间的作用力。常用增塑剂有甲酸酯类、磷酸酯类、氯化石蜡等。

(4)稳定剂。稳定剂是针对塑料老化的各种内因和外因而加入的延缓塑料的老化速度的助剂,包括热稳定剂和光稳定剂、抗氧剂、防霉剂等。常用的热稳定剂有硬脂酸盐、环氧化合物和铅的化合物等。光稳定剂有炭黑、氧化锌等遮光剂以及水杨酸类、二苯甲酮类等紫外线吸收剂。抗氧剂能够消除老化反应中生成的过氧化自由基、还原烷氧基或羟基自由基等,使氧化连锁反应终止。主要包括取代酚类、芳胺类、亚磷酸酯类、含硫酯类等。防霉剂是预防生物因素引起老化而加入的助剂,主要有苯酚、氯代苯酚及其衍生物。

(5)润滑剂。润滑剂是指在塑料的成型、加工以及贮存工程中为防止粘连,降低摩擦而加入的脱模剂、防黏剂、爽滑剂等。最常用的外润滑剂是硬酯酸及其金属盐类,内润滑剂主要是低相对分子质量的聚乙烯等。

（6）偶联剂。能将高分子化合物由线型结构转变为体型交联结构或者是将无机填料以及增强材料与树脂基体材料结合起来的助剂称为偶联剂。如六次甲基四胺、过氧化二苯甲酰以及工业上常用的硅烷类等。

（7）发泡剂。发泡剂是受热时会分解放出气体的有机化合物,用于制备泡沫塑料等。按照产生气体的方式可分为物理发泡剂和化学发泡剂。前者是指依靠本身物理状态的变化而发泡,最常用的是沸点较低的挥发性液体如戊烷、己烷、二氯甲烷等脂肪烃和卤代烃以及醇、醚、酮、芳烃等。化学发泡剂指加热分解后放出气体使高分子发泡的物质,有碳酸铵、氢氧化钠、亚硝酸铵等无机物,也包括偶氮类化合物、亚硝基化合物等。

（8）抗静电剂。抗静电剂可以降低塑料的表面电阻和体积电阻,增加材料的导电性,从而防止静电在塑料表面积聚的物质。一般为高级醇的硫酸脂及其盐、磺酸脂及其盐以及季铵盐、酰胺等表面活性剂。

（9）色料。色料是加入到树脂中使其具有各种颜色的物质。色料包括染料和颜料两种。染料为有机化合物,能溶于有机溶剂中。颜料包括有机和无机两类,呈粉末状态,不溶于溶剂。

10.2.2　塑料的分类

按塑料受热时的性质分为热塑性和热固性。

（1）热塑性塑料。受热时软化或熔融,冷却后硬化,这种软化和硬化可以反复多次进行。热塑性塑料占整个塑料产量的60%左右,热塑性对于塑料制品的再生有较大意义。它包括聚乙烯、聚氯乙烯、聚苯乙烯、聚丙烯、聚酰胺、聚甲醛、聚碳酸酯、聚苯醚、聚砜、聚四氟乙烯等。如图10.2中的矿泉水瓶。

图10.2　常见的热塑性塑料和热固性塑料

（2）热固性塑料。热固性塑料是由单体直接形成网状聚合物或通过交联线型预聚体形成交联的聚合物,在加热、加压并经过一定时间后即固化为不溶或不熔的坚硬制品。形成交联聚合物后,受热不能再恢复到可塑状态,因此不可再生。常用热固性塑料有酚醛树脂、环氧树脂、氨基树脂、呋喃树脂、有机硅树脂等。如图10.2中的把手帽。

按塑料的功能和用途分为如下3种。

（1）通用塑料。产量大、用途广、价格低的塑料。主要包括聚乙烯、聚氯乙烯、聚苯乙烯、聚丙烯、酚醛塑料、氨基塑料等,产量占塑料总产量的75%以上。

（2）工程塑料。具有较高性能,能替代金属制造机械零件和工程构件的塑料。聚酰胺、ABS、聚甲醛、聚碳酸酯、聚砜、聚四氟乙烯、聚甲基丙烯酸甲酯、环氧树脂等。

（3）特种塑料。导电塑料、导磁塑料、感光塑料等。

10.2.3　常用的工程塑料简介

常用的塑料的名称、代号、密度、力学性能及使用温度见表10.2，常用塑料的耐腐蚀性见表10.3。

1. 聚乙烯（Polyethylene，简称 PE）

强度较低，耐热性不高，易燃烧，抗老化性能较差。具有良好的耐化学腐蚀性，优良的电绝缘性能，吸水率很小。根据密度可分为低密度聚乙烯（LDPE）、中密度聚乙烯（MDPE）和高密度聚乙烯（HDPE）。

①LDPE。它是由乙烯单体用微量氧作引发剂，在（1 200～2 000）×10^5 Pa、温度为100～300 ℃条件下，用氧、有机过氧化物或偶氮化合物为引发剂进行聚合而成。用作日用制品、薄膜、软质包装材料、层压纸、层压板、电线电缆包覆等。

②MDPE。在（30～70）×10^5 Pa、温度为100～250 ℃条件下，用氧化铬或氧化钼作催化剂合成中密度聚乙烯。主要用于制作各种瓶类制品、高速自动包装用薄膜。

③HDPE。它是在常压10×10^5 Pa 和60～80 ℃条件下，用烷基铝和四氯化钛为主的催化剂聚合而成的。主要用于硬质包装材料、化工管道、储槽、阀门、高频电缆绝缘层、型材、衬套、小负荷齿轮等。

表 10.2　常用塑料的性能

类别	名称	代号	性能		
			密度 /(g·cm^{-3})	抗拉强度 /MPa	使用温度 /℃
热塑性	聚乙烯	PE	0.91～0.965	3.9～38	~70～100
	聚氯乙烯	PVC	1.16～1.58	10～50	−15～55
	聚苯乙烯	PS	1.04～1.10	50～80	−30～75
	聚丙烯	PP	0.90～0.915	40～49	−35～120
	聚酰胺	PA	1.05～1.26	47～120	<100
	聚甲醛	POM	1.41～1.43	58～75	−40～100
	聚碳酸酯	PC	1.18～1.2	65～70	−100～130
	聚砜	PSE	1.24～1.6	70～84	−100～160
	共聚丙烯腈—丁二烯—苯乙烯	ABS	1.05～1.08	21～63	−40～90
	聚四氟乙烯	PTFE	2.1～2.2	15～28	−180～260
	聚甲基丙烯酸甲酯	PMMA	1.17～1.2	50～77	−60～80
热固性	酚醛树脂	PF	1.37～1.46	35～62	<140
	环氧树脂	EP	1.11～2.1	28～137	−89～155

表 10.3　常用塑料的耐腐蚀性能相对指数

类别	名称	代号	相对耐腐蚀性				
			有机溶剂	盐类	碱类	酸类	氧化
热塑性塑料	聚乙烯	PE	5	10	10	10	8
	聚丙烯	PP	5	10	10	10	8
	聚氯乙烯,硬质	PVC	6	10	10	10	6
	聚氯乙烯,软质	PVC	4	10	9	10	6
	聚苯乙烯	PS	2	10	10	10	4
	共聚丙烯腈-丁二烯-苯乙烯	ABS	4	10	8	9	4
	聚甲基丙烯酸甲酯(有机玻璃)	PMMA	4	10	7	9	4
	聚酰胺(尼龙—66)	PA—66	7	10	7	3	2
	聚甲醛	POM	9	10	3	3	3
	聚碳酸酯	PC	6	10	1	7	6
	聚四氟乙烯	PTFE	10	10	10	10	10
	聚三氟氯乙烯	PCTFE	10	10	10	10	10
热固性塑料	酚醛树脂	PF	9	10	3	10	3
	环氧树脂	EP	6	10	7	9	2
	聚酯树脂	UP	6	10	4	7	6
	硅树脂	Si	3	5	4	3	1
	聚氨酯	PUR	8	10	6	6	4
	呋喃树脂		10	10	10	10	2

注:1—耐蚀性最弱;2～9—依次由弱到强;10—耐蚀性最强。

2.聚氯乙烯(Polyvinyl Chloride,**简称** PVC)

聚氯乙烯具有较高的强度、刚性,良好的电绝缘性、耐化学腐蚀性,能溶于四氢呋喃和环己酮等有机溶剂,具有阻燃性,但热稳定性较差,使用温度较低,介电常数、介电损耗较高。根据增塑剂用量的不同可分为硬质和软质,图 10.3 为常见的 PVC 制品。

图 10.3　常见的 PVC 制品

①硬质。工业管道、给排水系统、板件、管件、建筑及家用防火材料,化工防腐设备及

各种机械零件。

②软质。用于薄膜、人造革、墙纸、电线电缆包覆及软管等。

3. 聚苯乙烯(Polystyrene,简称 PS)

聚苯乙烯是无毒、无味、无色透明状固体。吸水性低,电绝缘性优良,介电损耗极小。耐化学腐蚀性优良,但不耐苯、汽油等有机溶剂。强度较低,硬度高,脆性大,不耐冲击,耐热性差,易燃。

用途:日用、装潢、包装及工业制品。仪器仪表外壳、灯罩、光学零件、装饰件、透明模型、玩具、化工储酸槽、包装及管道的保温层、冷冻绝缘层等。

4. 聚丙烯(Polypropylene,简称 PP)

无毒、无味、无臭、半透明蜡状固体。密度小,力学性能高于聚乙烯,耐热性良好,化学稳定性好,但不耐芳香族和氯化烃溶剂,耐寒性差,易老化,如图 10.4 所示。

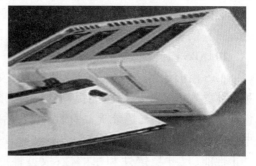

图 10.4 聚丙烯塑料制图

聚丙烯塑料的主要用途包括:用于化工管道、容器、医疗器械、家用电器部件、家具、薄膜、绳缆、丝织网、电线电缆包覆等,以及汽车及机械零部件,如车门、方向盘、齿轮、接头等。

5. 氟塑料

氟塑料是含氟塑料的总称,最常用的有聚四氟乙烯和聚三氟氯乙烯。其特性是:耐高、低温,耐腐蚀,耐老化,电绝缘性好,吸水率低,摩擦系数低。

聚四氟乙烯俗称"塑料王",几乎能耐所有的化学药品,在王水中煮沸也不起变化。摩擦系数仅为 0.04,不吸水。缺点是强度、硬度低,冷流性强,加工困难。

氟塑料主要用作减磨密封零件、化工耐蚀零件、高温及潮湿条件下的绝缘件、各种无油自润滑件等。

6. 聚酰胺(Polyamides,简称 PA)尼龙或锦纶

具有较高的强度和韧性,耐磨性和自润滑性好,摩擦系数低。具有较好的电绝缘性,良好的耐油、耐溶剂性、阻燃性。缺点是吸水性大,热膨胀系数大,耐热性不高。

聚酰胺尼龙主要用于制造机械、化工、电气零部件,如轴承、齿轮、凸轮、泵叶轮、高压密封圈、阀门零件、包装材料、输油管、储油容器、丝织品及汽车保险杠、门窗手柄等。

7. 聚甲醛(Polyformaldehyde,简称 POM)

聚甲醛具有较高的强度、硬度、刚性、韧性、耐磨性和自润滑性,耐疲劳性能高,吸水性小,摩擦系数小,耐化学品腐蚀性好,电绝缘性能良好,具有较高的综合性能,可以替代一些金属和尼龙。缺点是热稳定性差,易燃。

聚甲醛的主要用途包括制造轴承、齿轮、凸轮、叶轮、法兰、活塞环、导轨、阀门零件、仪表外壳、化工容器、汽车部件等,特别适用于无润滑的轴承、齿轮等。

8. 聚碳酸酯(Polycarbonate,简称 PC)

聚碳酸酯具有无毒、无味、无臭的特点,呈微黄的透明状。它具有优良的耐热性和冲击韧度,耐低温性好,尺寸稳定性高,良好的绝缘能,吸水性小,透光率高,阻燃性好,但化学稳定性差,耐磨性和抗疲劳性较差,容易产生应力腐蚀开裂。

用途:广泛用于制造轴承、齿轮、蜗轮、蜗杆、凸轮、透镜、挡风玻璃、防弹玻璃、防护罩、仪表零件、设备外壳、绝缘零件、医疗器械等。

9. 聚砜 (Polysulfone,简称 PSF)

聚砜具有优良的耐热性,蠕变抗力高,尺寸稳定性好,电绝缘性能优良,耐热老化性能和耐低温性能也很好。聚砜耐化学腐蚀性能较好,但不耐某些有机极性溶剂。

聚砜主要用于制造高强度、耐热、抗蠕变的结构零件,耐腐蚀零件及电气绝缘件,如齿轮、凸轮、仪表壳罩、电路板、家用电器部件、医疗器具等。

10. ABS 塑料

ABS 由丙烯腈(A)、丁二烯(B)、苯乙烯(S)3种单体共聚而成。丙烯腈能提高强度、硬度、耐热性和耐腐蚀性,丁二烯能提高韧性,苯乙烯能提高电性能和成型加工性能。ABS 塑料具有较好的抗冲击性能、尺寸稳定性和耐磨性,成型性好,不易燃,耐腐蚀性好,但不耐酮、醛、酯、氯代烃类溶剂。

图 10.5 所示,ABS 塑料的主要用途包括:制作电器外壳,汽车部件,轻载齿轮、轴承,各类容器、管道等。

图 10.5 ABS 制品

11. 聚甲基丙烯酸甲酯(Polymethyl Methacrylate,简称 PMMA)

PMMA 又称有机玻璃。较高的强度和韧性、优良的光学性能,透光率比普通硅玻璃好。PMMA 具有优良的电绝缘性,耐化学腐蚀性好,耐候性好,热导率低,但硬度低,表面易擦伤,耐磨性差,耐热性不高。

用途:飞机、汽车的窗玻璃和罩盖,光学镜片,仪表外壳,装饰品,广告牌,灯罩,光学纤维,透明模型(图 10.6),标本,医疗器械等。

图 10.6 有机玻璃和酚醛塑料制

12. 酚醛塑料(Bakelite, 简称 PF)

酚醛塑料有一定的强度和硬度、良好的耐热性、耐磨性、耐腐蚀性及电绝缘性,热导率低。以木粉为原料的酚醛塑料粉又称胶木粉或电木粉,它价格低廉,但性脆、耐光性差,用于制造手柄、瓶盖、电话及收音机外壳、灯头、开关、插座等。以云母粉、石英粉、玻璃纤维为填料的塑料粉可用来制造电闸刀、电子管插座、汽车点火器等。以石棉为填料的塑料粉可用于制造电炉、电熨斗等设备上的耐热绝缘部件。以玻璃布、石棉布等为填料的层状塑料的可用于制造轴承、齿轮、带轮、各种壳体(图 10.6)等。

13. 环氧塑料(Epoxy Plastics, 简称 EP)

环氧塑料以环氧树脂为基,加入填料及其他添加剂而制成。环氧树脂的强度较高,成型性好,具有良好的耐热性、耐腐蚀性、尺寸稳定性,优良的电绝缘性能。

环氧塑料主要用于仪表构件、塑料模具、精密量具、电子元件的密封和固定、黏合剂、复合材料等。

综上可知,塑料的品种很多,性能各异,在实际使用时应根据材料的性能、价格、加工性能等进行选择。

10.2.4　塑料的成型加工

塑料制品通常由聚合物以及其他材料组成的混合物,加热后在一定条件下可形成一定形状,再经过冷却、定型、修整而成。塑料的成型方法有数十种,主要包括挤出、注射、压延、吹塑、模压和铸塑。前四种是热塑性塑料的主要成型方法,后两种是热固性塑料的成型方法。

注射成型是根据金属压铸原理发展起来的,它是将塑料母粒加热熔化,然后注射到模具内,经过冷却后定型,开启模具即可得到塑料制品。该方法可以制备形状复杂的塑料制品。

压延成型与家庭制作面片相似,主要用于制作塑料薄膜材料。吹塑成型则与制作玻璃瓶的工艺相近,用于制作中空的塑料产品。

10.3　合成纤维

纤维是指长径比较大(纺织用的长径比在 1 000:1 以上),并且具有一定柔韧性的纤细物质。一般的分类方式见表 10.4。

表 10.4　合成纤维分类方式

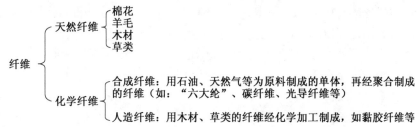

合成纤维品种很多,已经投入生产的约为 40 种。其中聚酯纤维(涤纶)、聚酰胺纤维(锦纶)和聚丙烯腈纤维(腈纶)3 大类纤维的产量占合成纤维总产量的 90% 以上。

10.3.1 成纤高聚物的特征

高聚物的品种很多,但并不是所有高聚物都能用于纺丝,能进行纺丝的高聚物的基本特征有以下几种。

成纤高聚物均为线型高分子。用这类高分子纺制的纤维能沿纤维纵轴方向拉伸而有序排列。当纤维受到拉力时,大分子能同时承受作用力,使纤维具有较高的拉伸强度和适宜的延伸度及其他物理-力学性能。

成纤维高聚物具有适宜的相对分子质量。线型高聚物分子链的长度对纤维的物理-力学性能影响很大,尤其是对纤维的机械强度、耐热性和溶解性的影响更大。相对分子质量的高或低都不好,高者不易加工,低者性能不好。常见的主要成纤高聚物的相对分子质量见表 10.5。

表 10.5 主要成纤高聚物的相对分子质量

高聚物	相对分子质量	高聚物	相对分子质量
聚酰胺-6 或 -66	16 000 ~ 22 000	聚乙烯醇	60 000 ~ 80 000
聚酯	16 000 ~ 20 000	全同聚丙烯	180 000 ~ 300 000
聚丙烯腈	50 000 ~ 80 000		

10.3.2 常用合成纤维

1. 聚酯纤维(涤纶)

聚酯是制造聚酯纤维、涂料、薄膜及工程塑料的原料,是由饱和的二元酸与二元醇通过缩聚反应制得的一类线性高分子缩聚物。所有聚酯的共同特点是大分子的各个链节间都是以酯基"—COO—"相连。以聚酯为基础制得的纤维称为涤纶,是三大合成纤维(涤纶、锦纶、腈纶)之一,是最主要的合成纤维。

聚酯纤维一般为乳白色,相对密度为 1.38 ~ 1.4,回潮率很低,具有易洗快干的特性。在纺织时,容易产生静电,其纺织品在使用过程中易积累静电荷而吸灰尘。聚酯纤维的熔点为 255 ~ 265 ℃,软化温度为 230 ~ 240 ℃。遇明火能燃烧,有黑烟并有芳香气味,离火后自熄。聚酯纤维在承受外力时不易发生变形,纺织品尺寸稳定性好,使用过程中褶裥持久。耐磨性仅次于聚酰胺纤维。在室温下,聚酯纤维能耐弱酸、弱碱和强酸,但不耐强碱;对丙酮、苯、卤代烃等有机溶剂较稳定,但在酚类及酚类与卤代烃的混合溶剂中能溶胀。

聚酯纤维的用途:既可以纯纺也可以与其他纤维混纺制成各种机织物和针织物。聚酯长丝可用于织造薄纱女衫、帷幕窗帘等,与其他纤维混纺可制成各种棉型、毛型及中长纤维纺织品。聚酯纤维在工业上可作为轮胎帘子线、制作运输带、篷帆、绳索等。

2. 聚酰胺纤维(锦纶)

锦纶纤维是以聚酰胺基础制得的纤维,也是一种主要的合成纤维。聚酰胺又是制造薄膜及工程塑料的原料,是由饱和的二元酸与二元胺通过缩聚反应制得的一类线性高分子缩聚物。常见的这类缩聚物有聚酰胺-6、聚酰胺-66、聚酰胺-11、聚酰胺-12、聚酰胺-

610、聚酰胺612、聚酰胺-1010等,其中以聚酰胺-6和聚酰胺-66的产量最大,约占聚酰胺产量的90%。这些缩聚物的共同特点,就是其大分子的各个链节间都是以酰胺基"—CONH—"相连。

聚酰胺中酰胺基的存在,可以在大分子中间形成氢键,使分子间作用力增大,赋予聚酰胺以高熔点和力学性能,同时,也使其吸水率增大。聚酰胺基之间的亚甲基赋予其柔性和冲击性,聚酰胺中的亚甲基与酰胺基的比例越大,分子间作用力小,柔性越大,吸水率越低。

聚酰胺纤维具有耐磨性好、耐疲劳强度和断裂强度高、抗冲击负荷性能优异、容易染色及与橡胶的附着力好等突出性能,因此,聚酰胺纤维多用于作衣料和轮胎帘子线,其产量仅次于聚酯纤维,居第二位。

3. 聚丙烯腈纤维(腈纶)

腈纶纤维学名聚丙烯腈纤维。一般是以丙烯腈为主要单体(质量分数大于85%)与少量其他单体共聚而得的。由于在外观、手感、弹性、保暖性等方面类似羊毛,所以有"合成羊毛"之称。用途广泛,原料丰富,发展速度很快。

聚丙烯腈为白色粉末状物质,相对密度为$1.14 \sim 1.15$。由于聚丙烯腈大分子中含有负电性的氰基(—CN),它能与H原子成型牢固的氢键。因此,聚丙烯腈不溶于一般的溶剂,并具有很高的软化点。所以聚丙烯腈不能用熔融纺丝法纺丝。工业上采用的是强极性溶剂或浓无机盐溶液,如二甲基甲酰胺、二甲亚砜、二乙基乙酰胺等。含有85%以上的丙烯腈共聚物,大分子间的极性虽然有所下降,但仍保持聚丙烯腈原有的基本特性。聚丙烯腈在酸或碱的作用下将部分或全部皂化生成聚丙烯酰胺或聚丙烯酸盐。通过共聚、混合纺丝、复合纺丝等方法可以改进聚丙烯腈纤维的染色性、耐热性、蓬松性与提高回弹性等性能。

由于聚丙烯纤维具有优良的耐光、耐气候性,所以除做衣着及毛毯之外,最适宜作室外织物,如帐篷、苫布等。将聚丙烯腈纤维(共聚组分尽量少)经过高温处理可以得到碳纤维和石墨纤维。如在200 ℃左右的空气中保持一定时间,使其碳化,可以获得含碳93%左右的耐高温1 000 ℃的碳纤维。若在2 500 ~ 3 000 ℃下继续进行热处理,可以获得分子结构为六方晶格的石墨纤维。石墨纤维是目前已知的热稳定性最好的纤维之一,可耐3 000 ℃的高温。在高温下能经久不变形,并具有很高的化学稳定性,良好的导电性和导热性。因此,碳纤维是宇宙飞行、火箭、喷气技术以及工业耐高温、防腐蚀领域的良好材料。在医疗上,还可以用于人工肋骨和肌腱韧带等。

4. 聚丙烯纤维(丙纶)

聚丙烯纤维又称丙纶纤维,是以聚丙烯树脂为原料制得的一种合成纤维。聚丙烯纤维性能优良,成本低;加之染色性与耐老化性的改善,使其发展迅速。

聚丙烯为线形结构,根据大分子上甲基的空间排列可分为全同立构聚丙烯、间同立规聚丙烯和无规立构聚丙烯。其性能有很大差别,全同立构聚丙烯的结构规整性好,具有高度的结晶性,熔点高,硬度和刚性大,力学性能好;无规立构聚丙烯为无定形,强度很低,难以用途塑料和纤维;间同立构聚丙烯介于两者之间,硬度和刚性小,但冲击强度好。

聚丙烯纤维密度小、强度高、吸湿性小、耐酸、耐碱、耐磨、电性能好,但染色性和耐光性差。

聚丙烯纤维可与棉、毛、黏胶纤维等混纺作衣料用,在工业上聚丙烯纤维主要用作绳索、网具、滤布、帆布等;在医疗上用作纱,作外科手术衣服可耐高温高压消毒。

10.4　合成橡胶

10.4.1　橡胶的分类和橡胶制品的组成

橡胶是以生胶为原料加入适量的配合剂和增强材料而形成的高分子弹性体。表10.6给出橡胶的分类。橡胶的应用非常广泛,图10.7和10.8给出部分橡胶的产品样图。

生胶是指无配合剂、未经硫化的橡胶。配合剂主要用于改善橡胶的某些性能。常用配合剂有硫化剂、硫化促进剂、活化剂、填充剂、增塑剂、防老化剂、着色剂等。

(1)硫化剂。用来使生胶的结构由线型转变为交联体型结构,从而使生胶变成具有一定强度、韧性、高弹性的硫化胶。常用硫化剂有硫黄和含硫化合物、有机过氧化物、胺类化合物、树脂类化合物、金属氧化物等。

(2)硫化促进剂。其作用是缩短硫化时间,降低硫化温度,改善橡胶性能。常用促进剂有二硫化氨基甲酸盐、黄原酸盐类、噻唑类、硫脲类和部分醛类及醛胺类等有机物。

(3)活化剂。用来提高促进剂的作用。常用活化剂有氧化锌、氧化镁、硬脂酸等。

(4)填充剂。用来提高橡胶的强度、改善工艺性能和降低成本。能提高性能的填充剂称为补强剂如炭黑、二氧化硅、氧化锌、氧化镁等;用于降低成本的有滑石粉、硫酸钡等。

(5)增塑剂。用来增加橡胶的塑性和柔韧性。常用增塑剂有石油系列、煤油系列和松焦油系列增塑剂。

(6)防老剂。用来防止或延缓橡胶老化,主要有石蜡、胺类和酚类防老剂。

表 10.6　橡胶的分类

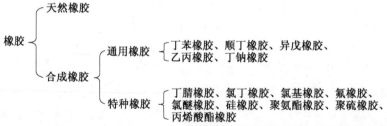

图 10.7　橡胶用作密封件

图 10.8　常用橡胶制品

10.4.2 橡胶的结构

作为橡胶材料使用的聚合物,在结构上应满足以下要求,才能充分体现橡胶材料的高弹性。

(1)大分子链具有足够的柔性,玻璃化温度远低于室温。分子链柔顺性越大,橡胶的弹性就越大。降低玻璃化温度可以提高橡胶的耐寒性。

(2)在使用条件下不结晶或少结晶。

(3)在使用条件下无分子间的相对滑动,一般要形成网络的交联结构。主链上的化学键键能越高,橡胶的耐热性和抗老化性能就越好。

10.4.3 常用橡胶的性能和用途

表 10.7 列出常用橡胶的性能用途。

(1)丁苯橡胶。丁苯橡胶由丁二烯和苯乙烯共聚而成。其耐磨性、耐热性、耐油性、抗老化性均比天然橡胶好。缺点是生胶强度低、黏结性差、成型困难、硫化速度慢。

(2)顺丁橡胶。顺丁橡胶由丁二烯聚合而成。其弹性、耐磨性、耐热性、耐寒性均优于天然橡胶,是制造轮胎的优良材料。缺点是强度较低,加工性能差,抗撕性差。

(3)氯丁橡胶。氯丁橡胶由氯丁二烯聚合而成。具有天然橡胶和一般通用橡胶所没有的优良性能,故有"万能橡胶"之称。缺点是耐寒性差,密度大。用于制造矿井的运输管、胶管、电缆、高速带、垫圈等。

(4)乙丙橡胶。乙丙橡胶由乙烯与丙烯共聚而成。具有结构稳定、抗老化能力强,绝缘性、耐热性、耐寒性好、耐蚀性好等优点。缺点是耐油性差,黏着性差,硫化速度慢。

表 10.7 常用橡胶的性能和用途

名称代号	密度 /(g·cm⁻³)	抗拉强度 /MPa	伸长率 /%	使用温度 /℃	回弹性	耐磨性	耐浓碱性	耐老化	用途
天然橡胶 NR	0.90 ~ 0.95	25 ~ 30	650 ~ 900	−55 ~ 70	好	中	中		轮胎、通用制品
丁苯橡胶 SBR	0.92 ~ 0.94	15 ~ 20	500 ~ 600	−45 ~ 100	中	好	中	好	轮胎、胶板
顺丁橡胶 BR	0.91 ~ 0.94	18 ~ 25	450 ~ 800	−70 ~ 100	好	好	好		轮胎、耐寒运输带
丁腈橡胶 NBR	0.96 ~ 1.20	15 ~ 30	300 ~ 800	−10 ~ 120	中	中	中	中	输油管、耐油密封圈

续表 10.7

名称代号	密度 /(g·cm⁻³)	抗拉强度 /MPa	伸长率 /%	使用温度 /℃	回弹性	耐磨性	耐浓碱性	耐老化	用途
氯丁橡胶 CR	1.15 ~ 1.30	25 ~ 27	800 ~ 1 000	-40 ~ 100	中	中	好	好	胶管、胶带、电线包皮
乙丙橡胶 EPDM	0.86 ~ 0.87	15 ~ 25	400 ~ 800	-50 ~ 130	中	中	好	好	散热管、绝缘体
聚氨酯橡胶 UR	1.09 ~ 1.30	20 ~ 35	300 ~ 800	-30 ~ 70	中	好	差		胶管、耐磨制品
氟橡胶 FBM	1.80 ~ 1.85	20 ~ 22	100 ~ 500	-10 ~ 280	中	中	中	好	高级密封件、高真空耐蚀件
硅橡胶 Q	0.95 ~ 1.40	4 ~ 10	5 ~ 50	-100 ~ 250	差	差	好		耐高温零件、绝缘体
聚硫橡胶 PSR	1.35 ~ 1.41	9 ~ 15	100 ~ 700	-10 ~ 70	差	差	好	好	

10.4.4 特种合成橡胶

（1）丁腈橡胶。丁腈橡胶由丁二烯与丙烯腈聚合而成。其耐油性好,耐热、耐燃烧、耐磨、耐碱、耐有机溶剂。缺点是耐寒性差,其脆化温度为-20 ~ -10 ℃。

（2）硅橡胶。硅橡胶由二甲基硅氧烷与其他有机硅单体共聚而成。具有高耐热性和耐寒性,抗老化能力强、绝缘性好。缺点是强度低,耐磨性,耐酸性差,价格较贵。

（3）氟橡胶。氟橡胶以碳原子为主链,含有氟原子的聚合物。其化学稳定性高、耐蚀性能居各类橡胶之首,耐蚀性好,最高使用温度为300 ℃。主要用于国防和高技术中的密封件。

10.5 胶 黏 剂

胶黏剂是一种能把各种材料黏合在一起的物质,也称黏合剂。由于胶黏剂具有应用广、经济效益高等特点,随着科学技术的发展,胶黏剂正在越来越多地代替机械连接,从而为各行业简化工艺、节约能源、降低成本、提高经济效益提供了有效途径。

10.5.1 胶黏剂的分类、组成和胶接机理

胶黏剂的种类很多,按胶接强度分类可分为结构型胶黏剂、非结构型胶黏剂和次结构

型胶黏剂。结构型胶黏剂具有很高的胶接强度,胶接接头可承受较苛刻的条件,此类胶可用于胶接结构件;非结构型胶黏剂的胶接强度低,主要用于非结构部件的胶接。次结构型胶黏剂的性能则介于两者之间。

按化学组成和性能分为高分子类、纤维素类和蛋白质类(天然类)。纤维素类可分为硝酸纤维素和醋酸纤维素。蛋白质类可分为动物胶、酪素胶、血胶及植物蛋白胶。表10.8给出了按基体成分及合成胶黏剂的固化类型的分类。

表 10.8　胶黏剂的分类

有机胶黏剂	天然胶黏剂		动物胶:鱼胶、骨胶、虫胶
			植物胶:淀粉、松香、阿拉伯树胶
	合成胶黏剂	化学反应型	热塑性树脂胶黏剂:聚醋酸乙烯酯、聚酰胺
			热固性树脂胶黏剂:环氧树脂、酚醛树脂
			橡胶型胶黏剂:氯丁胶、丁腈胶
			混合型胶黏剂:环氧-酚醛、酚醛-丁腈、环氧-尼龙
无机胶黏剂	磷酸盐型		磷酸铝
	硅酸盐型		水玻璃、石膏、滑石
	硼酸盐型		硼酸铝

胶黏剂一般是以聚合物为基本组分的多元混合体系。除基本组分聚合物(黏料)外,根据配方和用途的不同,还含有以下辅料中的一种、数种或全部。

①增塑剂及增韧剂。主要用于提高韧性。

②固化剂(硬化剂)。使胶黏剂胶联固化。

③填料。用来降低固化时的收缩率,降低成本,提高抗冲击强度、胶接强度,提高耐热性等,有时则是为了使胶黏剂具有某种指定性能,如导电性、耐温性等。

④溶剂。加入溶剂的目的是为了溶解黏料以及调节黏度,以便于施工。溶剂的种类与用量、胶接工艺相关。

其他辅料还包括稀释剂、稳定剂、偶联剂、色料等。

要达到良好的胶接,必须具备两个条件:一是胶黏剂与被黏物界面充分润湿;二是胶黏剂与被黏物界面结合强度高。

产生胶接的过程可以分为两个阶段:①液态胶黏剂向被黏物体表面扩散,润湿表面并渗入表面微孔中,取代并解吸被黏物表面吸附的气体;②胶黏剂与被黏物体表面形成价键结合,胶黏剂固化后实现胶接。

胶黏剂与被黏物之间的结合力,可以分为以下几种:①吸附以及相互扩散形成的次价键结合;②被黏物的金属原子与胶黏剂中的 N、O 原子形成配位键;③被黏物与胶黏剂表面带异种电荷而形成的静电吸引力;④黏结剂进入被黏物表面微孔中以及凹凸不平处而形成机械结合力。

10.5.2　常用胶黏剂

(1)环氧树脂胶黏剂。具有很高的黏结力,操作简便,不需外力即可黏结;有良好的耐酸、碱、油及有机溶剂的性能。环氧胶的缺点是胶层较脆。环氧树脂胶黏剂对金属、玻璃、陶瓷、塑料、橡胶、混凝土等均具有较好的黏合能力,常用于以上物品之间的黏结和修补,也可用于竹木和皮革、织物、纤维之间的黏结。

(2)酚醛树脂胶黏剂。具有较强的黏结力,耐高温,但韧性低,剥离强度差。主要用于木材、胶合板、泡沫塑料等,也可用于胶接金属、陶瓷。改性的酚醛-丁腈胶可在-60 ~ 150 ℃使用,广泛用于机器、汽车、飞机结构部件的胶接,也可用于胶接金属、玻璃、陶瓷、塑料等材料。改性的酚醛-缩醛胶具有较好的胶接强度和耐热性,主要用于金属、玻璃、陶瓷、塑料的胶接,也可用于玻璃纤维层压板的胶接。

(3)聚氨酯树脂胶黏剂。初黏结力大,常温触压即可固化,有利于黏结大面积柔软材料及难以加压的工件。其抗剪强度随着温度下降而显著提高,在-250 ℃以下仍能保持较高的剥离强度。聚氨酯树脂胶固化时间长,耐热性不高,易与水反应。

(4)α-氰基丙烯酸酯胶黏剂。具有透明性好、黏度低、黏结速度极快等特点,使用很方便。但它不耐水,性脆,耐温性和耐久性较差,有一定气味。广泛用于金属、陶瓷、玻璃及大多数塑料和橡胶制品的黏结及日常修理。市场上销售的"501"胶和"502"胶就属于这类胶黏剂。

(5)氯丁橡胶胶黏剂。具有良好的弹性和柔韧性,初黏力强,但强度较低,耐热性不高,贮存稳定性较差,耐寒性不佳,溶剂有毒。氯丁橡胶胶黏剂使用方便,价格低廉,广泛用于橡胶与橡胶、金属、纤维、木材、塑料之间的黏结。

(6)聚醋酸乙烯乳液胶黏剂,即乳白胶。无毒、黏度小、价格低、不燃。但耐水性和耐热性较差。主要用于胶接木材、纤维、纸张、皮革、混凝土、瓷砖等。

10.5.3 胶黏剂的选用

不同的材料需选择不同的胶黏剂及不同的胶接工艺条件进行胶接。

1.金属材料用黏结剂

在胶接金属时,需要考虑载荷工作环境等条件选择适当的胶黏剂。对于铁和铝,大多数的混合型胶黏剂都适用;铜、锌、镁、钛次之;而能够用于银、铂、金的黏结剂较少。并且由于金属是致密材料,一般不宜采用溶剂型或乳液型胶黏剂,所以胶接金属的胶黏剂主要有改性环氧胶、丙烯酸酯胶、改性酚醛胶及聚氨酯胶等。杂环化合物胶及聚苯硫醚也是较好的金属胶接剂。表10.9给出金属与非金属黏结时使用的黏结剂。

表 10.9 金属与非金属用黏结剂

被黏物	常用黏结剂类型	被黏物	常用黏结剂类型
金属—木材	环氧胶、氯丁胶、聚醋酸乙烯酯胶	金属—玻璃	环氧胶、α-氰基丙烯酸酯胶、第二代丙烯酸酯胶
金属—织物	氯丁胶	金属—混凝土	环氧胶、聚酯胶、氯丁胶
金属—纸张	聚醋酸乙烯酯胶	金属—橡胶	氯丁胶、氰基丙烯酸酯胶
金属—皮革	氯丁胶、聚氨酯胶	金属—PVC	聚氨酯胶、丙烯酸酯胶、氯丁胶

2. 塑料、橡胶用胶黏剂

塑料之间胶黏剂的选择较宽,橡胶之间黏结剂主要是橡胶胶泥、氯丁胶等。塑料、橡胶与其他非金属的胶接,一般还要看另一种材料的选择情况。表 10.10 为黏结剂选用参考表。

表 10.10　黏结剂选用参考表

被黏物	泡沫塑料	织物皮革	木材纸张	玻璃陶瓷	橡胶制品	热塑塑料	热固塑料	金属材料
金属材料	7,9	2,5,7,8,3,13	1,5,7,13	1,2,3,8	9,10,8,7	2,3,7,12	1,2,3,5,7,8	1,2,3,4,5,6,7,8,13,14
热固塑料	2,3,7	2,3,7,9	1,2,9	1,2,3	2,7,8,9	8,2,7	2,3,5,8	
热塑塑料	7,9,2	2,3,7,9,13	2,7,9	2,8,7	9,7,10,8	2,7,8,12,13		
橡胶制品	9,10,7	9,7,2,10	9,10,2	2,8,9	9,10,7,8			
玻璃陶瓷	2,7,9	2,3,7	1,2,3	2,3,7,8,12				
木材纸张	1,5,2,9,11	2,7,9,11,13	11,2,9,13					
织物皮革	5,7,9	9,10,13,7						
泡沫塑料	7,9,11,2							

注:1—环氧脂肪胺胶;2—环氧聚酰胺胶;3—环氧聚硫胶;4—环氧丁腈胶;5—酚醛-缩醛胶;6—酚醛-丁腈胶;7—聚氨酯胶;8—丙烯酸酯类胶;9—聚丁橡胶胶;10—丁腈橡胶胶;11—乳白胶;12—溶液胶;13—热溶胶;14—无机胶

3. 玻璃

用于黏结玻璃的胶黏剂,除考虑强度外,还要考虑材料的透明性以及与玻璃热膨胀系数的匹配性。还要含有—OH,$>C=O$,—COOH 等极性基团并与玻璃有良好的润湿性。

4. 混凝土

胶接混凝土一般均采用环氧树脂胶黏剂,对载荷较小的非结构件也可用聚氨酯胶。

第11章 现代复合材料

11.1 概　　述

复合材料是指由两种或两种以上不同性能、不同形态的材料通过复合工艺组合而成的多相材料。复合材料具有悠久的历史，远古时代人们用草茎掺入泥土制成建筑用的土坯，目前广为使用的混凝土，都属于复合材料。复合材料作为一个确切的学科起源于20世纪60年代初期。当时由于战争的需要，美国大力发展玻璃纤维增强高聚物来制造飞机构件，同时开展了相应的基础研究并向民用工业发展。为了提高纤维的弹性率，人们开发了硼纤维、碳纤维、耐热氧化铝纤维等；为了改善树脂的耐热性，用金属代替树脂，出现了金属基复合材料的研究热潮。同时，人们对陶瓷基复合材料的基体也给予了高度的重视。如果将玻璃强化树脂看作是第一代复合材料，则碳纤维、硼纤维增强的聚合物可以称为第二代复合材料，以金属或陶瓷为基体的复合材料则称为第三代复合材料。复合材料的发展带来了材料科学的重大变革，形成了金属材料、无机材料、高分子材料和复合材料的多角共存的格局。

对复合材料给出的比较完整的定义是：复合材料是由有机高分子、无机非金属或金属等几类不同的材料通过复合工艺组合而成的新型材料，它既能保留原组分材料的主要特色，又通过复合效应获得原组分所不具备的性能；可以通过材料设计使各组分的性能互相补充并彼此关联，从而获得新的优越性能。它与一般材料的简单混合有本质的区别。

11.1.1 复合材料的相组成

从复合材料的组成和结构分析，其中有一相是连续的，称为基体相，另一相是分散的、被基体包容的，称为增强相。增强相与基体相之间的交界面称为复合材料界面。在界面微区内，材料的结构和性能与增强相以及基体相都不相同，而且这种差异对材料的宏观性能产生影响，因此确切地说，复合材料是由基体相、增强相和界面相三者组成的。

11.1.2 复合材料的分类与特点

按照不同的标准和要求，复合材料通常有不同的分类方法。按使用性能的不同，复合材料可以分为功能复合材料和结构复合材料两大类。前者主要利用复合材料除力学性能以外的特殊功能，例如阻尼复合材料、隐身吸波复合材料、多功能（耐热、透波、承载）复合材料、压电复合材料等。后者指主要利用复合材料的各种良好的力学性能制造的复合材料。在结构复合材料中，增强材料提供复合材料的刚度和强度，控制材料的力学性能；基体材料固定、连接和保护增强材料；界面传递载荷，并可以改善复合材料的某些性能。图11.1和图11.2分别给出了按照复合材料基体相的材质以及增强相的形态的分类表。

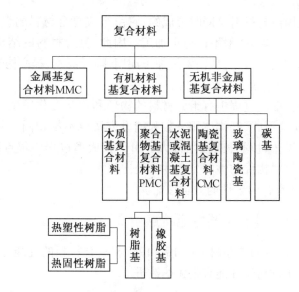

图 11.1　根据复合基体材质分类的复合材料

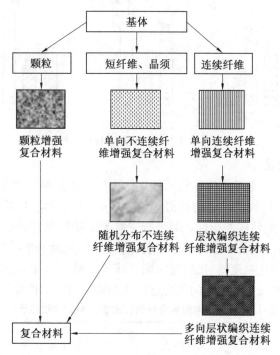

图 11.2　根据增强相复合形态分类的复合材料

通过分类分析可知,与传统材料相比,复合材料具有以下特点:

(1)复合材料具有可设计性。

复合材料的各种物理与化学性能如力学性能、机械性能以及热、声、光、电等,都可以按照构件的使用要求和环境条件要求,通过组分材料的选择和匹配、铺层设计及界面控制等材料设计的手段,最大限度地达到目的,满足工程设备的使用性能。

(2)材料与结构具有同一性。

传统材料的构件成型是经过对材料的再加工,在加工过程中材料不发生组分和化学变化。而复合材料构件与材料是同时形成的,它由组成复合材料的组分材料在复合成材料的同时也就形成了构件,一般不进行再加工。因此,复合材料的结构整体性好,可大幅度地减少零部件和连接件数量,从而缩短加工周期,降低成本,提高构造的可靠性。

(3)材料性能对复合工艺的依赖性。

复合材料结构在形成过程中有组分材料的物理和化学变化发生,不同成型工艺所用原材料种类、增强材料形式、纤维体积分数和铺设方案也不尽相同,因此构件的性能对工艺方法、工艺参数、工艺过程等依赖性很大。由于在成型过程中很难准确地控制工艺参数,一般来说,复合材料构件的性能分散性也是比较大的。

(4)复合材料具有各向异性的力学性能。

11.1.3 复合材料的主要性能特点

图 11.3 给出了传统的单相材料(如铝和钢)和复合材料的性能比较。该图表明了复合材料的性能比传统材料的性能有很大的改进。

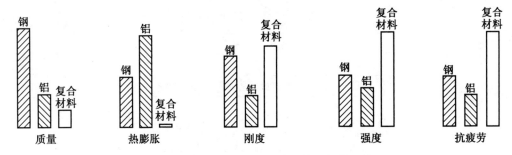

图 11.3 传统单相材料和复合材料的性能比较

1. 比强度和比模量

复合材料的最大的优点是比强度高,比模量大。材料的比强度和比模量分别是强度(σ)和弹性模量(E)与密度(ρ)的比值(σ/ρ,E/ρ),它表示单位质量的材料特性,常用来作为比较不同材料间性能的指标。对于航空航天的结构部件,汽车、火车、舰艇的运动结构而言,比强度高、比模量大意味着可以制成性能好、质量轻的结构。而对于化工设备和建筑工程等,材料的比强度高、比模量大则意味着可减轻自重,承受较多的载荷和改善抗震性能。表 11.1 给出了典型单向复合材料和金属材料力学性能比较。

表 11.1 典型单向复合材料和金属材料力学性能比较

材料性能	E-玻璃/环氧	碳/环氧	芳纶/环氧	硼/环氧	铝合金	钛合金	45 号钢
纤维体积分数 v_f/%	0.60	0.60	0.60	0.50			
密度 ρ/($g \cdot cm^{-3}$)	2.1	1.6	1.4	1.8	2.8	4.5	7.8
纵向拉伸强度 X_t/ MPa	1 020	1 240	1 380	1 260	400	960	600
比强度 (X_t/ρ)/(10^7 cm)	0.50	0.79	1.0	0.71	0.15	0.22	0.13
横向拉伸强度 Y_t/MPa	40	41	30	61	400	960	600
纵向拉伸模量 E_1/GPa	45	145	76	204	70	114	210

续表 11.1

材料性能	E-玻璃/环氧	碳/环氧	芳纶/环氧	硼/环氧	铝合金	钛合金	45 号钢
比模量 $(E_1/\rho)/(10^9\mathrm{cm})$	0.22	0.92	0.55	1.2	0.26	0.26	0.27
横向拉伸模量 E_2/GPa	12	10	5.5	18.5	70	114	210
纵向拉伸断裂应变/%	2.3	0.9	1.8	0.65	18	20	16
横向拉伸断裂应变/%	0.4	0.4	0.5		18	20	16

2. 抗疲劳性能和抗断裂性能

疲劳破坏是材料在交变载荷作用下,由于裂纹的形成和扩展而造成低应力破坏。疲劳破坏是飞机坠毁的主要原因之一。复合材料在纤维方向受拉时的疲劳特性要比金属好得多。金属材料的疲劳破坏是由里向外经过渐变然后突然扩展的。复合材料的疲劳破坏总是从纤维或基体的薄弱环部位开始,逐渐扩展到结合面上。在损伤较多且尺寸较大时,破坏前有明显的预兆,能够及时发现和采取措施。陶瓷的断裂韧性比金属的要低一个数量级,因而陶瓷材料复合化的目的之一就是克服其脆性,提高断裂韧性。通常金属材料的疲劳强度极限是其拉伸强度的 30% ~50%,而碳纤维增强树脂基复合材料的疲劳强度极限为其拉伸强度的 70% ~80%。因此用复合材料制成在长期交变载荷条件下工作的构件,具有较长的使用寿命和破损安全性。

3. 高温性能

在复合材料的发展中,另一个重要的目标是耐热性的提高。从高分子基复合材料向金属基复合材料的转移就是为了适应这一需求。即使是在树脂基复合材料领域,也由原来的环氧树脂向着高耐热性树脂方向发展。在复合材料领域,陶瓷基复合材料的极限耐热温度是很高的,这主要是由于陶瓷本身就具有高的耐热性。

树脂基复合材料热导率低、线膨胀系数小,在有温差时所产生的热应力比金属小得多,是一种优良的绝热材料。酚醛树脂基复合材料耐瞬时高温性能好,可作为一种理想的热防护和耐烧蚀材料,能有效地保护火箭、导弹、宇宙飞行器在 2 000 ℃以上承受高温高速气流的冲刷作用。

4. 减磨、耐磨、减震性能

磨损或摩擦特性是系统性能,磨损机制与接触类型(滚动、滑动等)、工作条件、环境、材料特性以及摩擦副材料有关。对于金属复合材料,硬的陶瓷组分比金属基体更抗磨损。连续纤维增强复合材料在磨损性能方面表现出各向异性,当纤维平行于磨损表面,垂直于滑动方向时磨损率很高。而陶瓷颗粒增强的铝合金具有优异的耐磨性。

复合材料有较高的自振频率。同时复合材料的基体纤维界面吸收振动能量的能力较强,致使材料的振动阻尼较高。

对相同尺寸的梁进行研究表明(图 11.4),铝合金梁需 9 s 才能停止振动,而碳纤维/环氧复合材料的梁,只需 2.5 s 就可停止振动,说明复合材料具有好的减震性能。

图 11.4 不同材料的阻尼性能

5. 其他特殊性能

(1)破损安全性好。复合材料的破坏不像传统材料那样突然发生,而是经历基体损伤、开裂、界面脱黏、纤维断裂等一系列过程。当构件超载并有少量纤维断裂时,载荷会通过基体的传递重新分配到未破坏的纤维上去,这样,在短期内不至于使整个构件丧失承载能力。

(2)耐化学腐蚀性好。常见的玻璃纤维增强热固性树脂基复合材料(俗称玻璃钢)一般都耐酸、稀碱、盐、有机溶剂、海水的腐蚀。一般而言,耐化学腐蚀性主要取决于基体。玻璃纤维不耐氢氟酸等氟化物,生产适应氢氟酸等氟化物的复合材料制品时,其制品中与介质接触的表面层的增强材料不能用玻璃纤维,可采用饱和聚酯或丙纶纤维(薄毡),基体也须采用耐氢氟酸的树脂。

(3)电性能好。树脂基复合材料是一种优良的电气绝缘材料,用其制造仪表、电机及电器中的绝缘零部件,不但可以提高电气设备的可靠性,而且能延长使用寿命,在高频作用下仍能保持良好的介电性能,不反射电磁波(可以作为隐身材料),微波透过性良好,目前广泛用作制造飞机、舰艇和地面雷达罩的结构材料。

11.2 复合材料的复合原则与机制

复合材料的性能与微观相的特性、形状、体积分数、分散程度以及界面特性等有很大的关系。在对复合材料进行设计和性能预测以及性能分析时,需要用到复合材料的一些基本理论,即复合材料的复合原则与机制。

11.2.1 颗粒增强原理

颗粒增强复合材料中主要承受载荷的是基体而非颗粒。从宏观上看,颗粒增强复合材料中的颗粒是随机弥散分布在基体中的,这些弥散的质点阻碍基体中的位错运动。如果质点是均匀分布的球形颗粒,直径为 d,体积分数为 V_p,则复合材料的屈服强度可以表示为

$$\tau_y = \frac{G_m b}{\left(\dfrac{2d^2}{3V_p}\right)^{1/2}(1 - V_p)} \tag{11.1}$$

式中　G_m—— 基体的切变模量;

　　　b—— 柏氏矢量。

可以看出,弥散颗粒的尺寸越小,体积分数越大,强化效果越好。

颗粒增强的拉伸强度往往不是增强,而是降低的。当基体与颗粒无偶联时,可以认为颗粒最终与基体完全脱离,颗粒占有的体积可看作孔洞,此时基体承受全部载荷。颗粒增强复合材料的拉伸强度为

$$\sigma_F = \sigma_m(1 - 1.21V_p^{2/3}) \tag{11.2}$$

式中　σ_m——基体的拉伸强度。

上式表明，σ_F 随颗粒体积分数 V_p 的增加而下降。并且此式仅适用于 $V_p \leqslant 40\%$ 的情况。

有偶联时的情况比较复杂，此时材料的拉伸强度不再出现随颗粒体积分数的增加而单调下降的情况，且拉伸强度明显提高。

除了以上直接的影响外，加入颗粒导致晶粒尺寸、空洞和晶界性能的变化也间接地影响复合材料的力学性能。

11.2.2　连续纤维增强原理

连续纤维增强复合材料是由长纤维和基体组成的复合材料。在工程上，一般将复合材料简化为如图 11.5 所示的层板模型来分析其力学行为。图 11.5 的二维层板模型有并联和串联两种考虑方式。在串联模型中，纤维薄片和基体薄片在横向上呈串联形式，意味着纤维在横向上完全被基体隔开，适用于纤维体积分数较少的情况；而并联模型则意味着纤维在横向上完全连通，适用于纤维体积分数较大的情况。

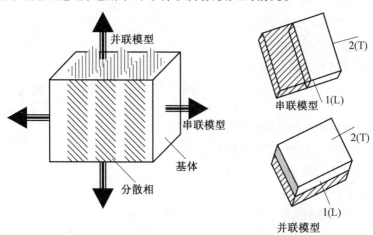

图 11.5　复合材料的二维层板模型

1. 串联模型的弹性常数

（1）纵向弹性模量 E_1^1。

在串联模型中复合材料的纵向弹性模量 E_1^1 符合混合法则公式：

$$E_1^1 = E_{fl}v_f + E_m v_m \tag{11.3}$$

如果忽略空隙的影响，则 $v_f + v_m = 1$，因此式（11.3）又可写成

$$E_1^1 = E_{fl}v_f + E_m(1 - v_f) \tag{11.4}$$

式中　E_f——纤维材料的弹性模量；

　　　E_m——基体材料的弹性模量；

　　　E_1^1——单层板的纵向弹性模量；

　　　v_f——纤维的体积分数；

　　　v_m——基体的体积分数。

由于纤维模量远大于基体模量,所以 E_1^1 主要由纤维模量和纤维体积分数决定。

(2) 横向弹性模量 E_2^1。

在串联模型中复合材料的横向弹性模量 E_2^1 可以表示为

$$E_2^1 = \frac{E_{f2}E_m}{E_m v_f + E_{f2}(1 - v_f)} \tag{11.5}$$

(3) 泊松比。

串联模型中复合材料的纵向泊松比 γ_1^1 为

$$\gamma_1^1 = \gamma_f v_f + \gamma_m v_m \tag{11.6}$$

横向泊松比为

$$\gamma_2^1 = \frac{E_2^1}{E_1^1}\gamma_1^1 \tag{11.7}$$

式中 γ_f—— 纤维材料的泊松比;

γ_m—— 基体材料的泊松比量;

γ_1^1—— 单层板的泊松比;

v_f—— 纤维的体积分数;

v_m—— 基体的体积分数。

(4) 面内剪切弹性模量 ΔG_{12}^1。

串联模型中复合材料的剪切模量为

$$G_{12}^1 = \frac{G_f G_m}{G_f v_f + G_m(1 - v_f)} \tag{11.8}$$

式中 G_f —— 纤维材料的剪切弹性模量;

G_m —— 基体材料的剪切弹性模量;

G_{12}^1—— 单层板的剪切弹性模量;

v_f —— 纤维的体积分数。

2. 并联模型的弹性常数

(1) 纵向弹性模量 E'_{11}。

在图 11.5 的并联模型单元中,在正轴 1 方向上作用平均应力 σ_1。可以看出,纵向弹性模量 E_{11}^1 与 E_1^1 相同,即

$$E_1^{11} = E_1^1 = E_f v_f + E_m v_m \tag{11.9}$$

(2) 横向弹性模量 E_2^{11}。

并联模型的横向弹性模量与纵向弹性模量相同。所以

$$E_2^{11} = E_1^{11} = E_1^1 = E_f v_f + E_m v_m \tag{11.10}$$

(3) 泊松比。

从并联模型中取出代表性体积单元,利用静力、几何、物理三方面的关系同样可推出纵向的泊松比为

$$\gamma_1^{11} = \frac{\gamma_f E_f v_f + \gamma_m E_m v_m}{E_f v_f + E_m v_m} \tag{11.11}$$

因为 $E_2^{11} = E_1^{11}$,所以

$$\gamma_2^{11} = \gamma_1^{11} = \frac{\gamma_f E_f v_f + \gamma_m E_m v_m}{E_f v_f + E_m v_m} \tag{11.12}$$

（4）面内剪切弹性模量 ΔG_2^{11}。

由并联模型取出的代表性体积单元，作用应力 τ_{12}，静力关系为 $\tau_{12} = \tau_{f12} v_f + \tau_{m12} v_m$，几何关系为：$\gamma_{12} = \gamma_{f12} = \gamma_{m12}$，物理关系为：$\tau_{12} = \gamma_{12} G_{12}^{11}$，$\tau_{f12} = \gamma_{f12} G_f + \tau_{m12} = \gamma_{m12} G_m$，整理得

$$G_{12}^{11} = G_f v_f + G_m v_m \tag{11.13}$$

3. 单向连续纤维增强复合材料单层基本强度预测

（1）纵向拉伸强度。

单层在承受纵向拉伸应力时，需要假设：纤维与基体之间无滑移，具有相同的拉伸应变；每根纤维具有相同的强度，且不计初应力。

当基体延伸率小于纤维延伸率时（例如，玻璃纤维增强热固性树脂的情况），基体将先开裂，纤维继续承载至应变达到 ε_{fu}，纤维断裂，复合材料破坏。但考虑到基体的开裂是随机分布，未开裂部分仍能传递载荷，所以可用下式预测单向复合材料的拉伸强度：

$$X_t = X_{ft} v_f + X_{mt}(1 - v_f) \tag{11.14}$$

式中　X_{ft}，X_{mt}——纤维和基体的极限拉伸强度。

当基体延伸率大于纤维延伸率时（像碳纤维和硼纤维增强环氧树脂基复合材料），在基体或界面破坏前，带有缺陷的纤维先行断裂，随载荷的增加，纤维断裂产生的裂纹沿着基体或界面或邻近纤维等途径扩展。复合材料的断裂应变等于纤维的断裂应变，破坏由纤维控制。此时

$$X_t = X_{ft} v_f + \sigma_m^* v_m = X_{ft}\left(v_f + \frac{E_m}{E_{f1}} v_m\right) \tag{11.15}$$

式中　σ_m^*——基体应变等于 ε_{fu} 时所对应的基体的应力，$\sigma_m^* = X_{ft}\dfrac{E_m}{E_{f1}}$。

从式（11.15）可以看出，纤维体积分数 v_f 越高，纵向拉伸强度 X_t 就越大。当 v_f 降到使得复合材料的纵向拉伸强度等于基体拉伸强度 X_{mt} 时，纤维体积分数为临界值 v_{fcr}，可以求得

$$v_{fcr} = \frac{X_{mt} - X_{ft}\dfrac{E_m}{E_{f1}}}{X_{ft} - X_{ft}\dfrac{E_m}{E_{f1}}} \tag{11.16}$$

工程上采用复合材料的 v_f 通常大于 v_{fcr}，因此复合材料的强度总是由纤维控制。但实际上当纤维体积分数太大时，工艺上不能保证基体与纤维的均匀分布，形成缺陷而导致强度下降，所以复合材料的纤维体积 v_f 一般都小于0.8。

（2）纵向压缩强度。

与纵向拉伸不同，基体在纵向压缩中起重要作用。细观力学分析的模型可以采用在弹性基础上的屈服模型，如图11.6所示。一种是纤维薄片彼此反向弯曲，基体薄片依次发生横向拉伸和横向压缩变形，此为拉压模型；另一种是纤维薄片彼此同向弯曲，基体薄片发生剪切变形，此为剪切模型。利用能量法对两种情况进行分析，可得拉压模型屈服引起的破坏纵向压缩强度为

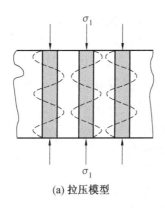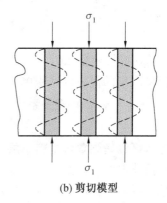

(a) 拉压模型   (b) 剪切模型

图 11.6   纤维屈服的两种模型

$$X_c = 2v_f \sqrt{\frac{E_f E_m v_f}{3(1 - v_f)}} \tag{11.17}$$

剪切模型屈服引起的破坏纵向压缩强度为

$$X_c = \frac{G_m}{1 - v_f} \tag{11.18}$$

由上两式可见,基体模量是影响复合材料压缩强度的主要参数。因为在实际应用中纤维并不是完全平直的理想状态,要在基体模量前乘以小于 1 的修正系数。一般情况下,若 v_f 较小,则采用式(11.17)进行预测,反之则采用式(11.18)进行预测。

11.2.3   晶须(包括短纤维和晶片)增强原理

晶须(包括短纤维和晶片)增强复合材料与长纤维增强复合材料相比,虽然强度略差,但由于可以制成各种复杂形状的制品,易使生产过程自动化降低生产成本,所以在各类工业产品的应用中(特别是金属基以及陶瓷基复合材料)占主导地位。图 11.7 给出了短纤维增强复合材料的几种形式。

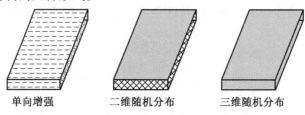

单向增强   二维随机分布   三维随机分布

图 11.7   短纤维增强复合材料复合机制

1. 应力传递理论

复合材料受载荷作用时,载荷直接作用在基体上,然后通过纤维与基体间界面的剪应力传递到纤维上。在短纤维(不连续纤维)增强复合材料受力时,力学特性与纤维长度关系密切。

(1) 理想刚塑性基体。罗森(Rosen)最早用剪切滞后法研究了有关应力沿纤维长度的变化规律。在图 11.8 所示的单元体受纵向应力 R_1 时,由于纤维和基体的弹性模量不同,在界面上将产生剪应力 τ。根据力的平衡可得

$$(\pi r^2) R_f + (2\pi r dx) \tau = (\pi r^2)(R_f + dR_f) \tag{11.19}$$

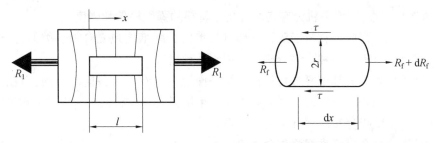

图 11.8 短纤维复合材料的典型单元体

$$\mathrm{d}\sigma_\mathrm{f}/\mathrm{d}x = 2\tau/r$$

积分得

$$R_\mathrm{f} = \sigma_\mathrm{f0} + \frac{2}{r}\int_0^x \tau \mathrm{d}x$$

由于纤维端部严重应力集中,可以认为端部附近基体屈服或纤维与基体脱黏,所以纤维末端应力 σ_f0 可忽略不计,则

$$R_\mathrm{f} = \frac{2}{r}\int_0^x \tau \mathrm{d}x \tag{11.20}$$

对于理想刚塑性基体材料,沿纤维长度方向上,界面剪应力等于基体的剪切屈服应力 τ_s,则

$$R_\mathrm{f} = \frac{2\tau_\mathrm{s}x}{r} \tag{11.21}$$

对于短纤维,最大的纤维应力发生在纤维长度的中点即 $x = l/2$ 处,此时 $R_\mathrm{fmax} = \dfrac{l\tau_\mathrm{s}}{r}$。我们定义纤维达到拉伸强度 X_ft 时的最小纤维长度为临界纤维长度 l_cr,$l_\mathrm{cr} = \dfrac{\mathrm{d}X_\mathrm{ft}}{2\tau_\mathrm{s}}$,它是载荷传递长度的最大值。

(2)弹性基体。若刚性短纤维完全埋在树脂基中,在受到沿纤维轴向的拉应力时,基体中产生应变,Cox 采用剪滞理论进行分析,得到纤维中的拉伸应力分布和界面上的剪应力分布为

$$R_\mathrm{f} = E_\mathrm{f}\varepsilon_\mathrm{m}\left\{1 - \frac{\cosh\left[\beta\left(\dfrac{L}{2r} - x\right)\right]}{\cosh\left(\beta\dfrac{L}{2r}\right)}\right\} \tag{11.22}$$

$$\tau = E_\mathrm{f}\varepsilon_\mathrm{m}\left[\frac{G_\mathrm{m}}{2E_\mathrm{f}Lnv_\mathrm{f}^{-1/2}}\right]^{1/2}\frac{\sinh\left\{\beta\left(\dfrac{L}{2r} - x\right)\right\}}{\cosh\left(\beta\dfrac{L}{2r}\right)} \tag{11.23}$$

其中

$$\beta = \left[\frac{2G_\mathrm{m}}{E_\mathrm{f}r^2 Lnv_\mathrm{f}^{-1/2}}\right]^{1/2}$$

式中　　$\varepsilon_\mathrm{m}G_\mathrm{m}$——基体的应变和剪切模量;

　　　　r——纤维的半径;

　　　　x——到纤维端部的距离,$\dfrac{L}{2r}$ 为纤维的长径比。

2. 单向短纤维,二维随机分布短纤维复合材料的弹性模量和强度

单向短纤维增强复合材料宏观弹性模量与单向长纤维增强复合材料类似,上述关于长纤维增强复合材料的各种力学分析均可用于此种情况。

二维随机分布的短纤维复合材料在二维平面上可以看作是各向同性的,而在其他两个坐标面内是正交各向异性的。因此有关长纤维增强复合材料的层合板的各理论以及公式均适用于二维随机分布的短纤维复合材料。

3. 三维随机分布短纤维增强复合材料

对于三维随机分布的短纤维增强复合材料,可以认为其为宏观各向同性材料,可用下面经验公式确定其弹性模量和强度:

$$E = \frac{1}{5}E_f v_f + \frac{4}{5}E_m v_m \tag{11.24}$$

$$R_m = 0.16X_t \tag{11.25}$$

式中　X_t—— 对应于同样基体和纤维材料的单向短纤维增强复合材料。

11.2.4　增韧机制

1. 相变增韧

相变增韧的主要例子是 ZrO_2 陶瓷。ZrO_2 存在 3 种相结构:1 150 ℃以下单斜相(monoclinic,简称 m 相)稳定存在,1 150 ~ 2 370 ℃四方相(tetragonal,t 相)稳定存在,2 370 ℃以上立方相(cubic,c 相)稳定存在。四方相向单斜相转变是马氏体相变,即切变型相变,体积增大3% ~ 5%。掺杂少量的稳定剂如 Y_2O_3、CeO_2、CaO 等,可以获得室温亚稳定的 $t\text{-}ZrO_2$。

相变增韧复合陶瓷的制备方法一般为:陶瓷基体如 SiC、Al_2O_3、莫来石等粉与 $t\text{-}ZrO_2$ 混合、成型、烧结。相变增韧的机制为:在应力作用下,ZrO_2 颗粒附近产生裂纹。应力诱发马氏体相变产生,发生 t-m 转变,体积膨胀。体积膨胀产生的压应力场使裂纹闭合;相变吸收能量,消耗了部分裂纹扩展所需的能量;另外,裂纹尖端扩展至 ZrO_2 颗粒界面,裂纹发生偏转。因此,材料的韧性得到提高。

在其他复合陶瓷中,冷却时伴随体积增大的相变,有利于提高韧性。如 $Ln_2O_3(Dy_2O_3)$ 中单斜相向立方相转变,体积膨胀8%;$2CaO \cdot SiO_2$ 中490 ℃时单斜相向斜方相转变体积增大12%;NiS 中352 ℃时菱方相向六方相转变体积膨胀40%,均产生马氏体相变增韧。

2. 微裂纹增韧

微裂纹增韧是指因热膨胀失配或相变诱发出显微裂纹,这些尺寸很小的微裂纹在主裂纹尖端过程区内张开而分散和吸收能量,使主裂纹扩展阻力增大,从而使断裂韧性提高。过程区内微裂纹吸收能量与微裂纹的表面积即裂纹密度呈正比,所以由微裂纹韧化所产生的韧性增量在微裂纹不相互连接的情况下,随微裂纹的密度增加而增大。微裂纹增韧同样对温度和粒子尺寸很敏感,合适的颗粒尺寸是大于应力诱发相变的临界尺寸而小于自发产生危险裂纹的临界尺寸,并且应减小基质与粒子间的热失配,使其产生最大的相变张应力。

3. 裂纹偏折和弯曲增韧

裂纹偏折和弯曲增韧是指基体中弥散第二相的存在会扰动裂纹尖端附近应力场,使裂纹产生偏折和弯曲,从而减小了裂纹扩展的驱动力,增加了新生表面区域,提高了韧性。裂纹偏折和弯曲不受温度和粒子尺寸的影响,这是其优点之一。当裂纹扩展遇到不可穿越障碍物时,有两种并存的主要扰动作用,即裂纹偏折和裂纹弯曲。裂纹偏折产生非平面裂纹,而裂纹弯曲产生非线性裂纹前沿。

裂纹偏折过程可以看作分两步进行,首先是裂纹尖端的倾斜,产生裂纹偏转,随后由于裂纹前沿的不同部分向不同方向倾斜,进一步的裂纹扩展将导致裂纹面的扭曲,产生非平面裂纹。在第二相为球形或棒状时,裂纹的偏转基本无增韧作用,裂纹扭转是断裂韧性提高的根源;在第二相为片状时,裂纹的偏转虽然具有明显的增韧作用,但裂纹扭转的增韧效果更大。裂纹偏折增韧的效果依赖于第二相粒子的体积分数和形状,特别是第二相粒子的纵横比(R)。纵横比为 12∶1 时棒状粒子的增韧效果为佳,并在 10% 体积分数时达到饱和。

弥散分布的第二相有钉扎裂纹尖端的作用,使裂纹尖端在两粒子间向外突出弯曲。裂纹前端形状的改变、长度的增加以及新裂纹表面的形成都消耗了能量,这与第二相钉扎位错的情况一样。弥散颗粒质量分数大、平均间距小且颗粒半径较大时,微裂纹弯曲增韧作用较大。

4. 裂纹分支增韧

裂纹分支增韧机制是指材料中主裂纹前端产生微裂纹后,使某些晶界变弱和分离,并与主裂纹交互作用促使裂纹分支、晶界启裂和伸展。在拉伸应力的作用下,弱晶界裂开,增加了表面积,并且晶界上存在的细小粒子使裂纹产生弯曲,随后如果裂纹发展到切开或剥离粒子时,需要消耗更多的能量,从而提高了韧性。裂纹分支的最大贡献在于与其他机制的相互复合作用,这在两相或多相材料中更为有效。

5. 桥联与拔出增韧

裂纹桥联机理如图 11.9 所示,由于晶须的存在,紧靠裂纹尖端处存在晶须与基体界面开裂区域,在此区域内,晶须把裂纹桥联起来,并在裂纹的表面加上闭合应力,阻止裂纹扩展起到增韧作用。在裂纹扩展使桥联遭到破坏时,桥联相一般还会进一步产生拔出作用。

拔出效应指纤维、晶须增强的陶瓷中,在基体与晶须或纤维的界面开裂区域的后面,还存在晶须拔出区,如图 11.10 所示。材料断裂时由基体传向晶须的力在二者界面上产生剪应力,达到了基体的剪切屈服强度,晶须的抗拉强度较高而不致断裂,此时晶须就从基体中拔出。拔出效应是由于裂纹扩展过程中晶须拔出而产生能量的耗散。桥联和拔出消耗了额外的能量,从而提高了材料的断裂韧性。

图 11.11 为复合材料断裂后纤维拔出的扫描电镜照片。桥联相与基体界面间分离长度以及拔出相长度的大小直接影响到桥联和拔出作用的增韧效果,因此桥联相与基体在物理和化学性质上的相互匹配十分重要,合理的两相界面设计是提高桥联和拔出增韧作用的关键。

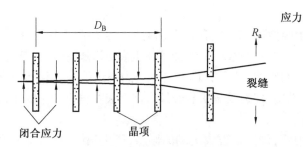

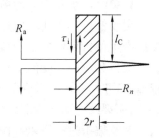

图 11.9　裂纹桥联机理　　　　　　　　　图 11.10　纤维拔出增韧示意图

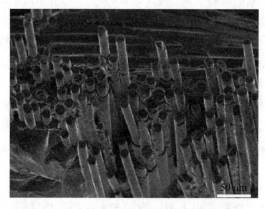

图 11.11　SiC_f/SiC 复合材料断裂后纤维拔出

$MoSi_2$ 是一种具有优异抗氧化性能的金属间化合物,其熔点高达 2 030 ℃。作为高温炉发热体,在空气条件下使用温度可以达到 1 700 ℃。两个致命的缺陷限制了 $MoSi_2$ 作为结构材料来使用:一是室温下韧性较差;二是高温下蠕变速率较大。这是由于 $MoSi_2$ 存在一个脆性—塑性转变温度(1 000 ℃)。在 1 000 ℃ 以下,$MoSi_2$ 是脆性材料,断裂韧性值只有 5.3 MPa·$m^{1/2}$;温度高于 1 000 ℃,则转变为塑性材料。1 200 ℃ 时,它的屈服强度为 139 MPa,1 400 ℃ 时屈服强度只有 19 MPa。$MoSi_2$ 基体中加入体积比为 20% 的 SiC 晶须后,室温断裂韧性值增加到 8.2 MPa·$m^{1/2}$,1 200 ℃ 和 1 400 ℃ 屈服强度分别增加到 247 MPa 和 43 MPa。对晶须增韧的陶瓷基复合材料,增韧的机制主要是裂纹偏转和桥联。

6. 延性颗粒增韧

延性颗粒增韧机制是指在脆性陶瓷基体中加入第二相延性颗粒,利用其塑性变形来缓解裂纹尖端高度的应力集中,可以明显提高材料的断裂韧性。金属陶瓷是这一增韧方法的典型代表,金属能否对陶瓷润湿良好,从而形成彼此交错的均匀网络结构对增韧效果起决定性作用。

7. 残余热应力增韧

当裂纹扩展进入残余热应力区时,残余热应力释放,同时有闭合阻碍裂纹扩展的作用,从而提高了材料的断裂韧性。

8. 压电效应损耗能量增韧

压电效应损耗能量增韧是最近提出的一种陶瓷增韧机制。把具有压电效应的第二相粒子引入陶瓷基体,当裂纹扩展遇到压电相粒子时,会引起压电效应,这样一部分引起裂纹扩展的机械能转化成电能,从而提高了陶瓷材料的断裂抗力。目前对此韧化机制的研究还缺乏充分的实验论证和严格的数学推导,有待于进一步完善。

9. 复合韧化机制

复合韧化机制是指上述几种韧化机制相伴而生的韧化机制。如裂纹扩展时,伴随相变增韧的还有微裂纹萌生、裂纹偏折和弯曲、裂纹分支以及残余热应力韧化等情况。几种机制的相互作用使增韧效果变得复杂,有的韧化机制可以相互叠加,有的却是相消的。一般来说,相变增韧与裂纹偏折增韧是严格相加的,而相变增韧与微裂纹增韧则是非加性的。虽然转变所产生的膨胀在转变区边界与微裂纹产生的膨胀基本上是可加的,但微裂纹产生后的材料有更低的弹性模量,致使永久变形变小,因此应力诱发相变后再发生微裂纹比无微裂纹时的韧化效果要小,强度要低。利用第二相粒子韧化陶瓷基体时,经常是几种韧化机制同时在一起作用,要根据具体的情况而定。

11.3 聚合物基复合材料

聚合物基复合材料又被称为增强塑料,作为一种最实用的轻质结构材料,在复合材料工业中占有主导地位。聚合物基复合材料主要分为两大类,即颗粒、晶须、短纤维复合材料以及连续纤维复合材料。短纤维复合材料主要作为次结构件,如汽车的车壳等。连续纤维复合材料是在树脂基体中适当排列高强、高刚度的连续长纤维组成的材料体系,可用作次结构件,也可用作主结构件。从基体材料来讲,聚合物基复合材料可分为热固性树脂、热塑性树脂和橡胶基复合材料。

与钢、铝等传统的金属材料相比,聚合物基复合材料比强度高,比拉伸模量大,热膨胀系数低。表11.2 为单向纤维增强环氧树脂材料的典型性能。

表 11.2 单向纤维增强环氧树脂材料的典型性能

性能	纤维类型		
	E-玻璃	芳纶纤维	石墨纤维
纤维的体积分数/%	46	60~65	63
密度 $\rho/(g \cdot cm^{-3})$	1.80	1.38	1.61
拉伸强度 0°/MPa	1 104	1 310	1 725
拉伸模量 0°/GPa	39	83	159
拉伸强度 90°/MPa	36	39	42
拉伸模量 90°/GPa	10	5.6	10.9
压缩强度 0°/MPa	600	286	1 366
压缩模量 0°/GPa	32	73	138
压缩强度 90°/MPa	138	138	230
压缩模量 90°/GPa	8	5.6	11
轴向泊松比 λ_{LT}	0.25	0.34	0.38
轴向热膨胀系数/(10^{-6}℃)	5.4	-2.3~-4.0	0.045
横向热膨胀系数/(10^{-6}℃)	36	35	20.0

11.3.1 非连续纤维增强复合材料

非连续纤维(颗粒、晶须、短纤维)可以用来增强各种聚合物,根据组分、制备方法、性能以及应用的不同主要分为以下4类:

1. 热塑成型组合物

将作为基体的热塑性树脂与增强相混合,制成粒状或丸状的中间原料,然后通过注射成型,得到热塑成型组合物。可选择的热塑性基体包括聚烯烃类、聚氨酯类、热塑性聚酯类,以及聚苯硫醚等工程热塑性塑料和聚醚醚酮等更新的芳香族热塑性塑料及其相关材料。注射成型制备工艺,可制备出批量的质量范围可以从几克到10 kg复杂而尺寸精确的优质复合材料。

2. 可热成型板材

通常是将玻璃纤维编织物切碎,夹杂在热塑性塑料薄板间一起轧制而成。通过一系列的热轧,聚合物进入编织物形成较为均匀的板状增强塑料。也可以将不连续纤维与聚合物混合后进行挤压,然后加热使基体软化,压入金属模具中,制得复杂形状的构件。这个过程十分迅速,与金属的冲压过程类似。

3. 颗粒状热固成型组合物

此类复合材料与热塑成型组合物类似,只是基体采用的是热固性树脂。这些材料在轧制或注射成型前为粗颗粒状。热固成型复合物中一般含有较多的填充物,填充物的增多使得参加反应的先驱聚合物比例降低,减少由反应产生的放热及挥发性凝结物,从而控制工艺过程,减少模压成型时的收缩,保持形状的稳定。但是聚合物含量的减少意味着体系塑变能力的降低,因此,为了获得高的力学性能并保持良好的可加工性能,需要保持填充物含量与聚合反应程度之间的平衡。一些传统的填充物如云母、滑石等也具有增强效果。随着复合技术的进一步发展,玻璃纤维也被用作增强体,大大拓宽了此类复合材料的应用范围。

4. 热固性片状模塑料

此种材料与热成型板材类似。其区别是最后必须有一个在热模中压塑成型的过程。标准的片状模塑料是将50 mm长的短切玻璃纤维填充在未固化的不饱和聚酯树脂制成。树脂中还常含有碳酸钙等矿物填充物,起到化学或物理增稠作用。热固性片状塑料的增强体一般为玻璃纤维,基体是不饱和聚酯或乙烯基酯树脂。

对热固性树脂进行固化或交联。传统方法是要提供热能(加热到200 ℃或以上温度)。然而,这种方法带来温度梯度、残余应力和长固化时间的问题。残余应力可能在不对称或非常厚的薄片制品中引起严重的问题,也可能会再次发生薄片制品的扭曲、纤维起波、基体微裂纹和片层分层的问题。电子束、辐照固化提供了一种避免这些问题的新方法。

11.3.2 连续纤维增强复合材料

在聚合物基复合材料中使用的纤维一般包括玻璃纤维、芳香族聚酰胺合成纤维以及碳纤维。与常用的尼龙纤维和聚酯纤维等相比,芳香族聚酰胺合成纤维具有很大的比强度、比刚度,很好的热稳定性,不易燃烧。与玻璃纤维和碳纤维相比,芳香族聚酰胺合成纤维的密度小,并且又有较高的刚性及强度,较大的拉伸极限应变。轴向线膨胀系数为负。

碳纤维主要有两大类:一是以合成纤维为原材料,经过氧化稳定(200～300 ℃),碳化处理(1 000～1 600 ℃),制成高强度纤维,或者在经石墨化处理(2 500～2 800 ℃)制成高弹性模量碳纤维,以及表面处理(硝酸或硫酸)后得到的碳纤维。二是利用石化工业中的沥青经过熔化抽丝(350 ℃)、氧化稳定(200～300 ℃)、碳化(1 000～1 100 ℃)制成高强度纤维,或者在经石墨化处理(2 200～3 100 ℃)制成高弹性模量碳纤维,以及表面处理(表面氧化处理)后得到的碳纤维。两种碳纤维中,后者的制备过程的成本高,产量低。碳纤维的轴向线膨胀系数在 800 ℃以内多为负值或接近于零。碳纤维的拉伸极限应变较小,一般在 1%～2%。

热固性复合材料的铺设方法包括手糊法、半自动和全自动铺设。手糊法首先将预浸渍料成型,然后逐步叠加到制品所需要的厚度。半自动铺设可以降低成本和增加铺设的均匀性。全自动铺设的主要优点在于叠层,通常是数控机械在无须人工辅助的情况下连续地进行层层铺设。

与热固性复合材料相比,热塑性复合材料的特点是耐冲击,断裂韧性高。但是大多数的热塑性聚合物基复合材料强度和刚度低、耐热性差,而且大多数的热塑性复合材料是不连续纤维增强。但比起热固性复合材料,热塑性复合材料突出的优点是它的再生性能。热塑性复合材料的成型工艺主要包括两种:一是热压成型,就是将预浸料压制成部件;二是挤拉成型及纤维缠绕工艺。

11.3.3 聚合物基纳米复合材料

至少有一维尺寸为纳米级的微粒子分散到聚合物基体中,构成了聚合物基纳米复合材料。由于纳米复合材料的形成,聚合物的结晶变小,结晶度增加,结晶速率增加,赋予了材料许多特殊的性能。

1.聚合物基纳米复合材料的制备

(1)插层复合法。插层复合法是目前制备聚合物/黏土纳米复合材料的最有效方法。它是将单体或聚合物插入有机化的黏土片层之间,以破坏硅酸盐片层结构,将其剥离成厚度为 1 nm,长度为 100 nm 左右的层状硅酸盐基本单元,并在聚合基体中均匀分散。

插层复合法可分为插层聚合法和聚合物插层。插层聚合法是先将单体分散,并插入层状硅酸盐片层中,然后原位聚合,利用聚合时放出的热量使片层剥离,从而使硅酸盐片层与聚合物基体以纳米尺度复合。聚合物插层是将聚合物溶液或熔体与层状硅酸盐相混合,利用力学或热力学作用使层状硅酸盐剥离成纳米尺寸的片层并均匀分散在聚合物基体中形成纳米复合材料。

(2)共混法。共混法即直接分散法,是将经过处理的纳米无机稳定粒子与聚合物共混,使其分散到聚合物基体中。该方法包括:溶液共混、乳液共混、熔融共混。这一制备方法的缺点是纳米粒子易团聚,难以均匀分散。因此共混前要对纳米粒子表面进行处理,以提高纳米粒子的分散性。

(3)原位复合法。原位复合的主要方法是溶胶–凝胶法,在前驱体溶液中引入有机聚合物,在适当的条件下(如水解)形成稳定的溶胶,然后经过蒸发干燥转变为凝胶,或在无机溶胶中加入单体,然后进行聚合,形成聚合物/无机纳米复合材料。

2. 聚合物基纳米复合材料的性能改善及应用

(1)改善力学性能。以尼龙 6 为例,蒙脱土和尼龙低分子的混合物通过插层聚合,形成均匀分散的纳米复合材料。当蒙脱土的添加量为 4.2% 时,与尼龙 6 基体相比,拉伸强度提高 1.5 倍,弹性模量提高 1.5 倍,冲击韧性基本不变,疲劳寿命延长,可用来制作刚性改善的汽车部件。

(2)提高热性能。尼龙 6 基体的结晶构造为 α 型,熔点为 220 ℃,热变形温度为 60 ℃,当与蒙脱土组成纳米复合材料后结晶构造变为γ,熔点 214 ℃,热变形温度提高到 152 ℃。

(3)改善阻燃性。一般来说,高分子中即使含有不燃的无机物,在燃烧中高分子熔融分解后的挥发性液体在无机物表面扩散,反而增大了可燃性。当无机物为纳米级时,细小分散的无机颗粒熔融产生架桥作用,使高分子黏结而维持原形态,阻止了延烧的蔓延。

(4)改善气密性。添加层状黏土的纳米复合材料由于层片的阻碍,气体需要穿透的路径相对延长,可以改善材料的气密性。

(5)生物降解性。高分子材料本身在自然界中很难降解,使用高聚物/黏土纳米复合材料可表现出良好的生物降解性。

11.3.4　碳纳米管/聚合物基复合材料

碳纳米管(CNTs)已经被用于增强热固型树脂(环氧树脂、聚酰亚胺和石碳酸),还有热塑型树脂(聚丙烯、聚苯乙烯、聚甲基丙烯酸甲酯、尼龙 12 和聚醚醚酮)。

纳米管质量分数仅为 0.1% 的复合材料,就显示出强度、弹性模量和应力失稳的增长。

在复合材料的处理中,为使基体接触的表面积最大化,碳纳米管需要与束分离并且均一地分散在聚合物基体中。纳米碳管表面的修饰,例如,纳米管和聚合物之间共价化学键的产生,提高了它们之间的相互作用并且使界面剪切强度比范德华键增强得更高。

11.3.5　聚合物基复合材料的应用

玻璃纤维增强聚合物基复合材料在工业领域有着广泛的应用:从体育用品到城市建筑再到航空航天。化学处理工业中的槽和容器(有压力的和无压力的),与排污管道一样,一般都是由玻璃纤维增强聚酯树脂复合材料制成。S-2 玻璃纤维和芳香尼龙纤维用在民航机的储藏柜和地板,其他航天器的应用包括门、整流罩和天线屏蔽器。芳香尼龙纤维也用于直升机和小型飞机的轻负载组件。

硼/环氧树脂复合材料的应用包括体育用品(如高尔夫球棍和网球拍)、军用飞机的水平稳定器和尾翼部件、波音 707 的前部副翼等。硼纤维的高成本限制其只能应用在航空航天的专门领域中。

波音 757 和 767 是首批大规模使用由先进复合材料制成结构部件的大型商用飞机。波音 757 和 767 的机舱有约 95% 看得见的内部部件由非传统材料制成。其主要原因之一是碳纤维的价格较低。在西科尔斯基 H-69 直升机中,采用传统金属结构制造机身其劳动量非常大,它包括 856 个零件,75 个组装件和 13 600 个扣件。与之相比,复合材料(碳、芳香尼龙和玻璃纤维/环氧树脂)制成的机身只有 104 个元件、10 个组装件和 1 700

个扣件。它比金属机身轻 17%，价格也便宜 38%。

聚合物基复合材料的一个重要应用领域是用于天然气运输。作为车用燃料的压缩天然气要求在高压下(约 20 MPa)车载存储。早期用钢筒作为压力容器。这些金属制的气体容器非常重，使得有效载荷降低。更轻的纤维编织的复合材料圆筒正逐步取代钢筒。

芳香尼龙、碳和 S-玻璃纤维都应用在越野滑雪橇、长筒靴、撑篙、手套，并且作为细丝缝合成许多物品。使用复合材料带给体育用品工业的主要优点包括安全、比传统材料更轻的质量和更高的强度。

复合材料也被用于包括越野滑雪和打靶滑雪射击运动的步枪枪托。

聚合物复合材料也在诸如桥梁和高速公路天桥等民用基本设施上得到应用，因为能加固被损坏的结构桁梁达到比原值高的级别。虽然玻璃纤维增强聚合物及复合材料也用于这类应用，但是大多数这类应用采用碳纤维增强复合材料。

11.4 陶瓷基复合材料

20 世纪 70 年代初，结构陶瓷作为一种新型高温材料受到广泛重视。因为陶瓷本身是由共价键或离子键构成，高强低韧为其本质特征。发展陶瓷基复合材料的主要目的是提高材料的韧性。

11.4.1 金属陶瓷

金属陶瓷是指在脆性陶瓷基体中加入第二相的塑性金属颗粒，利用其塑性变形来缓解裂纹尖端高度的应力集中，可以明显提高材料的断裂韧性。金属能否对陶瓷润湿良好，从而形成彼此交错的均匀网络结构对增韧效果起着决定性作用。

金属陶瓷复合材料的主要制备工艺是粉末冶金(PM)。典型的工艺流程为：金属粉末与陶瓷粉混合→压模(或等静压)→真空除气→热压烧结(或热等静压烧结)。粉末冶金制备金属陶瓷的主要优点是：不存在增强相与基体相材料间的润湿困难及有害界面反应等问题；增强相的质量分数可高达 55%，尺寸可小至亚微米级。其主要缺点是工艺复杂、周期长、成本高，粉末冶金复合材料的价格约是铸造复合材料的 10 倍。

11.4.2 纤维增强陶瓷基复合材料

1. 纤维增强陶瓷基复合材料的基体材料

纤维增强陶瓷基复合材料的基体大致可分为 3 类。

(1)玻璃及玻璃陶瓷基体。

玻璃及玻璃陶瓷基体主要有锂铝硅微晶玻璃($Li_2O-Al_2O_3-SiO_2$)、镁铝硅微晶玻璃($MgO-Al_2O_3-SiO_2$)、钙铝硅微晶玻璃($CaO-Al_2O_3-SiO_2$)等。由于其具有高温流动性和低温可操作性，因而成为最早应用于陶瓷基复合材料的基体材料，但由于玻璃体本身耐高温性能较差，因此不适宜用于高温结构材料。

(2)氧化物基体。

氧化物基体主要有 Al_2O_3、ZrO_2-TiO_2、$ZrO_2-Al_2O_3$ 等。鉴于在高温下易与增强纤维发生反应，其使用温度受到很大限制。

（3）非氧化物基体。

非氧化物基体主要有 SiC、Si_3N_4 等，这些材料具有优良的耐高温性能及高温强度，一直是陶瓷基复合材料的研究重点。采用不同的纤维和基体可制备出不同的陶瓷基复合材料，其中碳纤维增强碳化硅（C_f/SiC）复合材料既保持了碳纤维优良的高温性能和高强度，又结合了 SiC 基体的高强度、耐腐蚀性、抗氧化性和良好的高温性能，被广泛用于航天航空、汽车、先进武器等高温结构部件。

2. 纤维增强陶瓷基复合材料的制备

根据基体的形成方式和增强增韧相引入形式，纤维增强陶瓷基复合材料主要有以下几种制备方法：浆料（熔体）浸渍-热压法、化学反应法、溶胶-凝胶法、先驱体转化法等。

（1）浆料（熔体）浸渍-热压法。

浆料（熔体）浸渍-热压法是制备纤维增韧玻璃或低熔点陶瓷基复合材料的传统方法（一般温度在 1 300 ℃以下）。其主要工艺过程是：将纤维浸渍在含有基体粉料的浆料中，然后通过缠绕将浸有浆料的纤维制成无纬布，经切片、叠加、热模压成型和热压烧结后制得复合材料。其主要缺点是：①热压工艺对纤维骨架造成的机械和高温化学损伤；②难以制备形状复杂的大型构件。该法一般用于制备一维或二维的纤维增强复合材料，但随着研究的不断发展，也开始逐渐应用于三维编织物增强陶瓷基复合材料的制备上。

（2）化学反应法。

化学反应法主要包括化学气相沉积（CVD）、化学气相渗透（CVI）、反应烧结和直接氧化等。其中，CVI 法是目前国内外比较常用的制备方法。CVI 工艺是将有机单体反应气体在 1 200 ℃左右温度下裂解渗入纤维预制体中，发生反应并沉积在纤维之间形成陶瓷基体，最终使预制体中的空隙全部被基体陶瓷充满，从而形成致密的复合材料。目前采用该工艺研究最多的是制备 SiC 纤维增强 SiC 复合材料。先将 SiC 纤维制成经纬布，再叠层，放入真空炉内通入三氯甲基硅烷 CH_3SiCl_4 气体，气体高温裂解成 SiC 沉积在纤维空隙中，形成致密的 SiC 基体（图 11.12 及图 11.13）。SiC_f/SiC 材料可以作为聚变堆的一壁材料。

图 11.12　SiC 纤维布

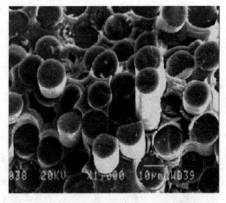

图 11.13　SiC_f/SiC 复合材料横截面

（3）溶胶–凝胶法。

溶胶–凝胶法是利用溶胶浸渍增韧骨架，然后再经热解而制得复合材料。由于热解温度不高（小于 1 000 ℃）且溶胶易于浸润增韧纤维，所制得的复合材料较完整且质地比较均匀。其主要缺点是：①醇盐转化率较低且收缩较大，因而复合材料的致密性较差，不经过多次浸渍很难致密化；②由于它是利用醇盐水解而制得陶瓷基体，因此，该工艺主要应用于制备氧化物陶瓷基体。

（4）先驱体转化法。

先驱体转化法又称聚合物浸渍–裂解法，是近年来迅速发展起来的一种新的制备工艺。1975 年日本矢岛教授发明了合成聚碳硅烷技术并制得 SiC 纤维，开辟了有机先驱体制造陶瓷纤维的新时代，同时，也为有机先驱体制备陶瓷材料打开了新思路。日本、美国等西方国家在这一领域中研究十分活跃。我国在 20 世纪 80 年代初也开始对这一领域进行研究。有机先驱体转化法是根据有机聚合物（聚碳硅烷、聚硅氮烷、聚硅氧烷等）在 1 200 ℃左右经裂解转化为陶瓷基、原位合成复相陶瓷的原理，以纤维预制件作为骨架，采用溶液或熔融的有机聚合物先驱体浸渍，在惰性气体保护下进行交联固化，然后在惰性气氛中进行高温裂解。重复浸渍（交联）裂解过程，使材料致密化。

先驱体转化法具有很多优点：①适用于颗粒、晶须、纤维及纤维编织物等不同增强相制备陶瓷基复合材料工艺；②可通过分子设计手段达到对陶瓷材料的组成与结构设计，并控制其晶粒尺寸；③可借鉴和采用树脂基复合材料的成型技术和设备，简化陶瓷结构应用部件的制备工艺；④可先获得较低密度的烧成体（具有较好可加工性）而减轻陶瓷材料的加工难度，以制得精度要求较高的异形构件和解决与其他材料的连接问题。因此，该方法已受到人们的广泛关注。

先驱体使用的原则有：单体容易获得且价格低廉；合成工艺简单，产率高；聚合物为液体或可以溶解于有机溶剂中，或可以熔融；聚合物在室温下稳定；裂解过程中逸出气体少，陶瓷产率高。

先驱体转化法存在以下不足之处：一是裂解过程中会产生小分子气体，在产物内部留下大的气孔。例如，裂解聚碳硅烷时，在不同的温度区间有不同的裂解气体，主要有 H_2、CH_4 及少量的 C_2H_6、CO 等。这些气孔的存在，降低了陶瓷的密度，影响了材料的力学性能以及抗蠕变性能。二是裂解过程中由于伴有失重和密度增大（有机聚合物密度小于 1.0 g/cm^3，而裂解产物中碳的密度为 1.8 ~ 2.1 g/cm^3，SiO_2 的密度为 2.2 ~ 2.6 g/cm^3，Si_3N_4/SiC 的密度为 3.2 ~ 3.3 g/cm^3，BN 的密度 2.2 g/cm^3）两个变化，从而导致较大的体积收缩达 30% ~ 60%，孔隙率达 15% ~ 30%，且裂解产物中富含碳。收缩率大会引起产物的变形和开裂，因而难于制备复杂形状的陶瓷构件。三是制备周期过长。为了达到一定的密度要求，必须不断地重复浸渍裂解过程，这就使制备周期加长，严重影响了工作效率。而且在漫长的制备过程中，工艺对增强体的损伤是不容忽视的。制备过程过长也增加了材料制备工艺的不稳定性，对材料的性能稳定性造成影响。

11.4.3　陶瓷基纳米复合材料

纳米复相陶瓷就是把纳米级的陶瓷粉体作为弥散相加入亚微米级的陶瓷基体中而制成的复合材料。陶瓷基纳米复合材料的出现，使得高度机能调和性材料成为可能。

在纳米复合材料中,晶粒尺寸的减小将会大幅度提高材料的力学性能,同时由于晶界数量的大大增加,便可能使分布于晶界处的第二相物质的数量减小,晶界减薄使晶界物质对材料的负影响减小到最低程度;晶粒细化使材料不易造成穿晶断裂,有利于提高材料的断裂韧性;晶粒的细化将有助于晶粒间的滑移,使材料具有塑性行为。因此,纳米复相材料将使材料的强度、韧性和超塑性大大提高。

(1)电气性能的改善。

用质量分数为1%~10%的纳米 Pt 或 Ag 分散于介电陶瓷基体中,可以得到纳米金属分散的强介电纳米复合材料,与一般的介电陶瓷相比,这种材料的烧结温度低、强度高、韧性高,介电常数高;将具有强介电、压电性的纳米陶瓷颗粒结构陶瓷复合,得到的纳米复合材料也可具有压电性,使得材料的破坏可由电信号来检测和控制。

(2)磁性机能。

将磁性金属纳米颗粒分散陶瓷材料中得到的纳米复合材料可以改善材料的力学性能,同时赋予结构陶瓷材料良好的磁性能。以铁氧体为代表的陶瓷磁性材料具有电阻率高、损耗低、磁性范围广泛等特性。比表面积大的纳米铁氧体材料具有高化学稳定性,可用于热磁能量转换材料。

(3)光学机能。

纳米复合在光学机能陶瓷材料中主要是利用纳米粒子抑制入射光的散射,使材料保持良好的透明性。

11.4.4　陶瓷基复合材料的应用

陶瓷基复合材料在许多领域都有应用。在航天领域陶瓷基复合材料的应用与材料相关的动力是:高的比硬度和强度;降低制造和维护成本;更高的运行温度;更长的服役寿命。

这里主要介绍一些陶瓷基复合材料在非宇宙航行中的应用。

1. 切削工具刀片

陶瓷基复合材料应用的一个重要领域是切削工具刀片。例如,在切割 Inconel 718 时,碳化硅晶须增强氧化铝(SiC_w/Al_2O_3)工具显示出比传统陶瓷工具高出 3 倍、比超硬合金高出 8 倍的性能。陶瓷基复合材料作为切削工具刀片候选材料的特性是:耐磨性;抗热震性及断裂韧性好,热导率较高。

2. 陶瓷复合材料过滤器

陶瓷纤维增强 SiC 陶瓷的过滤器用于清除 1 000 ℃的高温气流中的颗粒物质。这种过滤器的高温性能可以在过滤前不用冷却气流,提高了工作效率并降低成本,避免气体稀释、空气洗刷或者热交换的复杂工艺。另外,这种过滤器由于质量轻(900 g),因此降低了对管板的强度需求。

陶瓷基复合材料可以在热力发动机、要求耐攻击的环境、特殊电子/电力应用、能源转换以及军事系统中找到应用。

11.5　金属基复合材料及其制备

20 世纪 60 年代,金属基复合材料发展的主要方向是连续碳纤维增强 Al 基复合材料。20世纪70年代,随着对金属基和强化相研究的深入,又出现了非连续 Al_2O_3 纤维强化和 SiC 晶须强化 Al 基复合材料,并用于商业生产。连续的长纤维增强金属基复合材料具有优异的单轴性能,但是由于连续纤维的成本高、制造工艺复杂,该材料的发展受到了限制。颗粒增强金属基复合材料与传统材料相比,有较高的比强度及比刚度、好的尺寸稳定性、低的热膨胀系数和优良的耐磨性能,制造成本低,因此颗粒增强金属基复合材料成为近20年来复合材料开发的热点之一。

重要的金属基体材料主要包括铝合金、含过渡金属的快速凝固铝合金、钛合金、镁合金、铜以及金属间化合物。

11.5.1 细粒和晶须增强金属基复合材料

该类金属基复合材料的制备工艺包括如下内容。

1. 粉末冶金(PM)

见11.4节。

2. 挤压铸造法

挤压铸造法以其较高的生产效率、较低的生产成本和优良的成型特性而被认为是工业化生产金属基复合材料的主要方法之一,受到各国的高度重视。其典型的工艺流程为:陶瓷预制件、预制件与液态金属在模内通过高压复合、急冷。其主要优点是:工艺简单,周期短成本低,适合于批量生产;高压复合,一般为100 MPa,所以一般不会出现浸润不良等情况。其主要缺点是:增强相含量可调范围低于粉末冶金;预制件容易变形。

3. 压力浸渗法

用气体压力取代挤压铸造的挤压力就形成了压力浸渗法,当受真空保护时便称为真空压力浸渗法。这种工艺的主要优点是:复合压力小,一般为 1～10 MPa,预制件不变形;受真空保护,不会引入 O 原子;成分均匀性好。其主要缺点为:组织的致密性与浸渗工艺密切相关;周期较长,效率较低。

4. 搅拌铸造法

搅拌铸造法是将增强颗粒加入到强烈搅拌的金属熔体中,待分散均匀后浇注成型的方法。其主要优点是:工艺简单,成本低廉,适于大批量工业化生产。其主要缺点是:仅适用于颗粒增强复合材料,组织不够致密,易出现颗粒团聚现象;难于制备质量分数高(小于12%)、尺寸小(大于 $10\mu m$)的颗粒增强金属基复合材料。

5. 共喷射沉积法

共喷射沉积法是将颗粒喷射进已被雾化成半固态或液态的基体合金微粒中,并共同沉积在沉积器上以获取复合材料的方法。其主要优点是:复合温度低、冷却快,具有快速凝固的组织特征,如晶粒细小、非平衡组织等;生产效率高。其主要缺点是:组织不够致密,工艺控制困难,仅适用于颗粒增强金属基复合材料。表11.3 给出了不连续纤维增强金属基复合材料的几种制备方法以及各种方法主要的优缺点。

表 11.3　不连续纤维增强金属基复合材料的制备方法以及各种方法主要的优缺点

方法	优　点	缺　点
粉末冶金法	基本上不存在界面反应,质量稳定,增强体体积分数较高,可选用细小颗粒增强体,增强体分布均匀,可实现近似无余量成型	工艺程序多,制备周期长,成本高,降低成本可能性
搅拌混合法	工艺简单,设备投资少,生产成本低,可大规模生产	增强相体积有限(一般不超过20%),颗粒一般不可能小于 10 μm,有界面反应的可能性,增强体分布难达到均匀化,有气孔,只能制成铸锭,因此需二次加工
挤压铸造法	工艺简单,生产周期短,设备投资较少,有降低成本的可能性,能实现近似无余量成型,V_f 可较高,界面反应不严重	需先制成预成型体,预成型体对产品质量影响很大,模具造价较高
真空压力浸渍法	增强相体积分数可调范围大,分布均匀制品质量好	工艺设备昂贵,制造大型零部件有困难,如冷却工序安排不妥善,可产生明显的界面反应,制备周期较长
共喷射法	成型速度快,工艺周期短	设备昂贵,由于孔隙率高而质量较差,仅能制成铸锭和平板,原料损失大
机械合金化法	增强体分布均匀,V_f 可调范围大,分布均匀,制品质量好	设备昂贵,工效低,在制备过程中易带入杂质
原位反应复合法	成本较低,增强体分布均匀,基本上无界面反应,可以使用传统的金属熔融铸造设备,工艺周期较短	工艺过程要求严格,较难掌握,增强相的成分和体积分数不宜控制
无压浸渍法	成本较低,增强体分布均匀,界面反应不明显,设备简单	工艺周期长,复合体系有限,预成型体制作较难

11.5.2　长纤维增强金属基复合材料

　　纤维增强金属基复合材料不但强度、刚度高,且还具有优异的耐磨性,在实际应用中已取得良好效果。至今已开发出多种连续纤维增强金属基复合材料,主要包括硼纤维增强铝基材料、碳或石墨增强铝基材料、SiC 纤维强化铝基材料以及 SiC 强化钛基材料等。

　　图 11.14 以 SiC 增强钛基复合材料为例,给出了 3 种制备长纤维增强金属基复合材料的方法。

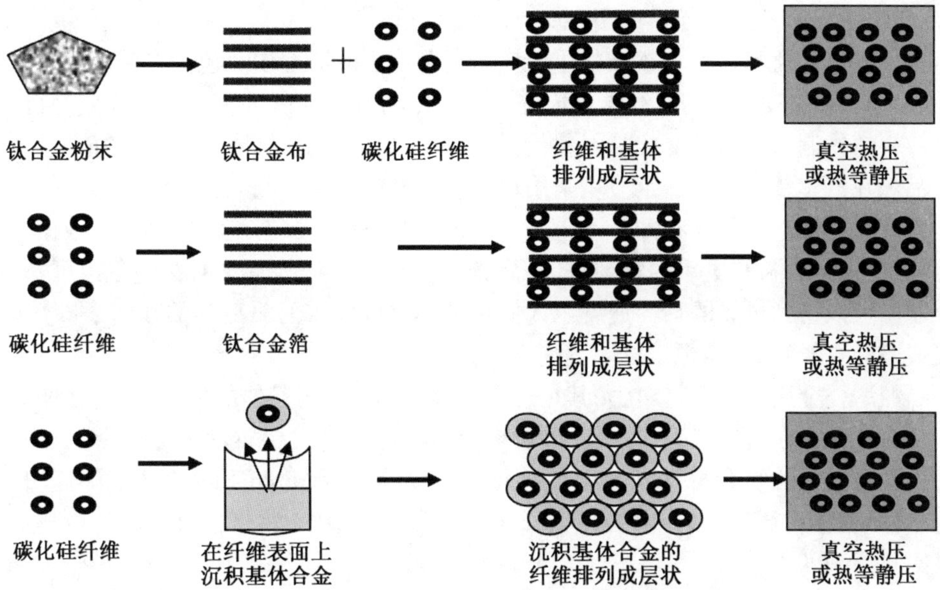

图 11.14 碳化硅纤维增强钛基复合材料的制备方法

1. 粉末法

首先把金属粉末结合黏合剂压制成非常薄的板,把纤维铺排在薄板上,然后层叠起来,利用真空热压或热等静压制成复合材料。

2. 箔-纤维-箔法

箔-纤维-箔法利用金属箔代替粉末法中的粉末,可以简化工艺并提高纤维的体积分数。

3. 物理气相沉积法

先将金属镀到纤维表面,然后将镀了金属层的纤维排布,通过真空热压或热等静压制备出复合材料。因为物理气相沉积法不使用金属粉末和箔,适用于所有的合金;并且镀层厚度可以控制,所以可以得到不同纤维体积分数的复合材料,而且还可以制备出形状比较复杂的复合材料构件。

连续纤维增强金属基复合材料存在以下问题:加工性能和成型性能的协调问题,即如何制备形状复杂的部件而不损失复合材料的性能;此种复合材料的抗疲劳性能有待于提高;界面反应不易控制;成本高。

11.5.3 金属基复合材料的应用

连续纤维增强金属基复合材料的性能比颗粒增强金属基复合材料的性能更为优越,因此在航空航天领域应用更多。在非航空航天领域,要求性能和价格有最优化的结合。因此,在非航空航天领域,颗粒增强金属基复合材料的应用日益增多。迄今为止,金属基复合材料最大的商业应用是单纤维超导复合材料。

降低组件质量是航空航天领域所有应用的主要驱动力。例如,哈勃望远镜的波导管活动支架应用了沥青基连续纤维增强铝基复合材料,因为这种复合材料非常轻,弹性模量很高,热膨胀系数低。金属基复合材料在航空航天领域的其他应用是替代有毒金属铍。

例如,美国的三叉戟飞机导弹中用 SiCp/Al 复合材料代替了铍。

金属基复合材料在汽车领域的重要应用是柴油机的活塞顶。包括在活塞顶掺入氧化铝或氧化铝 + 二氧化硅的短纤维。传统的柴油发动机活塞由 Al-Si 铸造合金制得,活塞顶由镀镍铸铁制得。铝基复合材料替代铸铁后,得到了更轻、抗磨损性能更好并且更便宜的产品。在汽车领域的另一个应用是用铝基复合材料中制备汽缸套。

颗粒增强铝基复合材料的一个重要的潜在商业应用是制造汽车驱动轴。根据几何参数可知,更短的轴长和更粗的轴径可以得到较高的临界速度,而根据材料参数可知,更高的比刚度可以得到更高的临界速度。人们在设计时可以改变驱动轴的几何学参数(增加长度或减小直径)来保持恒定的临界速率。

颗粒增强金属基复合材料,尤其是轻金属如铝和镁作为基体的复合材料,在体育用品方面都有应用。在这一点上,每千克的价格成为其应用的主要驱动力。一个很好的实例是使用颗粒增强的复合材料制造山地自行车。美国 Specialized Bicycle 公司销售的这些自行车框架是由包含质量分数约为 10% 氧化铝颗粒的 6061 铝挤压管制成的。其主要优点是提高了刚度。

片层状复合材料的一个有趣的例子是无振动钢板,由川崎钢铁公司制造,商品名为 Nonvibra™。在两层金属板之间夹了一薄层树脂,在表层金属的内表面涂了一层铬酸盐。铬酸盐涂层有利于树脂和外层金属的结合。这种层状复合材料在很大的频率范围内屏蔽了噪声的传播,并且能在 0~100 ℃ 温度范围内应用。其应用实例有油盘、锁杆压片、仪表盘、地板、电子机械和器件以及办公设备。

金属基复合材料可以经过裁剪而具备最佳的热性能和物理性能,以满足电子封装的要求(如芯片、基板、载体和框架)。通过扩散黏结制备的连续硼纤维增强铝基复合材料已经用于制备芯片载体多层板的散热器。

铝基体中单向排列的沥青基碳纤维沿着纤维方向具有很高的导热系数。纤维横截面的热导率是铝的 2/3。这种复合材料在导热方面有重要应用,例如,计算机的高密度、高速度的集成电路块和电子设备的底盘。

碳纤维具有比铜高的热导率,因此碳纤维/铜基复合材料可以作为高热传导金属基复合材料应用。碳纤维的表面能大约为 0.1 J/m^2,而多数熔融金属的表面能约为 1 J/m^2。只有当纤维的表面能高于熔融金属时,纤维才能被润湿,这样复合材料才具有高的性能。为了提高润湿性,采用两种的解决路线,即纤维表面改性和基体改性。对碳纤维表面进行粗化可以得到碳纤维和铜基体的合理机械结合。

金属基纳米复合材料应用十分广泛,如铁基纳米软磁合金主要用于开关电源磁芯、扼流圈等。铝基纳米复合材料可用作高尔夫球杆等体育用品,机器人零部件、车椅材料、赛车脚踏板、钓鱼丝卷轴等。

参考文献

[1] 王笑天. 金属材料学[M]. 西安:西安交通大学出版社,1987.

[2] 崔昆. 钢铁材料及有色金属材料[M]. 北京:机械工业出版社,1980.

[3] 浙江大学,上海机械学院,合肥工业大学编写组. 钢铁材料及其热处理工艺[M]. 上海:上海科学技术出版社,1978.

[4] 章守华. 合金钢[M]. 北京:冶金工业出版社,1980.

[5] 朱张校. 工程材料[M]. 北京:清华大学出版社,2001.

[6] 闫康平. 工程材料[M]. 北京:化学工业出版社,2001.

[7] 何庆夏. 机械工程材料及选用[M]. 北京:中国铁道出版社,2001.

[8] 张增志. 耐磨高锰钢[M]. 北京:冶金工业出版社,2002.

[9] 韩永生. 工程材料性能与选用[M]. 北京:化学工业出版社,2004.

[10] 王晓敏. 工程材料学[M]. 哈尔滨:哈尔滨工业大学出版社,2005.

[11] 金志浩,高积强,乔冠军. 工程陶瓷材料[M]. 西安:西安交通大学出版社,2000.

[12] 贺毅,向军,胡志华. 工程材料[M]. 成都:西南交通大学出版社,2015.

[13] 丁厚福,王立人. 工程材料[M]. 武汉:武汉理工大学出版社,2006.

[14] 高俊刚,李源勋. 高分子材料[M]. 北京:化学工业出版社,2002.

[15] 张德庆,张东兴,刘立柱. 高分子材料科学导论[M]. 哈尔滨:哈尔滨工业大学出版社,1999.

[16] 张留成,瞿雄伟,丁会利. 高分子材料基础[M]. 北京:化学工业出版社,2002.

[17] 卡恩 R W,哈森 P,克雷默 E J. 复合材料的结构与性能[M]. 北京:科学出版社,1999.

[18] 鲁云,朱世杰,马鸣图,等. 先进复合材料[M]. 北京:机械工业出版社,2004.

[19] 王耀先. 复合材料结构设计[M]. 北京:化学工业出版社,2001.

[20] 曾正明. 实用工程材料技术手册[M]. 北京:机械工业出版社,2002.

[21] 李俊寿. 新材料概论[M]. 北京:国防工业出版社,2004.